灾害风险研究概论

郭 跃 黄 勋 编著

科学出版社

北 京

内 容 简 介

本书是有关灾害及灾害风险的基本理论和应对策略的理论性著作,主要内容包括灾害研究的起源与发展、灾害的性质、灾害的效应及影响、灾患的性质、灾害风险的性质、灾患的危险性、人类的脆弱性、灾害的恢复力、灾害风险管理、灾害风险的调控以及灾害损失的转移、社区减灾等方面的基本理论、思想和研究方法。

本书既可作为地理学研究生的教学参考书,也可为从事减灾防灾工作的各级决策者、管理者,相关科研院所的研究者以及高校环境科学、减灾防灾相关专业的师生提供参考。

图书在版编目(CIP)数据

灾害风险研究概论 / 郭跃, 黄勋编著. —北京: 科学出版社, 2023.1
ISBN 978-7-03-074801-0

Ⅰ. ①灾⋯ Ⅱ. ①郭⋯ ②黄⋯ Ⅲ. ①自然灾害-风险分析-研究
Ⅳ. ① X43

中国国家版本馆 CIP 数据核字(2023)第 023643 号

责任编辑:文 杨 郑欣虹 / 责任校对:杨 赛
责任印制:张 伟 / 封面设计:迷底书装

科学出版社 出版
北京东黄城根北街 16 号
邮政编码:100717
http://www.sciencep.com
北京中石油彩色印刷有限责任公司 印刷
科学出版社发行 各地新华书店经销
*
2023 年 1 月第 一 版 开本:787×1092 1/16
2023 年 1 月第一次印刷 印张:18 1/2
字数:473 000
定价:**98.00 元**
(如有印装质量问题,我社负责调换)

前　言

人类自诞生的那一刻起就注定与自然灾害共存，人类社会生活史始终伴随着与自然灾害的抗争，人类的足迹走到哪里，哪里就会有灾害伴随，故人类对灾害的认识、思考及应对从未间断，几千年来积累了大量灾害的感性知识和减灾防灾的技术，但灾害的利剑却始终悬在人类的头上，挥之不去。

尽管人类对灾害的认识久远，但灾害学却是一门年轻的学科。20 世纪 80 年代，时任美国科学院院长弗兰克·普雷斯博士提出"国际减轻自然灾害十年"计划，得到了联合国和国际社会的认可，在全世界形成了"国际减轻自然灾害十年"这个有声势、有意义的国际计划，正是这个国际计划才使得灾害逐渐成为了各个国家管理的重要社会事务，推动了灾害学的形成和发展。

20 世纪 90 年代，在"国际减轻自然灾害十年"计划的背景下，我国地球科学和社会科学界积极开展灾害的学术研究，先后编著和撰写了一些关于灾害研究的理论专著和科学论文，如我国著名地质学家马宗晋院士和经济学家郑功成教授主编推出了《中国灾害研究丛书》(1998)，学者延军平、杨达源、申曙光、罗祖德等先后编著了《灾害地理学》(1990)、《自然灾害学》(1993)、《灾害学》(1994)、《灾害科学》(1998)等灾害学专著，地理学者史培军以灾害研究的理论与实践为主题(1991 年、1996 年、2002 年、2005 年)撰写了多篇学术论文，这些灾害研究的成果为推动中国灾害学科的形成、引导灾害科学的发展打下了一定的基础。

21 世纪以来，随着对灾害的科学研究的深入和减灾防灾策略的广泛实施，国际社会对灾害关注的焦点发生了几个重大转变，从自然灾害、致灾因子到人类脆弱性、灾害恢复力，再到综合灾害风险防范，灾害研究取得了很多重大的、积极的进展，人们对灾害已经有了更加深刻的理解。但是当印度洋海啸(2004 年)、卡特里娜飓风(2005 年)、缅甸台风(2008 年)、汶川地震(2008 年)、海地地震(2010 年)等事件在世界不同地方造成如此多的人员死亡和破坏时，世界仍然表示惊讶和沮丧。我们不得不反思人类对待自然与灾害的态度以及对灾害认知的有限性。实际上，灾害现象比人们想象的要复杂得多，目前灾害的发生率和规模可能反映了包括自然系统和人类社会系统的全球变化进程的复杂性，今天我们观察到的许多趋势，如气候变化、人口增长、资源枯竭、城市化、经济全球化和物质财富的扩散，它们在某种程度上促成了灾害事件对人们生命财产的伤害；同时，全球和区域的可持续发展、生态修复与生态文明建设、脱贫扶贫措施等行动在一定程度上减缓了灾害对人们的影响。因此，我们应该从更广的视角、更深的层次来认识灾害。

2015 年 3 月，第三届世界减灾大会在日本仙台市召开，会议出台了《2015～2030 年仙台减灾框架》，突出和强调理解灾害风险仍然是国际社会和灾害学界当前和未来的首要任务，呼吁国际社会积极探索灾害和灾害风险的性质、灾患与孕灾环境的特性，正确认识和评价人类社会的脆弱性与抗灾能力，努力寻求适应世界未来灾害风险的应对策略，为灾害风险管理与减灾防灾实践提供更加充分的科学依据。

　　基于这样的背景,作者以"灾害风险"为核心,来探讨和构建现代灾害科学的知识框架,为地理学以及环境科学专业的研究生提供灾害和灾害风险的基本理论、思想和研究方法的专业课程。其目的是要给同学们展示人类社会面临灾害风险时,自然系统和人类系统是如何交互作用的;怎样减少灾害对生命和财产的破坏与损失;如何通过灾害风险问题,以及通过理论与政策的探讨来分析和理解充满灾害风险的现实世界。

　　本书在结构上分为三大板块:第一板块为灾害科学核心概念,重点剖析了灾患、灾害、风险与孕灾环境等基本概念的性质内涵、类型特征以及相互关系和范式演进,特别阐述了灾害的复杂性;第二板块为灾害风险分析基础,主要阐述了灾患的危险性、人类的脆弱性、灾害的恢复力等基本概念和科学评估与分析方法;第三板块为灾害风险应对策略,着重阐述了灾害风险管理,灾害风险的调控基本原理与策略(致灾事件的改变、物理暴露的降低、人类脆弱性的改变、社区抗灾力的提升以及灾害救助、灾害风险转移等的基本原则和措施)以及社区减灾。

　　《灾害风险研究概论》作为一部灾害科学引导性的著作,秉承灾害是自然系统与人类系统相互作用产物的理念,力图全景式地展示包括自然灾害、人文技术灾害和环境灾害的所有灾害的基本特征与成因机制,高度关注造成灾患或灾害的自然过程和人文过程及其相互作用,全面阐述减轻灾害风险所需的各种行动——从环境工程干预、生态修复、灾害监测预警到国土空间规划、社会经济政策、社会抗灾力的建设。

　　本书在内容选取上,紧密结合国际减灾的重点和新理念、新术语,关注国内当前减灾事业发展的新需求;在案例安排中,突出经典案例,兼顾国内和国外案例,以利于开拓读者的视野;在陈述方式中,适当添加了一些示意图和表格,以便更生动地说明真实世界;在每章结尾处,罗列了主要参考文献,方便读者拓展阅读和深入研究学习。

　　本书是作者近十余年来对灾害科学、灾害风险理论的学习研究和教学实践探索的一些心得和体会,也是对国内外众多灾害学者研究成果的继承和发展。在撰写过程中,作者学习和借鉴了国内外同行灾害研究的大量成果,也得到了重庆师范大学地理与旅游学院,以及学院同事和我的研究生的帮助和支持,学院地理系黄勋博士参与了本书第六~八章和第十二章的撰写工作,陈娟、罗倩、王丽萍以及刘荷、郑丽萍、杨唐同学参与了相关资料和数据的收集、整理与初步分析工作,尹婉玉同学处理了本书的相关图件,在此,作者一并致谢。

　　与灾害风险共存已是当今和未来人类社会的一个特征,因此需要加快和提升社会对灾害风险的科学认识能力和应对能力。然而,目前我们对灾害的认识和研究远远不能满足社会的需要。灾害科学自身还存在一些短板,如学科的概念与知识体系、理论基础、研究方法、应用技术等尚不够成熟,需要更多的地球科学家、社会学家、经济学家、工程专家和政府应急管理者投入灾害科学的研究之中,共同推动灾害科学的发展和进步。

郭　跃

2021 年 3 月 18 日于重庆师范大学师大苑

目　　录

前言
第一章　灾害研究的起源与发展 ·· 1
　　第一节　灾害研究的起源 ·· 1
　　第二节　现代灾害研究的发展 ··· 8
　　主要参考文献 ··· 15
第二章　灾害的性质 ·· 18
　　第一节　灾害的概念 ··· 18
　　第二节　灾害的范式 ··· 27
　　第三节　灾害的分类 ··· 34
　　第四节　灾害的属性及其特点 ··· 37
　　第五节　灾害的复杂性 ··· 41
　　主要参考文献 ··· 54
第三章　灾害的效应及影响 ·· 57
　　第一节　灾害对人的伤害效应 ··· 57
　　第二节　灾害对人类社会财产的破坏效应 ···································· 62
　　第三节　灾害对人类社会的影响 ··· 66
　　主要参考文献 ··· 73
第四章　灾患的性质 ·· 74
　　第一节　灾患的概念 ··· 74
　　第二节　灾患的量度 ··· 78
　　第三节　灾患的类型划分 ··· 81
　　第四节　灾患的孕灾环境 ··· 83
　　主要参考文献 ··· 105
第五章　灾害风险的性质 ··· 106
　　第一节　灾害风险的概念 ·· 106
　　第二节　风险的类型 ··· 111
　　第三节　灾害风险的基本特征 ··· 113
　　第四节　灾害风险感知 ··· 115
　　第五节　灾害风险的未来趋势 ··· 118
　　主要参考文献 ··· 125
第六章　灾患的危险性 ··· 127
　　第一节　灾患危险性的概念 ··· 127
　　第二节　灾患危险性的评价方法 ··· 130
　　第三节　主要灾患的危险性评价 ··· 133

主要参考文献 ··· 140

第七章 人类的脆弱性 ··· 142
    第一节 脆弱性的概念及内涵 ··· 142
    第二节 脆弱性的识别与分析方法 ··· 146
    第三节 物理暴露与物理脆弱性的评价 ·· 149
    第四节 社会脆弱性的评价 ·· 161
    主要参考文献 ·· 168

第八章 灾害的恢复力 ··· 171
    第一节 恢复力的概念及内涵 ··· 171
    第二节 社会-生态恢复力及其相关模型 ····································· 177
    第三节 工程恢复力及其评价 ··· 181
    主要参考文献 ·· 188

第九章 灾害风险管理 ··· 191
    第一节 灾害风险管理的概念 ··· 191
    第二节 灾害风险鉴别 ·· 195
    第三节 灾害风险分析 ·· 197
    第四节 灾害风险评价与处理 ··· 198
    第五节 灾害风险的国家管理 ··· 202
    主要参考文献 ·· 221

第十章 灾害风险的调控 ·· 223
    第一节 瑞士奶酪灾害模型 ·· 223
    第二节 灾害风险调控的选择 ··· 225
    第三节 致灾事件的改变 ·· 228
    第四节 物理暴露度的降低 ·· 234
    第五节 人类社会脆弱性的改变 ·· 242
    主要参考文献 ·· 250

第十一章 灾害损失的转移 ·· 251
    第一节 灾害救助 ·· 251
    第二节 灾害保险 ·· 264
    主要参考文献 ·· 275

第十二章 社区减灾 ··· 277
    第一节 社区与减灾防灾 ·· 277
    第二节 我国的社区减灾建设 ··· 280
    主要参考文献 ·· 289

第一章　灾害研究的起源与发展

灾害作为一种自然社会现象，从总体上讲是难以完全避免的，经常发生的灾害由于具有突发性的特征，长期严重威胁着人类的生存与发展。人类社会生活史始终伴随着与灾害的斗争，可以说，人类社会发展史就是一个抵御与防治自然灾害的艰难历程。人类在与灾害抗争的过程中，逐步积累了丰富的灾害知识，但真正从科学研究的视角来认识灾害现象，则起源于20世纪80年代。然而，在近40年来的时间进程中，在国际社会、各国政府和灾害科学工作者的共同努力下，人类的减灾防灾事业和灾害科学研究都取得了长足进步。

第一节　灾害研究的起源

一、古代的灾害认知

地球是人类的家园，它给予人类生存的空间、清洁的空气、丰富的食物，抚育人类的生存和发展，但同时它也时常给人类带来山崩地裂、咆哮洪水、狂风暴雨、干旱饥荒等各种各样的灾难和痛苦，这些严重威胁着人类的生存和发展。

人类自诞生的那一刻起就注定与自然灾害共存，人类是在同自然灾害打交道中成长起来的，人类的足迹走到哪里，哪里就会有灾害伴随，故人类对灾害的思考、研究及应对从未间断，几千年来积累了大量的知识和技术。

（一）人类社会早期的灾害认知

人类文明早期，人类对自身生存依赖的自然和社会现象的思考，给我们留下了众多著名的史诗、神话传说和宗教经典（曲彦斌，2008），如古巴比伦的《吉尔伽美什史诗》，古希腊的《荷马史诗》，古印度洪水传说《摩奴传》，《圣经旧约》，中国的"盘古开天地"、"女娲补天"、"精卫填海"、"后羿射日"、"大禹治水"和"夸父追日"等。这些文献和传说无不深刻地显示着人类社会早期人们经历灾害的苦难以及这些惊心动魄的灾害事件所带来的社会记忆。

人类社会早期的这些神话传说和宗教经典是人类早期先民灾害智慧的体现。"女娲补天"是中国上古的神话传说，它讲述的是远古时代，四根擎天大柱突然倾倒，九州大地裂毁，天不能覆盖大地，大地无法承载万物，大火蔓延不熄，洪水泛滥不止，凶猛的野兽吃掉善良的百姓，凶猛的禽鸟用爪子抓取老人和小孩。在这种情况下，女娲冶炼五色石来修补苍天，砍断海中巨鳌的脚来做撑起四方的天柱，杀死黑龙来拯救冀州，用芦灰堆积起来堵塞住了洪水。天空被修补了，天地四方的柱子重新竖立了起来，洪水退去，中原大地上恢复了平静；凶猛的鸟兽都死了，善良的百姓存活下来。女娲背靠大地、怀抱青天，让春天温暖，夏天炽热，秋天肃杀，冬天寒冷。"诺亚方舟"是西方《圣经·创世纪》中的宗教故事,《圣经·创世纪》记载:诺亚是个义人,在当时的世代是个完全人。耶和华指示诺亚建造一艘方舟,并带着他的妻子、儿子与儿媳,同时神也指示诺亚将牲畜与鸟类等动物带上方舟,且必须包括雌性与雄性。当方舟建造完成时,大洪水也开始了,这时诺亚与他的家人,以及动物皆已进入了方舟。洪水淹没了最高的山,在陆地上的生物全部死亡,只有方舟中的生命得以存活。

(二)中国古代的灾害认知

中国是一个灾害频发的国家,在 5000 年的文明历史长河中,几乎年年有灾,在与灾害顽强的抗争中,中华民族为人类留下了许多灾害认知和与灾害抗争的伟大实践。

《春秋》为我国第一部真正系统的古史,其中也记载了其二百多年间所发生的重大灾害。此后,又陆续出现了地方志中的"灾异志",会典中的"荒政"《通志·灾祥略》《古今图书集成·庶征典》等多种灾害史记述、史料汇编形式。同时,产生了一些记述灾害、救荒的专门著作(张健民和宋俭,1998),如唐代的黄子发《相雨书》、宋代的魏岘《四明它山水利备览》、元代的沙克什《重订河防通议》、明代的伍馀福《三吴水利论》等,它们记载了我国古代历史先贤和统治者对灾害的认知。

简单地说,在中国古代,人们认为灾害是上天对人类的惩罚。一旦遭遇灾害,只能求助于神,以祈祷、悔过、补失等方法乞求神灵天地,以求消祸解灾。同时,我国古代人们在与自然灾害进行长期斗争过程中,也逐渐体会到灾害的发生是很难避免的,因而对灾害的防御意识和预防为主的思想也开始形成,历朝历代围绕如何除水旱之害,实施了许多治水兴利、防洪抗旱的水利工程(耿长林等,2000)。例如,在商周时期,出现了以排除积水为主要功能的沟洫系统。春秋战国时期,随着铁制工具的广泛使用,水利工程规模扩大,水利工程开始由防洪排涝转向农田灌溉。战国时代,秦国的李冰主持修建了举世闻名的都江堰,秦始皇元年又由韩国水工郑国主持修建了郑国渠;魏晋南北朝至隋唐时期,农田水利继续发展,完成了浙闽江诸沿海地区较为系统的海塘工程。宋代治水,重在黄河,其投入人力、物力数额之巨大,几至倾天下之半。明清两朝对水利重视有加,明代仅在太湖及吴淞江、浏河等修建水利工程就达 1000 多处,长江堤防也有不少修防举措,在减少、防御自然灾害方面都起到了不可忽视的作用。清代无论在治理江河、预防水患还是对以灌溉为主的农田水利及直隶卫河、淀河、子牙河、永定河的浚治工程,黄河、运河的修整工程,江浙海塘和珠江三角洲堤围的修建,长江堤防和洞庭湖区堤垸的修建等方面都取得了显著成就。同时,清代对水资源的合理利用也有过一些举措,如禁止盲目的山林垦殖、围湖造田,反对池塘改田等。

(三)日本古代的灾害认知

日本是一个地震、台风、暴雨、火山、洪涝等灾害频发的国家,从有古迹可考的绳文时代开始,日本列岛即有灾害频发的记录。公元 8 世纪前后,随着汉字的传入,日本开始有文字记载的历史流传下来(王海燕,2014)。例如,作为正史的《古事记》《日本书纪》分别记述了以皇室传承为中心的融合氏族传承与民间传承的神话传说;而地方志性质的《风土记》则记录了各地相传的旧闻逸事。这些神话传说不仅记载了古代日本人的信仰、祭祀、礼仪等内容,而且也体现了古代日本人的灾害认知。

在《日本书纪》中，古代日本人将暴风雨到来的景象视为神明的哭泣和叫喊，类似的将灾害视为神明的现象还有很多，并出现了"灾神"这一形象，这一神明形象至今仍然存在于日本的神明系统中。在日本古代时期，灾害常被视为神明对现世的惩罚或暗示，因此为了缓和与神明的关系，就出现了占卜、祭祀、祝祷等一系列巫术形式，这种将未知力量具体化、形象化的行为，代表了古代日本人对于灾害，主动积极地减轻疏导的开始。根据《古事记》的记载，日本古代时期的祭祀，主要是为了安抚"灾神"与人类的关系，以祈求减少灾害。当时朝廷"神祇官"下有专门的占卜机构，并且有专门的祭祀机构，负责占卜灾害出现的原因，以及祭祀相关的活动。到了钦明天皇时期，朝廷内部有了"祭官制"的出现，这是一个持有王权权力的集政治、军事、思想、宗教为一体的中央祭祀制度，关系着中央地区的祭祀氏族的成立、祭祀官的任命、地方地区祭祀部的设置以及具体安排，这也使得祭祀形式逐渐趋于统一（北原糸子，2007）。古坟时代后期，从中国来到日本定居的秦氏一族，为了治理桂川的泛滥，使其能够成为农业灌溉用水，在现今的京都附近地区开始了水利设施的建设。弘仁九年（公元818年），上野国曾发生了一场大地震，《类聚国史》记载，地震发生一个月后，朝廷向受灾的诸国派遣了使者，并向各国下令，免除当年的赋税、向所有灾民分发赈灾物资、协助房屋建筑的修缮、安葬灾民。这在当时的情况来看，算得上是比较全面的救灾措施。

由此可见，自远古以来，无论是西方国家，还是中国、日本，人类的先民很早就开始了对灾害的观察和记载，并大多以神话、宗教和地方史的形式记载灾害现象，并反映他们对灾害的哲理思考。古代的人们将灾害事件视为上帝或神明的力量，发生在人类社会中的灾害事件，其起因就在于"天"，自然界运动的失常会导致灾害发生，天灾发生的背后，必有人事的失常，使得上天震怒，天谴灾害以惩罚。随着农业文明的进步，人类也开始主动修建一些工程来抵御灾害事件，以减轻灾害的损失，同时，官府以"祭祀"来应对灾害发生，灾后也采取一些赈灾、救灾措施。

二、现代灾害研究的起源

（一）20世纪初期：灾害系统研究的萌芽

随着人类社会的发展，人们逐渐认识到只有从科学的角度认识自然灾害的发生、发展，才能尽可能减小自然灾害对人类社会造成的危害。19世纪末，美国逐渐成为世界上社会经济和科技最为发达的国家，也是世界上受世界上各种自然灾害威胁最大的国家之一，美国的学者自然成为现代灾害研究的先驱者。

灾害的自然和社会的双重属性特征塑造了灾害研究起源的地理学和社会学两个学科传统。

20世纪初期，社会学家开始从社会学的视角开启了对灾害本质的探索。美国哥伦比亚大学的塞缪尔·普林斯（Samuel Prince）在1920年推出了题为"灾难和社会变化：基于对哈利法克斯的社会学研究"的博士论文，这是学术界最早将灾害作为研究主题的学术专著。其后有关灾害的系统性研究主要来自美国芝加哥大学。约翰·杜威（John Dewey）是那个时代芝加哥大学最为杰出的社会学家，他在《经验与自然》（1925年）中说：忠实于我们所属的自然界，作为它的一部分，无论我们是多么微弱，也要求我们培植自己的愿望和理想，以致我们把它们转变为智慧，而按照自然所可能允许的途径和手段去修正它们。1929

年约翰·杜威出版了学术著作《确定性的寻求》，其基本主题是：传统的认识论是旁观者式的，根源在于人们为了在危险的世界中寻求绝对的确定性，而把理论与实践、知识与行动分割开来了，书中主张人生活在危险的世界之中，便不得不寻求安全。约翰·杜威较早地意识到，自然界由于存在着洪水和地震等自然灾害，因而是危险的，事实上，灾害是人类社会与自然环境互动的产物。但他并不认为人类只是屈服于自然环境，而对其无能为力，相反，正是环境问题激发了人们去探究和行动，因此改变了环境，并衍生出进一步的问题、探究、行动，如此无限循环下去。哈佛大学首任社会学系主任索罗金（Sorokin）教授也推出了以灾害为主题的学术专著《灾祸中的人与社会》（Sorokin，1942）。

灾害研究的社会学传统主要关注的是灾害的后果，即灾害发生之后人们会怎么办。因此，个人、家庭、社区和组织面对突发事件和处于压力状况下的行为模式，以及灾后个人心理冲击与社会重建灾后资源分配等问题是灾害研究的主要内容（Tierney，2007）。

地理学家比社会学家更早地关注自然灾害现象。19世纪末和20世纪初期的自然地理学家关注灾害的视角多是从单一的致灾因子（自然现象）本身的运行机理出发，可能会关注岩浆流和气体压力、大气循环、地壳板块运动和地质构造等与突发的自然极端事件的关系，试图对极端的天气和水文事件做出预测，而不是侧重于灾害的本质和灾害对人和社会的影响（Hewitt，1971）。

美国芝加哥大学的地理学教授、美国地理学会前主席哈伦·巴罗斯开创了地理学对灾害本质的研究（Barrows，1923）。1923年他在美国地理学家协会会刊上发表了"作为人类生态学的地理学"一文，提出人类生态学概念，主张地理学研究的目的不在于考察环境本身的特征与客观存在的自然现象，而是研究人类对自然环境的反应，地理学以弄清自然环境和人类分布、人类活动之间所存在的关系作为目标，以人类适应环境的观点来观察这个问题，比从环境的影响出发看问题要明智，人是中心论题，宣称地理学的中心课题是研究特定地区间的"人类生态学"。自然灾害的问题要从社会与环境之间的关系来认识。但是哈伦·巴罗斯的生态学方法未能得到地理学家和其他社会科学家的广泛认可，主要是因为其狭义的定义以及对综合现象的片面认识（Ackerman，1963）。然而，在20世纪40年代和50年代，这种方法重新引起了地理学家对环境和灾害问题密切关注。

美国科罗拉多大学的地理学家、美国地理学会前主席吉尔伯特·怀特，在20世纪40年代在芝加哥大学攻读地理学博士期间，深受芝加哥大学哈罗·巴罗斯教授和约翰·杜威教授思想的影响，认为自然灾害是自然和社会两种力量相互作用的结果，灾害的影响和损失可以通过社会和自然的调整来减轻。他在1945年发表了题为"人类对洪水的适应"的博士论文（White，1945），他在博士论文中提出了两个影响至今而一直未被有效回答的问题：为什么面对灾害风险时，那些结构式的工程减灾举措比其他措施更受重视？尽管在这些举措上的投资有增无减，为什么灾害造成的社会损失仍然不断增加？他认为，尽管洪水是不可抗力，但洪水损失却主要是人类行为造成的，因此灾害影响的消减必须通过个人与社会的调适而实现。他第一次从人类的行为这一角度来分析人类自然资源开发与自然灾害的关系，他认为自然灾害不是人类社会外的纯粹的自然现象，而是与在易灾地区的定居和城市开发的人类活动有密切联系。"人类与灾害相调适"的核心主张在吉尔伯特·怀特及其学生们的系列文章（Burton，1962；Kates，1962）以及专著《环境灾害》（Burton et al.，1993）中得以传承，产生了更大的国际影响力。1972年，他领导开展了美国第一次国家自然灾害评估，评价了灾害与社会的相互关系以及美国20世纪50~70年代的减灾进展，提出了国家相关政策和未来减灾的建设性方向。由于美国地理学家吉尔伯特·怀特在现代灾害研究早期起源的时期做出的杰出贡献和产生的深远影响，学界将他奉为灾害学之父。

灾害研究的地理学传统主要从人类生态学的视角出发，从自然灾害事件的自然成因机制到自然灾害的社会属性的宽广领域开展研究。

（二）20 世纪 70～80 年代：灾害学的形成

工业文明以来，直到 20 世纪前半叶，尽管有人用物理学、天文学、社会学、地质学、心理学等现代科学考察灾害，却一直没有提出灾害学概念，直到在 20 世纪 70～80 年代，在独特的社会历史背景下，灾害学才开始作为一门独立的新兴学科出现。

1. 灾害学产生的社会需求

第二次世界大战后，西方社会获得了很大发展，进入资本主义繁盛的时期，但灾害的发生不仅没有因科学技术和社会组织的发展而减少和消除，反而在 20 世纪 70 年代，极端自然事件突然变得非常引人注目。在这一时期，在地球上不同地区，同时或先后暴发了一系列气候变化引起的灾害性事件（Hilton，1985）；非洲撒哈拉干旱事件；南美洲秘鲁鳀鱼的歉收；西北欧的干旱；北美洲的严寒；澳洲的干旱和火灾。自然灾害实际上更频繁更严重，而且有国际化、世界化的趋势。

严峻的自然灾害形势迫使人们开始从制度建设上寻求解决问题之道。例如，美国在 20 世纪 70 年代开始以立法应对灾害，如制定《灾害救助法》《地震灾害减轻法》等。这就给灾害研究造成一种全新的社会文化环境，因为要从制度建设上应对灾害，就必须对灾害有科学的认识和理论指导。由此产生了对灾害进行科学研究的强烈社会需求。

20 世纪后期，国际上对灾害的社会意识更加强烈。时任美国科学院院长的弗兰克·普雷斯博士于 1984 年 7 月在第八届世界地震工程会议上提出了"国际减轻自然灾害十年计划"。此后这一计划得到了联合国和国际社会的广泛关注。联合国分别在 1987 年 12 月 11 日通过的第 42 届联大 169 号决议、1988 年 12 月 20 日通过的第 43 届联大 203 号决议，以及经济及社会理事会 1989 年的 99 号决议中，对开展"国际减轻自然灾害十年"计划做了具体安排。1989 年 12 月，第 44 届联大通过了"关于国际减轻自然灾害十年的报告"，决定从 1990～1999 年开展"国际减轻自然灾害十年"计划，规定每年 10 月的第二个星期三为"国际减轻自然灾害日"。确立"国际减轻自然灾害十年"计划和国际减灾日，其目的是唤起国际社会对防灾减灾工作的重视、敦促各地区和各国政府把减轻自然灾害作为工作计划的一部分、推动国家和国际社会采取各种措施以减轻各种灾害的影响。在"国际减轻自然灾害十年"计划期间，国际社会在减灾方面取得了显著成就。"国际减轻自然灾害十年"计划不仅使减灾在全世界形成了一个有意义、有声势、有目的的国际行动，使灾害逐渐成为各个国家管理的重要社会事务，同时也大大地推动了灾害学学科的形成和发展。

2. 地理学者积极介入灾害的科学研究

20 世纪 70 年代，极端自然事件的接连暴发令自然地理学家困惑（O'Keefe et al.，1976）同时也激发了他们研究的热情，许多自然地理学家开始将自然灾害作为科学研究的对象而开展相关的研究工作（Cuny and Abrams，1983）。同时，这一时期，来源于古生物学的灾变理论在自然地理学领域开始流行，地貌学家借助这个概念，形成了极端的地球物理过程塑造景观形态的主导作用的概念，将灾变过程与极端地球物理事件及灾害事件的概念有机结合，促进了人们对灾害的科学认知。对灾害现象的关注使自然地理学家也看到了研究人文活动和自然灾害相互关系的需求，自然与社会相互关系的研究成为自然地理学的热点（Gregory，2000）。为理解灾害的本质，地理学家开始了从社会过程研究自然灾害的成因，即人类脆弱性分析的灾害研究的范式（Varley，1994），例如，20世纪70年代后期，英国布拉德福德大学的地理学者威斯特盖特（Westgate）和奥金夫（O'Keefe）领导的灾害研究中心就开始了对灾害脆弱性的研究（Westgate and O'Keefe，1976），80年代初期，英国巴斯大学的地理学者在加勒比海和印度尼西亚地区的灾害野外调查中，继续进行灾害脆弱性的研究工作（Jeffery，1982）。

　　此外，长期以来，人类社会在灾害事件面前无所作为，社会决策者和管理者不能有效地应对灾害事件，当时有一个社会共识：人类社会在灾害事物面前陷于困境的原因在于管理者、决策者没有科学的灾害观，在实践上缺乏对灾害的正确认识，管理者认识的世界与真实世界有较大的差异。这一社会现象，引起了人文地理学者的关注，使他们开始将自然灾害作为人文地理学重要的研究领域。1983年人文地理学家休伊特（Hewitt）编辑出版了题为《从人类生态学看：灾难的解释》的论文集，该书为灾害研究和管理提供不同于传统范式的灾害研究思路和方法。在传统的灾害范式中，灾害是极端地球物理过程的直接结果，处理灾害事务的唯一基础是应用地球物理和工程知识。而休伊特认为，对自然灾害来说，重要的事情不是靠灾害事件的条件或行为来解释灾害的特征、后果及形成原因，而是要分析当代的社会秩序、灾害地的日常关系和塑造这些特征的更深远的历史环境。

3. 灾害学术共同体开始形成

　　在20世纪下半叶，灾害的科学研究日益成长为一个成熟的研究领域，美国是灾害学研究的"领跑者"角色，直到70年代以后才逐渐吸引了英国、瑞典、意大利、德国、日本等发达国家和中国等发展中国家的地理学者和社会学者加入灾害研究行列，以灾害为主题的研究机构、高层次人才培养基地，以及学会协会组织、学术刊物开始出现，国际学术交流会议也时常召开，这标志着灾害学术共同体及灾害学科的形成。

　　世界上影响力最大的灾害研究机构是美国于1963年成立的美国特拉华大学灾害研究中心和1974年建立的美国科罗拉多大学自然灾害中心。

　　1963年，芝加哥大学的社会学家夸兰泰利（Quarantelli）、戴恩斯（Dynes）以及哈斯（Haas）一起在俄亥俄州立大学成立了世界上最早的专注于灾害研究的机构。俄亥俄州立大学灾害研究中心的研究植根于社会学，他们研究的重点是不同灾害情景下的集体行动、社区参与、组织变化等传统灾害社会学命题，同时也积极开展研究生的培养，这些20世纪60~70年代的研究生，大部分都已成为当代灾害研究领域内如雷贯耳的著名学者，如汤姆·德拉贝克（Tom Drabek），比尔·安德森（Bill Anderson），加里·克雷普斯（Gary Kreps），鲍勃·斯托林斯（Bob Stallings）等。1985年该灾害研究中心随着夸兰泰利和戴恩斯搬到了特拉华大学，并进入一个新的发展阶段。如今，特拉华大学的灾害研究中心已经成为一个以社会科学为主，兼有工程研究人员的跨学科灾害研究中心，也成为美国最重要的灾害研究机构和灾害研究人才培养基地之一。该中心的夸兰泰利资源中心拥有世界上最全的从社会科学角度进行灾害研究的相关资料，如今已经达到5.5万多种，包含图书、学术文章、报告、新闻报道、多媒体资料等各方面的内容。特别值得一提的是，特拉华大学灾害研究中心与特拉华大学公共管理和公共政策学院合作，从2010年起开始提供灾害科学与管理专业的硕士和博士学位教育,成为美国首个提供灾害管理专业学位教育的机构(韩自强和陶鹏,2016)。随着越来越多的人加入灾害研究,灾害的社会学研究也从边缘群体慢慢走向主流,社会学中常关注的问题,如不平等、多样性(性别、社会阶层)社会变迁等近些年来都成为灾害社会学研究的主要内容。

1974 年,在美国国家科学基金委员会的支持下,地理学家吉尔伯特·怀特在科罗拉多大学建立了自然灾害中心。该中心坚持和发扬了灾害研究的人文生态学理念的地理学传统,开展灾害科学研究和知识传播。自然灾害中心成立之初,受美国国家科学基金会"研究应用于国家需要"项目资助,开展了全美首次自然灾害研究评估,出版了《自然灾害研究的调查》(White and Hass,1975)这一里程碑式的成果。这次评估的意义重大,强调了社会科学参与灾害研究的重要性,逐渐改变了以往由自然科学及技术专家主导的格局,推动灾害科学研究进入跨学科、全灾种研究的时代。为便利灾害管理和学术研究,该中心还持续出版灾害研究领域的杂志和社会科学文献馆藏,并提供网络数据库搜索服务。为吸引研究生参与,灾害研究中心设立了吉尔伯特·怀特研究生减灾研究奖学金,以及关注女性灾害研究者及应急管理、高等教育实践的 Mary Fran Myers 奖学金(Myers,1993)。科罗拉多大学自然灾害中心每年一度举办的自然灾害国际研讨会具有极高的世界影响力,是国际灾害科学研究领域的盛会,如今科罗拉多大学自然灾害中心已发展成为一个跨学科的灾害研究平台和灾害人才培养的基地,是世界最有影响力的灾害研究机构。

在这个时期,一些以灾害为主题的学术期刊和国际学术会议也开始出现。最早的灾害专业刊物于 1955 年由日本中央新公论社创办,随后相关的灾害期刊逐步增加,其中以美国、英国、日本最多。1976 年,美国创办了《自然灾害观察者》,之后又创办了《自然灾害科学·国际海啸学会》和《科学事件快报网通报》;1977 年,英国创办《灾害管理》《灾害研究和实践》;1980 年,日本创办《自然灾害科学》;1983 年,瑞典创办了《意外事件、自然灾害研究委员会通讯》;1983 年,中国创办了《山地研究》,1986 年,又创办了《灾害学》。1977 年,美国举行"国际灾害预防会议",随后,"美国-东南亚预防自然灾害工程会议""灾害求助训练会议""国际预防自然灾害工程会议""减轻多种自然灾害的工程科学研讨会""美国减轻自然灾害工程会议""灾害管理国际会议"等灾害研究学术会议相继召开;1982 年墨西哥城的世界社会学大会上,成立了"国际社会学协会灾害社会学研究委员会";1984 年,中国台湾召开"减轻自然灾害国际讨论会";1985 年,中国北京主办了首届"中美日三方减轻多种自然灾害的工程科学讨论会",1985 年,我国著名经济学家于光远先生首次提出"把灾害作为一门科学来研究",并于 1986 年和 1987 年两次在北京召开了灾害经济学学术讨论会;1986 年,中国开始筹备成立中国灾害防御协会;1986 年,第一届国际自然灾害学学术会议在古巴召开,就灾害预报和防治等方面的最新科技发展进行了交流。国际社会和学术界频繁的灾害学术交流和大量灾害学术刊物的出现,都是灾害学在世界范围内全面兴起的重要标志。

4. 横断科学的发展为灾害学提供了科学哲学的基础。

20 世纪 40 年代出现的横断科学,即系统论、控制论、运筹学、信息论、系统工程等新学科,在 50~60 年代取得很大发展,整体论开始获得现代科学的认同;70~80 年代,以耗散结构、突变论、协同论等为代表的复杂性科学的兴起,为描述和处理灾害问题提供了一套科学概念、原理、方法,为灾害科学准备了必要的思想营养、概念工具和方法武器。灾害研究由此具备了成为一门科学学科的认知条件。

第二节　现代灾害研究的发展

一、灾害研究的发展现状

（一）灾害研究已经进入了当今世界科学研究的殿堂

　　21世纪以来，人类社会对生态环境和灾害问题空前关注，世界各地越来越多的科学家和社会管理者将灾害作为一个科学研究对象或社会管理对象，开展灾害的科学研究和减灾防灾的社会实践，撰写了大量有关灾害的科学论文，灾害的科学论文已经成为国际学术论文的一个重要组成，在全球具有学术影响力的国际学术出版业巨头Elsevier专门将灾害科学作为一个独立科学研究领域来统计分析，并发布全球灾害科学研究报告，2012～2016年，全世界每年大致发表有关灾害科学论文5400多篇，占全球所有学术论文的0.22%（Elsevier，2018）。据中国科学引文数据库（Chinese science citation database，CSCD）、中文社会科学引文索引（Chinese social sciences citation index，CSSCI）期刊数据，我国1998～2020年每年大致发表900篇灾害研究论文，灾害研究已经成为当今世界科学研究的一个主题。

　　与灾害、灾害相关概念或特定灾害有关的研究论文，涉及地质学、地理学、气象学、测绘学、建筑科学、环境科学、行政管理学、医学与卫生学、政治学、经济学、社会学、心理学等诸多学科，这反映出当前灾害研究本身的多学科性。众所周知，灾害是一种复杂的自然社会现象，认识与理解灾害是离不开相关学科或多学科支撑的。例如，地质学、地理学、水文学和气候学是理解自然灾害产生原因、改进灾害早期预警系统，以及减少灾害的频率和严重程度的重要基础；为了预测最有可能发生灾害的地区，需要开发并部署监测技术及大数据分析；工程原理可以用来改善基础设施、建筑材料；科学合理的土地使用和城市规划，可以减轻灾害的影响力；医学和公共卫生研究可以提供灾害风险和灾害造成的短期或长期健康风险的有关信息；社会科学可以提供灾险地区有关文化、政治和经济的重要信息，以协助与灾害管理有关的政策制定和投资，社会科学也有助于更好地理解影响灾害脆弱性的因素：贫困、城市化、教育，以及如何使大众更好地参与灾害风险的论题。

　　为科学地观测、监测自然灾害现象，收集和积累灾害现象的数据资料，开展灾害的基础性科学研究，近半个世纪以来，通过灾害学术界和国际社会的共同努力，目前在全球范围内，基本建立了较为完善、广为覆盖的气象、海洋、地震、山地崩坍滑坡、水文、森林火灾、植物病虫害等地面监测和观测网，开展了许多有关自然灾害发生机理以及预测技术的研究。例如，我国曾进行"大陆强震机理与预测""重大气候和天气灾害形成机理与预测理论研究""洪水演进与预报""海洋环境预报与减灾技术的研究"，发展了灾害监测预报预警技术体系，初步建立了台风、洪涝、森林火灾、干旱、风暴潮、海浪、雪灾、地震、滑坡泥石流、荒漠化等自然灾害的监测信息系统，为灾害科学研究奠定了坚实的基础。

（二）灾害研究的学科体系和人才培养体系初步形成

　　国内学者一般认为灾害学是研究灾害成因、机制、阐明灾害征兆、规律，准确预测、预报，确定防灾、减灾与抗灾的一门综合性学科，是一种兼具理学、工学与社会科学性质的科学，但目前尚未形成统一的灾害学科体系，一些学者提出了自己关于灾害学科体系的方案。例如，在我国地理学家史培军教授建立的灾害科学体系中，灾害科学包含有广义和狭义两层含义。广义的灾害科学可称为"灾害科学与技术"，包括灾害科学、灾害技术，灾害管理等。灾害技术主要探讨减轻与控制灾害的技术体系；灾害管理主要研究减灾的投入与产出等经济问题（如企业与个人参与保险或再保险的问题），减灾立法问题，灾害风险管理问题，防灾、抗灾、救灾管理问题，灾害应急管理问题，以及与区域灾害学相交叉的减灾规划问题等。狭义的灾害学划分基于灾害定义展开，主要划分为基础灾害学、应用灾害学和区域灾害学。基础灾害学（也称为理论灾害学）主要是研究灾害的形成与发生规律；应用灾害学主要研究灾害评估（包括危险性评估、风险评估、脆弱性评估和灾情评估）和灾害预测与预报的方法；区域灾害学主要是明确区域减灾战略、区域灾害区划和减灾区划，编制区域救灾预案，建立区域灾害应急管理体系等。我国社会学家申曙光教授也提出了一套灾害科学体系，他认为灾害学的学科体系归为三大类：要素灾害学、理论灾害学、灾害对策学。要素灾害学是指对灾害系统的各种要素（及各种灾害）进行研究的科学，包括地质灾害学、地貌灾害学、气象灾害学、生物灾害学、天文灾害学、生态灾害学、工程经济灾害学、社会生活灾害学。理论灾害学是指对灾害的基本理论及灾害与自然生态系统和社会经济系统的相互关系进行研究的科学，如灾害动力学、灾害经济学、灾害地理学、灾害生态学、灾害生态经济学、灾害社会学等。灾害对策学是指对有关灾害防治的原理、原则、方法、技术进行研究的科学，如灾害预测学、灾害预防学、灾害保险学、灾害危机管理学、灾害医学、灾害心理学等。灾害学的分支学科是它的基础。灾害学的基本理论与内容来自对其各分支学科理论和内容的概括和抽象。该学科体系完整，某些分支学科的提出，有其独特之处。

有关灾害研究的高等教育也有所发展。总体来说，有关防灾减灾领域的人才培养在发达国家发展较快，一些高校开设了相应的专业，设置了较为科学的课程体系，拥有多层次的防灾教育和培训方式，培养了大量的防灾减灾人才。例如，美国、英国一些大学就设有灾害管理和应急管理的本科专业，同时还设有相关的硕士、博士研究生教育，如美国杰克逊维尔州立大学应急管理科学博士、北达科他州立大学应急管理专业博士、俄克拉荷马州立大学消防与应急管理专业博士、圣路易斯大学生物安全与备灾专业博士、特拉华大学灾害科学与管理专业博士，以及卡佩拉大学公共安全博士（应急管理方向）、乔治·华盛顿大学工程管理专业博士（危机与风险管理方向）、佐治亚州立大学公共政策博士（应急管理方向）。日本东京大学地震研究所培养从事地震、火山研究的高级专门人才。我国也高度重视灾害研究方面的人才培养，如建立有以防灾减灾教育为主体，招收本科生的高校有防灾科技学院；在一些普通高校里，设置了灾害相关的本科专业，如暨南大学、河南理工大学就有应急管理本科专业；还有一些知名高校和科研机构也在开展培养灾害学与防灾减灾相关学科领域的硕士研究生和博士研究生的人才培养，如清华大学、北京师范大学、中南大学以及中国科学院相关的研究所等，它们设有灾害学、灾害管理、应急管理以及防灾科学与安全技术等领域的研究生招生计划。

（三）地理信息科学技术在灾害研究中的广泛应用

地理信息科学技术是近年来蓬勃发展起来的一项新兴科学技术，主要指包括遥感

（remote sensing，RS）、地理信息系统（geographic information system，GIS）和全球导航卫星系统（global navigation satellite system，GNSS）在内的"3S"技术集成，它是集成了通信、计算机网络、信息技术、地理、生物等学科的最新成就。世界各国不断将 3S 技术应用在农业、地质、水文、环境、气象、海洋、测绘等领域，为各国社会经济发展做出了巨大的贡献。随着空间技术的发展，3S 技术也成为近年来灾害研究工作者的科学方法和研究的重点内容（Tobin and Montz，2004），成为灾害研究技术发展的必然趋势，被广泛应用于灾害研究中，主要包括灾害监测预警、灾害数据提取与建库、灾情评估等。这一相对较新的工具促进和影响了对灾害的研究，并帮助应急管理人员有效地管理自然灾害造成的影响。

在地理信息科学技术中，RS 相当于传感器，GIS 相当于中枢神经，GNSS 相当于定位器。首先，RS 可以实时或准实时地、快速地提供目标的大范围数据资料和信息，利用 RS 技术能够动态、高效地获取各类灾害数据，对灾害提供动态监测和灾情评估，监测其发生情况、影响范围、受灾面积、受灾程度等，为灾害应急提供重要的基础资料。GNSS 系统主要用于实时、快速地提供目标对象的空间位置，具有精度高、速度快、全天候、全自动等特点。GIS 则是对多种来源的时空数据进行输入分析、综合处理、集成管理、动态存取等服务，在灾害研究工作中，可利用 GIS 的空间分析功能，对灾害的分布特征、发展趋势以及灾害防治做相关分析，为突发灾害应急指挥调度、救援工作提供辅助决策支持，也可与特定数学模型相结合，进行灾害预测预警分析。

需要注意的是，尽管目前"3S"集成技术是灾害研究的主要手段，但随着高新技术的发展，灾害监测与预警中多体现出"多网融合"的技术（黄露等，2016）。即在进行灾害监测、远程会商、应急指挥等过程中，涉及计算机网络、无线通信网络、卫星通信网络、监测传感网等，需根据实际情况开发出在多点之间能够进行实时、双向视频、音频、数据通信的多媒体通信平台，实现"多网融合"。通过配置远程调度语音、视频终端，视频与手持终端设备绑定，通过视频图形阵列（video graphics array，VGA）输出灾害现场的实时数据、图像、视频等，实现可视化对讲功能，以及更加高效、智能的实时数据通信，快速、可靠地实现对灾害事故的指挥和辅助决策，提高自然灾害应急救援救灾调度现代化的技术水平和管理水平。此外，灾害应急工作需要大量的应急决策数据作支撑，如预警预报数据、应急指挥调度数据等，如何利用云计算、大数据、人工智能等先进的科学技术来研究这些灾害应急数据的组织管理方式，是下一步需要深入研究的内容（杨军和李瑞军，2008）。

（四）综合灾害风险防范研究是当今灾害科学发展的方向

21 世纪不仅是全球变化诱发极端自然事件的高风险时期，也是社会经济、区域系统性风险出现的高发时期。在当前经济社会发展水平下，区域系统性风险表现为一个区域系统从一个稳定态向另一个稳定态转换过程中所产生的风险。例如，全球性城市系统风险可通过能量流、物质流和信息流等全球互动网络在城市系统间传递或转移，从而对宏观经济社会的生产链、供应链和联系网产生影响，甚至引发链式效应，导致国际金融系统出现系统性风险，使得银行破产、股市暴跌、金融危机、公司倒闭等现象发生。再如，伴随着全球一体化进程的加快，某一区域的食品安全、土壤退化、环境污染和水资源安全风险均可影响社会经济生产生活活动，形成全球食品、水和农业的系统性风险。由此可见，区域系统性风险的出现使得自然灾害风险和人为灾害风险交织，从而导致灾害风险增加。因此，急需综合灾害管理方法来应对区域系统性风险，即统筹应对气候变化、增加基础设施系统的韧性、构建"天-地-空-海"立体式一体化的监测网络和多元化防灾减灾救灾体系建设等措施，协调形成区域系统性风险的综合风险防范体系（郭君等，2019）。

为适应国际减灾防灾新形势，国际灾害界灾害理念已发生重大转变：由单一灾害风险防范向综合灾害风险防范转变，由减轻灾害风险向转移灾害风险转变，由国家减灾向区域和全球减灾转变，由适应灾害风险向提高减灾能力转变，已成为世界防灾减灾的总趋势。

面临国际减灾防灾发展的新趋势，灾害研究正朝着综合灾害风险科学方向发展，积极加强综合灾害风险科学研究，关注开展减轻灾害风险的综合研究，即自然与社会科学的综合，科技与政策和实践的结合，非传统知识和信息与科技、政策和实践的综合，将减轻灾害风险综合于减灾政策、实践与可持续发展之中，为可持续发展的政策制定与综合灾害风险防范措施的完善提供科学支持（史培军等，2014）。

（五）国际合作与交流推动和引领了灾害研究的发展

21 世纪以来，国内外灾害学研究步入了一个新阶段，学术交流活跃，全球和区域合作成为灾害研究的重要组织形式，灾害研究国际性会议的召开更是不计其数。例如，2011 年在印度尼西亚召开的"东南亚重大地质灾害管理"国际会议，2012 年 6 月在北京师范大学召开的"全球气候变化下的干旱灾害监测、评估和管理"国际会议，2013 年、2014 年、2015年、2017 年先后在北京召开的"联合国灾害管理天基技术灾害风险国际会议：灾害风险识别、评估与监测"、"联合国利用天基技术进行灾害管理国际会议：综合灾害风险评估"、"联合国利用天基技术进行灾害管理：推动落实 2015—2030 年仙台减灾框架国际会议"、"联合国利用天基技术进行灾害风险管理国际会议：通过综合应用增强韧性"，以及 2014年 6 月在北京召开的"第二届灾害风险综合研究国际会议"等，都表明了在当前全球化背景下，国际合作与交流成为灾害研究的必然趋势，无论是从国际人道主义、全球共同发展的主题出发，还是从灾害事件及其影响范围来考虑，灾害研究都必须要求合作交流，尤其是科研强国与灾害大国之间的合作交流，涉及在医疗救援、灾害风险，防灾减灾等领域较大规模的纵向研究，能够加强对灾害发生演变机理研究、监测预警能力建设、风险综合评估、防灾减灾关键技术研发，加快防灾减灾高技术成果转化和综合集成。

特别需要指出的是，世界减灾大会对推动和引领了国际灾害研究的发展发挥了独特的重要作用（李素菊，2015）。1994 年 5 月在日本横滨召开了第一届联合国世界减灾大会，大会通过了"建立更安全的世界的横滨战略和行动计划"，明确指出：防灾、备灾应被列为国家、区域、双边、多边和国际各级制订发展政策和规划的主要内容；发展和加强防灾、减少或减轻灾害的能力是"国际减轻自然灾害十年"期间要致力从事的最高优先领域，以便为"国际减轻自然灾害十年"的行动奠定坚实的基础；2005 年 1 月 18~22 日，第二届联合国世界减灾大会在日本兵库县神户市举行，会议通过了《2005—2015 年兵库行动纲领：加强国家和社区的抗灾能力》（UNISDR，2005）和《兵库宣言》，会议强调应使减灾观念深入今后的可持续发展行动中，要加强减灾体系建设，提高减灾能力，降低灾后重建阶段的风险。2015 年 3 月第三届联合国世界减灾大会在日本仙台市召开，会议通过《2015—2030年仙台减灾风险框架》（UNISDR，2015），明确指出要了解灾害风险，加强灾害风险的治理，投资于减少灾害风险和提高恢复力，加强备灾以有效应对并在恢复、善后和重建方面做得更好等 4 个优先行动事项，涉及层次和范围更加深入和广泛。联合国也提出全球减灾的当务之急是尽最大努力去预测、规划和减少灾害风险，以便更有效地保护人类和国家及民生、文化遗产、社会经济资源和生态系统，增强抵御灾害、降低损失的能力（李杰飞等，2015）。三届联合国世界减灾大会先后通过《横滨战略和行动计划》《兵库行动纲领》《2015—2030 年仙台减灾框架》，在其引领下，世界各国的减少灾害风险工作在深度和广度上取得重大进展，灾害的死亡率明显下降，减轻灾害风险的意识、能力和水平大幅度提高，特别是各国的灾害风险管理能力明显加强，减轻灾害风险的理念也深入人心。联合国世界减灾大会的框架文件涉及范围从关注自然灾害的防灾备灾为主，扩展到目前涉及自然、人为、环境、技术等各类灾害的防灾备灾、恢复和重建全过程风险的减轻，由此引领着灾害研究的理念和方向。

二、现代灾害研究的主要热点领域

（一）灾害管理与防灾研究是主流

在灾害科学研究的主题众多，领域宽广。基于灾害科学学术论文（2012～2016 年）的关键词词频分析表明：防灾、灾害管理、核事故、灾害规划、应急响应、备灾、灾害医学、海啸、地震地质灾害、自然灾害和气象灾害等词汇较为常见，但最突出的词汇是"灾害管理"和"防灾"。在地球物理灾害研究中尤为频繁，出现于 15% 以上的此类论文中（夏露等，2018）。这说明，灾害研究的主要目的是服务于灾害社会管理的需要。

我国是灾害发生频繁且受灾害影响严重的国家，新中国成立以来，党中央、国务院、各级政府部门一直高度重视灾害防御工作，经过多年的努力，目前已初步构成一系列灾害防御体系，提出灾害防御机制以及灾害防御对策及措施。但总体说来，我国的灾害管理水平还不高，灾害防御的能力还不够强大，还需加强灾害管理与防灾的研究，如加强灾害应急体系和机制建设，进行不同空间尺度的灾害风险评估的编制，提高灾害预防工程的有效性、灾害处置能力，确保人民生命财产安全，确保经济社会可持续发展，这样不仅有助于提升未来灾害风险管理能力，同时也能对区域规划和可持续发展提供科学的政策建议（孔锋等，2018）。

在灾害管理问题上，未来灾害管理研究还应注重以下几方面：一是强调国际合作，积极借鉴先进经验。为了应对国际性灾害，需要不同国家紧密合作，共同管理。而我国由于灾害管理经验相对不足，就需要学术界积极研究世界其他国家灾害管理的经验和技术，因地制宜地将其运用到我国灾害管理研究当中。二是关注城市灾害，重视经济损失，改革开放后，城市经济发展迅速，城市化水平快速提升，这也使得灾害造成的潜在损失更大，需要防范灾害风险，破解被动应灾的局面。三是在综合防灾减灾救灾工作应抓住当前大力构建生态文明建设的契机，协同趋利与避害的关系。以气象部门为例，综合防灾减灾救灾工作既要抓避害，加强防灾减灾救灾系统建设提高全社会气象灾害防御能力；也要抓趋利，大力推进气候资源开发利用和为生态文明建设提供气象保障服务，以便创造更大的经济、社会、生态效益。从国家长远发展的要求上看，综合防灾减灾救灾工作更要坚持趋利避害并举，为经济社会发展、生态文明建设、人民生活等提供服务保障，如我国的都江堰、坎儿井等工程的典型实践。四是可持续发展。我们进行灾害管理研究，意在提升灾害管理能力，推动灾害管理实践上的进步，从而实现各方面可持续发展（文宏等，2018）。

（二）自然灾害成因机制的研究仍然是重点

从自然灾害组成要素看，自然灾害由致灾因子、孕灾环境和承灾体三要素共同决定。从地球系统科学角度认识复杂的灾害系统，关键是揭示自然灾害的致灾因子及成因机制。目前的研究主要针对气象灾害、水文灾害、地质灾害、生物灾害等灾害类别对灾害的成因进行进一步的分类。包括：针对气象水文灾害、空间天气灾害，加强孕灾环境、致灾因子、承灾体和灾害链研究，检测与识别气候异常信号，明确极端气象事件的发生机理、致灾机制及其与气候变化的关系；开展持续性强降水的成因、机理与可预报性，气象灾害等诱发农林生物灾害及灾害链的形成机制、机理，气候变化对气象、海洋、生物、环境等灾害的影响及其演变规律等研究；针对地震灾害，开展地震活动构造调查、活断层探测、壳幔精细结构探测及中国地震背景场探测，研究地震活动时间、空间与强度变化规律与趋势，研究强震动衰减规律及工程结构破坏效应；加强地震危险评估及地震灾害预测；针对滑坡、泥石流等各类地质灾害，调查孕灾环境，结合承灾体分布阐明成害机理，总结对人类社会带来的危害，并提出防治措施；针对生物灾害，研究其扩散与暴发机理，分析气候变化的影响作用，阐明该类灾害的危害过程与程度；分析区域灾害发生、发展、演变及时空分布规律，强化典型高风险区域的灾害链形成机制模拟；针对森林草原火灾，研究气候、火源、植被等不同因子和雷电活动对森林草原火灾发生的影响，揭示其发生的规律（中国科学技术协会，2009）。

（三）气候变化多样性风险是灾害机制研究的前沿科学问题

气候变化直接威胁到人类赖以生存的生态环境，已经引起各国政府和国际机构的高度重视，特别是许多气候异常、灾害性天气现象的频发，如旱涝、低温、持续高温等，造成大量损失，影响和制约着人类社会、经济的发展，甚至为整个地球生命系统带来巨大风险。例如，2008 年发生在中国南方的冰冻雨雪灾害以及欧洲地区近年来冬季强降雨雪天气的增加等，不仅使交通风险加大，而且还使得一些地区电网受损，导致正常供电受到影响，使灾害风险进一步扩大，从而引发巨灾。此外、全球变暖还使得地球生态服务能力受到影响，有观测结果表明，近年来大范围的传染病发生（如 SARS[①]、禽流感等），均与全球生态系统（特别是生物多样性）受损有密切关系。为此联合国减灾署秘书处与联合国气候变化框架公约秘书处和附属机构建立了工作关系，参与《京都协定书》的谈判过程，促进减灾框架与气候变化框架的统一，并呼吁成员国在国家经济计划和战略中将减少灾害风险同土地用途和住房规划、重要基础设施发展、自然资源管理、培训和教育等政策相联系。由此可见，促进减灾合作与适应气候变化行动和经济发展框架统一已经成为联合国合作减灾机制的重点领域（洪凯和侯丹丹，2011）。

在当前气候变暖背景下，极端气候事件导致的灾害风险剧增，特别是大规模灾害和群发性灾害暴发概率增大，亟须重视气候变化多样性风险。研究表明，气候变化多样性风险表现为趋势性形成的得失不定的风险、波动性形成的不确定风险和极端天气与气候事件风险。气候变化趋向风险主要由其地理位置所确定，如在高纬度地区和高山地区，气候变暖趋势对作物的风险与作物播种的地理位置有关；而在广大中低纬度干旱、半干旱地区，气

---

① 重症急性呼吸综合征。

候变暖加剧气候干旱的程度，不利于降低农业风险。气候变化波动性风险主要由其变化的阈值所决定。当气候要素（如温度与降水）波动低于人类的设防水平会造成影响风险；但当其波动超出人类的设防水平，进而由波动达到突变时，必然形成极端天气和气候事件，酿成重大天气和气候灾害，则必然引致损失风险。由以上分析可以看出，不同的地理区域、不同的设防水平、不同气候变化的成因，对气候变化形成的风险都有明显的影响，从而使气候变化风险的复杂性大大加深。如果再考虑承灾体的差异和暴露水平，必将使人们认识气候变化风险的难度加大。因此，气候变化多样性风险的应对需要采取多样性的风险化解措施，既要对极端天气和气候条件的形成加深理解，还要针对孕灾环境与承灾体，加深对气候变化趋势性与波动性风险的认识，从而从适应与减缓等多途径寻求有效应对全球气候变化的对策（史培军等，2014）。此外，研究气候变化引发的极端天气（如高强度降水、干旱与高温）出现特征，分析极端天气对不同地区、不同类型灾害形成的影响，建立定量关系预测未来巨灾，也是今后灾害研究的前沿科学问题（崔鹏，2014）。在当前全球气候变化的大背景下，如何有效适应气候变化，减轻灾害风险，实现地方、国家、区域乃至全球的可持续发展，是当前科技界亟待解决的科学问题。

（四）重特大灾害影响的时空研究是各界关注的重要话题

在全球化的背景下，互联网、无线通信等高新信息技术的发展，为重特大自然灾害风险的时空转移提供了基础。重特大灾害影响不再局限于灾区本身，会随着时空的分布与演变扩展到全球其他地区，造成的经济损失往往要大于灾害发生地范围内的经济损失，灾害的流动性、跨界性、不确定性与复杂性导致灾害的影响在复杂的全球网络中具有时空涟漪特征（级联效应）和放大效应。

以海温异常为例，已有研究对近 120 年太平洋发生的厄尔尼诺-南方涛动（El Niño-Southern Oscillation，ENSO）现象的分析表明，ENSO 发生后将在 2～6 年的时间尺度上对全球多个区域产生明显影响，导致不同地区的暴雨、干旱和高温等现象频发且强度增大，继而通过社会生态系统加剧灾害的影响，在经济全球化和贸易自由化背景下通过生产链和供应链等联络网进一步放大灾害影响，即因生产链中断、贸易阻塞等造成间接经济损失。此类在一个区域发生的自然灾害或人为灾害会对其他地区社会经济生态系统产生影响的现象极为灾害影响的时空涟漪。

灾害影响的时空涟漪特征可表现为时空上的不连续性，但在物理过程和经济过程中具有连续性。例如，2011 年东日本 9.0 级大地震重创其东北部地区的制造业，使得日本制造业的出口受到严重影响，进而导致全球的汽车制造与电子产品制造受到严重影响，最终给全球造成了 2100 亿美元的直接经济损失和 3820 亿美元的间接经济损失。日本本地的间接经济损失占总间接经济损失的 45%，而其他非灾区国家的间接经济损失占总间接经济损失的 55%。其中美国为 12%，欧盟地区国家为 11%，中国为 11%，印度为 3%，俄罗斯为 2%。重大自然灾害的时空涟漪效应非常巨大，在快速全球化的背景下，亟须从多区域、多过程、多因素、多影响的角度开展重特大自然灾害风险分析与管理的理论与实践研究（郭君等，2019）。

（五）灾害系统复杂性是灾害研究新的关注点

20 世纪后期复杂性科学的出现及复杂性科学范式的发展，引发了自然科学界的变革，而且也日益渗透到哲学、人文社会科学领域，给灾害研究和管理带来了新的思想和方法。

灾害的复杂性现象也逐渐成为国际社会关注的热点和前沿话题，一些学者运用复杂性科学的概念与方法，初步分析了灾害的一些复杂性现象，一些学者提出了灾害研究的复杂性范式的构想。探索灾害的复杂性，弄清灾害的复杂性本质，仍是我们当前灾害研究和科学减灾防灾面临的挑战（郭跃，2020）。

灾害系统的复杂性是由致灾因子、孕灾环境和承灾体的复杂性共同所决定的，在特殊的时空条件下，灾害系统的复杂性表现为群聚和群发、链发与碰头等特征。已有的文献将灾害系统的这些复杂性特征概括为多灾种现象、灾害的级联现象或者灾害的叠加现象，但大多数都不能很好地符合实际灾害系统的复杂过程。为此，史培军教授将灾害系统的复杂性特征概括为灾害系统的灾害群、灾害链和灾害遭遇三大过程。灾害群是指灾害在空间上的群聚和时间上的群发现象，各致灾因子之间不存在成因上的联系性。灾害链则是指因一种灾害发生而引起一系列灾害发生的现象，各致灾因子之间具有成因上的联系性，多表现为类似多米诺骨牌效应，其致灾强度具有累加效应，如2008年5月12日发生的汶川大地震，重灾区由于地震、暴雨等的共同作用，出现了崩塌、滑坡、泥石流等灾害隐患，以及火灾、爆炸、有毒物质泄漏等事故隐患，形成了十分复杂的灾害链效应；2011年3月11日发生的东日本大地震，瞬间触发了致灾因子间的链式反应，诱发了海啸与核电站爆炸，从而波及社会，如电力、堤坝等关键基础设施，以及诱发其他次生灾害，影响生态系统，进一步影响了日本本国与国际的经济。灾害遭遇表现各致灾因子之间的相互碰头现象，指多种灾害事件形成的组合，如2008年，我国南方发生的大范围雨雪冰冻灾害，由于该地域承受巨灾的能力十分有限，所以当极端天气与特定山地丘陵相遇，再加上相关生产事故等问题，最终酿成了一场巨灾。此外，气候变化及区域发展模式也大大加剧了灾害系统的复杂性（史培军等，2014）。

灾害系统的复杂性是灾害风险科学自身急需解决的原理性问题，目前需要更科学的结构体系和功能体系来认识灾害系统的复杂性，为全球化背景下的巨灾风险提供理论支撑。

主要参考文献

崔鹏. 2014. 中国山地灾害研究进展与未来应关注的科学问题. 地理科学进展, 33（2）: 145-152

耿长林, 田家怡, 潘怀剑, 等. 2000. 我国古代灾害问题研究面面观. 滨州教育学院学报, 6（3）: 63-67

郭君, 孔锋, 王品, 等. 2019. 区域综合防灾减灾救灾的前沿与展望——基于2018年三次减灾大会的综述与思考. 灾害学, 34（1）: 152-156, 193

郭跃. 2020. 灾害复杂性的地理学阐释. 灾害学, 35（3）: 1-7

韩自强, 陶鹏. 2016. 美国灾害社会学: 学术共同体演进及趋势. 风险灾害危机研究（第二辑）. 北京: 社会科学文献出版社

洪凯, 侯丹丹. 2011. 联合国国际减灾合作机制与中国的参与策略. 中国应急管理, 5: 50-55

黄露, 谢忠, 罗显刚. 2016. 3S技术在突发地质灾害应急管理中的应用. 测绘科学, （5）: 50-55

孔锋, 吕丽莉, 王品, 等. 2018. 灾害防御能力的基本定义与特征探讨. 灾害学, 33（4）: 1-4

李杰飞, 顾林生, 龙海云, 等. 2015. 联合国第三次世界减灾会议综述. 国际地震动态, （10）: 45-48

李素菊. 2015. 世界减灾大会: 从横滨到仙台. 中国减灾, （7）: 34-37

曲彦斌. 2008. 自然灾害研究的人文社会科学探索视点. 文化学刊, 4: 5-13

史培军, 孔锋, 叶谦, 等. 2014. 灾害风险科学发展与科技减灾. 地球科学进展, 19（11）: 1205-1210

史培军, 刘婧, 徐亚骏. 2006. 区域综合公共安全管理模式及中国综合公共安全管理对策. 自然灾害学报,

15（6）：9-16

史培军，吕丽莉，汪明，等. 2014. 灾害系统：灾害群、灾害链、灾害遭遇. 自然灾害学报，23（6）：1-12

托马斯·库恩. 2003. 科学革命的结构. 金吾伦，吴彤和 译. 北京：北京大学出版社

王海燕. 2014. 从神话传说看古代日本人的灾害认知. 浙江大学学报（人文社会科学版），44（4）：191-200

文宏，李风山，刘志鹏. 2018. 改革开放 40 年灾害管理研究的议题回顾与未来展望——基于 CiteSpace 的
　　知识图谱分析. 桂海论丛，34（5）：67-78

夏露，叶玮，张书华，等. 2018. 灾害科学：全球展望及我国研究现状分析. 中国科学基金，32（3）：340-344

杨军，李瑞军. 2008. 3S 技术在地质灾害监测中的应用. 科技信息，（33）：435-436

约翰·杜威. 2005a. 经验与自然. 傅统先 译. 南京：江苏教育出版社

约翰·杜威. 2005b. 确定性的寻求. 傅统先 译. 上海：上海人民出版社

张健民，宋俭. 1998. 灾害历史学. 长沙：湖南人民出版社

中国科学技术协会. 2009. 地理学学科发展报告. 北京：中国科学技术出版社

北原糸子. 2007. 日本災害史. 东京：弘文館株式会社

Ackerman E A. 1963. Where is a research frontier? Annals of the Association of American Geographers，53（3）：
　　429-440

Alexander D. 2000. Confronting Catastrophe：New Perspectives on Natural Disasters. Harpenden：Terra
　　Publishing

Barrows H H. 1923. Geography as human ecology. Annals of the Association of American Geographers，13（1）：
　　1-14

Burton I. 1962. Types of agricultural occupancy of flood plains in the United States. Department of Geography
　　Research Paper No.75，6（12），276-279

Burton I，Kates R，White G . 1993. The Environment as Hazard. NewYork：The Guilford Press

Cuny F C，Abrams S E. 1983. Disasters and Development. NewYork：Oxford University Press

Elsevier. 2018. A Global Outlook on Disaster Science. Amsterdam：Elsevier

Gregory K J. 2000. The Changing Nature of Physical Geography. London：Arnold

Hewitt K.1983. Interpretation of Calamity from the View point of Human Ecology. Boston：Allenand & Uniwin

Hewitt K，Burton I. 1971. The Hazardousness of a Place：A Regional Ecology of Damaging. Toronto：University
　　of Toronto Press

Hilton K. 1985. Process and Pattern in Physical Geography. London：University Tutorial Press

Jeffery S. 1982. Creation of vulnerability to natural disaster：Case studies from the Dominican Republic.
　　Disaster，6（1）：38-43

Kates R. 1962. Hazard and choice perception in flood plain management. Department of Geography Research
　　Paper No.78. Chicago：University of Chicago

Myers M F. 1993. Bridging the Gap between Research and Practice：Natural Hazards Research and Applications
　　Information Center. International Journal of Mass Emergencies and Disasters，11（1）：41-45

O'Keefe P O，Westgate K N，Wisner B. 1976. Taking the Naturalness out of natural disasters. Nature，260
　　（5552）：566-567

Prince S H. 1920. Catastrophe and Social Change：Based Upon a Sociological Study of the Halifax Disaster.
　　NewYork：Faculty of political science of Columbia University

Sorokin P A. 1942. Man and Society in Calamity. NewYork：Dutton

Tierney K J. 2007. From the Margins to the Mainstream? Disaster Research at the Crossroads Annual Review of Sociology，33：504-525

Tobin G A，Montz B E. 2004. Natural hazards and technology：vulnerability，risk，and community response in hazardous environment. Geography and Technology，547-570

United Nations. 1994. Yokohama Strategy and Plan of Action for a Safer World. Guidelines for Natural Disaster Preventing，Preparedness and Mitigation. NewYork：United Nations

United Nations Office for Disaster Risk Reduction（UNISDR）. 2005. Framework for Action：2005-2015：Building the Resilience of Nations and Communities to Disasters. Geneva：UNISDR

United Nations Office for Disaster Risk Reduction（UNISDR）. 2015. Sendai Framework for disaster Risk Reduction 2019-2030. Geneva：UNISDR

Varley A. 1994. Disasters，Development and Environment. Chichester：John Wiley&Sons Ltd

Westgate K N，O'Keefe P O. 1976. The Human and Social Implications of Earthquake Risk for Developing Countries：Towards an integrated mitigation strategy. Inter governmental Conference on the Assessment and Mitigation of Earthquake Risk. Paris：UNESCO

White G F.1945. Human adjustmen to floods：A geographical approach to the flood problem in the United States. Chicago：University of Chicago

White G，Haas E. 1975. Assessment of Research on Natural Hazards. Cambridge：The MIT Press

第二章　灾害的性质

灾害学是一门以灾害现象为研究对象的科学，这是一门年轻的新兴科学，它的基本概念、理论基础、知识体系、学科性质、研究范式和研究方法等学科基本问题都尚在发展和建设之中。本章基于灾害的科学概念、灾害的范式、灾害类型划分、灾害的属性、灾害的复杂性等研究内容的阐释，系统地解读灾害的性质。

第一节　灾害的概念

一、什么是灾害

灾害是当今社会和新闻报道时常关注的主题，灾害究竟是什么样的事件或情形，有哪些共同的表现特征，让我们从两个灾害事件说起。

（一）典型灾害事件的两个案例

意大利灾害社会学家亚历山大（Alexander，2000），在开始写作《面对灾难》（2000 年）的时候，意大利西北部的维西利亚山区暴发了一次山洪。他在其书中描述了这场山洪的情景。那时，山区暴雨倾盆，仅在 24 小时内，在陡峭的森林山坡上降落了 415mm 的雨水，两天之内下了相当于之前半年的降水量。突然间，山间溪流涌起，变成了泥土和石块混合的洪流。它们咆哮穿过狭窄树木林间的几个古老石村。泥浆和水从河床上奔出，涌入街道、广场和挤满了石块的房屋群，一个丙烷气罐被从其系泊处冲走，不停地滚动，喷射气体进入雨中，混入了空气。停在广场上的汽车在水流中漂起，绕了一会儿，一辆接一辆从山谷中顺流而下，撞击岩石而被砸碎。一座古老的石桥垮塌，瓦砾在汹涌的黑水中逐渐流出。挟着泥泞和石块的洪流在狭窄的街道上汹涌澎湃，砸碎车辆和市政基础设施，摧毁房屋的墙壁。山洪暴发后，当地政府启动紧急救援行动，几小时内，大量救援直升机云集受灾的维西利亚山区，道路上挤满了救援卡车和救护车。士兵、志愿者、消防员、警察、内阁部长、地区政治家、记者，甚至游客，他们聚集在受灾村庄，开展了紧急救援行动。这场洪水给生活在维西利亚山区的居民和社区带来了深重的灾难和阴影，许多灾民从危险境地救出后，变得沉默寡言，这场山洪夺去了 13 人的生命，造成数百人失去家园，财产损失 3000 万美元。这是一场典型的山洪灾害，它存在每个经历并幸存下来的人们的脑海里和生活中，形成了难以忘怀的记忆，它让人们认识到了什么是灾害。

2008 年 5 月 12 日 14 时 28 分，我国四川盆地西部地区突然大地剧烈晃动，持续 2 分钟，顿时山崩地裂、大地轰鸣，一次里氏震级达 $8.0M_s$、矩震级达 $8.3M_w$ 的大地震在崇山峻岭中暴发，震中位于四川省汶川县境内，地震波及大半个中国及多个亚洲国家。北至北京，东至上海，南至香港，甚至国外的泰国、越南、巴基斯坦均有震感，伴随着地壳的振动，区域大量地形地貌变形，山体垮塌、滑坡、堰塞湖、泥石流四起，形成了 3 万余处地质灾害点；城镇乡村大量房屋垮塌、浓烟四起，大量人员被房屋建筑、石块压砸或埋没，伤亡惨重、尸横遍野，随即电力、通信全部被中断，对外交通受阻，灾区社会近乎瘫痪。地震晃动停止后，幸存者带着巨大的恐惧和悲伤自发地寻找和救助亲人和邻居，当地政府随即组织灾民自救。中国政府在第一时间紧急启动国家二级救灾应急响应，汶川地震发生的 2 小时后，温家宝总理乘坐飞机紧急赶赴灾区，部署紧急救援工作，国家地震灾害紧急救援队从北京出发，赶赴灾区，民政部紧急调拨中央救灾物资支援四川灾区；当天下午，成都军区、武警四川总队和驻川某师 5000 余官兵紧急赶赴汶川地震灾区参加救灾，随后国家又调集了 10 万官兵参与抢险救灾。国家电网有限公司、国家三大通信集团（中国移动、中国联通、中国电信）紧急启动应急机制应对四川突发地震，随后几天，中国香港、中国台湾、日本、俄罗斯、韩国、新加坡的六支救援队伍也抵达灾区开展救援行动。汶川地震发生后牵动了广大人民的心，国内外社会各界捐赠款物 594.68 亿元，国际社会向中国政府和人民表达真诚同情和慰问，并提供了各种形式的支持和援助，捐资 17.11 亿元人民币，帮助灾区救灾和灾后重建。

汶川地震是中华人民共和国成立以来影响最大的一次地震。地震烈度 9 度以上的极度严重地区面积超过 1 万 km^2（包含 10 个县市），地震严重破坏地区面积超过 10 万 km^2。地震共造成 69227 人死亡，374643 人受伤，17923 人失踪，21.6 万间房屋倒塌，不少学校、医院、工厂以及大量基础设施，道路和桥梁被损或被毁，直接经济损失 8943.7 亿元人民币（国家减灾委员会和科学技术部抗震救灾专家组，2008）。

汶川地震之极度惨烈，是为国殇。数万同胞的生命，数十年发展积累的财富，瞬间没于废墟和泥石之中。汶川地震是人类的一大灾难、一场浩劫。它不仅给灾区人民带来了深刻的创伤，也强烈地震撼了中华民族，它使我们认识到自然力量的强大，人类生命的脆弱，人们要敬畏自然，学会与自然和谐相处。为使广大民众明确我们国家当前面临的灾害风险的严峻形势，唤起社会各界对防灾减灾工作的高度关注，吸取汶川地震的深刻教训，灾后第一年，国务院就将汶川地震发生的这一天——5 月 12 日定为全国防灾减灾日，期望增强全社会防灾减灾意识，普及推广全民防灾减灾知识和避灾自救技能，提高各级综合减灾能力的普遍，最大限度地减轻自然灾害造成的损失。

（二）灾害事件的共同特征

意大利维西利亚山区洪水和我国汶川地震，尽管灾害波及的空间范围和灾难后果的严重程度有所差异，但无论对当地而言，还是在世界的背景下，它们都是具有典型意义的灾害事件，从这两个灾害事件中，我们可以看出灾害事件的一些共同特征。

1. 遭受的灾害损失大多很快就直接显现

灾害对人类或人类社会会造成多方面的伤害或破坏，会给人类社会的生命财产、物质财富造成巨大的损失，灾害给人类带来的损失大多是直接显现的，都是在灾害事件后很快就出现了。例如，无论是山洪，还是地震及其触发的其他极端地球物理过程，极端地球物理过程的发生与对人类社会的伤害和损失现象几乎是同步的，极端地球物理过程暴发，人类灾害损失即刻出现。其他自然灾害（如台风）也是这样。沿海地区遭受台风袭击，狂风暴雨会严重破坏人类的生命财产和物质财富，台风过境，随即出现树木倒伏、一些建筑倒塌、基础设施损坏、良田淹没作物受损，甚至人员伤亡。

2. 人类受灾或面临灾害风险大都无意而为

无论是维西利亚山区灾民，还是汶川地区的灾民，他们祖祖辈辈都在那片大地生长生活、休养生息，他们也曾经历过暴雨山洪，或者大地摇晃，但他们与自然都相安无事，谁也不知道那里会突然发生百年一遇的暴雨山洪，或山崩地裂的 8 级大地震，他们受灾是由于他们所处灾害地区的位置而面临灾害，遭受灾害袭击，他们受灾不是他们有意去挑战灾害，而是无意地暴露在灾害面前，被动受灾。

3. 灾害预警的时间通常较短

灾害事件经常是突发事件，很短的时间内就发生了。灾害行为通常在短时间内（几天、几小时、几分钟甚至几秒）就表现出来灾害。例如，地震、洪水、滑坡、崩塌、泥石流、龙卷风等，这些灾害给人们的预警时间通常很短，即使人们长期生活在一个已知的灾害地区，也不能预料它们何时发生，当人们尚未意识到灾害的时候，灾害已突然降临，使人们猝不及防，因而会给人类社会带来极大破坏。

4. 灾害发生后需要应急响应处理

灾害事件对人类生命、财产和活动等社会功能的严重破坏，会引起广泛的生命、物质或环境损失，这些损失大多超出了受影响社会靠自身资源进行抵御的能力，为了减轻灾害对当地社会的伤害，需要社会有及时的应急响应机制和援助。意大利维西利亚山洪灾害发生后，当地政府和意大利国家层面随即开灾害应急响应。我国汶川地震暴发后，从地方到国家、再到国际社会都启动了包括人道主义救援救助、灾后恢复重建在内的灾害应急响应行动。

二、灾害的科学概念

在 21 世纪的今天，灾害不仅是社会关注的热点，也是科学研究的主题。作为学术梳理，我们首先追溯灾害一词的来历。

（一）灾害术语的由来

灾害这个术语在我国历史上出现很早，在中国最古老的文字——甲骨文（距今 3000 多年）中就已出现。"灾"原本意指自然发生的火。战国时期的史书《左传·宣公十六年》中就有描述灾害的话语："凡火，人火曰火，天火曰灾"。后来，"灾"泛指各种自然灾害，如水灾、旱灾、火灾、饥荒等。这是因为在中国古代，水灾和火灾是最常见的能够造成生命财产损失的灾害，人们出于对灾害的恐惧，创造了"天灾人祸""水火无情""水深火热"这样的词语。灾害一词也逐渐成为人们遭受的来自自然或人为祸害的常用术语。

灾害的英文词汇是 disaster，这个词的根源是拉丁文：dis 和 aster，可以翻译为"不好的星照"或"邪恶之星、灾星"，就是上天的惩罚的意思。

在人类的历史长河（从原始社会到农业文明时期）中，人类和人类社会受自然主宰，也时常受到自然极端事件（如洪水、台风、干旱、地震、山崩、滑坡、泥石流）的伤害，因而人们所论的灾害就是自然灾害。但随着人类社会的发展，进入工业文明后，人类干预自然能力和自身伤害的能力均显著增强，人类社会会遭受一些新的伤害（如交通事故、工业事故、恐怖主义、环境污染等）日益突出，使得灾害成为现代社会人们关注的热点，灾害一词的使用也越来越广泛，灾害的语义也有变化，其内涵和外延都发生了较大的变化，在不同的语境下，灾害一词的含义是不相同的，灾难结果、致灾原因、意外事故、生态灾难、环境污染、环境退化等都被人们惯于灾害一词。

（二）灾害的科学定义

随着社会对灾害问题的关注提升，灾害逐渐成为一些学者感兴趣的科学问题，灾害学也逐渐成为一门专门的学科。对于灾害科学的建立和发展而言，灾害这个术语正确的定义和科学的理解是灾害科学研究的一个基本理论问题。灾害的定义涉及灾害学科的研究对象与研究范围、发展方向等学术问题，科学的定义有利于人们对灾害本质的认识和灾害规律的揭示；在灾害的社会治理中，对灾害的科学认知决定着人们如何应对灾害以及他们在抗灾减灾中的态度，因此，灾害的科学定义也是社会防灾、减灾、救灾工作的基础和根本出发点。

灾害是什么？如何给灾害下一个科学的定义，这个问题不像表面上看来那样简单，它其实非常复杂。美国著名社会学家夸兰泰利等在《什么是灾害？》一书中讨论这个概念（Quarantelli，1998）。由于研究灾害的学者的学术背景、学科视角和研究领域不同，不同的学者对灾害的理解也不同，灾害的定义多种多样，目前，尚未形成共识或规范性的解释，代表性的定义如下。

美国社会学家弗里茨（Fritz）是最早给灾害定义的学者。早在 1961 年，他将灾害定义为集中在一定时间和空间上的事件，在这个事件中，一个社区，或者相对自给自足的社区的一部分，它们经历了严重的危险，导致其居民及其附属环境的损失，以至于社会的结构被破坏，社会的所有或部分基本功能受阻。弗里茨的功能主义的灾害定义充分体现了社会学"结构-功能"分析的传统，作为灾害社会学先行者的弗里茨所提出的灾害定义被视作经典，影响了后继研究者关于灾害的思考和表达方式。

我国较早给灾害定义的学者是李永善先生。1986 年，我国地震学者李永善在《灾害学》杂志创刊号中指出，灾害的定义应有狭义与广义之分。从狭义上讲，灾害经常被理解为给人们造成生命、财产损失的一种自然事件，而且所属突发过程；从广义上看，一切对人类繁衍生息的生态环境、物质和精神文明建设与发展，尤其是对人类生命财产等造成或带来较大（甚至灭绝性的）危害的自然和社会事件均可称为灾害。

1993 年，我国地理学者杨达源和闾国年在他们的专著《自然灾害学》中，将灾害定义为由反常（意外）事件导致人类社会遭受的损害，仅有反常事件不足以称为灾害，唯有它使人类社会遭受了损害才称为灾害。

1994 年，我国社会学者申曙光在其《灾害学》一书中提出：灾害是自然发生或人为产生的、对人类和人类社会具有危害性后果的事件与现象。在这里，强调的是灾害的后果。凡是对人类和人类社会产生危害作用的事件，不论它是自然发生的，还是人为产生的；也不论是突发的，还是缓慢的，都是灾害。

1998 年，我国地质科学家马宗晋、高庆华、张业成在其所著的《灾害学导论》中，将灾害定义为由自然变异、人为因素或自然变异与人为因素相结合的原因所引发的对人类生命、财产和人类生存发展环境造成破坏损失的现象或过程。

2000 年，我国环境科学学者曾维华、程声通在《环境灾害学引论》中，则将灾害定义为：某一地区，由内部演化或外部作用所造成，对人类生存环境、人身安全与社会财富构成严重危害，以致超过该地区抗灾能力，进而丧失其全部或部分功能的自然-社会现象。

2004 年，英国学者威斯纳（Wisner）认为灾害是具有某种程度的脆弱性人类社会和极端自然过程之间的相互作用的结果，相对于极端自然过程，基础设施损坏和人类的生命死亡或疾病的苦难更多的是来自人类社会。

2009 年，美国环境科学家史密斯在《环境灾害：风险评价与减轻灾害（第 5 版）》中，把灾害定义为极端的地球物理事件、生物过程和技术事故，它们向环境释放了异常高强度的能量或物质，并对人类生命和经济财产产生了大规模威胁。

2009 年，联合国国际减灾战略（UNISDR）将灾害定义为一个社区或社会功能被严重打乱，涉及广泛的人员、物资、经济或环境的损失和影响，且超出受到影响的社区或社会能够动用自身资源去应对的过程。灾害通常在暴露于某种致灾因子、现存的脆弱状况，以及减轻或应对潜在负面后果的能力或措施不足时发生。灾害影响可以包括生命的丧失，伤病，以及其他对人的身体、精神和社会福利的负面影响，还包括财物的损坏，资产的损毁，服务功能的失去，社会和经济被搞乱，及环境的退化。

2011 年，美国堪萨斯大学的保罗（Paul）认为灾害可以定义为是对社会造成巨大而悲惨影响的一种事件，这种事件破坏已有的生活方式，扰乱社会经济、文化、政治状况，并减缓受影响社区的发展速度。

2011 年我国灾害学者毛德华在其主编的《灾害学》教材中，将灾害定义为凡危害人类生命财产和生存条件的各类事件，并指出任何灾害的形成，都存在致灾因子、脆弱性和适应性、危险的干扰条件以及人类的应对和调整能力等方面的因素。

综上可见，许多灾害研究者都曾给灾害定义，表达了自己对灾害本质的理解，但这些定义的重心有所不同，表述方式不一，使得人们无所适从。作者以为，这些定义尽管采取了不同的描述方式，关注的重点不同，但也可以归纳为四类定义。

第一类是最平常的表达，灾害就是指危害人类生命财产和生存条件的各类事件。强调的是造成人类和人类社会伤害的各种过程或事件的诱发作用，这些事件既包括极端的自然事件，也包含意外的社会事件，尤其关注自然事件或极端地球物理过程的形成条件、分布规律。这类定义的灾害就是指引起危害性后果的致灾因子，它是灾害后果产生的直接驱动力，没有完整表达灾害的含义。

第二类是社会学视角的定义，认为灾害是造成人类生命财产损失、社会功能被严重扰乱的社会现象。将灾害定义的重点放在人类身体创伤、财产损失，及社会功能结构、经济、法律和政治方面的后果上，特别关注灾害的社会响应、救助和恢复重建等社会事务。这类定义的灾害指的是社会伤害和损失的后果，没有表达引起这些后果形成的原因，这类定义也不够完整。

第三类是在环境承载力背景下的定义，认为灾害是自然演化或人为引起的，超过了人类抗灾能力，严重危害人身安全与社会财富，破坏社会功能的自然-社会现象。这类定义是在承认极端事件作为灾害触发器的前提下，强调一个地区具备一定的承灾阈值，当外来极端事件的作用超过社会的承受能力时，极端事件就会给人类和人类社会带来破坏或伤害，特别关心地区的灾害抵御能力、救助能力与恢复能力的建设。这类灾害的定义包含了灾害的原因和结果，是一个语义比较完整的定义。但这类定义设置了承灾阈值的前提，人为设置的这个前提，含义模糊。

第四类是在脆弱性的背景下的定义，认为灾害是现实的自然事件系统和人类社会系统之间相互作用或冲突的结果，而且主要是人类行为所致。这类定义虽然承认极端自然事件作为灾害触发器的重要性，但更重视那些造成人类社会脆弱、助推灾害形成的社会行为，强调社会、政治、历史和环境的相互作用，关注人类和人类社会的灾害脆弱性，重点放在区域位置、社会的经济、教育、性别、人口、技术，以及社区备灾等影响脆弱性的因素上面。

自然过程和人类社会的相互作用是灾害概念的核心内容，在上述这些概念里，虽然没有文字上的直接表述，其实它们都包含自然与社会相互作用的意思。没有人类存在的极端自然事件，就不能称为灾害，只有人类和人类社会介入自然过程，才可能称为灾害。但这几类概念含义上的差异是明显的。这种差异实际上是不同的研究者对灾害本质的不同理解（或者重点在于极端自然事件的触发作用，或者在于人类社会受伤害的后果），但从本质上看，这些概念理解上的差异主要是认识和方法的不同所致，也与研究者对于灾害类型的选择和区域选择有关。

我们认为给灾害的定义应该考虑两个问题，一是通俗性，二是科学性。首先，灾害一词是人们的日常用语，我们的定义应该符合人们通常对灾害的基本认识，"灾"就是火、水、山崩、地裂；"害"就是伤害、破坏、损害、毁害；灾害是"灾"与"害"的结合，灾害一词既包括致灾原因，又包括灾害后果，而且灾害后果通常是较为严重，常常是"一方有难，八方支援"。其次，灾害是科学研究的一个对象，灾害的定义应该揭示灾害的本质和共同特征，反映出灾害触发过程和产生后果的因果关系。因此，我们将灾害定义为：起源于自然环境或人为环境的各种极端事件造成的人类生命财产和人类生存环境意外损害以及社会功能严重损伤的社会现象。

（三）灾害概念的内涵

灾害以人类生命财产和人类社会遭受意外损害作为其最显著的特征。无论自然界和人类社会怎样发展变化，只要人类社会没有遭受损害也就没有灾害，并且，自然或社会变异造成的这种损害不是人类自身期望的结果，不是人类有意为之，而是人类自身无意暴露于危险地带而遭受的损害。虽然灾害产生于地球物理过程与人类的冲突，但是，只有当人类及对其有价值的东西进入自然过程，灾害风险才会存在；并且，只有当人类居住和使用土地的时候，才会将自然过程主观评价为人类环境的组成，当这些自然事件处于极端状态时，才称为灾害。

灾害对人类和人类社会的伤害或损害是多方面的，它涉及人的身体财产的伤害（包括生命的丧失，身体的伤病，心理和精神创伤，以及家庭财物等），人类社会财富（生命线工程、基础设施和各种建筑物等）的损害或损失、社会经济混乱和社会功能失去（社会经济体系和公共服务体系）以及人类赖以生存的环境退化等三个方面。环境退化是指用于满足人类社会和生态目标及需求的环境功能的衰减，自然过程（如火山喷发、极端干旱、地震等）和人类活动都可以引起环境退化，人类引起的环境退化包括：土地利用不当，土壤流失，荒漠化，荒火，生物多样性丧失，森林砍伐，红树林毁坏，土地、水和空气污染，气候变化，海平面上升等形式，它们可以改变导致灾害形成的事件的发生频率和强度，增加社区的脆弱性，加剧灾害的形成。

灾害是一种具有一定规模的非正常的伤害事件，它会破坏社会的结构，造成社会压力，是一种具有负面效应的社会现象，没有外界的援助，仅靠受灾社区自身的力量，这个事件的负面影响是不能克服的。这意味着并非所有的负面事件都是灾害，而灾害只是那些超过了受影响社区响应能力的事件。例如，一次简单的山区公路的小规模塌方，只需要当地公路部门的及时响应即可，这种塌方也可能会造成财产损失和人员损伤，然而，由于小规模的公路塌方是在当地很容易管理的常规事件，它不被认为是灾害，只是一个意外事故。但是，大规模山体的滑坡就是灾害，因为它可以毁坏社会的生命线工程以及比邻的村庄聚落，需要外部社会力量的应急响应和恢复重建。灾害扰乱了人类的"正常"的生活，影响了社会的生计系统，甚至暂时中止了社会的功能，因此，需要动员应急救援，在某些区域范围很大的灾害事件中，应急救援的参与人数可能会超过社会成员，如台风，受害者人数可能远远超过营救人员的人数。

灾害现象是由导致灾害发生的各种诱因或事件和承受灾害损害的各种客体两大基本要素构成的。这两个基本要素也显示了灾害形成过程中环境与人类相互作用的因果关系。在灾害研究中，人们通常将导致灾害发生的各种诱因或事件视作致灾因子，承受灾害损害的各种客体称为承灾体。致灾因子有自然过程，如地震、火山、海啸、龙卷风、台风、洪水、滑坡泥石流等；也有人为过程，如火灾、交通事故、工程塌陷、瓦斯爆炸、海难空难、核泄漏等。承灾体是人类、人类社会和人类的生存环境。当致灾因子，如火山爆发、地震、干旱，冲击人类和人类社会，使人类遭受足够伤害时，灾害便发生了。灾害就是致灾因子与承灾体在一定环境中相互作用的结果。然而，致灾过程的冲击是否会转化为灾害，取决于人类社会自身，取决于人类社会紧急反应的性质，也取决于在极端自然事件之前的缓解措施和准备程度。例如，干旱造成饥荒的程度，在很大程度上取决于政府储备食物或者从其他地区充足食物的能力。所以，灾害的形成是由致灾因子、人类社会的脆弱性以及人类社会的应对能力三方面决定的。

致灾因子是灾害产生的直接驱动力，但致灾因子的形成有一定环境背景，即孕灾环境。灾害的发生都有自然的背景和人类的背景。例如，一个地区的洪水灾害，既与气候波动，暴雨强度和频率增强有关，也与人类不科学的地表排水系统、森林砍伐等行为密切相关，当然，人类也可以通过卫星和雷达的监控预警信息减少暴雨洪水对人们造成的生命财产的损失。即使是纯源于自然环境的"自然"灾害，也从来都不是百分百自然的，虽然地震、台风和海啸可能是"上帝的行为"，但它们对人类的影响肯定是非随机的。其他如洪水和干旱这样的灾害，人类经常通过排干湿地、砍伐森林和密集的农业耕作促成这些灾害的发生。

三、灾害的定量表达

灾害是人类和人类社会遭受伤害或损害的现象，作为一种社会现象，人类和人类社会遭受伤害到什么程度，才能称之为灾害？是否存在一个阈值，到达之后就可以明确地说："这构成了一场灾害"？灾害发生后，其结果和影响都是十分广泛的，用什么参数可以定量地描述或界定灾害，是一个较难的学术和实践问题，学术界和国际社会尚未达成共识。一些灾害研究者已经尝试将死亡人数、受伤人数或损害程度等因素定量化，用于定义灾害。一些国际组织使用不同的标准收集和建立了全球灾害的数据库。

（一）定义灾害的数量标准

来自国际灾害科学研究的重要中心的美国科罗拉多大学的休伊特和希汉（Hewitt and Sheehan，1969）是较早关注灾害定量化描述的知名学者，他们将灾害定义为导致至少100人死亡、100 人受伤或 100 万美元财产损失的事件。

　　穆罕默德·加德尔哈克（2010）对灾害的尺度规模有较深入的研究，他在 2010 年提出了灾害规模的标准：受灾人口数量（死亡、受伤、流离失所、受影响的），或者灾害事件的影响区域面积，并以此为依据，将灾害分成 5 个等级（表 2-1）。加德尔哈克的灾害标准比较宽泛和灵活，只要有人受灾害影响，无论人数多少，也无论伤害或影响程度的深浅，甚至无人受灾，但只要当地受灾害影响了，如建筑物受损，或者农作物受害等，都可视为灾害发生。

表 2-1　加德尔哈克的灾害的等级

灾害等级	受灾人数/人	影响区域/km^2
小灾	<10	<1
一般灾害	10～100	1～10
大灾害	100～1000	10～100
重大灾害	1000～10000	100～1000
特大灾害	>10000	>1000

　　在 20 世纪 90 年代，我国学者结合中国实际，提出了灾害等级的划分标准（表 2-2）。

表 2-2　我国灾害等级的划分标准

灾害级别	死亡人数/人	经济损失/万元
微灾	<10	<10
小灾	10～100	10～100
中灾	100～1000	100～1000
大灾	1000～10000	1000～10000
巨灾	>10000	>10000

　　我国灾害等级标准是基于灾害给社会造成的伤害和损失的后果，主要考虑遭受灾害袭击的人员生命财产和社会经济损失两个方面。

　　我国政府从灾害应急响应的角度，以 3 个要素来数量定义自然灾害，即一次自然灾害过程造成的死亡和失踪的人口数量、紧急转移安置或需紧急生活援助的人口数量、倒塌和严重损坏房屋间数。例如，四川某县级制定的自然灾害应急响应的最低标准：乡镇行政区域内，发生气象灾害、地质灾害、森林火灾和重大生物灾害等自然灾害，一次灾害过程出现下列情况之一的：①因灾死亡或失踪 1 人以上；②因灾紧急转移安置群众 10 人以上；③因灾倒塌、损坏房屋 10 间以上，就应启动乡镇政府的灾害应急响应。

　　美国对外灾害援助办公室是最早建立灾害数据库的官方救灾机构，该灾害数据库记载了从 1900 年以来的所有海外国家的灾害，这些灾害数据都源自美国官方，是美国政府决策是否对受灾害影响的国家援助的依据，即使在美国，如果总统不宣布受灾地区，灾害受害者也没有资格获得联邦政府的紧急援助。灾害事件包括内乱引起的灾害，也包含其他原因引起的灾害，灾害事件的主要依据就是灾害造成的伤亡人数，且不同类型的灾害，其灾害起点的标准也不相同。例如，地震和火山喷发以受灾人数 25 人作为起点，气象灾害以受灾人数 50 人为起点，而人为造成的灾害，如火灾、坠机等，只有总受灾人数达到 100 人，才可以算作是灾害（Smith，2001）。

位于华盛顿特区的未来资源研究所编制了一个灾害数据库，记录了 1945～1986 年发生的灾害事件，包括自然灾害和工业灾难。这个数据库没有记录干旱灾害，并且工业灾难仅限于那些会引起火灾、爆炸或有毒物质释放的工业事件。灾害记录的阈值是：自然灾害以受灾死亡 25 人为起点，而工业灾难以死亡人数 5 人为起点。

比利时布鲁塞尔鲁汶大学的灾害流行病学研究中心（Centre for Research on the Epidemiology of Disasters，CRED），从 20 世纪 60 年代开始建立世界灾害事件数据库。1988 年，他们与世界卫生组织（World Health Organization，WHO）合作，共同建立紧急事件数据库（Emergency Events Database，EM-DAT），该数据库由布鲁塞尔鲁汶大学的灾害流行病学研究中心维护管理，并向全球免费提供世界灾害信息。

EM-DAT 的目标是系统地定义和常规定期地报告灾害，并在全球范围内保持高度的保真度和一致性。灾害流行病学研究中心在 EM-DAT 中给灾害定义的标准为：①至少 10 人在极端事件中死亡；②至少有 100 人受到极端事件影响；③呼吁国际社会的援助；④宣布进入紧急状态。以上的标准至少有一个满足，即为灾害事件。同时，CRED 还给重大自然灾害拟定了更高的标准：①每个事件的死亡人数为 100 人或更多；②造成社会经济重大损害，达到或超过每年国内生产总值（gross domestic product，GDP）的 1%；③受灾害影响的人群规模较大，达到或超过占全国总人口的 1%（Smith，1996）。

综上所述，目前，灾害的定量参数和标准仍未达成共识。但死亡人数作为灾害定量的一个客观参数，被国际社会和多数专家采用。其实，灾害发生后，计算受灾死亡人数并不容易，可能出现很多难以判断的复杂局面。例如，可能出现遗漏的人，或者在灾后饥荒和流行疾病等影响中死亡的人应该怎么办？再有，灾害死亡人数阈值，这在不同的社会、文化或国家中可能会有不同的影响后果，如灾害导致 10 人死亡，对于西方发达国家和非洲贫穷国家，具有完全不同的社会意义；相同类型和同等规模的事件可能对不同大小的人群，以及对具有不同应对能力的社区构成非常不同的挑战；另外，100 万美元的灾害损失也对发达国家和发展中国家产生不同的影响。

（二）主要的灾害的数据库

随着国际社会对灾害问题的日益关注，以及对灾害相关信息需求的不断增加，很多国家，尤其是发达国家特别重视灾害数据库建设及灾害数据信息共享，已建成的灾害数据库一般都可通过互联网进行访问。联合国开发计划署（the United Nations Development Programme，UNDP）、世界卫生组织（WHO）、美国、日本、加拿大、澳大利亚和比利时等国际组织和国家组织建设都建有相应的灾害数据库。美国对灾害数据库的建设贡献甚大，不仅建成了全球性的综合灾害数据库，还建成了包括海啸、地震等在内的各类专题灾害数据库。

世界比较著名的灾害数据库有：比利时布鲁塞尔鲁汶大学的灾害流行病学研究中心（CRED）的世界灾害事件数据库（https://public.emdat.be/ ［2022.4.11］）；联合国开发计划署的全球自然灾害数据库（http://undp. desinventar.net/DesInventar/index.jsp［2022.4.11］）；联合国环境规划署的全球人为灾害数据库（http://www.unepie.org/pc/apell/disasters/lists/disastercat.htm ［2022.4.11］）；美国地质调查局（United States Geology Survey，USGS）的全球地震灾害数据库（http://earthquake.usgs.gov ［2022.4.11］）；美国里士满大学的全球性综

合灾害数据库（http://learning.richmond.edu/ disaster/index.cfm［2022.4.11］），该数据库记录世界各国发生的自然灾害、重大事故和社会事件的时间、地点等信息；中国科学院资源环境科学与数据中心（https://www.resdc.cn）、国家地球系统科学数据中心（http://www.geodata.cn/）、国家冰川冻土沙漠科学数据中心全球（http://disaster.casnw.net/#/root/view）、国家减灾中心建设的全球自然灾害信息库（http://www.gddat.cn/newGlobalWeb/#/DisasBrowse），都建有灾害数据集。

这些数据库中灾害数据的标准不统一，数据来源的可靠性与广泛性有待商榷，数据管理范式，包括灾害特征类、字段名称、对应数据类型等规范的确定、典型的关系数据库结构应用与国际同类数据库不一致，互访与接轨中存在明显的不协调，难以实现有效共享。

比利时布鲁塞尔鲁汶大学灾害流行病学研究中心（CRED）的世界灾害事件数据库是国际上最为重要的灾害数据资源之一，在国际灾害管理与灾害研究中得到广泛应用，为国际减灾行动与计划、科学研究提供了大量自然灾害和技术灾害数据。该数据库的数据源于联合国、国际组织、各国政府、非政府组织、保险公司、研究机构以及出版机构等各种数据源，经过收集汇编而成。该灾害数据库收录的灾害分为自然灾害、技术灾害和复杂突发事件。收录的信息包括受影响国家名称、灾害类型、灾害发生的起止时间和地点、死亡人数、受伤人数、无家可归人数、受影响人数、影响总人数、评估的经济损失。自然灾害类型分为生物灾害（各种传染病）、地质灾害（地震、火山喷发、崩塌、雪崩、滑坡、泥石流等）、气候灾害（热浪、寒潮、干旱、野火）、水文灾害（洪水、山洪暴发、暴风雨）、气象灾害（热带气旋、龙卷风、雷暴）；技术灾害包括原油泄漏、爆炸、气体泄漏、辐射、中毒等事件。该数据库每日更新，按月核实，每年年末对数据进行修订。该数据库网站对数据收集所采用的方法进行了全面清晰地解读，以便数据下载者了解数据情况，合理使用数据。网站提供的数据可以分别依据国家、灾害类型或时间进行查询与下载。

第二节 灾害的范式

开展科学研究或者建立科学体系需要科学思想的坐标、参照系与基本方式，科学的基本模式与基本结构。为此，美国著名科学哲学家托马斯·库恩（Thomas Kuhn）提出了范式（paradigm）的概念。托马斯·库恩指出范式就是一种公认的模型或模式，它是科学家所共同接受的一组假说、理论、准则和方法的总和，这些东西在心理上形成科学家的共同信念。虽然范式的首要含义在哲学方面，但是，库恩的创见和独到之处则在于范式的社会学含义和构造功能，它不仅是一个科学共同体团结一致、协同探索的纽带，而且还是其进一步研究和开拓的基础；不仅能以自己的特色赋予任何一门新学科，而且还决定着它的未来和发展。

我们借助范式的概念，来审视灾害作为一门学科的发展与变化。灾害学的研究历史较短，也很少纯理论研究，大都为灾害实证研究、防灾抗灾的社会实践和政策研究。在灾害学界，范式概念多具有社会学的属性，也含有学科发展阶段的含义，通常灾害范式概念包括灾害形成的理论或假说、灾害分析的准则、灾害管理的基本理念和减灾防灾的方法或模式等内容，它是一个时期社会或一些研究者对灾害理解和减灾防灾对策的共识。

随着人类社会的发展，人类对灾害的理解发生了很大的变化，灾害的研究范式也在不断地演进。我们按人类社会灾害认识理念的差异，将灾害范式归纳为灾害荒政范式、灾害工程范式、灾害行为范式、灾害社会易损性范式、灾害可持续范式等五种范式。

一、灾害荒政范式

中国是一个遭受自然灾害严重的国家，在长期与灾害顽强抗争中，中华民族不断进取，早在封建社会时期就逐渐形成了以救助和赈济为特色的救灾模式。这种救灾模式在中国历史上称为荒政（李向军，1994）。

中国古代荒政思想及措施经历了一个漫长的丰富、完善过程。早在先秦时期，荒政就已经出现雏形（邵永忠，2006）。《周礼》提出的"以荒政十有二聚万民"，开辟了荒政思想的先河；秦汉至隋唐时期，荒政制度逐步形成并得到继续发展；至两宋时期，市场化运作的救灾措施的引入，使得救灾制度继续趋向成熟。至清代时期，这一制度发展到鼎盛，集历代救灾理念、措施之大成（倪玉平，2002）。

中国古代官府荒政的救灾措施大致可以分为行政措施、市场措施和社会措施三类（葛全胜等，2008）。行政措施是官府行政职责范围内的救灾措施，它是国家救灾的主要措施，它不考虑经济回报，是王权的仁政表达，包括设官仓、兴修水利、蠲免、缓征、赈给、赈贷、养恤等措施。市场措施是利用市场价格杠杆来进行灾害救济的措施，它要考虑经济效益，主要包括赈粜、招商、工赈、罢官籴等形式。社会措施是指官府利用民间的人力、财力、物力来进行的救灾措施，包括劝分、设义仓等救灾形式。由此可见，中国古代荒政的救灾措施的内容相当丰富，也形成了一个较为完整的减灾管理系统。

在中国古代，人们认为发生在人类社会中的灾害事件，其起因都在于"天"，灾害虽然是由于自然界的失常而发生，但天灾的背后，必有人世间的失常才使得"上天"震怒，天谴灾害以惩罚。"天"在人们的观念中是一个极具神秘感而又力量无边的忽隐忽现的神灵，消除灾害的重要办法是通过天子皇帝本人改进品性操守、实行所谓的"德"政。故历代封建王朝的统治者，为稳定政权，减轻自然灾害对社会经济的破坏，基于儒家的"民本""仁政""德政"理念，道家"阴阳五行"学说的思想基础，建立了以救助和赈济为核心的国家救济饥荒的法令、制度和措施体系，并在具体的执行中，多体现出"顺天应人"和"禳灾佑福"的意味。

作为一种灾害范式，荒政关注的核心是灾中和灾后的救济，采取什么措施才能有效降低灾害的影响和尽快恢复灾民的正常生活是荒政范式关心的主要问题。由于对灾害认识和减灾防灾理念的局限性，消极弥灾论长期成为中国古代社会主流观念，灾害发生后政府不是动员社会各种力量积极防灾救荒，而是耗费民力民财祈祷弥灾，政府在救灾措施中，对灾前的备仓、兴修水利也多有忽视、懈怠。

荒政是中国历代统治阶层在实践中逐步整理出的一整套的救灾措施和政策，虽然从严格的科学意义上难以将其定义为一种科学范式，但作为一定历史阶段人类社会共识的、行之有效的减灾防灾经验和智慧，它指导和引领了当时社会的救灾行为，故也可以视为一种灾害范式，其要点可以归纳为：①自然灾害为上天所致；②救灾是以皇帝为代表的官府治国安邦的重要责任；③重视气象水文与地震的观测，建立灾情记载、灾情报告与灾情评估制度；④实施仁政减灾，采取灾前预防、灾中救济和灾后恢复的系列救灾措施来减轻灾害对社会的影响。

二、灾害工程范式

人类社会以工程形式抵御自然灾害侵袭的实践萌芽很早。在 4000 年前，为抵御洪水，两河流域的人们修建了人类社会第一座河流大坝。在中国，为治理水患，春秋战国时期就建有芍陂、漳水十二渠、郑国渠和都江堰等水利工程，东汉时期有王景的黄河治理工程。为抵御地震对房屋建筑破坏，在 2000 年前，人们就开始采取积极的工程技术措施来保护建筑物免遭地震的破坏。例如，在古代西方，人们主要采用砖石为材料，修建坚硬建筑抵抗地震冲击力，而在古代中国，以木质材料结构为主的建筑则以整体浮筏式基础、斗栱、榫卯技术和柔性的框架结构来抵抗地震强大的自然破坏力。

随着地球科学和民用工程技术的成熟和发展，人类的防灾技术工程在抵御灾害和减轻灾害破坏影响的效果更加显著，到 19 世纪末，天气预报和暴雨预警的出现，更加增添了科学技术工程对防灾作用的信心。灾害的工程范式逐渐成为人类社会防灾的重要方法（Smith and Petley，2008）。

工程范式的目标就是采取积极的工程设计来控制某种自然过程的破坏影响。灾害工程范式认为，灾害是人类不可支配控制的、具有一定破坏性的自然力，它以非正常方式的释放而给人类造成伤害。基于这种灾害理念，处理灾害事务的唯一基础是应用地球物理和工程知识，人类社会减灾防灾的基本措施就是所有建筑结构修得非常坚固，以此经受住外来灾害的直接冲击。

作为一种灾害范式，工程范式主要关注的问题是自然灾害的发生发展和分布的自然规律、区域或地方潜在的自然灾害的强度和发生频率的自然原因、提供怎样的保护才能抵御灾害破坏等问题。其要点可以归纳为：①自然灾害是极端的地球物理事件、是日常生活之外的偶然事件，与人类社会本身没有什么关系；②积极开展对潜在的自然灾害，特别是对水文气象灾害和地质灾害的科学观测、科学预报和预警；③设计和建造大型的建筑物来抵御自然灾害。

20 世纪以来，工程范式都是国际社会减灾防灾的主流范式，以科学技术为基础的政府机构大都采取这种方法来抵御灾害。但工程范式的主导思想对灾害成因和本质的认识是比较片面的，没有从自然灾害与人类相互作用的关系的层面来认识和理解灾害，故工程范式的实施并未能有效阻止灾害对人类社会的破坏和侵袭。

三、灾害行为范式

灾害行为范式起源于美国当代自然灾害研究与管理之父，地理学家吉尔伯特·怀特，他发表的题为"人类对洪水的适应"的博士论文，第一次从人类的行为来分析人类自然资源开发与自然灾害的关系，他认为自然灾害不是人类社会外的纯粹的自然现象，而是与在易灾地区的定居和城市开发的人类活动有密切联系。他引入了灾害的社会视角（人类生态学），并开始怀疑是否有纯的自然灾害的存在（White，1974）。

灾害行为范式的形成与现代环境工程的兴起密切相关。当代环境工程是于 20 世纪 30 年代在美国发展起来的。那时人们意识到了土壤侵蚀和洪灾的巨大危险。在 1936 年，美国国会通过了《洪水控制法案》，该法案赋予了陆军工兵部队作为联邦机构负责大流域管理。这个机构开始了一个控制洪水和保护洪泛区财产的宏伟计划，田纳西河流域规划就是其中出名的例子。这种方法奠定了 20 世纪 50 年代美国对环境灾害的态度。

以洪水控制工程的建设为核心的流域规划与管理的前提是地球极端事件是灾害产生的原因。既然灾害是源于自然界的，显然自然事件的控制和预报就能提供一个有效的减灾措施。在 20 世纪 30～40 年代，美国对快速发展气象学、水文学的自信，大力开发利用自然资源的需求和主要工程项目资金的可行性，土壤侵蚀和洪灾控制的目标是可以达到的。

　　然而，就在那个时期，吉尔伯特·怀特发现虽然控制洪水的环境工程已经实施，但洪水控制的目标并没有完全实现，灾情在一定程度上还有所加重，他认为洪水控制机构和沿河居民没有正确的洪水风险概念，在易受洪水侵袭的平原上盲目地进行城市开发和沿岸定居，加剧了原有的洪水灾害的后果。所以，吉尔伯特·怀特提出为了形成综合的泛滥平原管理，洪水控制工程应该与非结构工程方法结合起来。

　　灾害行为范式盛行于 20 世纪中后期的发达国家的灾害管理，它关注的主要问题是为什么自然灾害会给发达国家带来人员死亡和财富破坏？人类行为怎样改变才能使灾害风险最小？采取的基本措施是不断改进短期的灾害预警和编制更好的长远的土地利用规划，避免人类生活在灾害易损的场所。事实上，这一范式已发展成为一种混合行为的方法：地球科学家继续研究极端自然事件，工程师设计建设控制最严重破坏力的结构工程，而社会科学家则寻求通过人类调整（灾难援助、更好的土地规划）来实现减灾。这种观点逐渐被国际社会广泛接受（White，1974）。

　　灾害行为范式的要点有四点：①人类感知和行为会影响灾害的后果，但灾害本质上还是自然过程；②主要目标还是通过工程管理控制，如河流堤坝、防震建筑环境工程项目等来抵御自然极端事件；③重要的措施在于地球物理过程的野外监测和科学解释，通过实用先进技术（遥感、遥测）帮助对破坏性事件的模拟和预报；④优先考虑的事情是制定灾害规划和应急响应方案。

　　一方面，行为范式本质上是工程范式的改进，它认为人类的行为会影响灾害的后果，但灾害过程本身仍然是由自然过程主导。行为范式是以西方发达国家的灾害情况建立的。它没有采用在欠发达国家工作的人类学家和社会学家案例研究，没有提到制度因素和全球化的作用，强调灾害事务决策中个人选择的作用，没有充分认识到人类灾害易损性而受到指责；另一方面，行为范式总是实用主义的，愿意采用现有的知识去减灾，它提供一个减少灾害的实践框架来保护这种行为模式。

四、灾害社会易损性范式

　　社会易损性的思想出现在 20 世纪 70 年代。虽然那时极端地球物理事件暴发的频率没有显著增加，但全球因灾难造成的人类和物质财产的损失却显著增加，这种现象是传统的自然灾害理解范式不能解释的（Wisner et al.，2004）。社会学家开始怀疑传统的自然灾害的理解范式。他们认为虽然洪水、地震是自然过程，但与它们有关的灾难不是自然的，为了理解灾难，人们有必要把眼光集中于社会过程，即人类的易损性（郭跃，2005）。

　　社会易损性范式主要源于一些社会科学家在发展中国家的亲身经历，在发展中国家自然灾害的后果常常异常严重，灾害行为范式的减灾进展非常缓慢，他们感受到发展中国家的灾害主要源于全球经济的运行方式和贫困人群的社会边缘化，而极端地球物理事件的影响则是次要的。这些自然极端事件只是更深层和长期社会问题的触发器。研究灾害的社会学家关注的是灾害长期的共同特征，从长远的社会历史过程来寻求灾害影响的深层原因，研究的焦点从自然灾害事件转移到灾难后果，从发达国家转移到发展中国家，研究社会不发达与灾难之间的联系，他们的结论是经济的依赖性增加了自然灾害的频率和影响程度。社会学家强调，灾害是政治和社会系统缺陷的表现，减灾救灾需要更多地关注人类社会的灾害易损性，深刻理解经济发展和政治独立对减少易损性的重要性。

在社会易损性范式的研究中，肯尼迪·休威特和本·威斯纳是重要的两个代表性人物。美国地理学家肯尼迪·休威特 1983 年编辑出版了题为《从人类生态学看：灾难的解释》的论文集（Hewitt, 1983），该书被认为是灾害研究发展史上的一个里程碑。肯尼斯·休威特推出该书的目的是要为灾害研究和管理提供一个不同于传统范式的灾害研究思路和方法。肯尼斯·休威特认为，对自然灾害来说，重要的事情不是靠灾害事件的条件或行为来解释灾害的特征、后果及形成原因，而是要分析当代的社会秩序，灾害发生地的日常关系和塑造这些特征的更深远的历史环境。

本·威斯纳把灾害看成是形成人类易损性的社会经济过程与形成自然灾害的自然过程，两种对立的力量冲突的结果（Wisner et al., 2004）。他认为：①自然灾害源于社会结构的落后，社会经济的不发达，这些社会的不发达又源于政治的不独立以及穷国和富国间不平等贸易安排；②现存的社会压力，如长期营养不良、疾病、武装冲突把最易损的人群（穷人）引入不安全的环境（破旧的房屋、陡坡、洪水易淹没地区），由于缺乏资源，有效的地方灾害应急响应受到限制；③西方观念的"正常"是一种幻觉，灾害是一种特征，而不是事故。

社会易损性范式思考的主要问题是发展中国家自然灾害发生的深层原因，为什么发展中国家的人民遭受着如此严重的自然灾害？这种情形的历史和现实社会经济原因是什么？作为一种灾害范式，其主要观点是：①灾害的发生主要是人类的开发引起的，而不是自然或技术过程；②人类灾害易损性的宏观根源在于施加权力和影响的社会经济和政治系统；③减灾就应该依靠基本的政治、社会和经济的变革，包括财富和权力的再分配，关注的重点应该放在社会弱势群体和落后地区以及社会公平上。

近年来，一些发达国家的学者也在运用社会易损性的思想研究西方发达国家的自然灾害的社会易损性问题，取得了一些积极的成果。在 20 世纪 90 年代，苏珊首先运用社会易损性综合指数的概念，开展了以县域为单元的美国自然灾害的社会易损性评价研究；在新世纪初期，苏珊又对美国海岸带地区进行了社会易损性研究，揭示了不同社会群体和不同地区的社会易损性时空变化（Cutter and Finch, 2008）。最近，美国学者福兰纳格德等对美国路易斯安那州 2005 年的卡特丽娜飓风的社会易损性进行了评价；挪威学者荷兰德等开展了挪威市域的自然灾害社会经济易损性评价；德国学者威尔赫米等对德国柯林斯堡洪水事件开展了社会易损性分析。

作为一种分析方法，灾害社会易损性范式具有预测的特质（周利敏，2012），通过对造成损失的潜在因素分析并清楚描述易损性及未来灾害损失的量化，可以预测某些人在灾害风险情境下可能会产生什么样的状况，以此来确认降低易损性的方法并强化社会群体对灾害的适应，这是社会易损性范式最重要的贡献。

社会易损性分析也存在一定局限，表现为易损性是难以衡量及观察的状态，在量化研究上面临着许多限制。首先，社会易损性的驱动力、易损性因子的选择与确定往往存在着许多分歧与争议。其次，社会易损性指标的权重分配也是问题，无论采用均等权重还是不均等权重都避免不了独断性。再次，社会易损性指标建构的边界也是研究的一大局限。虽然社会脆弱性范式存在着这些缺陷，但是这一范式所具有的巨大理论潜力却毋庸置疑，不仅可以为灾害研究提供更具创意与解释力的研究视角，而且对于推进防灾、救灾与减灾也具有极为重要的现实启示意义。

近三十年来，许多灾害研究者和管理者不断地重申和发展着这种灾害易损性分析方法，

"易损性"一词越来越多地出现在灾害研究的文章和政府灾害管理的文件中，"易损性"不仅逐渐成为灾害研究领域里的一个中心概念，而且也成为国际社会解决贫困、人口、发展和环境问题的基础。

五、灾害可持续范式

灾害的可持续范式源于20世纪90年代。这个时期，人类的教育科技和创新能力不断增强，通信高度发达和普及，减灾防灾的技术手段和物质实力也大大增强，但是自然灾害肆虐人类社会的强度和频度却丝毫没有减弱，甚至越来越烈，造成的社会经济损失越来越严重。例如，在美国，20世纪70年代每年自然灾害直接经济损失45亿元，90年代就达到每年100亿美元以上（Mileti，1999）。

在这严峻和残酷的灾难面前，人们不得不深刻反思：为什么社会进步了，技术先进了，财富丰富了，人类在自然灾害面前还是那样渺小，那样无奈？过去积累的灾害范式和减灾经验和方法为何不灵了？尽管我们在科学意义上探索和揭示自然灾害的发生、发展和空间分布格局，在工程技术上采取先进的手段和措施来抵御自然灾害都取得了积极的进展，但是我们仍然面临：不断增长的灾害经济损失、只能延缓灾难发生时间的减灾措施、生态环境的继续恶化以及巨型的自然灾害面前无所作为的困境。我们需要更新观念，重新认识人类社会自身行为的缺陷，重新认识自然与人类社会相互作用的复杂关系。

灾害事件和灾难是一个事物的两面。因此，灾害问题不能单独从自然科学或社会科学给予完全的理解和解释。故传统的基于自然科学的灾害工程范式、行为范式和基于社会科学的社会易损性范式都存在自身的缺陷。灾害不仅具有自然和社会双重属性，而且现在灾害风险和灾害后果与更宏观的全球环境变化、经济全球化进程、未来可持续发展前景等许多相互作用的因素也是复杂地交织在一起。新的灾害范式应该包含的内容更全面、更复杂，这个更全面的灾害范式，米勒蒂称为可持续的减灾（Mileti and Myers，1997），沃纳称为复杂范式（Warner et al.，2002），这种范式不是以减轻局部的，短期的灾害损失为目标，它的目标是将减灾战略紧密结合在现实区域社会发展的议程之中，通过区域可持续发展实现长远减灾的目标。2004年联合国发起的实现减灾与可持续发展的联合国国际减灾战略（UNISDR）就是这种灾害范式的一个体现。UNISDR是联合国继"国际减轻自然灾害十年"计划之后在21世纪实施的减灾计划，这个战略阐述了全世界的可持续发展对于减轻灾害风险的决定性意义，明确提出了建立与风险共存的社会体系，强调从提高社区抵抗风险的能力入手，促进区域可持续发展。瑞士达沃斯2006年、2008年两届国际灾害风险大会均是将促进区域可持续发展与减轻灾害风险作为减灾大会的核心议题，2008年国际科学联合会也提出了灾害风险综合研究的科学计划，强调的是灾害风险的综合研究、灾害影响的全球性、灾害风险形成的社会性。由此可见，以灾害风险综合研究与可持续发展为主题的灾害新的范式正在形成。

美国科罗拉多大学的丹尼斯·米勒蒂教授是建立和发展灾害的可持续范式研究的先驱和代表性人物。1994年，为评估和反省美国在20世纪70年代以来自然灾害研究和防灾减灾状况，以丹尼斯·米勒蒂教授为首的美国科罗拉多大学承担了美国国家科学基金资助项目"第二次国家自然灾害评估"。该项目研究结论认为，要扭转自然灾害损失螺旋上升的趋势，整个国家的文化观念和灾害观念必须转变，要改变现有的减灾模式，则需实施可持续减灾的战略和措施。

丹尼斯·米勒蒂认为实施可持续减灾，关键是要转变人类灾害和减灾观念，树立以下6个观念：①全球同一生态系统的认知和减灾一致行动；②人类应当承担灾害的主要责任；③灾害与减灾行为的动态性；④放弃导致短期行为的思维模式；⑤以更广阔的视角认识灾害及其后果；⑥把握可持续发展的原则。

按照可持续减灾的观念，维系自然环境和修复生态平衡才是减灾的最高境界（郭跃，2013）。生态系统和人类社会及社会之间的相互作用是导致自然灾害的根源。因此，积极消除人类对生态环境破坏的影响，修复生态系统，使人类社会与自然环境和谐统一，自然灾害自然会逐步减少。在一定地区，人类活动不应降低生态系统的承载能力。减灾行为应该有效控制和逆转环境的退化，并通过减灾行动，使自然资源得到妥善管理，环境得到维护。人类使环境退化的日常行为必须纠正，建立有利于自然系统自我更新、人类有美好未来的社会活动模式。

总之，作为一种新的范式，可持续范式主要关注的问题是怎样以可持续的方式减少灾害对人类社会的影响。这种范式的主要观点是：①从自然环境与人类社会之间复杂的相互作用关系上来认识灾害，人类不仅仅是自然灾害的受害者，因为在许多情形下，人类行为参与了灾害过程和加重了灾害结果。既然自然和社会是随时随地相互联系在一起的，那么其中任何一方的变化都将潜在影响另一方，并且，这种关系的重要性也在日益增强。②减灾行动和政策的基本原则是维持与改善自然环境质量、维持与提高人民生活质量、保证同代与隔代之间的资源与环境公平享有以及基于共识的公众行动。③主要通过区域综合灾害风险防范能力的建设（史培军等，2014）、完善灾害的长期管理、促进区域可持续发展来减轻灾害损失，建立可持续发展的社会，实现人类与自然和谐共处。

2004年自联合国颁布"减灾国际战略"以来，可持续范式的理念和方法受到了国际社会的广泛关注。随着国际减灾战略的调整，灾害研究的重点部分从备灾和应急响应转向减灾战略和灾后恢复，由减轻灾害转向减轻灾害风险，由单一减灾转向综合减灾，由区域减灾转向全球减灾，区域可持续发展与减轻灾害风险已经真正成为了灾害领域的研究重点。

我们从研究范式的视角，简要梳理和阐述了人类社会减灾的历史进程和灾害学术发展史，同时使我们对灾害和灾害学科发展有更深的认识和启示：①在人类社会历史进程中，人们对灾害的认识和理解是逐步深化和发展的，从灾害是上帝或上天对人类的惩罚、灾害是与人类无关的自然极端过程，到灾害是与人类行为有关的自然极端过程、灾害是人类的开发行为引起的，再到灾害是自然环境与人类社会相互作用关系所决定的。②灾害研究范式与减灾工作实践的发展是互动生成的。灾害学作为自然科学和社会科学的交叉学科，其研究主体和研究对象都与灾害社会实践活动有着直接的关联。灾害研究很少为纯理论，更多的是实证研究或政策应用，在人类社会减灾防灾社会实践中出现的一些行之有效的、影响深远的救灾模式或灾害管理模式，对于以应用服务为主要目标的灾害学科来说，可以将其作为一种研究范式来加以总结和概括。③范式的产生与转变都有深刻的社会动因。每一种范式的生成都有其时代背景和深刻的社会动因，传统的与现实的、思想的与技术的、理性的与非理性的等因素的变化，导致了学术共同体思维的转变，从而形成新的范式。④灾害范式既是多元并存的，也是转变的。社会变化会导致灾害主流范式的变化，一个时期有一个主流范式，但其他范式仍然存在，每一种灾害范式都为关注灾害提供了一种不同的方式，每一种范式都有独特的关于人类社会和灾害事实的假定。在灾害科学中，范式更替的模式与库恩所说的自然科学范式并不相同，自然科学家相信一个范式取代另一个范式代表了从错误观点到正确观点的变化，而灾害科学的理论范式只有社会接受程度的变化，很少会被完全抛弃。

第三节　灾害的分类

无论从自然世界，还是从人类社会来看，灾害都是一种复杂的现象，它有多种多样的触发原因，也有各种各样的表现方式，为了更好地揭示灾害的本质及其特有个性，很有必要借助分类思想来进一步认识灾害，因为分类是人类认识世界的重要方法。

一、灾害分类的意义

灾害分类或灾害类型划分就是将具有相同特征的灾害归为一类，建立科学合理的灾害类型体系。灾害分类工作是灾害学研究的基础，它有助于我们正确认识不同灾害的发生、发展和演化规律以及致灾机制，帮助我们科学地探索灾害的监测、预警与预测，针对不同灾害的危险特点，进行区域灾情评估、搞好区域减灾防灾工作。

灾害分类可以更科学、精准地研究与总结各类灾害的个性特征，为识别灾害事件的相似性和归纳灾害成因提供了一个有用的框架。不同类型灾害有各自的形成和触发机制、不同的时空演化格局；分类的目的就是在于更精准地总结各类灾害的个性特征，只有在此基础上，我们才能根据不同类型灾害的个性特征与演变规律，开展各种针对性更强、效率更高的灾害监测与预警工作，提高社会的灾害风险防范能力。

灾害分类也是正确识别灾害与科学减灾的基础。科学的、界限明晰的灾害类型划分是正确识别灾害类型的前提，在科学的灾害分类体系的指导下，人们才能正确识别灾害，才能针对性地开展相应的减灾防灾。在历史上，由于对灾害类型的错误判断导致灾害损失加重的情况时有发生。例如，近几年中国北方发生小麦冬旱时，不少地方把干旱与冻害、气象干旱与农业干旱混淆，把局部受旱夸大为全局受灾，一些未受旱的农田因隆冬浇水不当而发生作物死苗或生长不良现象。也有一些把人为触发的灾害，判断为自然触发的灾害，而混淆是非。

灾害分类是各类灾情评估的基础。不同类型灾害的动力机制和深层原因、灾害影响范围和形式都有较大差异，由此而生的灾情评估方法也有不同；只有在科学合理的灾害分类体系的基础上，才能有效地建立相应的不同灾害的灾情评估体系与方法，才能使灾情评估科学合理，符合实际，更好地指导我们搞好减灾防灾规划工作。

二、灾害类型的划分

灾害的分类是一个较为复杂的问题，因为灾害的过程、灾害的成因错综复杂，有时一种灾害可由几个原因引起。例如，森林火灾，它可能由于自然的原因（高温酷暑）而引发森林大火，也可能是人为原因而造成山火；又如，山区公路边坡塌方，它可能是山坡自身发育重力失衡所致，也可能是人为开挖在山脚形成临空造成上面边坡垮塌，山坡塌方也还可能是自然过程和人类活动共同作用而形成；有时也有一种原因会同时引起几种不同的灾害的情况，如一个强烈的热带气旋过程，它给袭击地区既可能形成风灾，也会形成洪涝灾害。因此，不同学科的研究者，政府不同部门的环境和灾害管理者，他们从不同的研究视角，或从不同的工作目标，对灾害相似性的归纳总结不同，从而形成不同的灾害分类方案

（郑大玮，2015）。

按照灾害主导过程与现象特征结合，将各类灾害分成自然灾害、人为灾害、自然人为灾害和人为自然灾害；自然灾害的主导过程为自然因素，并表现为自然现象，如地震灾害、台风灾害；人为灾害的主导过程是人为因素，并表现为社会现象，如核放射事故、计算机病毒、工业爆炸事故、大气污染、海上石油泄漏；自然人为灾害的主导过程是自然因素，但表现为社会现象，如恶劣天气导致的交通事故，瓦斯与煤尘爆炸，森林草原火灾；人为自然灾害的主导过程是人为因素，但表现为自然现象，如水土流失、城市内涝、道路边坡崩塌、酸雨、温室效应等。

按照灾害链关系，依据其因果关系和发生的先后，将彼此相互关联的灾害分为原生灾害、次生灾害和衍生灾害；原生灾害指最初发生的主灾，致灾因子直接造成某类承灾体的破坏与伤亡，次生灾害指由原生灾害所引发的灾害，而衍生灾害则是原生灾害衰退之后，由原生灾害或次生灾害逐渐诱发的灾害，如一个山区暴发地震原生灾害，随即出现大量崩塌滑坡、泥石流等次生灾害，造成人员伤亡和环境污染，进而诱发瘟疫、社会经济停顿等衍生灾害出现。

按照灾害发生过程的速度，可将灾害分成突发型灾害和缓发型灾害；突发性灾害是指当致灾因子的变化超过一定强度时，就会在几天、几小时甚至几分钟、几秒钟内表现为灾害行为，这类灾害短时间内集中暴发，通常难于预测，像地震、崩塌滑坡、台风、风暴潮、冰雹等；缓发性自然灾害是指在致灾因素长期发展的情况下，逐渐显现成灾的，如干旱饥荒、地面下沉、土地沙漠化、水土流失、环境恶化等，这类灾害的孕育、发生、演变的时间较长，较易监测预报，但初期的征兆不明显，容易被人忽视。

尽管灾害分类存在不同的方案，但其实都是依据灾害某方面的特征，进行归纳和概括，仅具有一定的形态描述价值。灾害类型划分应该是以灾害事件的原因或起源作为分类的基本原则，这才有利于揭示灾害的本质和不同类型灾害差异的关键所在。我们知道，灾害的因果关系是复杂的，既有一因多果，也有多因一果的现象，基于一因一果对应的灾害类型划分是困难的，也不现实。所以，人们通常根据灾患或致灾因子起源的领域或方面来对灾害进行分类。

三、基于灾害源的灾害分类

灾害源指的是致灾因子（灾患）的起源领域或起源的背景环境，意味着造成灾害后果的直接动力来源或动力过程，而不能完全等同于灾害成因，我们知道，灾害是自然系统与人类系统相互作用的结果，灾害形成的原因是复杂的、杂交的，是由于自然环境的、人为技术的、社会过程间的在某种程度上相互重叠而形成的。例如，山体崩塌灾害，从形式上看，它是一个自然地质过程，坡面物质瞬间的快速运动，它会伤害人类，但是，引起山体崩塌物质快速运动的原因肯定是自然原因吗？不一定，山体崩塌有可能是人类不合理的建设活动而引起，所以，即使是自然灾害，其深层原因可能还在于人类社会。灾害的成因需要具体问题具体分析，才能得出正确的结论。

灾害是在一定环境下，致灾因子（灾患）与承灾体矛盾的统一体，从形式上，致灾因子是灾害矛盾的主导方面，正是它的作用，承灾体才遭受伤害，致灾因子（灾患）的复杂多样才造成了各种各样的灾害，因此，以致灾因子源头为依据进行灾害类型划分是目前主流的灾害分类方法。按照目前对灾害内涵的理解中，灾患起源背景的不同，将灾害分为自然灾害、人为灾害和环境灾害三大基本类型，再在三大基本类型范围内，依据灾患起源的孕灾环境及其动力过程，基本类型下分别划分出地质灾害、气象水文灾害、生物灾害、技术灾害、环境污染灾害和生态灾害 7 个灾害亚类以及若干灾种的灾害分类体系（表 2-3）。

表 2-3　基于灾害源的灾害分类体系

灾害基本类型	灾害亚类	灾种举例
自然灾害	地质灾害	地震灾害、火山灾害、山崩灾害、滑坡灾害、泥石流灾害
	气象水文灾害	暴雨洪涝灾害、台风灾害、龙卷风灾害、沙尘暴灾害、雷电冰雹灾害、高温酷暑灾害、干旱灾害、海啸灾害，森林草原火灾、低温冻害
	生物灾害	森林草原病虫害、农作物病虫害、鼠害、流行性病毒
人为灾害	技术灾害	工业灾害、工程灾害、核灾害、电力通信与计算机灾害、交通灾害
环境灾害	环境污染灾害	大气污染灾害、水污染灾害、土壤污染灾害、固体废弃物污染灾害、酸雨灾害、噪声污染灾害
	生态灾害	气候变暖、海平面上升、水资源紧缺、土地荒漠化、水土流失、森林砍伐、密集的城市化、生物多样性减少

（一）自然灾害

自然灾害是指自然灾患造成的灾害，即地球过程变化造成的人员伤亡，对健康产生影响，财产损失，生计和服务设施丧失，社会和经济被搞乱，或环境损坏。自然灾害是一大类灾害的总称，通常包含起源于岩石圈的地质灾害，源于水圈大气圈的气象水文灾害以及源于生物圈的生物灾害三类。

自然灾害是影响人类社会最为广泛和深刻的一类灾害，人类最初认识灾害也是源于对自然灾害的理解，故通常人们对灾害的狭义理解就是指自然灾害。自然灾害是灾害学主要的研究对象，也是人类社会减灾防灾的主要对象。例如，1990 年，联合国启动的第一个减灾的国际行动："国际减轻自然灾害十年"计划，其中灾害就指的是自然灾害；1995 年，第一届世界减灾大会公布的"横滨战略及其行动"计划中，减灾仍是以自然灾害为目标。我国《国家综合减灾"十一五规划"》中灾害就指的是洪涝、干旱、台风、雷电、高温热浪、沙尘暴、地震、地质灾害、风暴潮、赤潮、森林草原火灾和植物病虫害等自然灾害。

（二）人为灾害

人为灾害是指人为致灾因子造成的灾害，即人类活动造成的人员伤亡、对健康产生影响、造成财产损失、生计和服务设施丧失、社会和经济被搞乱，或环境损坏。人为灾害是也一大类灾害的总称，通常包含起源于人类生产技术领域的技术灾害。

人为灾害发生的原因多样，背景复杂，涉及国际政治与经济、世界宗教、民族文化、区域社会历史发展进程、科学技术等领域，致灾因子与危害程度五花八门，极难预料。绝大多数人为灾害是由人群自身无序活动引起的、没有明确规律的、暴发突然的、不确定性的随机现象。总体来说，人为灾害与人的不当行为有关，一些行为是无意的，如操作失误引起的交通事故，这类事故一般由生产安全管理部门处理；一些行为则是一些人群蓄意而为制造灾难，如社会扰乱、杀人放火造成的社会伤害，这类突发事件一般由公共安全部门和法制部门处理，社会动荡、战争、恐怖主义这些事件，通常由国家安全部门和军事部门处理，在习惯上，这些人为的突发事件或现象给人类和人类社会造成的伤害和损失，一般不称为灾害，也不属于灾害管理部门处理，通常使用灾难、人祸、犯罪、事故或事件这些词汇来表述，但在 2005 年，联合国第二届世界减灾大会通过的《兵库框架》中，就将灾害的内涵扩展到了技术灾害，2015 年联国第三届世界减灾大会通过的《2015—2030 年仙台减灾框架》中，进一步扩大了灾害的内涵，将人为灾患造成的人类、人类社会和环境的损害归为灾害，但不包含战争、动乱、犯罪、恐怖活动等完全人为事故造成的损害事件。

（三）环境灾害

环境灾害是指环境灾患造成的灾害，即环境变化造成的人类、人类社会伤害和环境损坏。环境灾害包括生态灾害和环境污染灾害两类。

环境灾害源自人类系统和自然系统的相互作用，它们是由于人类长期不合理的活动，如土地资源与环境资源过度使用，以及工业污染行为，一方面直接引起环境退化，另一方面环境退化与自然致灾因子相互作用，间接助推了地质物理和水文气象危害事件不断增多，增加了某些自然致灾因子的发生，且超过原来的自然发生概率，间接地构成了一类新的灾害威胁。环境致灾因子通常不是一个事件引起的，而是产生于一些长期的不利的环境条件或环境问题（如生态失衡、资源退化、环境污染），它们持续不断地暴露在危险因素相对较低的水平上，长时间地影响着人类健康，损伤人类生存环境，同时，也为自然致灾因子的形成创造条件。例如，全球气候变暖，它会使得一些热带海洋生物如珊瑚死亡，同时，它还会导致极端天气频繁出现，进而诱发一些水文大气致灾因子的形成；再如水土流失，它直接减低了土地资源的品质，恶化了农业生产条件，引起作物减产，同时，它也会触发一些山洪灾害的形成。

环境灾害实际上就是人类活动造成的环境问题，但由于环境问题的影响越来越广，对人类健康威胁日益严重以及人类的关注的热情越来越高，1995 年，联合国第一届世界减灾大会通过的"横滨战略及其行动"计划，就将环境退化列为灾害伤害人类的一种表现形式，从而将灾害的内涵拓展到环境问题，构成新的一类灾害，即环境灾害，以期引起政府部门和灾害学界对环境灾害问题的重视，有利于社会提升灾害风险的防范能力。

第四节　灾害的属性及其特点

灾害是一定环境背景下，致灾因子作用于承灾体（人类、人类社会和人类生存环境）而对人类承灾体造成伤害或损害的现象。从哲学意义上说，灾害这种现象则是自然系统与人类系统相互作用的结果，这种自然与人类相互作用不仅体现在灾患与承灾体之间，也体现在灾患与成灾环境之间，承灾体与成灾环境之间。灾害是自然与人类的融合体，灾害本身既没有单纯自然的，也没有单纯社会的，自然现象引起的自然灾害中，必然包含着社会性因素，或者受社会性因素制约；而由社会现象引起的社会性灾害，也必然受到自然因素的影响，或者反映到自然方面来，因此，灾害具有自然和社会两方面的属性。

一、灾害的自然属性

灾害的自然属性是指灾害产生于自然界物质运动过程中一种或几种具有破坏性的自然力，这种自然力往往是人类不易抗拒或不可抗拒的，并通过非正常的方式释放而给人类造成危害。从本质上看，无论是突发性灾害，还是缓慢变化的趋向性灾害，都是由于地球环境的内营力和外营力因素的变异所确定的。例如，大气运动异常变化导致暴雨、洪水、风雹、寒潮等气象灾害；海水的异常运动导致风暴潮、海啸等海洋灾害；地壳内能量的急骤释放和岩石、坡体的位移导致地震、火山以及岩崩、滑坡、地陷等地质灾害等。地震的发生是地球内部局部区域应力的调整，洪灾的泛滥是降水与蒸发平衡被破坏的事件，也是大气圈调整平衡的一种方式。甚至许多人为事故也与一定的自然条件有着直接或者间接关系：森林火灾多发生在气候干燥的季节，交通事故的多发与雨雪雾天气相关等。因此，灾害大多具有自然属性，并且显示出以下特点。

（一）灾害的广布性与区域性

　　地球环境的变化及其特征不仅决定着自然变异的发展，灾害形成的动力机制，而且决定着灾害空间分布的格局，使得灾害呈现出空间上的广布性与区域性相结合的特点。

　　灾害的分布遍及世界的每一个角落，灾害和人类生存的脚步如影随形。灾害的全球性分布这一特点表明，有人类居住的任何一块地方，都逃不掉灾害的袭击，自然灾患广布于人类生存的环境，环境灾患更是全球性分布的，如全球变化、温室效应，因此，地球上没有无灾的"世外桃源"，所以，灾害风险是全世界每一个国家、地区，每一个地球公民共同面临的挑战。

　　重大自然灾害重灾区或不同灾害的多发区，具有显著的区域性特点。灾害的发育，大多数受一定的自然环境背景控制，在不同的自然环境中，灾害的类型、强度往往具有明显的差别。例如，从全球格局来看，中、低纬沿海地区，容易遭受热带风暴袭击，但很少受到低温冷害的骚扰；高纬度地区时常遭受暴风雪、寒潮袭击，却很少遭受台风、风暴潮打击；世界的地震与火山灾害的分布大都是沿地壳板块的边界带、地质断裂带分布的；滑坡崩塌以及泥石流灾害主要出现在山区；从中国来看，干旱灾害主要分布于我国东部季风区；洪水灾害主要发生在我国东部地区大河中下游平原地区以及四川盆地；台风主要出现在东部沿海各地，内陆地区则较少受其影响；地震主要分布于台湾、云南、四川西部、西藏南部、青海、宁夏、甘肃、新疆以及华北地区；滑坡崩塌以及泥石流主要出现在我国西南山地以及三大地形阶梯的山区；灾害的区域性主要源于灾害形成环境的差异性，不同的区域的自然环境不同，为灾患形成提供了不同的条件，因而形成不同的灾害，从而形成了灾害的区域性。灾害的区域性为人类能动地规避自然灾害提供了可能，也给人类针对性地开展灾害防控提供了科学依据，提高社会减灾防灾能力建设的有效性。

（二）灾害的周期性与可预测性

　　灾害的自然属性，不仅决定着灾害的空间分布特点，还使得许多灾害在时间上显示出周期性特征。客观世界有其自身的运动规律，时间上往往呈周期性变化。根据大量的统计资料，灾害的发生都有其模糊的周期性规律。一些重大灾害往往在一定时段内接连发生，出现重灾多发时段，即灾害活跃期，其后，有一段相对平静时期。自然变异的韵律性决定了灾害活动的韵律性。地震活动的韵律性已为大家所公认，最近 500 年来，我国有两个地震活跃期。第一个活跃期为 1480～1730 年，历时 250 年；第二个活跃期从 1880 年至今。气温变化的韵律性也十分显著：近 500 年来，有四次变冷，即 1470～1520 年；1620～1720年；1840～1890 年；1945 年至今。另外，灾害暴发前，通常会出现一些前兆，如在发生地裂和地陷前，地面会首先出现冒烟、冒气，并发出雷鸣般的声音；地震暴发前，会出现地下水温的反常变化、动物的异常行为、地磁、地电和重力的异常等现象；滑坡暴发前，坡体顶部裂口贯通、坡脚泉水变浑等现象。自然灾害的这一特点实际上也是反映了灾患形成的物质运动的规律和发生机制，因此，灾害的形成和暴发是有规律的，只要人类社会高度重视灾害问题，坚持对灾患的长期观测，不断探索和研究灾害的发生发展规律和动力机制，弄清各种灾患的演化周期和灾前征兆，灾害的暴发是可以预测的。事实上，人类在与灾害的抗争中，也通过科学的灾害预报，大大减轻了灾害造成的损失。例如，1985 年，长江三峡新滩大滑坡。1985 年 6 月 12 日凌晨 3 时 45 分，西陵峡中的新滩镇滑坡突然暴发，持续半个多小时，形成了 2000 万 m^3 滑坡体。滑坡摧毁了位于其前缘的新滩古镇，形成的滑坡涌浪在对岸爬高 49m，向上下游传播中击毁、击沉木船 64 只，小型机动船 13 艘，造成 10 名船上人员死亡。但由于对滑坡早有监测预报，滑坡区内居民及时撤离，该处 1371 人无一伤亡，减少直接经济损失 8700 万元。

（三）灾害的群发性与关联性

地球环境的整体性和复杂性，致使内营力、外营力作用的表现形式并不是孤立的，而是相互交融、相互关联的，某种自然灾害的出现往往是内营力、外营力相互作用形成的复杂现象，有时甚至还会出现一种自然灾害发生的同时伴有另一种灾害发生的灾害链现象或者灾害群发现象。例如，地震和重力的相互作用在崎岖的山区引发山体崩塌滑坡、泥石流；山区的暴雨灾害常常会伴有洪灾、泥石流以及崩塌滑坡等地质灾害；一次台风袭击，可以同时导致风暴潮、暴雨、洪涝等多种灾害发生。这些都是灾害群发性的具体表现。

灾害也是相互关联的。一个地区自然灾害的发生、环境变化或多或少要影响到其他区域，促使后者的环境变化、酝酿着灾害的发生。例如，发生在赤道东部太平洋海域的厄尔尼诺现象，它不仅会直接造成中美洲地区的洪涝灾害，也会促进太平洋西部的澳大利亚大陆的旱灾暴发和太平洋中部地区的飓风暴发；上游地区的暴雨灾害，可以触发中下游地区的洪涝灾害。

因此，在减灾防灾工作中，不仅要重视防范直接灾害，更要注意防范可能发生的次生灾害、衍生灾害。

（四）灾害的突发性与缓发性

地球环境过程的发展是长期量变与短期突变的统一，因而造成灾害的形式多种多样，其形成和演化的时间过程有长有短，有急有缓，表现出突发性和缓发性并存的特点（许武成，2015）。

绝大多数灾害都具有突发性特点，灾患在很短的时间内（几天、几小时、几分钟甚至几秒钟）就可暴发，并伤害人类社会，形成灾害。例如，热带台风、洪水、冰雹、山区泥石流、滑坡崩塌、地震、森林火灾和道路交通事故等，这些灾害通常在人们尚未意识到的时候，突然降临，过程迅速，使人们猝不及防，往往造成大量人员伤亡和财产损失。地震的暴发过程非常快，只需几秒或十几秒的时间，就可以摧毁一个城市，造成建筑物瞬间倒塌，人员大量伤亡。灾害突发性这一特点是人类恐惧灾害的主要原因。

虽然许多自然灾害的暴发时间短，但是每一次灾害的形成都有一个缓慢的孕育过程，只不过灾害在形成过程中，没有或难以被人们所察觉，但是专门的科学观察和研究是可以察觉的。例如，美国加利福尼亚州的地震，众所周知，圣安德烈亚斯断层贯穿美国加利福尼亚州西南部，是地球表面最长和最活跃的断层之一，1906 年加利福尼亚州旧金山暴发了一次毁灭性的大地震（7.9 级），旧金山 1906 大地震后，地球科学家严密监测圣安德烈亚斯断层带，发现圣安德烈亚斯断层带重新累积地应力，经过 80 多年后所积蓄的能量又达到了足够造成一次强度在 7 级或以上的大地震所需的能量。果然，1989 年，旧金山再次发生了一场强烈地震（6.9 级）。

有一些灾害其形成过程或暴发是比较缓慢的，通过一定的时间的积累，其对人类社会的不利影响缓慢加深，逐渐形成灾害。干旱灾害是灾害过程缓慢性特点最为典型的代表。夏季时节，随着气温的升高，地表的蒸发蒸腾作用加强，如果这时缺乏降水，天气变干，会使土壤里的水分逐渐丧失。开始时，这种状况对农作物的生长影响不大，但持续一段时间后，这种状况对农作物的不利影响逐渐加深，农作物随着高温无雨天气的持续，农作物依次出现生长缓慢、枯萎以致死亡。这样持续的高温无雨天气，慢慢积累演变成干旱灾害，严重破坏了农业生产。通常这种缓慢过程积累成灾的现象影响范围较大，也会造成严重的社会后果。

二、灾害的社会属性

灾害的社会属性是指灾害形成的自然过程中的人类社会作用和灾害造成后果的直接承灾体的社会性。

从灾害形成上看，人类社会助推了灾害的形成。一些极端的自然过程或自然过程的变异，总体上是地球的自然演化中的一幕，但是，几千年来的人类活动，逐渐影响着地球上的自然过程，甚至影响地球演化的进程。例如，CO_2 的排放，农业耕作、城市化的扩张已经深深地影响了地球系统的演化，致使全球变暖，极端灾害性现象频繁出现，人类社会的自身活动为灾害的形成创造了条件，同时也加剧了灾害后果的严重性。

从灾害的概念来看，灾害是起源于自然环境或人为环境的各种极端事件造成的人类生命财产和人类生存环境意外损害以及社会功能严重损伤的社会现象，其本质上即具有社会属性。灾害的社会属性表现有以下几点。

（一）人类社会自身也是灾害形成的重要原因

灾害是自然系统与人类社会系统相互作用的结果，一方面，人类社会为自然灾害的形成创造条件，如不合理的人类活动可以触发崩塌滑坡、泥石流、森林大火，甚至地震的暴发；另一方面，人类社会自身也会直接造成大量灾害的出现，如交通事故、化学物爆炸、饥荒、社会动荡与浩劫、恐怖主义与战争等现象。因此，要降低和减少人类自身造成的伤害，建立人类命运共同体，形成和谐、安全的社会秩序和社会结构尤为重要。

（二）灾害的影响具有明显的社会效益

灾害是相对于人类社会的生存而言，但不仅仅针对某个或某些少数人的不幸而言，它指危及一个地区的人群的带有社会性的事件，这就同个人灾难区分开来。例如，失火这个事件，日常家庭失火和 1998 年的大兴安岭森林火灾在性质上、意义上是不同的，只有后者才称为社会性灾害。因为后者已对社会带来巨大破坏，危及整个社会的安危，是社会性事件。灾害是对人类社会的破坏，对人类的生存与发展构成威胁。从受灾的角度，灾害是全人类的共同敌人，而要做到有效地减灾防灾，需要全社会的共同努力，需要各级政府领导、科学家和广大人民群众行动协调一致，需要国际合作与支援。减灾防灾工作，决不能认为是人们被动的抗争行为，或者只是政府的赈济工作，或者是科学家的研究工作，而应成为全人类的自觉行动。

（三）灾害是人类生存不能接受的社会变故

灾害的本体与内容是人的生存受到了严重的阻碍与威胁，使正常生活不能进行（郭跃，2013）。人的正常生活进行需要一系列条件。只有当这些条件具备时，人的生存与发展才能正常进行。灾害实际上就是破坏了人生存所需的基本条件，如粮食、住所、衣物及生产的基本设施等。地震之所以可怕，就在于它以巨大的力量摧毁人生存所需的条件，一瞬间，便将人置于求生不得的地步。灾害的本体内涵是人群需要满足过程的中断，包括物质需要和精神需要满足过程的中断。这种中断的直接后果是威胁到人的生存与发展。

（四）灾害伴随着人类社会而发展变化。

随着人类社会的进步，灾害也是在发展变化的。在人类社会早期，人口稀少，生产力水平低下，人们主要是顺乎自然以求生存，对自然界的改造与破坏程度不大，因此灾害较少；但随着人口的增多、科学的进步、人类的社会性增强，人类改造自然的能力越来越大，对自然环境的影响不断扩大，在这些人类活动中，更多的是为了满足人口增长和社会经济发展的需求，过度地向大自然索取土地、矿产、森林、淡水等资源，并不合理地处置、堆弃有害废物，以及日益增多的不合理工程与生产活动，致使地球的生态环境日益恶化，灾害事件不断增多，危害日趋严重。

（五）灾害与人类社会相互影响

灾害与人类社会的影响是双向互动的。一方面，灾害的发生可以破坏社会的生态环境和生存基础，导致社会功能失调，甚至毁灭社会运行的基础，制造贫困和社会心理恐慌，引起社会动荡不安，给社会带来巨大的破坏。另一方面，灾害也是社会发展的一种动力。人类在与灾害的抗争中逐渐认识了自然，了解了自然，懂得了如何抵御灾害，因此逐渐成熟和强大起来，社会因此进一步发展。从一定意义上讲，一种极端的自然现象是否成为灾害，成为灾害之后会造成多大程度的损失，并非完全由这种现象本身决定，还取决于人类社会对于灾害的抵御能力。社会发展，包括社会结构的变革、生产方式的更替、科学水平的提高、管理制度的完善、社会行为的调节等都可能对灾害的形成演化产生重大影响。如果人类社会拥有发达的社会组织功能，具备运用强大的社会生产力的能力，实施有效的环境保护和防灾减灾政策和措施，是可以削弱和扼制灾害发生的强度，减少灾害的损失的。如果人类社会组织结构涣散，缺乏环境保护和防灾减灾的意识和政策，随着社会的发展，不断地破坏环境，掠夺或过度开发资源，就可能直接引发自然灾害的发生，促使灾害蔓延，加重灾害的损失程度。

第五节　灾害的复杂性

一、灾害系统

（一）系统论的基本思想

人类的系统思想源远流长，但作为一门科学，美籍奥地利人、理论生物学家贝塔朗菲（Bertalanffy）是系统论的奠基人，他在 1932 年提出了系统论的思想；他在 1937 年提出了一般系统论原理；他在 1945 年才公开发表《关于一般系统论》的论文；在 1968 年，发表专著《一般系统理论：基础、发展和应用》，确立了这门科学学术地位，使其成为 20 世纪人类最为重要的科学理论和方法之一。系统论认为世界由系统组成的整体，具有整体性、关联性、等级结构性、动态平衡性、时序性等基本特征；系统是指由两个或两个以上的元素（要素）相互作用而形成的整体；系统作为整体具有部分或部分之和所没有的性质，即整体不等于（大于或小于）部分之和；整体性原则是系统科学方法论的首要原则，它认为世界是关系的集合体，整体性原则要求我们必须从非线性作用的普遍性出发，始终立足于整体，通过部分之间、整体与部分之间、系统与环境之间复杂的相互作用、相互联系的考察，达到对象的整体把握。系统论的这些基本思想观点，不仅反映了客观规律的科学理论，而且还展示了认识世界的科学方法。自 20 世纪中期以来，系统理论成为人们认识客观世界的重要思想和方法。20 世纪后半叶，随着世界的发展和科学的进步，地球的自然现象和世界社会的复杂性逐渐被人们发现，出现了一系列以探索复杂性为己任的学科，系统论向着系统科学转化，出现以耗散结构论、协同论、超循环论等为标志的新理论和新方法，极大地丰富了系统理论的思想和方法，形成复杂性科学研究的热潮。

灾害现象是复杂的系统性现象，我们可以借助系统论和系统科学的理论和方法来认识和分析灾害现象的本质和规律。

（二）灾害系统

从哲学层面笼统地讲，灾害是自然环境系统与人类社会系统相互作用的结果。然而，自然环境系统和人类社会系统中的不同组成，在灾害形成中的作用或功能不同，所以，我们从形成灾害的功能出发，自然环境系统与人类社会系统的所有要素可以分成孕灾环境、灾患与承灾体等三个基本要素。于是，从灾害形成机制上说，灾害是一定孕灾环境背景下，灾患与承灾体相互作用的结果，灾害系统就是由孕灾环境、致灾因子（灾患）和承灾体三个基本要素共同组成的、具有复杂性特征的地球表层变异系统。孕灾环境、致灾因子（灾患）和承灾体相互作用的结果就是灾害系统。这个结果，在灾害管理中称之为灾情，是灾害社会属性的量度，它表示了某个区域一定时期内因灾害导致的生命和财产损失的情况。

1. 孕灾环境子系统

孕灾环境就是孕育灾患发育形成灾害的综合地球表层环境，包括自然环境与人文环境。按其物质组成，自然环境可分为大气圈次子系统、水圈次子系统、岩石圈次子系统、生物圈次子系统，人文环境可分为人类圈次子系统与技术圈次子系统等。孕灾环境子系统也是一个具有层级结构的系统，这些次子系统之间相互作用、相互影响的变化催生和助推着灾害的发生和发展。

近年来，灾害频繁发生，而且人员伤亡和财产损失不断增加，灾害的严重性日益加剧，这些变化与孕灾环境子系统的变化是密不可分的。这些变化表现在自然地理环境的变化和人文环境的变化。自然变化中主要是全球气候变化与土地利用变化；人文环境中主要是人类的经济环境和社会环境的变化。地球表层系统是一个复杂的、开放的系统。如果系统中的某个要素发生微小的变化就有可能造成整个系统的重新调整，在调整中不可避免地发生渐变或突变的灾害事件。例如，大气圈次子系统全球气候变化，气候中的降水、气温等因子的变化就改变了大气系统的平衡，从而引起气象灾害，而气象灾害又引发一系列的灾害链，不单是大气圈，而且波及水圈次子系统、岩石圈次子系统、生物圈次子系统等地球系统，从而导致自然灾害时空分布格局发生变化；而受灾害影响的人文环境受到灾害的巨大冲击，损失加大。

孕灾环境子系统是灾害发育的背景，认识和研究孕灾环境是人类理解灾害发生的基础。因此，为了认识灾害，必须要研究孕灾环境，研究地球表层系统的自然环境、人文环境的变化规律，并与灾患时空分异规律相联系，建立全球或区域的灾害分布及演变模拟，为灾害发生相关性研究，预防、预测灾害和灾情评估提供依据。

2. 灾患子系统

灾患是可能造成人员伤亡、财产损失、资源环境退化和社会混乱等现象的孕灾环境中的变异要素，是灾害形成的直接驱动力，是灾害系统中的重要组成部分。灾患大多是自然界物质能量交换过程中出现的异常，它们导致大自然力量的突然释放，或者使某种自然现象的时空规律异常变化；有些灾患是人类社会进程中的变异，如人类对资源不合理的开发利用、人类技术行动的失败、不理性的社会行为而引起的自然失衡、人类财产损失和社会动荡。

灾患也是一个具有层级结构的系统，包括自然灾患、人为灾患等两个次子系统。这两个次子系统又分别由不同的再次子系统组成，如自然灾患次子系统是由生物灾患、地质灾患、水文气象灾患等再次子系统组成。这些不同次子系统内部及其之间存在着相互作用与相互联系，驱使着灾害的形成与发展，致使灾患中广泛存在的关联性和灾患链现象。20 世纪 80 年代，太平洋周边地区大量自然灾害出现，印度尼西亚、菲律宾、澳大利亚等国发生干旱，农作物和畜牧业严重受损；夏威夷、塔希提岛遭受飓风袭击；中美洲地区遭受暴雨洪灾，秘鲁鳀鱼减产；美国发生暴风雪等。同时，许多灾患，特别是高强度的灾患发生以后，常常诱发出一连串的次生、衍生灾患。例如，地震往往带来火灾、滑坡、海啸以及社会动荡，台风往往带来暴雨、洪灾和风灾，暴雨往往带来洪涝、滑坡、泥石流等。

灾患是给人类和人类社会带来危险的直接驱动因素，认识和研究灾患的危险性是人类理解灾害的关键，有灾患才可能有灾害。因此，我们要研究灾患产生的机制及其风险评估，从灾患中算出灾害发生的概率，并揭示灾害发生的机理，进而对灾害进行预警预报。目前，人类在地震、滑坡、泥石流、洪涝、干旱、台风等灾患的预警预报研究中取得了很大的进步，为工程建设提供了有价值的技术参数，减小了灾害对人类造成的伤害和财产损失。

3. 承灾体子系统

承灾体是在一定孕灾环境中承受各种灾患作用的对象，是人类及其活动所在的社会与各种资源环境的集合，它是灾害系统的主体组成，没有承灾体就没有灾害现象。从广义上讲，任何承灾体都有一定的承灾能力，都是一个能量转化系统，当灾患的破坏程度超过了承灾体的承受能力之后灾害便发生了。承灾体遭受破坏，是灾害的基本表现形式。根据承灾体属性，承灾体子系统由人类、人类社会、资源环境三个次子系统构成。

人类次子系统中，人的身体、健康状态、精神状态、个人和家庭财富都是灾患伤害的承受体，不同的人群对灾害的承受能力不同，妇女、儿童、老人、残疾人、身体状况较差的人，比较贫穷的人，抵御灾害的能力较弱，被称为易损人群。

人类社会次子系统主要包括社会物质财富（城市建筑、基础设施、经济产业等）、社会文化系统（政府组织、文化教育、医疗保障、社会保障等）。不同的人类社会系统其财富和抵御灾害、自身恢复的能力是不同的。

资源环境次子系统是人类赖以生存和发展的物质条件，它包括各种矿产、土地资源、生物资源、水资源、森林资源等自然资源和生态环境。

　　承灾体是灾害伤害的对象，因此，人类为了在灾害中求生存、求发展，认识和研究人类自身脆弱性是人类理解灾害的重要前提。有承灾体就会有灾害相随。因此，我们要开展人类承灾体的脆弱性分析，要研究人类如何降低脆弱性、提高抵御灾害能力和自身恢复能力的政策和措施。

（三）区域灾害系统

　　区域灾害系统就是一定区域范围内的孕灾环境下，灾患与承灾体之间相互作用构成的灾害系统，是一个复杂的、开放的非线性系统，由于在特定区域孕灾环境的变化，酿成特定灾患的形成，当灾患的压力超过了承灾体的灾害承受能力，就会造成区域自然和社会系统的自组织运动，而区域系统的要素之间关系的变化就会造成区域灾害的发生。

　　任何灾害都是发生在特定区域的，特定区域灾害系统内部组成的相互作用决定着区域灾害系统的发生、发展。因此，为做好区域的减灾防灾，人们必须要研究和分析区域灾患、孕灾环境和承灾体之间的相互关系与相互作用及其动力学过程；在对灾害成因和灾情分析的基础上，揭示区域灾害的规律，研究其形成机制，为区域防灾减灾对策的制定提供科学依据。

二、灾害复杂性的表现特征

　　地理学是研究地球表层自然和人文现象的发生、发展和分布规律的科学，在研究的逻辑上，它常常通过形态结构、时空格局、演化过程、驱动机制等四个维度来认识地表的各种自然或人文现象。灾害是发生在地球表面的自然现象，也可以说是地理现象，因此，我们可以运用地理学的思想和方法来认识灾害和灾害系统（郭跃，2020）。

（一）灾害形态结构的复杂性

　　灾害是以人类生命财产和人类社会遭受意外损害作为其最显著的特征的一种现象，这种现象形态多样，结构复杂，显示出特有的复杂性特征。

　　从形态上（表现形式和类型，空间形态）看，灾害的复杂性可以表现为：①灾害表现形式和内容的多样性。灾害可以表现为对人类身体的伤害，健康的影响和心理的创伤，家庭财富的损失，生计的困难；也可以表现为社会公共设施、经济基础的毁坏，社会经济的秩序与功能紊乱、社会发展进程的延缓或中断；还可以显示为大气污染、水污染、土地退化等环境退化，全球变暖、生物多样性减少等生态失衡。②灾害类型复杂多样。随着社会的发展，新的致灾因子出现，灾害的范畴越来越广，构成了复杂多样的灾害类型。联合国国际减灾战略（UNISDR）将灾害分成自然灾害、人为灾害和环境灾害三大基本类型，按照具体的主导成因，灾害种类就有地震灾害、火山灾害、崩塌灾害、滑坡灾害、泥石流灾害、洪水灾害、海啸灾害、台风灾害、交通灾害、化学爆炸、火灾、社会动荡、核事故灾害、恐怖活动、酸雨灾害和水土流失灾害等数以百计的灾种。③灾害影响范围空间形式和规模也是不同的。有的灾害就是一个点状灾害，仅产生局地性影响。例如，一个山体崩塌灾害，就是一个灾害点，对人类社会和环境的影响主要在崩塌体分布的有限空间范围内。有的灾害就是一个线状灾害，灾害的破坏和损失呈线状分布，如山区洪水灾害，洪水沿着河谷浸溢，造成破坏。有的灾害则是面状灾害，影响广大的地域。例如，一个强台风空间规模可达数十万平方公里，伴随着台风的移动，破坏影响范围更大，可以覆盖一个国家的全境；地球气候异常变化，造成全球气温升高，触发的灾害影响范围甚至可以涉及地球表面的大部分区域。

从系统论的观点看，灾害是一个系统现象，就其本质而言，灾害是自然环境系统与人类社会系统之间及其系统内部要素之间相互联系、相互作用的结果，并且这种结果总是给人类的生存与发展带来某些不良的影响和危害。从系统组成来看，灾害系统是由自然环境系统和人类社会系统两大部分组成。这两大部分又可分为孕灾环境、灾患与承灾体三个基本要素，孕灾环境包括自然环境和人文环境，如自然环境包括岩石圈、大气圈、水圈、生物圈等四个次子系统；人文环境包括人类圈、技术圈等次子系统。各级次级灾害子系统的逐级整合，就形成了一个巨大的灾害系统。灾害系统由于组成体系庞大、作用因子和影响因子众多、内在结构关系纵横交错，从而导致了种类繁多的灾害现象，每一种灾害现象又有错综复杂的形成过程和发生发展规律，从而构成复杂性特征。在自然环境系统和人类社会系统之间或者之内有许多因素都是相互作用和相互关联的，而且日益趋于复杂化和多变性，从而使得全球范围灾害发生频率和规模都在增加，造成的损失也越来越严重，使得灾害问题更加难以解决。

灾害现象形式多样，结构复杂，给人类正确认识其面貌和本质增添了不少的困难。但曼德尔伯特（Mandelbrot，1982）认为，自然界无论表面如何复杂，其内部也存在一种自相似结构，即无论怎样改变观测的尺度，其形状结构都颇为相似，而且这种不变性可用分数维来描述。事实上，灾害现象存在着统计意义上的自相似性。例如，地震活动、火山喷发、洪灾和自然灾害造成的综合损失都具有自相似性质，滑坡及泥石流具有时空分布的分形分维特性。因此，面对灾害现象的复杂性，我们可以运用复杂性科学的方法，来描述和理解灾害现象的复杂性。

（二）灾害时空格局的复杂性

各种灾害，尤其是自然灾害都有各自的特点和时空分布规律以及意外的随机性，在空间上展示出集聚和离散现象，这种灾害空间格局就是所谓复杂性的表现，这种现象主要与特定区域的孕灾环境，如气候类型、地质构造、地形地貌、地表界面特征等地理要素有关。例如，从宏观空间格局上看，地震大多沿板块边界或构造断裂活动带分布，世界 70% 的地震分布在环太平洋地震带上，包括日本、中国台湾、印度尼西亚、智利、中美洲国家、美国加利福尼亚等著名的地震区，全球 15% 的地震分布在地中海到喜马拉雅的欧亚地震带，5% 的地震沿着各大洋中脊的洋中脊地震带分布；然而，全球也有 10% 的地震分布是例外的，它们分布在这三大地震带之外，距离板块边界相当远的地方。例如，美国的新马德里地震带，这里远离板块边界，却频繁发生大地震（陈颙和史培军，2015）。从微观空间地点上看，地震破裂一般都发生在构造断层上，但也有例外。2003 年 12 月，发生在伊朗巴姆的一次6.3 级的中级地震，毁灭了近 2000 年历史的巴姆古城，然而，这次地震破裂并不是发生在巴姆断层（已确知的断层）上，而是发生在向西 5km 的没有表面证据证明其为断层的一个区域地带（巴姆古城坐落区）。地震空间格局中的意外，其实就是系统复杂性的反映。我们知道复杂性由系统中各要素之间的相互作用形成，而意外状况通常还是由可预测的事件导致，但这些因素的相互作用也不时出现"意外"。这种确定性系统中的内在意外随机性现象，属于复杂性科学中的混沌现象（王顺义和罗祖德，1992）。

灾害分布的复杂性不仅体现在空间格局中，也体现在灾害的时间过程中。自然灾害的过程通常具有一定的周期性，但时常有不确定性伴随，使其显示出复杂性特征。众所周知，东太平洋赤道海域的厄尔尼诺现象是导致全球型灾害暴发的海洋现象，是一种2~7年间歇的周期性现象。一般说来，在厄尔尼诺现象发生后，太平洋上会有拉尼娜现象跟随其后。厄尔尼诺与拉尼娜相互转变通常需要大约四年的时间。然而，在当今全球环境持续变化的背景下，2018年则是地球气候变化格外独特的一年，据美国国家海洋和大气管理局（National Oceanic and Atmospheric Administration，NOAA）的观测资料，2018年上半年太平洋还是拉尼娜现象，下半年秋季太平洋就出现厄尔尼诺现象。这种拉尼娜现象和厄尔尼诺现象在一年内同时出现的状况极为罕见，其外在表现一定是多种内在因素相互作用的结果，同时，这种现象背后的过程也一定是多种动因共同作用的结果，因而，灾害现象-过程-动因之间的关系背后一定隐藏着众多的复杂性特征与机制。

（三）灾害系统演化的复杂性

灾害系统，与物质世界的其他系统一样，有其产生、发展和消亡的历史演化过程，各个子系统或内部的各要素及其环境随时间的推移会发生显著的变化，从而引起灾害系统的结构和功能发生变化，使灾害系统呈现出较为显著的动态变化和不稳定的周期性。例如，台风灾害系统的形成与演化，就具有显著的动态变化和不稳定的周期性特征，众所周知，台风系统形成于北太平洋西部的热带洋面上，一般在夏秋之间形成，但是发生的时间变化大，极其不稳定，最早发生在5月初，最迟发生在11月，一次台风的周期也是不稳定的，从生成、成熟和消亡的三个阶段，平均各为一周左右，但短的只有2~3天，最长可达一个月左右；台风系统的形成与迁移路径也是时常变化的，难以预料。

灾害系统及其组成的自然环境系统和人类社会系统在其演化过程中时常承受着惊人的突变现象而显示出系统演化的突变性特征。这些巨大的变化有时是可以预知的，但它们的发生之快仍会令人吃惊。例如，地球第四纪时期的新仙女木事件，当晚更新世末次冰期结束，地球气候开始变暖，气温逐渐回升，到了13000年前，地球气候温暖，但就在12640年前，气温又骤然下降了，地球各地又转入严寒，在短短十年内，地球平均气温下降了7~8℃。这次降温持续了上千年，直到11500年前，寒冷期结束，气温又突然回升，并在40年后气温升高了7℃之多（Taylor et al.，1997）。新仙女木事件气候的迅速变化，其原因令人困惑。其实，这就是自然灾害系统演化的复杂性的一种体现。从复杂性理论来看，全球气候可以视为地球大气层系统中众多组成要素之间相互作用的复杂结果。如果系统开始变化，那么这些相互作用也会随之变化。结果可能是已经发生变化的要素继续进一步扩大变化。在这种情况下，一个要素的较小变化就会引起其他要素发生变化，这种变化足以引发整个系统中的串联变化，从而产生颠覆性的影响。在新仙女木事件中，最初的变暖可能是太阳活动增加引发的。增强的能量输出引起了正反馈循环，从而造成并加速变暖过程，导致全球气温产生了突然转变。

灾害系统的发生发展通常也有一定规律和趋势，但其演化趋势是非确定性。例如，自然环境系统中的全球气候变化，在全新世以来，既有变暖的征兆，也有变冷的迹象。灾害演化趋势的非确定性一方面是自然特征和社会状况的复杂性表现，另一方面也是人类在特定时期内对灾害认识程度的反映。灾害系统的边界、结构和功能都具有模糊性，难以辨识，而且系统中各灾害的发生具有随机性，其成灾要素难以预测，各灾害所造成的危害非常复杂，难以判断和衡量。具体到某一灾害体，它的范围是不明确的，其复杂结构和综合功能也经常模糊不清，很难确定，而且灾害发生的征兆和后果都存在难以判别和评价等问题（郭跃，2000）。正因为这些非确定性，给灾害系统的研究工作造成了很大的困难。不过，随着科学技术的发展，尤其是各学科各部门工作者的合作，使得人们能够在一定程度上辨识灾害系统本身所发出的模糊信息，了解灾害并能在一定范围内控制或防范灾害的发生。

灾害系统演化的动态变化、不稳定周期性、演化过程中的突变性与趋势的不明确性，充分显示了灾害系统演化的复杂性，这种复杂性也许与灾害系统的开放性有关。灾害系统作为自然界和人类社会中的一个组成，它必然要与岩石圈、生物圈、水圈、大气圈、人类社会圈，产生复杂的相互联系和相互作用。这些复杂的相互联系与相互作用不仅促进了灾害系统随时间的发展与演化，同时也使得其演化过程具有高度的复杂性。

（四）灾害驱动机制的复杂性

灾害的形成原因复杂，既有直接造成人类损害的驱动因素，也有驱动因素背后的环境背景或深层根源。我们知道，灾害是一定环境背景下，致灾因子与承灾体相互作用的结果。致灾因子是造成灾害的直接驱动因素，是灾害因果关系中的"因"；承灾体则是灾害后果的接受载体，是灾害因果关系中的"果"。一定时空的环境背景则是灾害因果关系的深层原因。由于灾害形成原因与背景复杂，我们拟从单灾种和多灾种两方面来探讨灾害驱动机制。

1. 灾害的因果关系复杂性

通常每一种灾害的发生都有其一定的原因，但灾害的因果关系不是简单的——对应关系，而是错综复杂的对应关系，大致还有下几种其他情形。

同样的致灾因子，可能造成不同的灾害后果。例如，同样强度的地震事件，引起的灾害后果差别也会很大。1994 年 1 月 17 日 4 时 31 分在美国洛杉矶发生 6.6 级地震，造成 62 人死亡，9000 多人受伤，25000 人无家可归，经济损失高达 300 多亿美元。而在 2014 年 8 月 3 日 16 时 30 分，在我国云南省鲁甸县发生 6.5 级地震，却造成 617 人死亡，112 人失踪，3143 人受伤，22.97 万人紧急转移安置，经济损失 4.6 亿元人民币。这两次地震强度相当，但人员伤亡和经济损失差别很大，这表明灾害的结果不仅仅取决于致灾因子，还取决于灾区的社会历史背景、经济发展水平和减灾防灾的能力。

同样的灾害后果，可能来自不同的致灾因子。例如，一场洪水的暴发，起因可能不同。山区河流因暴雨可以形成洪水，也可以因冰雪消融形成洪水，河道冰坝崩溃、上游水库溃坝也可能造成下游洪水。2005 年 6 月，一场 200 年一遇的强降雨发生在黑龙江省宁安市山区，在 40 分钟内沙兰河处降水量达 200mm，瞬间暴发巨大山洪，侵袭了地处低洼的沙兰镇中心小学，高达 2m 的水头从门窗灌进教室，造成许多师生淹死在教室里。1997 年 4 月，美国北达科他州，大地回春，气温大幅上升，冬季大量积雪迅速融化涌入红河，红河突然暴发洪水，河流泛滥淹没 300 多栋房屋，10 余万居民被紧急疏散，当地社会经济造成巨大损失。

同样的驱动力，但其机制则有可能不同，有可能来自不同的背景或深层原因。例如，在地震这个典型的极端地球物理过程中，一个典型的致灾因子发作，通常被认为是自然的原因所致。但是，人为的原因同样也可以引起，如人类修建大型水库，改变了地球应力场的格局，就可能引起地震发生。例如，印度科因纳水库建于 20 世纪 60 年代初，水库坝高103m，1962 年开始储水，一年后在这个历史上没有发生过地震的地区发生了地震，而且越来越强烈和频繁，至今已经发生地震超过 450 次，1967 年 12 月 10 日科因纳水库发生 6.5 级强烈地震，177 人丧生，2300 人受伤，造成巨大的社会经济损失。

灾害的后果，不仅仅是一个致灾因子导致的一个结果，它也可以转化成新的驱动因素，成为新破坏的驱动力。例如，地震晃动地表，驱动地表房屋建筑物的倒塌，这是地震造成的后果，同时，地表房屋建筑物的倒塌，又是人员掩埋和财产损坏的原因。其实，灾害发展与致灾是一个序列过程，也是一个由初始驱动激发产生灾害后果，即前一个灾害后果转化为后一个灾害的驱动力，又触发产生另一个灾害后果。例如，干旱灾害发展（图 2-1），初始驱动力（长时期高温无雨）造成天气干旱；天气干旱的发展再影响农业生产造成农作物歉收以及人畜饮水困难；农作物歉收则会造成农民的口粮短缺，人们吃不饱饭，而形成饥荒；任由饥荒发展和蔓延，则会造成饥民的死亡；大量饥民的死亡则可能引起社会动乱。

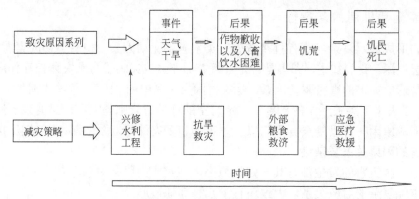

图 2-1　干旱灾害发展序列

从图 2-1 可以看到，一个灾种的形成与致灾程度是一个随时间而发展的过程，从干旱灾害发生，到灾民饥荒死亡灾难出现，其中经历了几个阶段的发展。其实，在灾害每个阶段，人们都可以采取一些积极的减灾措施，尽量中断旱灾的进程，减轻灾害对人类社会的伤害。

通常人们认为，灾害就是驱动因素的直接结果，但从更广的视角上看，灾害是一定环境背景下驱动因素的结果。Blaikie 等（1994）在研究致灾事件及其所导致的灾害的原因时，构建了灾害压力释放模型（图 2-2），该模型指出灾害的形成除了与驱动因子或致灾事件本

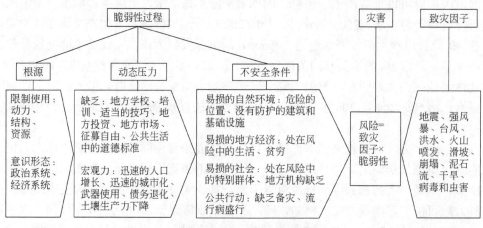

图 2-2　灾害压力释放模型

身有直接关系，还与资源的缺乏、社会文化与政治经济结构不健全等具有易损性特征的环境背景有密切关系。每次灾害的发生，除了有触发的驱动因素外，都有其独特的自然历史和社会经济背景，它们是灾害发生的深层原因。在不同区域，不同社会发展阶段等环境背景都会表现出不同的特征，它们会影响着直接造成人类社会损伤的致灾因子过程，同时也影响着承灾体对致灾因子的抵御能力，因而形成不同的灾害后果。

在探索灾害形成的因果关系时，我们不仅要关注灾害的直接驱动因子，还要分析灾害形成的环境背景，因为这些环境背景是灾害形成的深层原因，灾害与当前的事态发展与它们随地点环境背景的变化密切有关（Mitchell et al.，1989）。环境背景这个术语是广义的，可以用多种方式解释：国际资本的经济背景，武装冲突的战略背景，民族自我认同的文化背景以及大众传播的技术背景，人们可能会增加易损性和应对机制的社会经济背景，实施防灾、减灾和备灾措施动机的政治背景，以及影响和调整环境的环境背景，所有这些环境背景都会影响灾害的形成、灾害的形式和格局，也有助于灾害变化的理解。

2. 灾害过程之间关系的复杂性

灾害因果关系讨论中，我们是仅限于一种灾害而言的。在探索灾害驱动机制的时候，我们还应在多种灾害共存的背景下，分析区域灾害的驱动机制。众所周知，"祸不单行"，灾害的发生往往不是孤单的，并非仅出现一种致灾因子，而时常是多种致灾因子同时出现或先后出现。这些同时出现或先后出现的灾害过程，彼此之间存在着多种复杂的情形。例如，各种灾害常常在某一时间段或者某一区域相对集中出现，或者相继频繁发生；一些高强度的灾害发生后，也往往诱发出一连串次生的、衍生的其他灾害；还有不同种类的灾害同时在一个地区遭遇，并暴发的情形。史培军等（2014）将灾害过程间的这些复杂关系，概括为灾害群、灾害链和灾害遭遇3种关系类型。

灾害群是指灾害空间上的集聚现象和时间上的群发现象，但这些灾害事件之间是相互独立的，没有成因上的联系，其致灾程度则是多个致灾因子作用的简单叠加总和。灾害群的形成与致灾因子和承灾体在时间上的不规则性和空间上的不均匀性有关。

灾害链是因一种灾害发生而引起的一系列灾害发生的现象。灾害链可以分为成串性灾害链（即由某一原生灾害诱发一连串次生灾害出现）和并发性灾害链（由同一原因同时诱发多种其他灾害形成）两种类型。灾害链的形成发展与地球表层的自然过程和人文过程密切相关，受孕灾环境和承灾体的双重影响，灾害链多表现为多米诺骨牌现象，其致灾程度具有累加效应。

灾害遭遇是指多于两种以上的灾种偶然性相互遭遇的现象。灾害事件的组合会放大灾害影响的后果；一个灾种发生时，其本身强度可能并不极端，但是由于遭遇效应，遭遇事件成为极端的灾害事件。

不同的关系类型意味着灾害事件与灾害事件相应的转入、影响持续与转出过程的不同。相互重叠或相互影响的关系不同，这些关系将决定或影响灾害的发展轨迹，厘清多个灾害过程间的这些关系有助于我们更好地理解灾害系统和灾害驱动机制的复杂性。

三、灾害复杂性的 DNA 解读

（一）灾害形成演化的循环模型

灾害现象和其他自然社会现象一样，也有其形成发展的时间过程，一般来说，可以分灾前、灾中和灾后三个阶段。灾前阶段是在一定的孕灾环境背景下，各种致灾因子在空间和时间上的孕育、潜伏的时期，这一时期，大多时间较长，环境表面上也较为平静，身处孕灾环境的人们还意识不到潜在灾害的威胁，对未来可能发生的灾害尚未采取积极的预防措施；但从灾害管理角度，在这个阶段，社区应该做好社区潜在灾害的应急规划、适当的防御工程建设和居民的防灾宣传教育等预防备灾工作。灾中阶段就是灾害暴发的时候，高强度的致灾因子袭击人类社会这个承灾体，同时人们也会本能地开展躲避和自救，这一阶段时间较短，来势突然，造成人们惊慌失措，社会混乱，人类的生命和财产遭受伤害和损失，形成灾情。这时，灾区和社会启动灾害应急响应预案，抢救受伤灾民和财产。进入灾后阶段，致灾因子的能量迅速减弱，慢慢地稳定、平息，逐渐进入正常发展的时期，当地社会开始清理灾难废墟，消毒去污，恢复正常生活秩序，区域灾后重建。这一阶段，时间相对较长，慢慢地人们进入正常状态，一场灾害过程结束。同时，又开始新一轮灾害的孕育过程（图2-3）。灾害形成演化的这种运动变化就是从孕灾环境—致灾因子—承灾体—孕灾环境这样一个周而复始的循环过程。

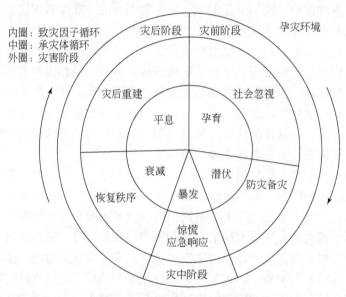

图2-3　灾害演化的循环模式图

按超循环理论来看，灾害形成演化的循环过程，还是一个超循环过程。所谓超循环主要指生物进化中不同的层次具有循环等级的联系。宇宙间各个不同的层次，直到人类社会，进化过程也都是超循环的，地理学中的地貌隆升—侵蚀循环过程是典型的超循环过程。超循环具有结构的自我复制功能，系统自我复制功能，系统自适应功能，系统自进化功能。超循环使系统远离处于中值的平衡态，非线性特征也越来越强。当系统在临界点发生突变，系统又会进入一种新的平衡态。超循环理论认为生物进化的选择机理主要是遗传基因、脱氧核糖核酸（DNA）、核糖核酸（RNA）超循环自组织分子进化。由此，我们也可以借助DNA的理念来解读灾害的形成演化及其复杂性。

（二）灾害因果关系的 DNA 模型

DNA 是一个生物学的概念，是分子结构复杂的有机化合物脱氧核糖核酸的缩写。DNA

结构是由一对多核苷酸链通过碱基间的氢键相连，围绕一个共同的中心轴盘绕构成。DNA 是引导生物发育与生命机能运作的功能基础，并具有稳定性、多样性、特异性的分子特性。

按照 DNA 的理念，我们构建了一个灾害因果关系的 DNA 模型来体现灾害的复杂性（图 2-4）。在灾害成因关系的 DNA 模型中，以人类社会系统和自然环境系统显示为两条链，它们在一定时间和空间背景下（即围绕着共同的中心轴），被扭曲在一起形成双螺旋，连接双螺旋的两个链的是许多的相互作用，这些相互作用有助于塑造系统结构，于是，相互作用和它们之间的链共同构成了自然环境与人类社会交互系统结构，就像 DNA 结构构成生命的基石一样，这个双螺旋结构的自然环境与人类社会交互系统构成了灾害因果关系的基础（Smith，2008）。自然环境与人类社会两个部分被扭曲在一起形成反向双螺旋，代表了一个事实，即自然环境与人类社会两个要素本质上是交织和相互联系的，同时各自有其的演化方向，灾害不是来自一个或另一个方面，而是来自它们之间复杂的相互作用。

图 2-4 灾害成因关系的 DNA 模型

A：自然环境系统；B：人类社会系统

在灾害因果关系的 DNA 模型中，自然环境系统链与人类社会系统链的相互作用存在着 3 种基本关系：即以自然环境系统为主导，以人类社会系统为主导，自然环境系统和人类社会系统共同主导。这三种关系实际上就是决定灾害形成的三种驱动关系，代表了灾害形成的驱动因素与承灾体之间的三类主次关系：①自然环境驱动：由于自然环境系统本身内外变化形成的极端地球物理事件对人类社会系统驱动，从而造成人类社会的伤亡和损失。例如，地球板块运动造成的地震活动，造成对人类社会的损失。在自然环境驱动的灾害中，自然过程主导了灾害事件的发生，但在不同的人类社会系统里，社会的脆弱性不同。发达社会里，人们有充足的选择机会，并且可以避免易损性，但主观的故意冒险使其陷入灾害的泥潭；而贫穷和边缘化的社会，人们选择的机会受到严格限制，承担的风险会导致无法避免易损（Alexander，2000）。②人类社会活动驱动：由于人类生产、生活活动导致对人类社会系统的伤亡和损失。例如，人们的技术操作失误，直接造成的交通事故或工业事故产生的伤亡和损失；在自然台风事件发生的背景下，人类强行在海上航行承担的风险与易损性产生的伤亡和损失；在人类活动驱动的灾害中，人类活动直接驱动或主导了灾害的发生。③人地叠加驱动：灾害过程是由自然环境和人类社会驱动力共同作用的结果。换句话说，灾害就是人类社会承担的风险和易损性与极端自然环境物理事件相互作用的结果。在人地叠加驱动的灾害中，自然环境因素并不是灾害因果链中的起点，人类社会易损性和承受的风险才是灾害因果链中的起点（Quarantelli，1995）。

灾害 DNA 双螺旋结构是引导灾害发生的基础，灾害 DNA 结构是一种稳定结构，这意味着随着人类或人类社会的发生发展，自然环境系统与人类社会系统总是相生相伴、交织一起的，灾害发生的基础始终存在，人类社会逃离不了灾害，灾害不是偶然现象，灾害是一个系统结构方式产生的现象，是系统发展的结果。灾害 DNA 结构同时也具有多样性和特异性的特征，它们构成了灾害形式的复杂性、灾害时空格局复杂性、灾害驱动因素和因果关系复杂性的基础。

（三）灾害复杂性的讨论

灾害的复杂性是一个较为复杂的理论问题，目前尚无统一的定义和认识。本书从地理学研究的视角，透视了灾害及其灾害系统的复杂性，其复杂性表现为灾害表现形式及其后果的复杂多样，组成要素和影响因子多样的、多层次、多尺度的复杂系统结构，时空格局的规律性与意外的随机性并存，灾害系统演化的动态变化与不稳定周期性、演化过程中的突变性与趋势的不明确性，以及灾害驱动机制的错综复杂等特征。

灾害系统是一个开放的复杂巨系统，它具有复杂性的属性与特征。灾害复杂性的特征给我们传统的科学理论和方法带来了挑战。而这些特性恰恰是非线性理论、复杂性科学关注的焦点。因此，我们应该积极地探索应用复杂性科学的概念、方法、理论与技术来研究灾害的整体行为、演化规律及其调控机制。

就像 DNA 结构构成生命的基石一样，自然环境与人类社会交互系统双螺旋结构构成了灾害因果关系的基础。自然环境与人类社会两个要素本质上是交织和相互联系的，同时各自有各自的演化方向，灾害不是来自一个或另一个方面，而是来自它们之间复杂的相互作用，是一个系统结构方式造成的现象，是系统发展的结果。灾害系统的复杂性是由地球自然环境系统与人类社会系统之间的相互作用的复杂性所决定，灾害 DNA 双螺旋结构从哲学层面阐释了灾害因果复杂性的逻辑关系，但一系列不同向的双螺旋体及其连接的相互作用键，其具体含义和作用机制还有待进一步的探索和解译。

灾害复杂性为我们认识灾害的本质提供了一种框架。按照灾害复杂性的理解，灾害是由自然环境系统与人类环境社会系统之间的相互作用所决定的，因此在研究灾害问题时，必须综合考虑自然环境和人类环境社会内部以及相互之间的作用，以更加整体的视角研究灾害问题，充分考虑各系统内部的联系，人类社会与自然环境系统之间的联系，致灾因子本身内部的联系及其环境背景，特别是孕灾环境对致灾因子复杂性程度的影响机制，孕灾环境对人类的脆弱性和致灾与成害机制的复杂性，这样才能够从灾害系统各要素之间的相互作用机理与过程中，全面认识灾害的复杂性。

四、灾害系统复杂性研究的主要方法

灾害的复杂性告诉人们，正确地认识和理解灾害比我们想象的要困难得多。探索各种灾害的形成演化、发生机理以及预测预警仍然是灾害学研究的基础问题。从系统科学的角度来看，灾害系统是一个开放的复杂巨系统，非线性、非平衡、多尺度、突变性、自组织、自相似、有序性和随机性等都是灾害系统的本质属性。对于这类系统的研究、控制、管理和利用等，采用传统的理论和技术均不能很好地解决问题。而这些特性恰恰是非线性理论、复杂性科学关注的焦点。因此，我们应该积极探索应用复杂性科学的概念、方法、理论与技术来研究灾害的整体行为、演化规律及其调控机制。

耗散结构理论、协同论、突变论、分形理论、混沌理论、超循环理论等是复杂性科学的重要组成，它们都是跨学科的、非线性的科学，其共同目标是探索大自然的复杂性，从不同的角度揭示复杂性中的规律。

（一）耗散结构理论、协同论与突变论

耗散结构理论是比利时物理学家普利高津于 1984 年提出来的（Prigogine and Stingers,

1984）。普利高津发现，系统只有在远离平衡的条件下，才有可能向着有秩序、有组织、多功能的方向进化，即远离平衡态的非线性开放系统，通过不断地与外界交换物质能量，在系统内部演变混合参量达到一定阈值时，发生突变，即非平衡相变的行为，由初始的混沌无序状态转变为一种在时间上、空间上或功能上的有序状态。耗散结构理论提供复杂系统通过自组织行为从无序到有序的内部演化机理的重要方法。按照耗散结构理论，地震是一个非线性、非平衡的开放的耗散系统，因为地震与外部环境不断地进行着物质、能量的交换，地震发育区域系统内部间也存在着非线性的相互关联与相互作用，地震的发展是地球长期演化过程的一部分，是远离平衡态的发展，正是在这种背景下的物质与能量的交换，才使震源在孕育过程中发展并最终导致失衡相变，发生地震。

协同论是德国物理学家哈肯在 1977 年创立的（Haken，1977）。他认为自然界是由许多系统组织起来的统一体，这许多系统就称为小系统，组织起来的统一体就是大系统。在某个大系统中的许多小系统既相互作用，又相互制约。它们的平衡结构，而且是由旧的结构转变为新的结构，则有一定的规律，研究本规律的科学就是协同论。协同论是刻画复杂系统演化动力过程的重要方法，主要探讨系统要素、单元和结构从无序到有序的动力过程。协同论强调通过系统要素竞争，协同实现从无序、无主控要素和规则的过程，到有序、出现主控要素和规则的演化过程。这种主控要素和规则称为序参量，一个系统演化到一定阶段可以是一个序参量或多个序参量。微观研究用常规动力学的方法进行解释，但是宏观研究则是用复杂系统的方法进行解释。序参量的出现能破解子系统和系统要素的结构关系，同时能够解释从无序到有序的支配关系。

突变理论是法国数学家托姆在 1972 年创立的。其研究重点是在拓扑学、奇点理论和稳定性数学理论基础之上，通过描述系统在临界点的状态，来研究自然多种形态、结构和社会经济活动的非连续性突然变化现象，并通过耗散结构论、协同论与系统论联系起来，并对系统论的发展产生推动作用。它是研究系统的状态随外界控制参量连续变化而发生不连续变化的理论。该理论认为，在条件的转折点或临界点附近，控制参量的任意一个微小变化都会引起系统发生突变。就灾害系统而言，其从一种稳定状态演变进化到更高层次的稳定状态主要通过突变和缓变两种方式实现。系统采取哪种方式主要由系统本身性质和演化路径来决定，可用尖点模型来形象说明。若系统在演化过程中控制参量一直为正，即系统总位于分叉集的一侧，不跨越分叉集，系统就仅以缓变方式演化；相反，若系统演化跨越分叉集，则在跨越分叉集的瞬间系统状态变量将产生一个突跳即突变。对系统突变性的研究就是要通过对系统演化路径及奇点性质等的分析，以达到对灾害系统演化路径人为控制的目的，并使系统的突变转化为缓变，从而降低灾害造成的损失（周燕华，1990）。

（二）分形与混沌理论

分形理论是法国数学家曼德尔布罗（Mandelbrot，1982）在 1982 年创立的非线性理论。曼德尔布罗认为在自然界和社会中，普遍存在着形态的"自相似性"特征，并提出了用"分形分维几何学"和"自然中的分形几何"来解决自然界、社会中复杂的几何形态问题。分形理论是描述复杂系统空间形态的重要方法。这种非线性方法目前在地震、火山喷发以及滑坡、泥石流等灾害的研究中得到应用，得到较好的效果。灾害的相似性与分形分维特性的存在，使得我们可根据系统"局部映射整体"的层次，选择具有代表性的局部进行研究，通过它去认识系统整体。我们可以通过研究灾害体的分维值了解其复杂程度与演化过程。

借助分形理论和方法，利用少量信息就可重现原来的研究对象。具有指定信息少、计算容易和重现精度高的它，不但具有信息压缩的优点，还可借助计算机使研究对象可视化，促使研究更加直观和深入。

混沌理论是探索复杂系统整体演化趋势的重要方法。混沌理论的产生是为了解释一个看上去简单的系统是如何产生具有非常复杂形式的意外事件。在 20 世纪 60 年代，美国气象学家爱德华·洛伦茨，用一台非常低端的计算机来运行一套天气模拟程序。他发现即使输入参数发生了微小的变化，也会对模型结果产生巨大的变化，现在被称作为"蝴蝶效应"。假设一个蝴蝶在欧洲振动它的翅膀，可能就会通过大气产生一系列的反应从而改变亚洲一处台风的运行轨迹。混沌现象产生于对初值敏感的复杂系统中，如果系统的初值稍有偏差，可能导致系统演化趋势发生很大的偏移。复杂性理论关心高度复杂的系统如何产生简单结果。它着眼于系统中的事件是如何通过"自组织"的过程从各要素之间复杂的相互作用中发生的。混沌是非线性的、独立的、内在的过程，且具备固有的性质。混沌系统貌似随机，但是可被预测。灾害系统中存在诸多类似的现象。利用混沌理论可以初步解释灾害演化与形成的混沌机制，如从灾害系统的紊乱事件或过程中寻求规律性，从其偶然的随机的事态中通过统计方法寻找无序中的有序性，判别灾害系统中的动力随机性与内在随机行为，分析灾害混沌现象对初值的敏感依赖性等。

（三）超循环理论

超循环理论是德国科学家艾根创立的科学理论（Eigen and Schuster，1977），探讨复杂系统多层次、多要素、多过程循环行为而造成系统的结构生长过程的重要方法，他改变了达尔文进化论自然选择主要受外界环境影响的认识，推进到遗传基因、DNA、RNA 超循环自组织分子进化选择机理成为内因的认识。所谓超循环主要指生物进化中不同的层次具有循环等级的联系。宇宙间各个不同的层次，直到人类社会，进化过程也都是超循环的。地貌隆升—侵蚀循环过程是典型的超循环过程。超循环具有结构的自我复制功能，系统自我复制功能，系统自适应功能，系统自进化功能。超循环使系统远离处于中值的平衡态，非线性特征也越来越强。当系统在临界点发生突变，系统又会进入一种新的平衡态。所以有序和无序是指以现有状态本身要素之间的关系衡量，而不是以一个状态和前一个状态来衡量。

主要参考文献

陈颙，史培军. 2015. 自然灾害. 4 版. 北京：北京师范大学出版社

葛全胜，邹铭，郑景云，等. 2008. 中国自然灾害风险综合评估初步研究. 北京：科学出版社

郭跃. 2005. 灾害易损性研究的回顾与展望. 灾害学，20（4）：92-96

郭跃. 2013. 自然灾害与社会易损性. 北京：中国社会科学出版社

郭跃. 2020. 灾害复杂性的地理学阐释. 灾害学，35（3）：1-7

郭跃，林孝松. 2001. 地质灾害系统的复杂性分析. 重庆师范学院学报（自然科学版），18（4）：1-7

国家减灾委员会、科学技术部抗震救灾专家组. 2008. 汶川地震灾害综合分析与评估. 北京：科学出版社

李向军. 1994. 试论中国古代荒政的产生与发展历程. 中国经济社会史研究，2：7-12

马宗晋，高庆华，张业成，等. 1998. 灾害学导论. 长沙：湖南人民出版社

毛德华. 2011. 灾害学. 北京：科学出版社

倪玉平. 2002. 试论清代的荒政. 东方论坛，（4）：44-49

邵永忠. 2006. 历代荒政史籍述论. 淮北煤炭师范学院学报（哲学社会科学版），27（3）：18-24

申曙光. 1994. 灾害学. 北京：中国农业出版社

史培军，吕丽莉，汪明，等. 2014. 灾害系统：灾害群、灾害链、灾害遭遇. 自然灾害学报，23（6）：1-12

王顺义，罗祖德. 1992. 混沌理论：人类认识自然灾害的工具之一. 自然灾害学报，1（2）：3-16

许武成. 2015. 灾害地理学. 北京：科学出版社

杨达源，闻国年. 1993. 自然灾害学. 北京：测绘出版社

曾维华，程声通. 2000. 环境灾害学引论. 北京：中国环境科学出版社

郑大玮. 2015. 灾害学基础. 北京：北京大学出版社

周利敏. 2012. 从自然脆弱性到社会脆弱性：灾害研究的范式转型. 思想战线，38（2）：11-15

周燕华. 1990. 突变理论. 北京：高等教育出版社

Alexander D. 2000. Confronting Catastrophe：New Perspectives on Natural Disasters. New York：Oxford University Press

Blaikie P，Cannon T，Davis L，et al. 1994. At Risk：Natural Hazards，People's Vulnerability and Disasters. London：Routledge

Cutter S L，Finch C. 2008. Temporal and spatial changes in social vulnerability to natural hazards. Proceedings of the national Academy of Sciences US. 105（7）：2301-2306

Eigen M，Schuster P. 1977. A Principle of Natural Self- Organization. Berlin：Springer-Verlag

Fellmann J D，Getis A，Getis J. 2008. Human Geography：Landscaped of Human Activities. Boston：McGraw-Hill

Fritz C. 1961. Disaster//Merton R K，Nisbet R A. Contemporary Social Problems. New York：Harcourt Press

Gad-el-Hak M. 2010. Facets and scope of large-scale disasters. Natural Hazards Review，11（1）：1-6

Haken H. 1977. Synergetic：an Introduction. Berlin：Springer-Verlag

Hewitt K. 1983. Interpretations of Calamity from the Viewpoint of Human Ecology. Boston：Allen and Unwin

Hewitt K，Sheehan L. 1969. A pilot survey of global national disasters of the past twenty years. Natural Hazards Research Working Paper 11. Boulder，CO：Institute of Behavioral Science，University of Toronto

Mandelbrot B B. 1982. The Fractal Geometry of Nature. Francisco：Freeman Company

McEntire D A. 2007. Disaster Response and Recovery：Strategies and Tactics for Resilience. Hoboken：John Wiley & Sons，Inc

Mileti D S. 1999. Disasters by Design：A Reassessment of Natural Hazards in the United States.　Washington，D.C.：Joseph Henry Press

Mileti D S，Myers M F. 1997. A boulder course for disaster reduction：imagining a sustainable future. Rivita Geofisica，47：41-58

Mitchell J K，Devine N，Jagger K. 1989. A contextual model of natural hazard. Geographical Review，79（4）：391-409

Perry R W. 2005. What Is a Disaster? New Answers to Old Questions. Philadelphia：Xlibris

Prigogine I，Stingers I. 1984. Order of Chaos. New York：Bantam Book，Inc

Quarantelli E L. 1995. What is disaster? Six views of the problem. International Journal of Mass Emergencies and Disaster，13（3）：221-229

Quarantelli E L. 1998. What Is a Disaster? Perspectives on the Question. London：Routledge

Smith K. 1996. Natural disasters: definition, databases and dilemmas. Geography Review, 10 (1): 9-12

Smith K. 2001. Environmental Hazards: Assessing Risk and Reducing Disaster. London and New York: Routledge

Smith K, Petley D N. 2008. Environmental Hazards: Assessing Risk and Reducing Disaster. London and New York: Routledge

Smith K, Petley D N. 2009. Environmental Hazards: Assessing Risk and Reducing Disaster. 5th ed. London and New York: Routledge

Taylor K C, Mayewski P A, Alley, R B, et al. 1997. The Holocene-Younger Dryas transition recorded at Summit, Greenland. Science, 278: 825-827

UNISDR. 2009. Terminology on Disaster Risk Reduction. The United Nations International Strategy for Disaster Reduction. Geneva: UNISDR

UNISDR. 2015. The Sendai Framework for Disaster Risk Reduction 2015-2030. Geneva: UNISDR

Warner J, Waalewijn P, Hilhorst D. 2002. Public participation for disaster-prone watersheds: time for multi-stakeholder platforms. Water Climate Dialogue Thematic Paper 6. Wageningen: Wageningen University

White G F. 1974. Natural Hazards: Local, National, Global. Geography, 60 (4): 325-326

Wisner B, Blaikie P, Cannon T, et al. 2004. At Risk: Natural Hazards People Vulnerability, and Disaster. London and New York: Routledge

第三章　灾害的效应及影响

灾害是人类社会生存与发展面临的重大挑战，一旦发生，它就会给人类和社会造成严重的后果，一方面会造成人们的身体的伤害（伤病和生命的丧失），人类财富的损失，资产、资源的损毁等灾害效应，另一方面还会对人们的精神健康、社会的经济发展、人口的增长、政治的发展，以及环境状态等产生大量的负面影响。灾害效应是极端事件给人类社会造成的伤害与破坏；灾害影响是指灾害效应的后果对灾后自然环境、人类社会的总体影响。正确地分析和评估灾害的破坏与损失及其影响对于灾后社会经济的全面恢复与重建以及灾后人们生活恢复计划具有十分重要的意义。

第一节　灾害对人的伤害效应

一、灾害对人的伤害

人所受的伤害影响，包括受伤与死亡，这是灾害的最直接后果。任何灾害最终都是通过对人的伤害表现出来的，而在这伤害中的最严重表现就是人的死亡。死亡是一个生命的结束，是这个生命最大的不幸。就人类社会来说，人的死亡意味着人类社会主体的损伤，是人力或劳动资源的损失。这种损失不仅表现在总量的减少上，而且表现在结构的失衡上。此外，人的死亡还会对幸存下来的人们造成心理、精神的伤害，直接影响到社会稳定。

灾害的暴发一般都会造成人员的伤害，其伤害的途径主要有以下 3 种：①为灾害本身所带有的物质性或环境中的气象因素所伤害，其特征是不经过中介而直接对人生命的伤害，如水灾中的洪水、滑坡中的山石等；②灾害本身并不能直接对人造成伤害，而是由灾害引起某种自然的、物质的形象而对人造成伤害，如地震灾害，地震引起大地强烈震动而造成房屋倒塌，倒塌的房屋致人死亡和受伤；③上述两种情形的交叉综合作用对人造成伤害，即在同一种灾害中，既有非中介的直接伤害，也有经过中介的非直接伤害，如火灾、风暴灾害、爆炸灾害等，在火灾中，可能直接地因为大火而致人死亡，也可能因大火引起房屋倒塌而致人死亡。

二、全球灾害造成人员伤亡的概况

自然灾害对人类的最大威胁就是造成人类身体受伤和生命死亡。根据布鲁塞尔鲁汶大学灾害流行病学研究中心（CRED）的（EM-DAT）数据，自 1960 年以来，全球因自然灾害有超过 600 万人员遇难，超过 777 万人受伤。

总体来说，随着社会的发展，以及人类抵御灾害能力的提升，灾害造成的死亡人数有所下降（表 3-1）。世界灾害造成的死亡人数，从 1960～1979 年，年均约 13.8 万人，1980～1999 年，年均约 9.7 万人，2000～2020 年，年均约 6.7 万人，但是灾害造成的受伤人数却在大幅增加，全球灾害受伤人数（因灾害直接伤害需要医学处理和照料的人）从 1960～1979

年的 1389982 人，到 1980～1999 年的 2023886 人，再到 2000～2020 年的 4347667 人。

表 3-1　全球灾害统计（1960～2020 年）

年份	灾害次数	死亡人数	受伤人数
1960～1979	1788	2753083	1389982
1980～1999	7289	1942602	2023886
2000～2020	12795	1401234	4347667

21 世纪以来，灾害发生的次数变动不大，灾害造成的死亡人数有下降趋势，但存在 3 个突起的峰值（图 3-1）。这 3 个峰值与相应年间的几次特别重大的自然灾害有关。2004 年，印度洋地震海啸造成大量人员伤亡，全球灾害导致死亡人数近 20 万人；2008 年，缅甸纳尔吉斯飓风和中国汶川地震造成大量人员伤亡，全球灾害导致死亡人数近 25 万；2010 年全球灾害频发，共计发生了 373 起重大自然灾害，其中洪灾 182 起，风暴 83 起、破坏性地震 23 起，近 30 万人失去生命，其中海地的 7.0 级地震，就造成约 22.2 万人死亡，数百万人无家可归。

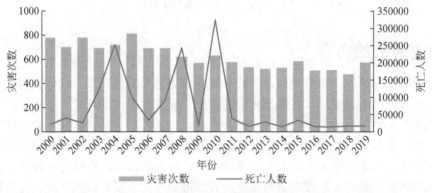

图 3-1　全球灾害次数及其死亡人数（2000～2019 年）

许多与灾难有关的伤亡是可以避免的，人类社会总结和建立了一些减少灾害伤亡的有效方法和措施，如自然灾害发生前提供早期灾害预警和紧急疏散并撤离处于灾害风险中的人群以及有效的备灾措施。这些措施已经成功地减少了一些国家的灾难死亡人数。例如，1975 年 2 月 4 日，我国海城发生的一次 7.3 级地震，由于我国科学家对该地震进行了准确预测、及时发布了短临预报，并进行了紧急的人员疏散，地震造成的人员伤亡大幅减少，有 1328 人死亡，占震区总人口数的 0.02%，受伤者占震区总人口数 0.2%。中国旱灾发生频繁，历史上旱灾 1056 次，大量灾民因饥荒而死亡。1942～1943 年大旱，仅河南省饿死、病死者即达数百万人之多。中华人民共和国成立后，兴修了大量水利工程，发展排灌事业，提高了抗旱能力，同时也做好了应对干旱的粮食储备。近年来，我国也曾发生严重的旱灾，但却没有因旱灾出现的饥荒和死亡的现象发生。

三、人员伤亡的主要影响因素

灾害造成的伤亡人数与许多因素有关，它不仅取决于这些极端事件的自然特征，而且还涉及复杂的经济、人口、政治和文化等因素。

灾害造成的死亡人数因自然灾害类型而异。从全球视角看，在所有自然灾害中，地震、海啸以及干旱是造成死亡人数最多的自然灾害,其次是台风、洪涝灾害。1970~2019 年,全球灾害死亡人数达 550 万人之多,其中因干旱死亡人数就超过 250 万人,因地震死亡人数超过 100 万人,因飓风风暴死亡人数将近 100 万人。就因灾害造成人员损伤情况而言,洪水灾害通常造成很少的伤害,而地震,龙卷风和台风造成的伤害数量明显高于其他自然灾害;不同的灾害类型和不同的国家,灾害事件造成的人员死伤比是有差别的。例如,2007 年发生在孟加拉国的赛德飓风造成 3406 人死亡,55000 多人受伤,死伤比大致是 1:16;2005 年发生在美国的卡特里娜飓风造成约 2000 人死亡,5698 人受伤,死伤比为 1:2.9,受伤人数或接近死亡人数的三倍(Paul,2010)。

地震是来势突然、破坏力强、造成人员伤亡严重的一种自然灾害。20 世纪,全球地震灾害死亡人数超过 120 万,其中 1976 年发生在我国唐山的 7.8 级地震,造成 24.2 万余人丧生。海啸时常由地震而引起,是发生在海岸强烈的自然现象和造成人员伤亡严重的一种灾害,历史记载中破坏力最强的海啸发生在 1755 年的葡萄牙里斯本,一个 25 万人的繁华都市中,近四分之一的人口(60000 人)因海啸席卷丧生;2004 年印度洋地震海啸,波及印度洋沿岸 12 个国家,造成的死亡人数超过 25 万。旱灾从古至今都是人类面临的主要自然灾害,全世界 20 世纪内发生的“十大自然灾害”中,旱灾就有 5 次之多,其中 1968~1973 年非洲大旱,死亡人数达 200 万以上。即使在科技发达的今天,它造成的灾难性后果仍然比比皆是。洪涝灾害是影响人类生存与发展的最为常见的自然灾害,中国和孟加拉国是世界上遭受洪水灾害最为频繁的地区。我国 1931 年长江淮河发生洪灾,造成了 40 万人丧生,是 20 世纪最为严重的自然洪灾。即使在 2000~2020 年,洪水仍然造成大量人员伤亡,共造成 104614 人死亡,并且影响全球 16 亿人口。台风或飓风是发生频率较高、造成人员伤亡显著的一种自然灾害。20 世纪最致命的台风是发生在 1970 年印度洋南部的台风波拉,它袭击了孟加拉国和印度的西孟加拉邦,超过 50 万人死亡,在孟加拉国夺去了台风灾区内接近一半人的生命。我国香港在 1906 年遭受最严重的台风灾害,短短两小时造成上万人死亡,在 2000~2019 年的近 20 年期间也因台风导致近 20 万人死亡。龙卷风、滑坡泥石流等灾害暴发时,来势凶猛,威力巨大,也时常造成人员的伤亡,但由于空间尺度小,影响的范围有限。

极端事件造成的死亡风险受到事件的几个自然特征的影响,如其强度、规模(空间行为)、持续时间和频率。这些特征被认为与灾害死亡率直接相关。死亡率被认为随着洪水频率、规模大小和持续时间的增加而增加,但实际状况更为复杂。例如,淹没大面积的洪水可能不会造成任何死亡,原因如下:其持续时间短,洪水水浅,现场暴露的人口稀少。相反,当洪水持续时间和水量巨大时,死亡可能会显著增加。一般来说,灾患事件的强度越大,其瞬间释放的能量越大,对人类的杀伤力就越大,造成的灾害死亡人数就越多。萨特(Sutter)和西蒙斯(Simmons)研究了美国龙卷风的强度与其造成死亡人数的关系(Sutter and Simmons,2010)。他们从美国 1996~2007 年龙卷风数据的统计分析,得出结论是龙卷风的发生频率越高,造成死亡的概率越高,大致为 F3 龙卷风的死亡相对概率为 0.44,F4 龙卷风为 0.19,F5 龙卷风为 0.13。然而,单凭灾害事件的频率和强度并不能确定极端自然事件造成的死亡人数,其实,灾害事件造成人员伤亡的数量与当地社会的灾害应对策略和措施密切相关。例如,2007 年在孟加拉国发生的一起相当 4 级风暴的赛德飓风造成 3406 人死亡。尽管其飓风强度等级与 1991 年在孟加拉国发生的戈尔基飓风相似,但赛德飓风造成的死亡人数远远少于戈尔基飓风。1991 年 4 月 29 日,戈尔基飓风袭击了孟加拉国,造成约 14 万人死亡。赛德飓风造成的死亡人数相对较低且损失低于预期的原因是孟加拉国政府提供了早期飓风警报使部分居住在飓风路径的人们成功疏散（Blake，2008）

　　灾害造成的死亡人数也根据其发生的时间和人口密度与极端事件来源有关，特别是地震和海啸的距离不同而不同。例如，如果人们在夜间睡着的时候发生的事件与他们在白天醒着的时候发生的事件相比，更容易发生死亡。与灾患事件发生地距离越近，越可能死于此类事件。例如，2003 年伊朗巴姆城清晨 5 点发生的一次 6.3 级地震，造成近 50%的还在熟睡的巴姆居民被压埋在瓦砾中而丧生；2005 年巴基斯坦西北边境发生的 7.6 级地震，造成 87350 人丧生，光是儿童就占所有死亡人数的 50%～60%，这次地震发生在清晨，当时有许多儿童聚集在学校上课；2004 年印度洋海啸造成与印度洋接壤的 12 个国家中 186019 人死亡，印度、印度尼西亚、斯里兰卡和泰国等 4 个受影响国家占了所有死亡人数的 99.84%，印度尼西亚亚齐特别行政区死亡人数最多，有 129775 人，该地区靠近引发海啸的 9.0 级地震的震中，海啸对邻近的斯里兰卡造成 35322 人死亡，印度死亡 12405 人，泰国死亡 8212 人。

　　灾害造成的死亡人数随经济发展水平不同而有明显差异，同样遭受自然灾害袭击，经济落后国家的灾害死亡人数比经济发达国家多得多。2000～2009 年，发展中国家占据了自然灾害造成的死亡人数的 90%，平均每年有 98989 人丧生；而发达国家平均每年有 11546 人因自然灾害丧生。因灾害死亡的人绝大多数是亚洲和非洲国家的。在发达国家因灾害死亡人数一直下降，发展中国家因灾害死亡人数保持不变或增加的情况下，发达国家与发展中国家因灾害死亡人数的差距还在加剧。经济落后的国家缺乏资金，可能导致国家在御灾方面投入很少或根本没有在防灾减灾备灾方面投资，政府也无法提供高质量的紧急救助和护理，使人们免遭极端事件发生后的次生灾害所带来影响。2010 年海地发生 7.0 级地震，造成 23 万人死亡。在该次地震一周年之际，海地政府报告的地震死亡人数超过 31.6 万人。这些相当多的死亡人数是在灾后期间海地政府救灾不力导致的。而发达国家拥有较为雄厚的经济实力，可以提供丰富的资源，精心设计减灾救灾计划，并且通常会为应对灾难事件做好充分的备灾，这些措施虽然不能减少灾难发生的可能性，但它们肯定会减轻其影响，减少死亡人数。2011 年 3 月日本东北部海域发生 9.0 级地震并引发海啸，如此毁灭性灾难仅造成日本 19846 人死亡，这得益于日本强大的经济实力和科学有效的灾害应对。

　　灾害的遇难人群与性别和年龄因素有关，在灾害造成死亡的人群中，儿童、老年人和妇女占有较大的比例。通常自然灾害发生后，瘟疫随之出现，儿童和老年人会因腹泻、霍乱、呼吸疾病而死亡的风险较高；特别是大洪水的暴发，那些因洪水淹没而死亡的难民大多是儿童和老年人，残疾人的灾害死亡风险也很高。在地震中，60 岁以上的人，儿童和慢性病患者死亡的风险很高（Noji，1997）。例如，1988 年 12 月亚美尼亚地震中，60 岁以上的死亡人数是 60 岁以下死亡人数的两倍。2004 年印度洋海啸给人类造成了巨大的灾难，一些国际救援机构调查了海啸造成的人员死亡的人口特征。调查发现（Paul，2007），2004 年印度洋海啸造成的死亡中，儿童至少占三分之一，女性死亡人数是男性的四倍，这与儿童喜爱在海滩上玩耍、许多妇女时常在海滩上等候她们的丈夫出海归来有关。英国牛津饥荒救济委员会对 2004 年印度洋地震海啸遇难调查表明，在海啸袭击下，妇女的幸存率比男性低得多，印度尼西亚亚齐特别行政区四个村庄，仅有 676 名幸存者，其中只有 189 人是女性，在受海啸影响最严重的一个村庄，妇女的死亡人数占据海啸遇难人数的 80%；在印度泰米尔纳德邦，妇女死亡人数几乎是男性的三倍。在灾难来临时，女性更容易成为灾难的受害者，原因是多方面的。由于传统性别角色定型，在一些地方，女性穿着厚重的衣服或者是裹着长裙,为女性在灾难来临时的逃避带来一定麻烦,拖延了女性逃生的时间,相对于男性而言,更少的女性能够游泳和爬树,这些都让她们在一些灾难来临时缺少相应的逃生机会;在发展中国家或者经济不发达地区,传统性别观念比较重,妇女经常守在家里,而男人却在户外活动,或者在外地打工,房屋塌陷时男性会因为远离灾区而幸免于难。

总之,影响灾害伤亡的因素较多,有自然因素,也有人为原因,这些因素可以归类为自然灾患因素和人类脆弱性因素,自然灾患因素与人类脆弱性因素共同导致特定的医学死亡原因形成,从而使人丧失生命。个人、家庭、国家等不同层面都存在脆弱性因素(Jonkman and Kelman,2005)。例如,从个体层面而言,幼儿、老年人、慢性病患者、残疾人、妇女、受教育水平低下者,在灾害面前是脆弱的,是最易受到灾害死亡威胁的人群。从家庭层面而言,贫穷家庭与富裕家庭相比,贫穷家庭经济资源匮乏,居住环境和房屋条件差,一旦遭遇灾害,极易受到伤害。据相关研究报道,在尼泊尔,居住在茅草屋内的穷人比生活在水泥或砖房中的居民所受洪水淹没死亡的风险高出 5.1 倍(Pradhan,2007)。从国家层面而言,不同国家在灾害面前的脆弱性有显著差异,一些发展中国家较穷落后,经济实力薄弱,国家治理水平不高,社会管理运作不畅,政治社会制度不健全,缺乏科学有效的减灾防灾对策与机制,这样的国家所受灾害的死亡风险远高于社会政治制度健全、经济水平高的发达国家。

四、灾害事件致人伤亡的原因

灾害事件导致人类死亡的原因多种多样。为了减少灾害事件造成的伤亡人数,尽可能地拯救人类生命,了解造成与灾害事件有关的死亡具体原因是非常重要的。通常说来,灾害事件致人死亡的原因与灾害类型密切相关,不同的灾害类型致人死亡的原因是不相同的。

历史上,旱灾是致人死亡最多的灾害,长时间大面积的旱灾会造成农业歉收,形成严重的粮食问题导致饥荒,人们因长时间饥饿而死,旱灾亦可令人类因缺乏足够的饮用水而死亡;火灾引起大量人员死亡的主要原因是烟气使人窒息;飓风(台风)或风暴潮造成人员死亡的主要原因是溺水,狂风吹倒的树木、风中飞行碎片撞击也可造成人员死亡;海啸发生时,海浪以排山倒海之势,冲击席卷海岸,造成人员死亡,致人死亡的主要原因是强大的海浪对人拍打撞击、使人溺水以及海水夹带的尖硬物体对人撞击;山地崩塌泥石流致人死亡的主要原因是山体岩石碎屑的压砸对人造成物理创伤或掩埋窒息。

地震之所以对人类来说恐怖,是因为它会在瞬间造成大量人员死亡。地震致人之死,大部分都是建筑物倒塌对人员直接压砸而死,或者受伤长时间失血而死;一些与建筑物有关的人员死亡,可能是因建筑坍塌过程中释放的大量灰尘使人窒息造成的;与地震有关的死亡也可能是与火灾相关的心脏受压造成的,心脏受压导致心脏病发作或心脏骤停而死亡(Noji,1997)。地震中最常见的伤害以四肢损伤最多见,其中骨折占第一位,颅脑伤、胸部挤压伤和多发性肋骨骨折与血气胸、软组织伤、腹部闭合伤也比较常见。

洪水是导致人员死亡比较严重的一类灾害。一些灾害学者研究了不同地区洪灾人员死亡的原因。Jonkman 和 Kelman(2005)分析了 1989~2002 年发生在欧洲和北美洲六个国家的 13 次洪水造成的洪涝灾害死亡情况,他们发现死亡人数中有三分之二来自溺水,三分之一来自身体创伤、心脏病发作、触电、一氧化碳中毒或火灾。溺水是在洪水暴发时最为频繁发生的事件,主要是当人们试图驾驶车辆横跨淹没的桥梁、道路或溪流时被洪水卷入而发生车辆溺水致人死亡。发展中国家的洪水致死原因与发达国家的洪水致死原因有所不同。例如，坤尼研究了孟加拉国洪水人员死亡的主要原因（Kuni，2002），他发现孟加拉国遭受洪水而导致人员死亡主要是水传播疾病、溺水和蛇咬伤引起的，其他原因包括呼吸系统疾病、肺炎和消化道疾病也会造成人员死亡；在洪泛区，洪水的大范围淹没，以及区域卫生习惯不良，污水和卫生设施经常局部或全面恶化严重污染受洪水影响地区的饮用水源，洪灾区域的人们缺乏纯净饮用水，以及饮用水储存和处理的方式，因此饮用了受污染的水，造成相关的疾病又未能得到及时的医疗救治而死亡。

美国堪萨斯大学的保罗（2010）研究分析了孟加拉国的赛德飓风灾害对受灾者造成的伤害情况，通过 13 个沿海村庄收集的数据，发现与飓风有关的所有伤害中 55% 是因飓风刮倒的树木造成的，其余的 45% 是风吹杂物造成。倒下的树木造成的人员伤害有三种不同的方式：第一种，相当数量的树木倒落在房屋上，导致其倒塌；第二种，强风造成许多树木或树枝断裂，许多人将其束缚于这些受风破坏的树木附近，并且也遭受了伤害；第三种，有些人在树林中寻找避难时，从树上掉下受到伤害。在这些伤害中，69% 的伤害发生在房屋内，而其余的 31% 发生在户外。除了倒下的树木造成的结构性倒塌之外，许多房屋的墙壁、天花板或屋顶被风吹走，在受损房屋中避难的人通常会受到轻微和严重的伤害，几乎所有身体部位都有受伤的。与飓风相关的伤害主要是钝器伤、裂伤和穿刺伤，其中 60% 的伤害发生在受伤者的脚部、腿部和下肢。

美国学者布朗等（Brown et al.，2002）研究了龙卷风的伤亡状况。1999 年 5 月 3 日，美国俄克拉荷马州遭受龙卷风袭击，龙卷风不偏不倚地经过穆尔市，造成 36 人死亡，584人受伤。有关的死亡和伤害的调查发现，所有人员伤害中有 78% 与进入风暴避难所有关，即伤害最常发生在人员进入避难所或地下室摔倒或碰到某物时，大多数受伤的人软组织损伤之后是骨折或脱位，最常见的骨折部位是上臂和小腿，其次是胸部/肋骨，面部，背部和颈部。活动板房、公共建筑和公寓建筑物里，龙卷风会导致较高的死亡率和严重的人员伤害。在室外或机动车辆中，龙卷风时常导致汽车被抬起或滚动，会有更严重伤害的风险或更高的死亡率，通常比室内增加 10 倍。龙卷风引起伤害最常见的原因是飞行坠落碎片，被龙卷风卷起和吹飞，以及飞行或坠落的木头或木板造成人员伤害。此外，也有许多伤害是由于龙卷风卷起混凝土和砖块，钉子和螺丝引起。

第二节　灾害对人类社会财产的破坏效应

一、灾害毁坏社会财产的一个案例

2005 年 8 月 23 日，卡特里娜飓风在巴哈马群岛外海形成热带风暴，在随后的 7 天里发展成为强飓风，首先在佛罗里达州登陆，然后扫过墨西哥湾的密西西比州、路易斯安那州和亚拉巴马州，飓风及其洪水波及美国墨西哥湾沿岸及内地近 15 万 km² 的地域，一路留下了巨大破坏和人员伤亡，许多城镇严重破坏或被毁，美国新奥尔良市 80% 的面积遭洪水淹没，几乎一片汪洋，居民住房、商业和工业设施、办公大楼、基础设施、电力和通信设施、公共绿地和森林等遭受致命打击，造成了 1833 人丧生，财产的经济损失高达 1250 亿美元（表 3-2）。灾后，还造成了当地严重的环境污染和灾民健康问题，大量灾民失业、职工工资收入下降，工业和石油生产能力下降，引起纽约商业交易所原油价格飙升，纽约股市三大股指全线下挫。卡特里娜飓风是 21 世纪人类社会经受的经济损失最为严重的一次灾害,对美国社会经济造成重大影响,从而成为美国一次全国性的大灾难,卡特里娜飓风所带来的损失与悲惨是美国人民记忆中不可磨灭的。

表 3-2　2005 年卡特里娜飓风造成的财产损失　　　　（单位：美元）

住房财产	耐用消费品	商业资产	政府资产	其他资产
670 亿	70 亿	200 亿	30 亿	280 亿

从卡特里娜飓风对美国社会经济的破坏的案例中,我们可以看到,灾害不仅对人类的生命造成威胁与伤害,而且也破坏了人类社会的正常生产与生活秩序,破坏和摧毁了人类创造的物质财富,如城市建筑设施、道路交通、通信电力设施、农田、土地资源、森林资源等,一切人类财产都可能因灾害而破坏或荡然无存。灾害对人类社会财产的破坏,不仅会造成人类物质财产的损害,还会造成人类在一定时期内生活艰难、生产能力丧失,对区域工业、商业、农业、旅游业也产生了严重的负面影响。

二、灾害造成的全球社会财产的破坏状况

根据联合国减少灾害风险办公室（UNDRR,2020）发布的《灾害造成的人类损失 2000—2019》报告,自 1980 年以来,全球因自然灾害造成的人类财产的总损失达 4.6 万亿美元;1980～1999 年,自然灾害造成的经济损失平均每年 815 亿美元;2000～2020 年,自然灾害造成的经济损失平均每年 1485 亿美元。总体来说,随着社会的发展,人类社会财富的增加,灾害造成的破坏规模越来越大,经济损失在不断增加。

灾害造成的经济损失在经济状况不同的国家和地区也呈现出不同的情形（表 3-3）。从全球的视角看,由自然灾害造成的大多数经济损失主要发生在发达国家和地区。1960～2020 年,发达国家和地区虽然发生灾害次数只占全球灾害总数的 32%,但经济损失占全球经济损失总量的 76%,尤其是北美洲和东亚地区,它们的灾害经济损失占全球经济损失总量的 62%。美国是全球灾害经济损失最为严重的国家,1960～2020 年,来自所有灾害造成的经济损失达 1.1 万亿美元,年平均损失 184 亿美元,美国自然灾害中超过 70%的经济损失与洪水和飓风有关。在这 60 年中,中国是全球灾害发生次数最多（1837 次）的国家,灾害造成的经济损失也是非常严重的,灾害经济总损失达 5565.9 亿美元;日本也是遭受灾害（353次）和灾害经济损失非常严重的国家,经济损失达 5159.7 亿美元。如果经济损失被认为与国家财富相称,那么灾害对最小和最穷的国家的打击是最大的,如在加勒比海和太平洋上贫穷的国家遭受来自飓风的损失可以相当于他们当年国内生产总值的 15%。

表 3-3　不同地区灾害造成伤害与经济损失（1960～2020 年）

国家和地区	灾害次数	经济损失/美元	死亡人数	受伤人数
发达国家和地区	7101	27681.63 亿	784475	2248709
发展中国家和地区	14771	8884.6 亿	5312444	5525324

数据来源：EM-DAT（CRED,2020）。

近年来,初等发达国家与不发达国家也呈现出灾害经济损失上升的趋势。例如,非洲地区,1960～1979 年,灾害的经济总损失是 22.42 亿美元;1980～1999 年,灾害的经济总损失是 129.64 亿美元;2000～2020 年,灾害的经济总损失是 230.22 亿美元。

灾害对社会经济的破坏，因经济部门不同而灾害效应不同。在同样的灾害袭击下，不同的经济部门会有不同的灾害效应。例如，一场严重旱灾会给农业生产带来巨大的破坏，造成严重的经济损失，但旱灾对工业生产、城市基础设施不会产生明显的破坏；一个大地震会对城市房屋建筑、工业设施和基础设施产生巨大的破坏作用，但对农田作物、农业生产的破坏作用就较小。

自然灾害对社会经济的破坏损失状况，既取决于自然灾害的自然特征（类型、强度、持续时间、空间地理等因素），也取决于人类社会经济的发展水平、社会物质财产状况、人类社会在灾害面前的暴露状况以及社会应对灾害的理念与措施。例如，不同类型的自然灾害所造成的经济破坏的差异明显，飓风、龙卷风、暴风雨以及地震和洪水，是造成经济损失最大的灾害类型。2000～2019 年，飓风、龙卷风、暴风雨造成了 1.39 万亿美元财产的破坏，占整个灾害经济损失的 47%；洪水灾害造成了 6510 亿美元的财产损失，占整个灾害经济损失的 22%；地震造成了 6360 亿美元的财产损失，占整个灾害经济损失的 21.5%；干旱灾害造成了 1280 亿美元的财产损失，占整个灾害经济损失的 4.3%；野火烧毁了 930 亿美元的财产，占整个灾害经济损失的 3.1%；其他自然灾害也造成了 630 亿美元财产的损失，占整个灾害经济损失的 2.1%。

三、灾害破坏效应的估算

通常，人们是从经济角度去估算灾害对人类社会破坏的损失。灾害对人类社会财产的破坏效应（灾害破坏效应）其实包括两个部分或两个概念：损坏（damage）和损失（losses），也就是说损坏与损失，共同构成了灾害研究和实践中最常见的概念：对社会的宏观经济的破坏。

损坏，也就是狭义的破坏，它的定义是灾害发生过程中或者灾害发生之后立即、直接毁坏社会的物质资产，给社会造成直接的经济损害（包括社会公共设施资产的损坏、企业资产的损坏、居民资产的损坏以及自然资源资产的损坏），通常以造成损害的物质实物单位来度量。

损失的定义是灾害发生后到恢复重建结束的时间段（在某些情况下会持续几年），由于社会物质财富的破坏，社会经济生产的停滞或减少，给社会造成的经济流的临时损失。典型的损失包括农业、畜牧业、渔业、工业和旅游业等生产性行业暂时的产量下降和生产成本升高；服务行业收入降低和社会（教育、医疗、水与卫生、电力、运输和交通）运行成本增加，以及在灾后紧急情况下为满足人道主义需求的支出，损失以现值表示。

灾害破坏效应的经济损失估算是一个较为困难的工作，不同的部门和组织估算的结果都有差异，这些与认定的指标、标准、使用的方法、模型，以及原始资料的准确性、有效性等因素都有关。一般认为，保险公司和再保险公司估算的经济损失相对比较准确。

对灾害的直接经济损失的估算，通常通过调查统计、遥感分析等途径，使用总体推算法、分类加总法、重置成本法、现行市价法和收益现值法等评价方法来进行。

总体推算法是根据近几年受灾地区固定资产投资等数据及损失程度，来确定经济损失。分类加总法是在对损失资产进行分类的基础上，以重置成本法为主、市场法和收益法为辅的方法估算直接经济损失。重置成本法是按现实市场条件重新购建的，或者修复功能相同的处于相同质量状态下的资产所需要的成本耗费。现行市价法是指按市场价格确定损失资产价值的评估方法，在实际操作中，有两种方法，一是指在市场上能够找到与损失资产完全相同的资产或购建时限较短的全新资产的现行市价,可依其价格作为被评估资产的现行市价;二是若在市场上找不到与损失资产完全相同的资产,但可以找到相类似的资产做参照物时,以该参照物的市场价格为基准,再对差异因素做必要的调整,据此,确定被评估资产的现行市价的方法。收益现值法是从产生收益的能力角度来评估损失资产的价值,通过估算损失资产的未来预期收益,按照一定的折现率折现为现值,借以确定损失资产价值的损失评估方法。

由于灾害经济损失受灾前经济发展水平、灾种差异、灾后恢复重建策略、灾害管理水平和灾害保险体系完善程度等复杂因素的影响,加上基础数据的精度、获取数据难度和校验的不确定性,目前还没有非常有效的灾害经济间接损失评估的方法。

2008 年 5 月的汶川地震是中国自 21 世纪以来遭受的最为严重的一场灾害。灾后,我国随即开展了汶川地震灾害损失的调查评估工作,最初不完全地估计这次地震灾害的经济损失超过 4000 亿元;随后又依据灾区的 2000 年以来全社会固定资产和估计的资产损失程度以及国家编制的汶川地震灾害损失统计表(13 类,25 张报表,229 个统计指标),四川、甘肃、陕西各地震灾区县(市)政府认真组织填报,运用总体推算法和分类加总法评估直接经济损失,估计三省的经济损失达到 7022 亿元;国家减灾委员会、科学技术部组成抗震救灾专家组对各省上报的材料校核,并经过"综合灾情指数"校验(国家减灾委员会和科学技术部抗震救灾专家组,2008),最终估算我国汶川地震造成的直接经济损失为 8943.7 亿元人民币(表 3-4)。

表 3-4 汶川地震灾害直接经济损失综合评估结果

项目	合计/亿元	占总损失的比例/%
1. 农村住房受损	1682.0	18.8
2. 城镇居民住宅及非住宅用房受损	2149.6	24.0
2.1 城镇居民住宅	1056.1	
2.2 城镇非住宅用房受损	1093.5	
3. 农业损失	323.1	3.6
4. 工业损失	928.3	10.4
5. 服务业损失	603.9	6.8
6. 基础设施损失	1943.0	21.7
6.1 交通设施损失	580.3	
6.2 市政公用设施损失	376.3	
6.3 水利电力设施损失	499.0	
6.4 广播通信设施损失	20.3	
6.5 铁路设施损失	132.0	
6.6 政权设施损失	274.0	
6.7 通信设施	61.1	
7. 社会事业损失	562.1	6.3
7.1 教育系统经济损失	278.7	
7.2 卫生系统经济损失	117.3	

项目	合计/亿元	占总损失的比例/%
7.3 文化系统经济损失	23.2	
7.4 科技系统经济损失	4.6	
7.5 社会福利系统经济损失	26.8	
7.6 环保系统经济损失	111.3	
8. 居民财产损失	335.7	3.8
9. 土地资源损失	239.8	2.7
10. 自然保护区损失	47.0	0.5
11. 文化遗产损失	79.2	0.8
12. 生物多样性损失		
13. 矿山资源损失	49.9	0.6
直接经济损失总计	8943.7	

从直接经济损失综合评估结果中可见,这次地震对灾区的破坏是全方位的,社会财富的方方面面都遭受了严重破坏,房屋建筑(各种住房和非住宅用房)是损失最大的财产,占总损失的42.8%,其次是基础设施的损失,占了21.7%。灾区恢复重建的任务非常艰巨。除社会财富外,地震灾害还会破坏耕地资源、森林资源等自然环境。汶川地震及其次生灾害造成了大面积的耕地和森林被毁坏,受损耕地面积达101.16万亩[①],直接经济损失10.1亿元;森林被毁646.2万亩,造成230亿元的损失;此外草地、河流与湿地生态系统也遭受不同程度的破坏。

第三节　灾害对人类社会的影响

灾害除了对人类生命和社会财富造成直接的破坏外,还会使社会运行机制处于停顿状态而无法发挥应有作用。灾害会导致社会管理机构的人员损伤,致使组织离散,失去活动能力与功能;本该保证各项政令信息畅通的物质设施严重受损;社会行为规范和准则因灾害而发生失效情形,致使社会秩序出现混乱。由于构成社会机体的各项要素被破坏,要素之间的联系出现阻碍,功能失调,其本身是灾害造成的损失,但同时也会对已经遭受的灾害后果,产生放大效应,从而会对灾后的人类自身、人类社会的生存发展产生深刻而广泛的影响。例如,灾后人们的心理健康、人口迁移、社会政治、经济发展等方面,都会因为灾害影响而发生改变。通常这些影响会持续一段时间,这种影响可能会通过社会网络传递并影响到灾害发生地以外的地方,它们不仅涉及灾民个人和家庭生存,而且还会影响灾区地方发展,甚至影响到国家未来的发展。

一、灾害对人们心理状态的影响

个体的人格、内在心理品质及其行为方式是在相对稳定的、特定的生态空间和社会空间即社会关系中形成的,故而当原有的生态空间和社会空间遭遇生活事件的影响后,个体

---

① 1亩≈666.7m²。

的人格及其内在的心理品质与行为反应方式需要做出相应调整，以便适应社会生活和社会关系的变动，任何类型的社会生活变动，都能造成人们对疾病呈易感状态。当重大灾害发生后，受灾群体遭受了因灾害带来的一系列社会生活的剧烈变动，灾害使受灾群体的家庭关系、社区关系、组织关系等各种社会关系受到损害，受灾群体从社会关系中获得的经济支持和情感支持被迫中断，从而破坏了原有的稳定社会生活空间和社会心理状态，使得灾民容易形成心理问题。

在灾区，相关的创伤往往会对人们的身体状况产生相当严重的影响，可以看到的直接后果是终身残疾或死亡，间接影响会通过导致压力相关疾病的个人身体衰弱（如抑郁症、睡眠障碍和药物滥用）表现出来。此外，灾害可能加剧现有的心理压力或促成更紧张的压力，如果这些心理压力得不到妥善解决，可能会形成慢性病，甚至死亡。心理压力还会加剧许多慢性疾病，如糖尿病、心脏病等。

灾害幸存者会以许多不同方式应对与这些事件相关的心理压力。例如，增加酗酒和吸烟、不良妊娠等概率，这些都反映出伴随着灾难造成的死亡破坏、疾病、死亡之后对幸存者产生的创伤后应激障碍等影响。

我国学者，对地震灾后出现的幸存者心理遭受严重伤害的情形进行了调查研究（董惠娟等，2007），发现地震后幸存者的心理伤害有三种情形：①人的痛苦感。地震对人造成的心理伤害以极度痛苦感最为突出。地震后一周内，引起痛苦感的原因很多，如失去亲人、口渴、被埋压、饥饿、伤痛、人际冷漠、见到不义行为、死亡威胁、理想受挫等。②人的情绪变异。地震后的一年内，人们的强烈情绪变异主要有悲痛、恐惧、愤恨、心慌意乱、经常发火、痛不欲生等。③人的心理行为严重失衡。地震后由于极度痛苦、悲伤或恐惧而导致反应性精神病的出现。震后一段时间内犯罪率明显上升。

自然灾害对人心理健康的影响并不一定会涉及灾民人群的每一个人，但是，小孩、老年人、精神病患者，以及有灾害遇难者家庭这些人群心理健康受影响的程度要比其他人群更大（Lindell and Prater，2003）。灾害对儿童的影响尤其严重。2004 年印度洋海啸过后，数以千计的儿童不得不面对失去父母的现状，以及经历家园的重大损失、亲眼看见痛苦、伤害和虐待等。这些会给儿童心理造成不可磨灭的阴影和障碍。紧急救援人员因为长时间工作没有休息，而且经常目睹可怕的灾难景象，也经常遭受心理问题影响。

自然灾害还增加城乡居民心理负担，影响社会安定。充满竞争的现代社会，生活、工作节奏日益加快，人们的心理负担也越来越重。灾害对一定地区的严重危害与威胁，必然会引起人们对自己及亲人命运的担忧，心理负担更加增大，甚至会引起各种心理疾病，从而间接广泛增加社会不安定因素（贾晓明，2009）。例如，1998 年我国洪灾过后调查结果表明，普遍发现灾区的广大人民群众人心惶惶，谈灾色变；地方基层领导整天忧心忡忡，把所有的精力都放在搞救灾防灾去了，从而影响了其他各项工作的正常开展。

二、灾害对灾民身体健康的影响

自然灾害的后果可能会影响灾民的生存环境质量和生活条件，进而影响人们的身体健康。

灾害过后的幸存者虽然从自然灾害的直接侵袭中逃离出来，幸免于难，然而，在灾后，他们还面临着潜在的传染性疾病、水传播疾病和其他疾病，如肝炎、疟疾、肺炎、眼部感染和皮肤疾病等健康问题的影响。这些问题将对灾难幸存者的生命和福祉构成了重大的威胁。有时，传染病和其他疾病也会造成灾害发生后灾民的死亡。由于这个原因，灾害发生后对幸存者的健康影响通常被称为"灾害死亡和伤害的第二波"。

灾后自然环境平衡的破坏，可能导致一些公共健康风险。例如，由河岸溢流引起的洪水改变了自然环境和生态的平衡，允许疾病传播媒介细菌繁殖，导致较高的公共健康风险；再如，洪水与未经处理的污水混合，会大大增加水传播疾病的发生率，尽管泄漏的有毒化学物质被洪水稀释，导致毒性水平下降，但各种化学物质的失控释放，其中一些可能还会相互作用，产生进一步的公共健康风险；如果废物储存设施或工厂被洪水淹没会对公共健康产生严重的威胁，此外，受洪灾影响地区的沉积物常常受到砷、铅和多环芳烃等有毒物质的污染，溢出到居民区的受污染的洪水可能会长时间对人类和动物的健康产生影响，地下水是饮用水的主要来源，污染物的释放也可能导致地下水储备污染。

基础设施遭到破坏，人口流离失所，粮食减产以及污染物（如来自储存和废物处理场）释放到受灾地区的水和空气中，也会引起呼吸道、消化道疾病。基础设施的受损会影响所有类型的医疗保健设施的服务（如医院，医疗诊所和门诊服务，包括大多数这些设施所依赖的电力供应）。此类设施因自然灾害造成部分损害，难以对生病和受伤者提供必要的服务。同时，缺乏医生以及药物会导致无法拥有足够的医疗处理，这些影响不仅延长了灾民痛苦，而且还增加了因疾病或受伤而死亡的可能性（Paul，2011）。

灾害对道路和桥梁等交通设施造成的破坏也可能影响健康结果。这种损害可能导致严重的延误（甚至可能无法）提供紧急和定期医疗用品和人员以治疗伤害或控制疾病暴发，阻止获取可能启动紧急免疫方案和灾后可能需要的其他健康干预措施。

三、灾害对人口特征的影响

自然灾害不仅会造成社会的人员伤亡，改变灾区的人口构成，还会严重破坏灾区人们的生存环境，以至于灾民生存艰难，甚至无法继续生存，迫使一些灾民背井离乡，形成大规模的人口迁移。在历史上，自然灾害也是推动大规模人口迁移的重要因素之一。例如，1928～1929年，我国陕西发生大旱，陕西全境共940万人受灾，造成250万人因饥饿而亡，40余万人逃离家乡，形成了大规模的向外人口迁移潮。1968～1973年的非洲大旱，涉及36个国家，受灾人口2500万人，不仅造成了200万以上的灾民因饥饿而死亡，而且还形成了逾1000万人逃荒，大规模跨国、跨地区的人口移动，将灾害的影响从灾区传递到周边国家和地区，对区域的人口和社会经济都产生了重大的影响。

通常，自然灾害引起的人口迁移有两种类型，一是暂时性的迁移，如一场大地震会造成大量的人员伤亡，由于灾区医疗条件的不足，多数伤员会转移，前往其他安全的地区入院治疗，暂时性地离开灾区；地震同时还会毁掉许多人的家园，使其成为无家可归者，这些无家可归者部分会暂时居住在政府设置的临时安置点，大部分则可能以投亲靠友的形式离开灾区，向各地迁移。这些转移的伤员或投亲靠友的外移灾民，待灾区城市重建完成时，大都会返回故土。二是长期性的迁移，主要是由于严重的自然灾害毁坏了人们的生存环境和生活条件，会促使灾民不得不离开家园，对外寻找生存资源，重新选择生活地区和居住空间，从而形成了人口迁移。我国2008年汶川地震后就促成了大量灾区灾民的外迁。我国汶川地震后，原有的大量城镇和农村居民居住房屋倒塌，北川县城都被夷为一片废墟，耕地灭失达14万亩左右，产业被迁，形成了大量需要外迁安置灾民，估计在地震灾区，需要移民安置的农业人口数量达8万左右，同时根据国家退耕还林的要求，需要移民安置或转产的人口达 43 万~46 万人（国家减灾委员会和科学技术部抗震救灾专家组，2008）。为引导受灾人口迁移流动，形成灾区合理的人口分布局，实现灾区可持续发展目标，我国政府采取了一些措施，确保灾民平稳有序地迁移。但在灾区移民过程也出现了如灾民经济的绝对贫困、社区融入困难、迁移者自身发展适应能力较弱、城乡人口的福祉差异、承包制形成土地制度刚性约束等障碍（沈茂英，2009）。

灾难幸存者的外移是灾害极端事件对人口的重要影响。自然灾害可能会引发外部迁移的原因有很多：无法获得就业或其他收入来源，缺乏物质援助与安全保障，失去栖息房屋和住地，生存环境的恶化，不能获得自然资源，贫困以及过去的迁徙经验等。事实上，如果灾后的救助及时充分、分配公平，临时安置得当，灾民通常不愿意离开自己的家乡。灾害对财产和生计资产的破坏程度、援助对策的充分性和质量以及灾民贫困的程度在很大程度上决定了移民流量的大小。

灾害，特别是大灾难，通常还会改变受影响地区或社区的人口年龄和性别构成。妇女、儿童和老年人因自然灾害而受伤和死亡的风险高于男性和成年人。这会影响灾区人口年龄和性别结构。例如，2004 年印度洋海啸等重大灾害造成许多儿童成为孤儿，这些孤儿需要立即进行特殊保护，并可能需进入中期甚至长期的社会保护计划，在没有社会和公众支持的情况下，受灾孤儿可能又会成为拐卖的受害者；海啸影响地区的妇女的生活也会比过去更加艰难，生计的压力加大，使得她们比过去更早结婚，生育孩子更密，这些变化都会影响她们的教育、生计和生殖健康（MacDonald，2005）。

四、灾害对经济发展的影响

灾害对经济的影响范围非常广泛，它们会影响个人、家庭的财务能力和经济状况，无论你过去是否有殷实的家底或丰厚的财富，还是原有经济就拮据，一场灾难都可以摧毁你的所有财富，使你和其他灾民一样，都处于贫困的经济状态，影响你的生活方式、消费行为和经济行为以及未来人生发展的规划和前景。灾害更会影响区域乃至国家宏观经济的状况以及区域发展。

（一）灾害对宏观经济的影响

由于灾害毁坏了社会的基础设施、公共设施，以及社会和企业的固定资产，直接影响社区正常运行所需的电力、水、燃气的供应，通信、交通网络保障和市场的维护，这将导致社会的经济生产能力下降、大量人员失业、通货膨胀、投资消费下降，甚至经济活动中断，给宏观经济造成严重的负面影响。

灾害不仅影响灾区的经济状态，也可能引起区域，甚至国家的经济波动，特别是金融市场的震荡。通常，大灾均会造成金融市场的动荡。1995 年 1 月 17 日日本阪神里氏 7.3 级地震，震后日经指数大幅度下滑，有 232 年历史的英国巴林银行损失 6.5 亿美元而宣告破产；2001 年 6 月 14 日，我国台湾发生 6.2 级地震，震后台湾加权股价指数急挫 112 点，即下跌 2.16%；2004 年 12 月 26 日印度尼西亚苏门答腊发生 9.3 级地震并引起大海啸，27 日亚洲各国股市开市即受到影响，美元兑欧元逼近低点，本地货币汇率全线告破，亚洲股市、期货市场受到严重冲击，当地旅游业受到空前的打击；2008 年汶川地震发生后，次日沪深股市 66 家上市公司停牌，导致央企上市公司直接损失超 800 亿元。一场罕见的大地震震撼着人们的心，也震撼着中国股市。

（二）灾害对区域发展的影响

从区域经济发展视角来看，灾害可能限制经济的发展。灾害的发生会对社会的固定资产、财产和交通、通信、能源等基础设施、教育或卫生基础设施造成有形损害，也会伤害人们的健康和生命，影响生计、社会结构和秩序。一场大灾害往往会使几十年，甚至上百年的发展成就毁于一旦，发展倒退数年或者数十年。例如，1998 年，飓风米奇摧毁了洪都拉斯和尼加拉瓜 70%的基础设施，使这两个国家的发展速度与中美洲其他国家相比倒退了10 年，甚至 20 年或 30 年（Coppola，2011）。2001 年，萨尔瓦多发生地震，造成了 20 亿美元的损失，这个经济损失是当年该国 GDP 的 15%，这次地震对萨尔瓦多的经济是毁灭性的打击。灾害的发生不仅造成了现实社会经济的巨大损失，也会破坏区域未来发展的动力和基础，它们将可能会影响，甚至阻碍旨在改善贫困和饥饿的社会投资，影响政府教育、卫生服务、安全住房、饮水安全和卫生设施或环境保护的政策，以及经济投资。所以这些都可能对区域发展的动力产生严重影响，尤其是对发展中国家，自然灾害在这些国家不仅给可用资源带来极大的压力，而且通常会使发展速度倒退。发展中国家需要从区域发展项目中挪用资金去应对灾难造成的后果，启动恢复工作；灾害还会加剧贫困，增加社会脆弱性，使穷人更容易受到下一次灾难的影响（Paul，2011）。

灾害也可以为促进发展提供新的机会。灾难发生后，大量救援人员涌入受灾社区，这些外来者给受影响的社区或城镇中的酒店、餐馆带来了意想不到的收入。此外，在灾难发生后，大量建筑和修理材料的购买量急剧增加。这通常会导致受影响社区的销售税收增加。一些部门，如建筑行业，一般在经历灾害事件后都有经济增长。受灾地区，通常会从外部援助中受益，新资本的投入帮助受影响的社区进行重建，区域经济会在短时期内大规模增长。实际上，在一定程度上，通过摧毁老旧建筑物，加固新建筑物和防止灾害多发地区的重建，在一定程度上能够减少未来的灾害风险。许多结构在灾难发生后得到更换或重建，增强了它们的美感。灾后重建为政府、社会群体、个人发展都提供了大量的机会窗口，避免重新创造致灾条件的情况发生，减少了在灾患面前的物理暴露，降低了社会的灾害风险。

五、灾害对社会政治的影响

社会环境对人来说，主要提供从事生产和消费活动所需的交往场所、信息网络、活动组织、价值观念、行为规范、心理与精神氛围等非物质的环境和社会性资源。由于社会本身是一个有机整体，灾害对它也会造成伤害，破坏它的构成要素，如社会组织结构（如政治的、经济的、文化的组织、非正式的社会群体）、社会关系网络（如亲缘、业缘和地缘关系，政治及经济关系）、社会意识形态（政治思想、行为规范、科学知识与技术、文化传统）、管理思想与运行机制（管理体制，社会运行的动力、约束力）等社会政治层面会受到影响和冲击。

灾害破坏了人们的生存条件和生存环境，会影响人们的生活方式和行为方式，如居住临时简易房、帐篷，饮食改变，人们交往方式与交往内容改变，家中有人因灾伤亡等，人们大都情绪低落、悲观、恐惧不安。这可能影响一些人群的社会行为，产生一些不良的社会现象，如社会谣言四起、酗酒闹事、哄抢拦车、偷盗抢劫、对妇女的暴力行为等犯罪行为出现，自杀和离婚等现象增多。美国学者 Krug 等（1998）利用流行病学和统计学方法，研究美国灾后的自杀现象发现，美国的自杀率在洪水后的 4 年内增加了 13.8%，飓风后两年内增加了 31.0%，地震后的第一年增加了 62.9%，这些自杀率增加归因于灾难后的创伤后应激障碍和抑郁症。另外，灾后，社会的正能量行为也会增加，如灾害发生后，社区居民幸存者广泛自觉地发起生命救援和财产抢救行动以及生活自救自理行为，也会涌现一些不顾个人安危只顾大家和集体利益的英雄人物，显示出自强不息、无私无畏、团结友爱、互相帮助等人性的光辉。

灾害事件往往迫使受影响政府改变政策，转变体制和组织机构设置，并施加新的监管。例如，1971 年美国加利福尼亚州圣费尔南多发生 6.6 级地震，震中烈度 8 度，事故处理过程中，暴露出美国政府各部门各自为政等严重问题，引发民众强烈不满。最终在 1979 年，卡特总统在任期间，美国联邦政府整合了分散在 11 个部门的应急管理职能，组建了美国联邦应急管理局，以统筹各类灾害的管理。1993 年美国中西部发生洪水，在美国产生了显著制度效应，全美洪泛地区开始实施政府土地收购和移民搬迁计划。尽管国家收购土地和搬迁并不是减轻洪水灾害的新措施，但从来没有像这样大范围颁布政策，实施这种洪泛平原管理的方法。这个计划也仅是综合、严格的洪泛平原管理的一部分。联邦政策和计划的重大变化就是由 1993 年中西部洪水造成巨大损失而促成的。2001 年"9·11"事件之后，美国应急管理实践的重点转向反恐，成立了国土安全部，整合了当时联邦 22 个部门的相关职能，也包括美国联邦应急管理局。2005 年，卡特里娜飓风之后，民众对政府的救灾能力怨声载道，美国又对应急管理体系进行了微调，联邦应急管理局仍然保留在国土安全部的框架之内，只是其局长可直接受美国总统负责，资源保障和行动能力都得到了提升。

2003 年，我国暴发"非典"危机，客观上推进了中国的应急管理体制的建设与改革，国务院设立国务院应急办公室，全面履行政府应急管理总体职能。2008 年，汶川地震发生，随后应急救灾和重建的实践，促进了《中华人民共和国防震减灾法》的修改，灾后第二年，国务院就将汶川地震发生的这一天——5 月 12 日定为全国防灾减灾日，期望增强全社会防灾减灾意识和知识。2010～2020 年，我国自然灾害和安全事故形势依然复杂严峻，一些重大安全事故，如 2014 年 3 月由马来西亚飞往我国的 MH370 航班空难，2015 年 6 月 1 日"东方之星"客轮在长江翻沉，2015 年 8 月天津港的仓库化学大爆炸灾难，直接催生了我国应急管理体制的进一步改革。2018 年 3 月，经十三届全国人大一次会议批准，在国务院内设立权力和责任更加集中和明确的中华人民共和国应急管理部，构建"统一指挥、专常兼备、反应灵敏、上下联动、平战结合"的中国特色应急管理体制。

联合国救灾组织（UNDRO，2020）指出，灾害将会创造有利于改革的政治和经济氛围，在这种氛围中，社会与经济改革将会比正常情况下要容易得多。灾害的发生为各国的政府、社区和个人提供了重新评估发展战略的机会，可以主动地将减灾防灾思想和内容纳入这些发展战略中，建立减灾防灾的政策与措施。

六、灾害对生态环境的影响

大规模的自然灾害，如大地震、大范围的山火、大面积的干旱、流域性的洪水泛滥、高强度的飓风等，不仅严重伤害人类社会，而且其造成的地面物质运动、地面物质的破坏也会严重破坏生态系统和生物多样性，损坏自然景观，对生态环境造成一定的影响。不同的自然灾害对生态环境影响的程度是不相同的。

地震是对生态环境的影响比较严重的一类自然灾害。它对生态环境的影响主要表现在以下几点：①地震通常会造成区域地表的不稳定性，引发大量崩塌滑坡、泥石流，一方面会对现有地表大掩埋覆盖，另一方面还会使得该区域成为未来潜在灾害多发的高风险区，据遥感监测，2008 年的汶川地震在川西地区造成崩塌滑坡、泥石流破坏及覆盖地表面积达 77873hm^2，严重破坏了该区域的生态系统，影响生态功能的正常发挥和人们的正常生活；②地震及其次生地质灾害会严重破坏自然生态系统，威胁地区的生态安全，汶川地震损坏了川西地区 51706hm^2 的森林、4802hm^2 的灌丛、5400hm^2 的草地、1172hm^2 的冰雪带、375hm^2 的水域，生态系统的严重受损直接削弱了水源涵养能力、土壤保持能力，也影响着该区域的大江大河的河道和水利工程的安全；③地震及其次生地质灾害会造成野生动物受到惊吓或死伤，同时也会影响动物的栖息地的安全，如栖息洞穴倒塌、活动路线受阻、食物来源减少等，汶川地震影响了 111405hm^2 大熊猫栖息地，破坏和丧失 37015hm^2 栖息地，严重干扰了野生动物的正常生活；④地震及次生地质灾害毁坏了大面积的耕地，汶川地震损坏了 1346hm^2 耕地，使得灾区土地资源减少，这将进一步加剧人与用地之间的矛盾，影响区域农业的可持续发展（国家减灾委员会和科学技术部抗震救灾专家组，2008）。

洪水也是对生态环境影响比较明显的一种灾害。首先，在洪水淹没地区，大量的医疗垃圾、生活垃圾和人畜粪便污染物随洪水进入大江大河，造成地表水和地下水污染，影响水体质量和水卫生安全，洪水还会使河流湖泊中悬浮物质大量增加，透明度明显降低，浮游植物大量增加，水草明显减少，总氮（TN）、总磷（TP）、化学需氧量（chemical oxygen demand，COD）等明显提高，湖泊的水质总体下降，影响水生生态系统的质量；其次，洪水会淹没或冲毁一些耕地良田，影响农作物的正常生长；最后，洪水可以淹没沿江低地的房屋和基础设施，洪水退后又会造成大量淤泥和各种垃圾，严重影响环境卫生。另外，洪水现象也会对生态环境的改善发挥积极的影响。例如，河流的泛滥给下游三角洲平原带来大量肥沃的泥沙，增加土壤中的营养成分而肥沃土壤，改善土壤的质量，有利于农业生产的发展；洪水可以补充地下水，为那些全年降水分布极不均匀的干旱和半干旱地区带来急需的水资源。淡水地区洪水对保持河流廊道地区的生态系统尤其重要，也对维持河漫滩地区的生物多样性具有非常重要的意义。洪水还可以将营养成分传送到湖泊和河流中，从而在很多年内都能增加生物质和改善渔业。对于有些鱼类，淹没的河漫滩有可能成为非常适宜的产卵地，减少捕食者的出现，以及增加食物和营养；鱼类利用洪水来转移到新的栖息地；鸟群也会因为洪水带来的食物增加而扩大种群。

大面积森林火灾是严重影响生态环境的一种灾害。森林火灾烧毁大量的乔木、灌木的同时，林下蕴藏着的丰富的野生植物资源也会遭殃，造成森林蓄积下降，森林景观被破坏，森林生态系统严重受损。森林是生长周期较长的再生资源，遭受火灾后，其恢复需要很长的时间。特别是高强度大面积森林火灾之后，森林很难恢复原貌，常常被低价林或灌丛取而代之。如果反复多次遭到火灾危害，森林还会成为荒草地，甚至变成裸地，严重地影响森林涵养水源、保持水土、固碳释氧、净化水质等森林生态功能的发挥。森林火灾还危害野生动物的生存，影响生物多样性。森林是各种野生动物的家园，森林遭受火灾后，会破坏野生动物赖以生存的环境，有时甚至直接烧伤、烧死野生动物。由于火灾等原因而造成的森林破坏，我国不少野生动物种类处于濒危或已经灭绝，如野马、高鼻羚羊、新疆虎、犀牛、豚鹿、黄腹角雉、台湾鹇等几十种野生动物已经灭绝。森林山火引起的空气污染会影响大气环境质量。森林燃烧会产生大量的烟雾，其主要成分为二氧化碳和水蒸气，这两项物质约占所有烟雾成分的 90%～95%；另外，森林燃烧还会产生一氧化碳、碳氢化合物、碳化物、氮氧化物及微粒物质，占 5%～10%。除了水蒸气以外，空气中其他物质含量超过某一限值时都会造成空气污染，危害人类身体健康及野生动物的生存。1997 年发生在印度尼西亚的森林大火，燃烧了近一年，森林燃烧所产生的烟雾不仅给其本国造成严重的空气污染，而且还影响了新加坡、马来西亚、文莱等邻国。2019～2020 年持续 4 个多月的澳大利亚丛林大火，浓烟已经飘到距其 2000km 外的新西兰，导致新西兰空气质量下降，甚至出现雾霾。

主要参考文献

董惠娟，李小军，杜满庆，等. 2007. 地震灾害心理伤害的相关问题研究. 自然灾害学，16（1）：153-158

国家减灾委员会，科学技术部抗震救灾专家组. 2008. 汶川地震灾害综合分析与评估. 北京：科学出版社

贾晓明. 2009. 地震灾后心理援助的新视角. 中国健康心理学杂志，17（7）：882-885

沈茂英. 2009. 汶川地震灾区受灾人口迁移问题研究. 社会科学研究，（4）：1-7

Blake G. 2008. The gathering storm. On Earth，30（2）：22-37

Brown S，Archer P，Kruger E，et al. 2002. Tornado-related deaths and injuries in Oklahoma due to the 3 May tornadoes. Weather Forecast，17（3）：343-353

Coppola D P. 2011. Introduction to International Disaster Management. Boston：Elsevier

Jonkman S N，Kelman I. 2005. An analysis of the causes and circumstances of flood disasters deaths. Disasters，29（1）：75-91

Kimbrough P E，West K P，Joanne K，et al. 2007. Risk of flood-related mortality in Nipal. Disasters，31（1）：57-70

Krug E G，Kresnow M J，Peddicord J P，et al. 1998. Suicide after natural disasters. New England Joural of Medicine，338（6）：373-378

Kuni O. 2002. The Impact on health and risk Factors of the diarrhea epidemics in the 1998 Bangladesh floods. Public Health，116（2）：68-74

Lindell M K，Prater C S. 2003. Assessing community impacts of natural disaster. Natural Hazards Review，4（4）：176-185

MacDonald R. 2005. How woman were affected by the tsunami：a perspective form Oxfam. PLoS Medicine，2（6）：e178

Noji E K. 1997. The Public Health Consequences of Disasters. Oxford：Oxford University Press

Paul B K.2007. Tsunami relief efforts：an overview. Asian Profile，35（5）：467-478

Paul B K. 2010. Human injuries caused by Bangladesh's Cyclone Sidr：an empirical study. Natural Hazards，54：483-495

Paul B K. 2011. Environmental Hazards and Disasters：Contexts，Perspectives and Management. Chichester：John Wiley & Sons，Ltd

Paul B K，Rahman M K，Rakshit B C. 2011. Post-cyclone Sida illness patterns in coastal Bangladesh：an empirical study. Natural Hazards，56（3）：841-852

Sutter D，Simmons K M. 2010. Tornado fatalities and mobile homes in the United States. Natural Hazards，53（1）：125-137

UNDRO. 2020. Human cost of disasters：An overview of the last 20 years 2000-2019. Geneva：The United Nations Office for Disaster Risk Reduction

第四章 灾患的性质

灾患,过去也称为致灾因子,是灾害学界早期研究的重点,因为它是促成灾害事件产生的动力过程,以至于人们普遍认为,灾害就是灾患与人类承灾体相互作用的结果。长期以来,自然灾患就是灾害研究的主流。灾患是非常复杂的现象,认识和揭示灾患的本质和规律仍然是灾害科学研究的重要任务。在《2015—2030 年仙台减灾框架》中,理解灾患和孕灾环境仍然是国际减灾战略的优先领域,充分说明了灾患研究的复杂性和重要性。本章基于灾患的概念、灾患的量度、灾患类型划分、灾患的孕灾环境等问题的分析,来揭示灾患的性质。

第一节 灾患的概念

一、灾患的定义

作为一个科学术语,灾患还是比较新的一个学术词汇。2015 年,联合国国际减灾战略在《2015—2030 年仙台减灾框架》中,将过去通常翻译为"致灾因子"的"hazard"重新翻译为"灾患"。其实,在英文中,"hazard"一词的基本语义是危险。因此,按汉语的语义,将"hazard"一词翻译成"灾患"比"致灾因子"更准确。在减灾防灾实践中,人们常说防患于未然,这里的"患"指的就是灾害的隐患,可能导致灾害的事件或过程就是"hazard",减灾防灾就是预防灾患的发生、减少灾害的损失。而"致灾因子"一词,本意也仅指导致灾害形成的潜在条件,但在我国现实运用中,人们长期将"致灾因子"理解为导致灾害形成的原因,其实,灾害的形成,不仅取决于灾害形成的潜在条件,而且也取决于人类社会系统的作用。

什么是灾患的科学定义?国外许多学者给出了他们的理解。人们认识灾患是从认识自然灾患开始的。较早给灾患下定义的是柏顿和凯茨(Burton and Kates,1964),他们认为,自然灾患就是对人类有害的自然环境要素或者自然极端动力驱动的事件。影响较大的灾患定义是意大利学者亚历山大给出的,亚历山大(2000)指出,灾患是一种极端的地球物理事件,它有可能造成灾害。"极端"一词在这里被用来表示与一个平均值或一个趋势有很大的波动(正向或负向)。他的定义暗示了灾患与灾害的关系,即灾患可能转变为灾害,从而造成连续的事件。灾患代表了极端自然事件的潜在发生的可能性,或可能造成严重的不利影响,而灾害则是由实际的危险事件造成的。只有在这种极端事件发生后,我们才会说这是一场"灾害"。因此,灾患是一个威胁,不是实际的事件。然而,亚历山大的灾患定义却忽略了一个事实,即人类的行为往往在造成或加剧极端事件的影响方面起着重要作用,如滑坡通常是由暴雨、地震触发,但也是人类不合理的活动(道路建设的边坡开挖)的结果。毫无疑问,人类以许多方式影响着自然过程,助推灾患的形成。

许多人认为,自然灾害是外部力量的结果或者是大自然对人类的惩罚,这种观点错误地认为，人类在灾害形成或者减轻灾害影响方面没有任何作用。当然，自然灾患的许多自然特性是它们自身失控所致，但事实上人们可以采取一些措施来缓和灾患的影响。

Chapman（1999）从成因机制上将自然灾患定义为具有一定脆弱性的人类社会与极端自然现象（包括源于地球物理的、大气的、生物的）的相互作用的结果，这种相互作用会给人类生命、财产带来重大损失。同时他还指出，一定强度的自然事件是否成为灾患事件，与社会或个人处理这个事件影响的能力有关。事实上，20 世纪 70 年代以来，越来越多的学者认为，灾患是人类和极端自然事件潜在的相互作用或冲突的结果。自然灾患就处于潜在的自然事件系统与潜在的人类利用系统相互作用的界面（图 4-1）。这样看来，灾患的存在都有其社会的、政治的、历史的和环境的背景（Cutter，2001）。Hewitt（1983）认为，灾患的成因中，社会过程比地球物理过程更重要。他指出"自然灾患"是一个容易误导的术语，因为对人类威胁的现象的产生主要源于人类的决策、土地利用和社会经济活动，很少部分是自然的原因，传统的解释倾向于强调灾患为自然过程，是大自然将其愤怒随机处罚于不幸的人们。

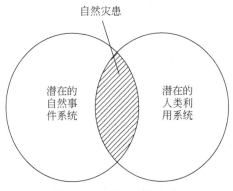

图 4-1　自然灾患的定义

2004 年，联合国国际减灾战略首次提出了人类活动对人类生命财产安全的重要影响。他们认为，灾患是一种威胁，是一种潜在的具有破坏性的自然事件、现象，或者人类活动，它们可能对人类健康产生影响或造成人类死亡，造成财产损失，生计和服务设施丧失，社会和经济被搞乱，或环境损坏。这个定义肯定了人类在造成或加剧危险的过程中所起的作用，并且使用"潜在可能"一词来区分灾患和灾害，也指出了灾患所有可能的表现形式（UNISDR，2004）。

2015 年，联合国国际减灾战略在《2015—2030 年仙台减灾框架》中，进一步明确了灾患的内涵和外延，灾患就是具有潜在破坏力的、可能造成伤亡、财产损害、社会和经济混乱或环境退化的自然事件、现象或人类活动。灾患包括将来可能构成威胁、可由自然（地质、水文气象和生物）或人类进程（环境退化和技术危害）等各种起因造成的潜在条件。该定义明确指出灾患源自然系统与人类系统两大系统，即灾患包括自然灾患和人为灾患两大部分。

目前，国际灾害界具有权威性的定义是 UNISDR（2015）的灾患定义。该定义充分体现了以人为本的基本理念，将对人类或人类社会是否构成潜在威胁或可能的危害作为标准，并且，明确将潜在危险的来源从传统的自然事件，扩展到人类自身的进程，同时，也将人类进程的范畴从原来的社会经济活动，扩展到环境问题或环境退化过程。这样，突出了灾患的本质，也丰富了灾患的内容。显然，按照这个灾患概念的理解，极端的自然过程可能给人类带来灾患，同时，不合理的人类活动或人类进程也会给人类带来灾患。

二、灾患概念的内涵

灾患是一个以人为中心的相对概念，只有当人类介入极端事件过程之中，或者暴露在极端自然事件的面前的时候，才会有灾患的存在，没有影响（伤害）人类的极端自然事件并不能称为灾患，它们就是自然事件。例如，在一个无人居住的沙漠地区以及大洋深处发生的地震，无论其强度有多强，或有多频繁，都不能被认为是一种灾患。灾患的出现是以人类暴露于极端事件之中为前提条件的。

（一）灾患是一个范畴不断扩展的概念

灾患范畴是随着人类社会的发展而变化的。在人类社会初期，洪水、暴风雪、台风、山崩、地震、病虫害、山火等是人类社会面临的主要灾患，这些灾患大都是自然灾患；随着人类社会的发展，特别是城市化和工业化的发展，人类干预和影响自然的能力显著增强，人类不仅会加剧过去常见的自然灾患，而且还产生了一些新的人为灾患，如交通事故、化学爆炸、饥荒、环境污染、水土流失、土地退化、生态失衡等灾患形式；在信息化社会的今天，全新的人为灾患还在不断产生，如恐怖主义、石油溢漏、核事故、计算机事故、新的生物病毒、全球变暖、海平面上升等，它们都在威胁人类的生存与发展。

（二）灾患概念是由人类社会文化所定义

从文化视角看，灾患部分是由人的感知和经历构成的。灾患的定义或认识是随着人类的文化、性别、年龄、社会经济地位和政治结构的不同而变化的。一个自然过程或社会过程是否被认为是灾患，完全是由人类自身定义的，灾患不是一个绝对的概念。

在一个社会中被认为是灾患的现象，在另一个社会中可能并不这样认为。在非洲赞比亚，人们认为洪水不是危险的事件，它不是灾患，而是大自然带来的欢乐，但洪水在一些其他国家却被认为是灾患；夏季长时间不下雨的天气，对于新疆内陆盆地的居民来说，是一种正常的情形，但对于生活在湿润的长江中下游地区的居民来说，他们则将面临高温酷暑的威胁，这就是灾患。

灾患对于一些人来说是潜在的威胁，但对某些人来说是一种商业机会，甚至是一种快乐的体验。大雪冰封对驾车行驶在高速公路上的驾驶员来说是可能引发交通事故的灾患，但对那些滑雪爱好者来说却不是这样，他们可以体验滑雪的刺激与快乐。同样，全球气候变化可能会使世界某些地区受益，同时对其他地区造成不利影响，寒冷地区天气可能没有过去严酷，大洋中的岛民则可能因海平面上升而失去生存与栖息之地。

极端自然过程是否成为灾患也取决于人类的控制能力。例如，人类社会对水过程的控制，如果人类通过水利工程实现了对水的流量控制，这时大量降水产生的过量洪水都可能成为水库的水资源，如我国的都江堰水利工程，有效地控制了岷江洪水期的洪水，使其成为川西平原以及川中地区重要的农田灌溉水源；如果失去水的控制，大量降水就可能形成洪患。

从人类生态学的视角看，灾患是超出一定阈值的自然事件（Smith and Petley，2008），我们知道，地球上的自然过程都是动态变化的，自然过程的大部分都是在人类可以接受的平均状态附近变化，这种状态的降水，对人类来说，就是风调雨顺，就是一种气候资源；极少时候，自然要素变化超过人类能够忍受的正常范围的某个阈值或临界值，这时，这个自然要素就会严重影响人类社会的正常运行，产生破坏作用而变成灾患。例如，大气降水过程，当某时期的降水超过平均值以上的某个临界值，降水就可能形成洪灾；低于平均值以下的某个临界值，就可能形成干旱（图4-2）。

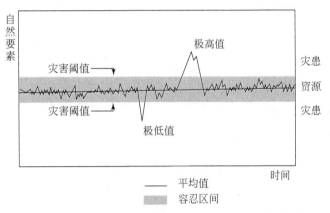

图4-2　自然地理过程与灾患、资源的相互关系

从社会学视角看，灾患就是人类行为失范的那些社会活动或过程。人类为了社会生存与发展，为了自身的幸福和自由都要从事各种政治、经济、社会和文化活动，这些行动大都是有积极意义的，有利于人类文明的进步与社会的发展，但是，人类社会有时限于自身认识的局限性、群体决策失误、操作行为的过失，会偏离人类活动的正常轨道，从而使人类自身陷入受伤害的危险之境。例如，人类过度的工业化和城市化行动造成环境污染的困境，大量砍伐森林、开垦土地造成土地退化和生态恶化的不利局面，这些都将为威胁着人们自身安全及其人类社会的健康发展，也就构成了社会灾患。

（三）灾患形成都有其独特的孕灾环境

任何灾患的形成都有一定的孕育过程，都有其相应的环境背景（孕灾环境），即都有自然背景和人文背景的支撑。例如，一个地区的洪水形成及其性质特征，既与气候波动，暴雨强度和频率增强有关，也与人类不科学的地表排水系统、森林砍伐、城市化等行为密切相关。区域土地沙漠化现象的出现，是在干旱、半干旱和半湿润区域自然背景下，由于当地人们长期对草地的过度放牧、农业开垦等不合理的人类活动，加之气候变干的推动下，形成的区域灾患。

三、灾患的属性

从灾患的组成来看，极端的自然过程和不理性的人类活动都可以成为灾患，换句话说，灾患是由自然系统与人为系统两大部分构成，既然灾患源自自然系统和人类社会系统两大系统，显然它具有自然属性和社会属性的特征。

起源于自然环境的灾患往往在一定区域范围内发生，如地处我国地势第二级阶梯的重庆地区可能不会经历台风袭击，但很容易受到崩坍、滑坡、泥石流和高温干旱的威胁，而地处沿海平原的上海地区可能不会受到崩坍、滑坡、泥石流的袭击，但会受到台风的威胁。

这些灾患的发生也具有周期季节性特征，如台风多出现在夏秋季节，暴风雪发生在隆冬；同时它们也时常会引发次生灾患。例如，地震可能引发山体滑坡、海啸和火灾；雷暴常伴有强降雨，可能导致泥石流、山洪暴发和常规洪水；火山爆发可能引起地震、森林火灾、洪水；极端酷暑可能引起森林火灾。灾患的这些特征充分体现了灾患的自然属性。

有些灾患的发生是由人类自身活动所决定，如人类的技术行为失败、不合理的土地利用或开发活动以及不理性的社会行为给人类自身带来的伤害威胁。例如，某些人群为了某种政治利益制造的社会动荡与恐怖袭击；某些人群为了个人的经济利益操纵股市造成社会经济危机；某些人群因社会矛盾和民族、宗教纠纷制造群体性事件造成社会骚乱；也有些不合理的工业排放、土地开发造成区域环境质量的威胁。灾患的这些现象则充分体现了灾患的社会属性。

从相互作用关系或成因上看，无论是自然的灾患，还是人文的灾患也都具有自然和社会双重属性。自然的灾患有人类作用的背景，因为人类活动可以助推自然过程的极端化或加剧极端自然过程的程度，一些自然灾患就是人类区域开发和工业化的结果。例如，为了商业交通的方便，人们将流经德国和法国的莱茵河河道人为地直化加固，干扰了河流的自然流通，结果增加了该河的洪水频率，造成莱茵河现在洪水越来越严重的负面效应。人为的灾患也有自然作用的背景，因为一些人为的过失行为也有自然因素的潜在影响，如交通事故在雨雾冰雪、高温酷暑等恶劣天气下多发；古代农民的暴动往往在春夏之交青黄不接之际。

第二节　灾患的量度

灾患是一种具有破坏人类社会的自然事件或人类活动的潜在能力，对人类社会伤害的大小显然取决于这种潜在能力的大小。由于不同人为灾患的性质和属性差别较大，难以用统一的物理参数来量度，故这里只讨论自然灾患的量度。自然灾患事件物理特性可以从强度、时间和空间等三个维度来描述。

一、强度维度

灾患事件的大小，可以用事件的强度表示，如地震的大小用地震强度震级来表示，也可以用事件规模表示，如崩塌的大小用崩塌规模、崩塌体总量来表示。灾患事件的强度或规模是极端事件中最重要的物理属性，它描述了这些事件释放的物质或能量的数量。一般来说，灾患的强度高或规模大，造成的死亡、伤害和财产损失的可能性就大。但灾患事件的强度或规模及影响的后果的测量并不简单，也离不开其背景，如一场在山区暴发的大洪水可能造成有限的破坏，而平原地区暴发的一般洪水也会淹没大片地区，可能会对财产造成大范围的破坏。灾患事件造成的损害程度往往取决于受灾人群的规模，以及在事件发生前采取的备灾措施。

每种灾患的规模或强度是可以测量的，不同的灾患的规模或强度参数是不同的（表4-1）。例如，洪水灾患可以用洪峰流量或洪峰水位来表示其洪水的强度或大小规模，洪峰流量在一定程度上反映了洪水的严重程度，洪峰流量越大，则洪水越大。1954年夏季，长江暴发我国自1949年以来最大的流域性洪水，长江上游末端的宜昌站洪峰流量6.68万 m^3/s，60天洪水总量2448亿 m^3，占多年平均总水量的54.3%，为多年同期平均值的1.52倍；长江中游的汉口站洪峰流量 7.61 万 m^3/s，7~9 月总水量 4723 亿 m^3，占多年平均总水量的 63.5%，为多年同期平均值的 1.51 倍，给武汉地区造成了严重的社会灾难：受灾农田 4755 万亩，受灾 1888 万人，死亡 3.3 万人。

表 4-1　主要自然灾患的规模或强度参数

自然灾患	地震	海啸	热带气旋	滑坡崩塌	泥石流	洪水	干旱	高温酷暑
规模或强度参数	震级或烈度	浪高	风速	滑塌体总量	固体物总量、流速	洪峰流量洪峰水位	干旱指数	持续高温天数、极端高温

需要指出的是，灾患强度代表了某种灾患的潜在破坏力，单凭这一参数并不能完全反映极端事件的灾害程度。没有对人类的影响，高强度和低强度的事件就没有区别，都是一种自然过程。例如，1964 年，在美国阿拉斯加中部一个无人居住的区域发生了一次滑坡，这次山体滑坡造成了 2900 万 m^3 的岩石碎屑，以 180km/h 的最高速度滑塌超过 5km，它没有给人类带来伤害。相比之下，1966 年 10 月 21 日在英国南威尔士的阿伯凡的滑坡，29 万 m^3 的岩石碎屑，以 9km/h 的速度传播，但却夺去了 144 个人的生命，摧毁了许多建筑物。因此，对灾害而言，重要的不仅仅是灾患的强度，人类的脆弱性才是灾害潜力的重要决定因素。

二、时间维度

从时间维度看，一个极端自然事件即灾患事件通常包括灾患暴发速度、持续时间、发生频率、时间分布等参数。

灾患暴发速度就是在某灾患事件第一次出现到顶峰的速度，一些灾患可能会发生非常迅速，如地震、山崩，几乎是瞬间暴发达到峰值，以秒或分钟为时间计量，根本没有留给人反应时间；一些灾患则发生比较缓慢，如干旱，它是长时间的积累导致的。灾患暴发速度时间参数影响着人类的预警行为，直接关系到救援行动的成败。一般来说，灾患暴发的速度越快，人类的预警以及救援行动的时间就越少，造成的灾害损失可能就越大。

灾患持续时间参数反映了一个极端事件持续的时间或一个灾患事件持续的时间长度。这个时间范围可以从几秒钟（如地震和山体滑坡）到几分钟（如龙卷风和海啸），几小时和几天（如洪水和台风），或者几周、几个月（如河流洪水）和几年（如干旱）。需要指出的是，尽管龙卷风整个事件可能持续一小时左右，但在某个地点，它的持续时间较短，一扫而过。一些突发性灾患暴发速度快，消失也快，持续时间短，这种情况下，灾患暴发的时间和持续时间大致相当，如地震和山崩事件。灾患事件的持续时间是决定人类防灾、减灾、救灾成效的重要因素。短期灾患事件通常需要紧急行动，会对人类生命和财产带来严重损害，难以事前充分准备。而持续时间长的长期灾患（如洪水和干旱）则为人类提供了调整的机会，这种类型的事件多数不会造成生命损失，但往往会造成重大的财产损失。虽然山体滑坡和泥石流通常会持续很短的时间，但其形成需要很长一段时间来孕育。一般来说，较长时间的事件会产生更大的损失，因为它们覆盖的面积比短时间的范围更大。当一个极端事件的持续时间很长，并且规模很大时，其造成的损失通常会显著增加。

灾患频率是指在给定的一段时间内，一定规模或强度的灾患事件发生的频繁度。可以用定性的术语如"经常"或"罕见"来表示，也可以用定量的术语（频率与重现期）表示，如灾患发生频率是指在已掌握的历史灾患资料系列中，某一量级或强度灾患实际出现次数与灾患发生的总次数之比，常用百分率表示，如 0.1%、1%、10%、20% 等，是表征定量级或强度灾害事件发生概率的重要参数。频率值越小，表示某一量级以上的灾患出现的机会越少，则灾患强度越大；反之，频率值越大，表示某一量级以上的灾患出现的机会越多，则灾患强度较小。灾患重现期即灾患复发的时间间隔，重现期是指随机变量大于或等于平均多少年一遇的年距，也就是在很长时期内平均多少年出现一次的概念，重现期等于（累积）频率的倒数。一般来说，重现期越长，发生的频率就越低，灾患事件的规模就越大。例如，一个区域，存在这样的不同规模、不同频率的洪水：十年一遇的洪水，五十年一遇的大洪水，百年一遇的特大洪水，也就是说，在这个区域，在任何一年中，发生洪水的频率是10%，发生大洪水的频率是2%，发生特大洪水的频率是1%。灾患频率是决定区域灾害风险大小极其重要的参数，了解一个区域各种灾患发生的频率对于减灾防灾的规划制定非常重要，它们是人类采取灾害风险防范针对性措施的基础。

灾患时间分布是指某些灾患发生的特定的时间。水文气象灾患事件一般有季节性特征，某种灾患只会出现在某个季节，如暴风雪一定发生在冬季，不可能发生在夏季（高山地区除外），台风一般发生在夏秋季节，洪水通常发生在春夏季节或雨季。也有些灾患昼夜因素，如冰雹、雷暴通常发生在中午到傍晚时段，但很多灾患没有昼夜分布的规律。这并不意味着昼夜因素对其他地球物理事件并不重要，如泥石流的暴发、滑坡的产生、河流的洪峰出现在夜间，它们造成的破坏和死亡的潜在程度可能会比白天高得多。灾患的时间分布参数描述了某些灾患的时间分布规律，人们可以通过研究水文气象灾患事件的发生规律，预测将要发生的灾患的时间和地点，对将要发生的灾患做好充分的准备，以减轻灾害造成的损失。

三、空间维度

灾患的空间维度有两层意思，一是指灾患事件覆盖的区域面积，二是指某种灾患可能分布的空间位置。

不同的灾患有不同的区域范围特性，一些灾患集中发生于"点"上，如一个崩塌，影响的面积相对较小；一些灾患沿着"线"或"条"发展，如山区洪水，沿着山区河谷两岸冲击，淹没有限的区域面积；一些灾患则是面上扩展，如旱灾一旦形成，就是大范围区域受灾。

空间分布位置是自然灾患的重要特性，自然灾患事件有自身的形成条件，因而形成了不同类型自然灾患的分布规律。例如，台风形成在5°~25°的低纬度大洋西部地区，暴风雪主要发生在温带地区，大洪水一般限于泛滥平原和沿海地区，地震和火山爆发经常发生在构造板块边界，山体滑坡和泥石流主要出现在山区。由于自然极端事件具有空间分布特性，在特定地点对某些灾患发生的可能性进行概率陈述是有可能的。

不同的参数从不同的维度对灾患的物理特性进行了反映。对于某个灾患而言，关注研究一些物理参数比只关注一个参数更有意义。例如，一场泥石流的破坏力，除了其规模之外，在很大程度上还取决于它发生的时间。灾患的规模、强度、频率和影响范围、发生时间是相互关联的，而且只有综合起来，才能对极端自然事件的物理维度提供一个全面的视角。极端事件造成的破坏并不取决于此类事件的单一物理特征，几个特征的组合决定了某一特定灾害或灾难的影响。例如，洪水造成的死亡风险受到事件的几个物理参数的影响，如强度（流量）、空间范围、持续时间和频率。一般来说，洪灾死亡人数随着洪水频率、强度和持续时间的增加而增加。虽然灾患所有的物理参数都很重要，但规模强度维度是描述极端事件本质特征最重要的参数。

其实，通过这些参数，我们可以更加深刻地认识灾患的特征，对这些事件的大小、频率、持续时间、区域范围、发生速度和季节性因素进行分类，可以对不同的灾患进行比较和分类。有些灾患发生稀少、持续时间短、影响范围局限、发生速度快、空间分布集中，暴发随机性强，如地震、山崩、泥石流等地质灾患；有些灾患发生频繁、持续时间长、影响范围大、发生速度慢、空间分布广泛，暴发有一定周期，如台风、暴风雪、高温酷暑等气象灾患。人们可以针对不同类型灾患的特性采取不同的措施与策略应对。

第三节　灾患的类型划分

灾害是在一定环境下，灾患与承灾体矛盾的统一体。从形式上，灾患是灾害矛盾的主导方面，正是由于它的作用，承灾体才遭受伤害，灾患的复杂多样才形成了各种各样的灾害。

然而，灾患的产生可能有许多的来源。为了给不断增加的灾患名目进行规范，灾害界学者不断努力构建科学的灾患类型学。灾患的分类为识别灾患事件之间的相似性、归纳各种灾患事件的共性提供了一个有益的框架。科学的分类也有助于灾害的管理实践。现有的大多数灾患分类都是将灾患事件的成因或起源作为分类的原则。然而，大多数灾患都具有相互叠加的原因，将某一次灾患事件划归为某个类型不是一件容易的事情。例如，一次崩塌事件的产生，它可能是地震晃动造成的，也可能是暴雨触发的，还可能是人为工程开挖引起的。正因如此，大多数研究者现在都不使用基于单一成因的灾患分类，而主要依据灾患起源的区域或孕灾环境作为灾患分类的基础（Mitchell，1997）。即使都是基于成因原则，不同学者也有不同的灾患分类方案。

卡普曼将灾患分为三种类型：主要起源于大气水文圈的灾患（如热带气旋、龙卷风，暴风雪、干旱等），主要起源于岩石圈的灾患（如地震、火山、海啸），以及主要起源于生物圈的灾患（如森林山火、病虫害等）。

也有学者将灾患分为内营力成因的灾患（如地震、火山）、外营力成因的灾患（洪水、干旱）和人类成因的灾患（如水库大坝溃坝造成的洪水）等三种类型。

世界卫生组织（1999）将灾患分为自然物理的灾患（含气象水文、地球物理）、自然生物的灾患（害虫传染与流行，传染病）、社会自然的灾患（自然环境的人类改变）、人为技术的灾患（污染、爆炸、大火）和社会的灾患（包括战争冲突、暴力扰乱）等五类。

按照 UNISDR（2015）的灾患定义，在自然进程和人类进程的背景下，灾患主要源于地质、水文气象和生物过程以及环境退化和技术危害，为此，我们将灾患分为以下相应的4 种类型。

一、地球物理灾患或自然灾患

地球物理灾患，也就是通常说的自然灾患，即起源于地球物理过程的极端自然事件，包含地球内部的变化过程的地质灾患，如地震、火山活动和喷发，以及相关的地质物理变化过程，如块体移动、滑坡、岩崩、地表坍塌、泥石流、地裂缝、地面沉降等；大气、水文或海洋特性的变化过程的水文大气灾患，如热带气旋，也被称作台风或飓风、雷暴、冰雹、龙卷风、暴风雪、强降雨、雪崩、海岸风暴潮、赤潮、洪水、干旱、热浪和寒潮等。这些自然过程可能会给人类社会以及人类生存环境造成伤害或破坏。

地球物理灾患通常具有区域性和季节性特征，也时常触发次生灾患，如地震后出现的崩塌滑坡、海啸、火灾；雷暴伴随着大雨，进而激发山洪、泥流灾患；夏季高温酷暑诱发森林大火等。

二、生物灾患

　　生物灾患起源于生物有机体的过程或现象，或是通过生物媒介传染所致，包括暴露于微病原体、毒素和生物活性物质，它们可能会造成人员伤亡和患病，或其他健康影响、财产损坏、生计和服务设施丧失、社会和经济失衡、环境破坏。生物灾患包括传染病的暴发、植物或动物感染、昆虫或其他动物性疫病流行和大规模出现。微病原体可以杀死很多人，如 1918 年的西班牙流行性流感在美国造成的死亡人数超过了第一次世界大战中死亡的人数。近年来，公共卫生官员一直非常关注几种疾病，如口蹄疫、艾滋病毒、汉坦病毒、SARS以及禽流感等，都属于生物灾患。

三、人为技术灾患

　　人为技术灾患起因于人为技术或工业条件如事故、危险程序、基础失效，人的特别活动，源自社会、技术和自然系统的相互作用如爆炸、有毒物质的释放和石油泄漏，构成了一种相对较新的威胁，由于缺乏一种有目的的人类因果关系，这类事件也被称为非故意的灾患，它是人类的过失行为。它们也可能是自然灾难事件直接作用的结果，如 2011 年日本福岛的核泄漏，是由福岛东部海域发生的地震海啸事件作用所致。

　　人为技术灾患可以分为五类：工业灾患、工程灾患、核灾患、电力通信与计算机灾患和交通灾患。工业灾患是由化学物质的提取、创造、分配、储存、使用和化学药剂的分散所产生的致灾因子。当建筑、道路和其他建筑工程因工程质量不佳而倒塌时，就会发生工程灾害。核灾患是放射性物质的泄漏造成的，而电力通信与计算机灾患则是电力、通信的中断带来的金融经济和社会的瘫痪以及计算机病毒、计算机硬件故障产生的破坏性危险。交通事故发生在公路、铁路、航空或水体，这些灾害可能是恶劣的天气条件、人为失误和机械故障造成的。

　　人为技术灾患会给人类社会造成特别严重的灾难。例如，1984 年在印度博帕尔的联合碳化物公司因意外让有毒气体释放，造成了近 3000 人的死亡，另有 30 万人受到这种致命气体的影响，其中造成约有 15 万人长期患有永久性残疾，包括失明、不育、肾脏和肝脏感染以及脑损伤（Fellmann，2008）；交通事故则是当代社会引起伤亡人数最多的灾害，据世界卫生组织 1993 年发表的一份报告，全世界每年因公路交通事故死亡人数达 70 万，受伤人数约 1500 万，人们为此付出的人力损失、精神创伤和医疗耗费的损失巨大；2016 年我国因交通事故造成 63093 人死亡、226430 人受伤，直接财产损失 12.1 亿元。若以交通事故每年死亡 100 万人向后推算 100 年，则其所造成的人员死亡将比人类史上所有其他自然灾害造成的人员死亡还要多。

　　人为技术灾患发生更加频繁，几乎无所不在，无时不有，如交通事故，生产生活排放，对人类社会和环境损害的累积损失更加严重，其灾患更加复杂，表现形式与性质差别很大，灾害发生的规律难寻，灾害风险防控的难度较大。

四、环境灾患

　　环境灾患主要源于全球和区域自然环境的退化，包括生态失衡和环境污染两类。生态失衡主要是全球环境变化所致，生态失衡灾患包含气候变暖、臭氧层空洞、海平面上升、水资源紧缺、土地荒漠化、水土流失、森林砍伐、密集的城市化。环境污染主要是区域环境变化所致，环境污染灾患包含大气污染、水污染、土壤污染、固体废弃物污染、酸雨、噪声污染等。

环境灾患对人类社会和环境的影响在时间上是长时间的、持续的，在空间上是范围较广，在强度上是相对较低的，很少直接威胁人类生命，而是间接影响人类身体健康。例如，因大气污染产生的雾霾，在冬季可在我国北方大范围出现，持续多日，影响人类身体健康，但很少会对人类生命构成直接威胁。长期以来，环境问题（环境污染与生态失衡）主要是环境科学家和生态学研究的科学问题，其相应的行政管理是由生态环境部管理。随着社会对环境问题认识的深化，环境问题的灾害属性逐渐显现，环境问题进入灾害科学和灾害应急管理领域，将有利于社会更加科学、主动地应对日益严峻的环境形势。

第四节　灾患的孕灾环境

一、孕灾环境与灾患的关系

孕灾环境是由大气圈、岩石圈、水圈、生物圈以及人类圈、技术圈所组成的综合地球表层环境，它是灾患存在、依附的物质基础和时空背景，灾患的出现则是组成孕灾环境的某些要素变异的结果，或者自然界物质能量交换过程中出现的某种异常，它们导致强大自然力的突然释放，如地震、崩塌滑坡、海啸、台风；或者人类社会物质能量交换过程中出现的某种异常，它们导致社会秩序的突然破坏，如社会动荡、化工厂爆炸、核事故泄漏。灾患不是一个孤立的现象，它的形成与发展与其孕灾环境密切相关。

孕灾环境及其变化决定着灾患的发生发展与时空分布。灾患，尤其是自然灾患都发生在一定的孕灾环境之中，如洪水泛滥主要威胁大江大河的中下游地区，台风主要威胁沿海地区。滑坡、泥石流则主要威胁山地区域。孕灾环境状况的变化往往能直接影响到灾患发生的频率、强度以及灾害损失的状况。例如，在山区，大面积的农业开垦耕作，显然会严重影响原有的植被和地表环境，加剧水土流失的危害。当然，如果人类在山区，积极植树种草，提高植被覆盖率，减少不合理的农耕行为，形成新的和谐的山区环境，这样水土流失的灾患就会大大减少。

孕灾环境是由大气圈、水圈、岩石圈、生物圈以及人类圈、技术圈所组成的综合地球表层环境，孕灾环境的这些不同的组成（或不同的圈层），由于物质状况和性质特征的不同，它们为灾患，特别是自然灾患的形成，提供了不同的物质条件，孕育着不同的灾患。也就是说，在大不同的孕灾环境下，会孕育不同的自然灾患。例如，暴雨、洪水、台风发生在大气圈、水圈中；地震、火山、崩塌、滑坡出现在岩石圈中；赤潮、植物病虫、病毒出现在生物圈中；交通事故、工程事故、社会动荡则出现在人类圈、技术圈中。因此，我们可以分别从这些不同的孕灾环境来揭示灾患形成的背景，认识灾患的发展规律。

二、岩石圈孕灾环境及主要地质灾患

（一）岩石圈孕灾环境的主要特征

岩石圈是地球外层的固体部分，并由大气、水或冰覆盖，它是自然环境的基本组成，

也是人类和生物生存的基础。岩石圈的物质由沉积岩、岩浆岩和变质岩等三种不同性质不同成因的岩石组成。岩石圈不是均一的整块，而是被一些构造活动带（海沟、洋脊，转换断层、大断裂）分割成若干块体（称为板块）。板块内部地壳坚硬、稳定，板块的边界则相对软弱、不稳定。经过数十亿年漫长而复杂的演变发展，至第四纪时岩石圈才形成现代的大地构造格局和自然地理面貌，出现了七大洲、四大洋的海陆分布轮廓以及山脉、高原、盆地、平原的地貌格局。

岩石圈在内营力（构造运动、火山活动）和外营力（重力和太阳辐射）作用下经常处于运动和变化的状态。当岩石圈在地球发生异常能量释放、物质运动、岩土体变形位移以及环境异常变化时，它们会威胁人类生命财产、生活与经济活动或破坏人类赖以生存与发展的资源环境。发生在岩石圈中的固体物质变异的极端过程，我们称为地质灾患。

地质灾患的形成通常与基础环境背景和一定的诱发因素有关。一个区域地质背景，地质构造格局、新构造运动的强度与方式、岩性组成、地形地貌特征以及区域气象水文、植被条件，从宏观上控制了一个地区地质灾患种类、数量、发生发展变化以及分布的空间格局的总体趋势。例如，全球的地震和火山主要分布在板块边界、大的地质断裂带附近，我国 90% 以上的崩塌滑坡、泥石流都发育在我国地势三级阶梯交接的部位，尤其是第一级、第二级阶梯交界处。但地质灾患的发生除了内营力和外营力的突变作用触发外，如断裂运动、火山、边坡重力失稳等，人类工程开发活动、城市化进程中的城市建设、资源开发与生态破坏也是诱发地质灾患的重要因素，如采掘矿产资源不规范，预留矿柱少，引起采空坍塌，山体开裂继而发生滑坡；在修建公路、依山建房等建设中，形成人工高陡边坡，引起滑坡；山区水库与渠道渗漏，增加了浸润和软化作用导致滑坡泥石流发生；大体量建筑，过量抽取地下水、管线管道布设等造成地面沉陷、地裂缝、崩塌滑坡；乱砍滥伐、不合理开垦造成崩塌滑坡、泥石流等。

地质灾患是自然灾患中对人类潜在威胁和危害最大的灾患，它具有突发性、多发性、群发性，且渐变影响持久、分布广泛、有规律，呈点状、线状分布的特点。发生在岩石圈的地质灾患的主要类型有地震、火山、滑坡、崩塌、泥石流、地裂、地陷等。

（二）新构造运动与地质灾患

地壳运动是推动岩石圈发展变化的内在动力。地质灾患的形成则是在新构造运动背景下发生发展的。新构造运动是地质灾患形成的内动力。新构造运动指从新近纪以来发生的地壳运动，它是第四纪自然环境变化的一个重要因素，它引起了一系列环境效应并影响地壳稳定性，也影响着地质灾患的发生发展。新构造运动有水平运动（板块运动）、垂直运动、断裂活动等形式，地震和火山活动则是新构造运动中最为剧烈和壮观的表现，同时也是新构造运动活动性的一面镜子。

地震和火山不仅是新构造运动的重要表现形式，它们也是最为重要的两种地质灾患类型，同时也是触发其他地质灾患发生的重要的动力机制。从地质学看，地震活动表现为岩层的错动和由此产生的地面震动，造成地表位移、地裂、山体垮塌，建筑物倒塌等灾患现象；同时，它也是其他许多地质灾患如崩塌滑坡、泥石流等现象的诱发因素。火山活动表现为岩浆喷发或溢流，不仅有岩浆溢流、火山灰喷发、侧向碎屑流动等不同的物理过程，出现熔岩流、碎屑流、火山弹、火山灰、涌浪、火山泥流、岩崩、酸雨等火山地质灾患现象，火山区还可能诱发许多次生灾患，如塌陷和滑坡，洪水和火山泥流等其他地质灾患（洪汉净等，2003）。

　　地震和火山虽然是点状暴发，但影响的范围面积很大。例如，2008年5月四川汶川大地震，地震波及大半个中国及亚洲多个国家和地区，在我国北至辽宁，东至上海，南至香港、澳门，国外南至泰国、越南，西至巴基斯坦均有震感，地震烈度10度区域面积有3100km²，9度区的面积有7700km²，6度区的面积大约为31.5万km²；地震还诱发了四川、甘肃、陕西三省发生崩塌、滑坡、泥石流10565起。

　　从地球演化历史来看，地球发展是地壳长期相对稳定与短期相对活跃交替的演化过程，当今的地球是一个新构造运动相对活跃的时期。从地震活动性看，据美国地质调查局官方统计资料，自人类社会开始地震现象的观察统计以来，地球的年均地震次数不断递增，19~20世纪以来增势迅猛。美国地质调查局官方数据显示，6级以上的地震，公元1~7世纪，平均100年发生次数不到20次；公元13世纪起，地震发生次数明显增加，平均100年地震发生次数超过100次，且不断增加；到公元19世纪达2119次，公元20世纪地震发生次数超过了以往5000年地震次数的总和。2000~2018年6级以上的地震发生次数已经超过了20世纪地震发生次数的三分之一（图4-3）。公元21世纪的第一个十年比20世纪第一个十年地震发生次数增多约十倍（杨涛，2017）

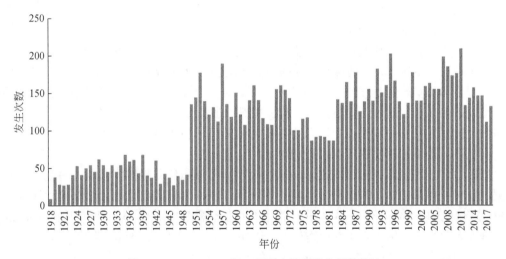

图4-3　1918~2018年6级以上地震发生频数统计

数据来源：美国地质调查局

　　从火山活动情况来看，全球陆地上全新世以来的活动火山1500余座，爆发活动达到3000多次，目前，尚有500多座活火山，活动次数仍在增加。据Simkin和Siebert（1994）在《世界火山》一书中的资料显示，近600年，全球火山活动数量呈指数增加，火山活动年次数从1400~1500年2次，1600~1700年5次，1800年10次，1900年30次，到1990年达55次之多。

　　从整体上看，近代的地震和火山的活动状况充分显示现代的地球表层、岩石圈环境新构造运动是非常活跃的。但事实上，岩石圈新构造运动的活动是有区域差异的，岩石圈广大区域，或者板块内部区域，新构造运动还是相对平静的，岩石圈强烈的新构造运动主要集中在板块边界，特别是环太平洋地带和地中海一带。例如，处于环太平洋带的日本可能是世界上新构造活动最强的国家，截至2020年，日本九重山、阿苏山、云仙岳等火山还在冒烟，也经常喷发火山弹出来；富士山、箱根山等可能是休眠火山。地震活动也非常活跃，21 世纪以来，已经发生了多次强烈地震，2011 年 3 月 11 日还暴发了 9 级大地震，地震造成的破坏十分严重。这种新构造活动性来自太平洋板块的俯冲和对亚洲的挤压，日本列岛在构造上属于岛弧。美国西海岸是西半球最强烈的新构造活动区，尤其以地震令人胆寒，也有活火山，像圣海伦斯火山等。美国西海岸最主要的构造是圣安德列斯断层，是一条巨大的平移断层，它分开了美洲板块和太平洋板块。换言之，因为洋壳的消减，一部分洋中脊及连接洋中脊的转换断层出现在陆地上。意大利的西海岸也是著名的新构造活动区，维苏威火山是全球著名的"灾害型"火山；还有一座埃特纳火山，该区多地震，除构造地震外还有火山地震，但烈度较低。

（三）主要地质灾患及其孕灾环境

1. 地震

地震是地壳的快速震动。当地球内部地应力超过岩体所能承受的限度时，就会使地壳发生断裂、错动，同时急剧地释放出所积聚的能量，并以波的形式向四周传播，引起地表的震动，形成地震。据统计，全世界每年大约发生 500 万次地震，其中绝大多数地震的强度很低，人们能直接感受到的地震大约有 5 万次，5 级以上的破坏性地震约 1000 次，7 级以上造成巨大灾害的地震约十几次。

地震灾患是指地震引起的强烈地面振动和地面破坏，对人类生命财产、社会功能、生态环境等造成的危害作用。地震波造成的地面振动会强烈冲击地表建筑物，振动幅度越大，建筑物受损和人员伤害越严重；地面破坏会造成岩土体断裂、地面变形塌陷、表面物质位移等地表破坏效应，造成人员伤害和建筑物损毁。地震灾害是人类面临的最为恐惧的灾害，强烈的地震暴发时，可以在几秒至几十秒的时间里造成巨大破坏，顷刻间可以摧毁一个城市，而且还可诱发多种次生灾害，造成更大的危害。

地震通常使用震级或烈度来表示地震的大小。地震震级是地震大小的一种物理度量，根据地震释放能量的多少来划分，用震级来表示（表 4-2）。震级的标度最初是美国地震学家里克特（C.F.Richter）于 1935 年研究加利福尼亚地震时提出的，规定以震中距 100km 处"标准地震仪"（或称"安德森地震仪"，周期 0.8s，放大倍数 2800，阻尼系数 0.8）所记录的水平向最大振幅（单振幅，以 μm 计）的常用对数为该地震的震级。后来发展为远台及非标准地震仪记录经过换算也可用来确定震级。通常情况下，人们能感觉到的地震为 3 级以及更高，一场 6 级到 7 级的地震能够完全摧毁一座没有按照建筑规范建造的建筑物。目前人类有记录的最大地震是 1960 年 5 月 22 日的智利地震，震级达到 9.5 级，震中烈度Ⅻ度。

表 4-2 地震震级划分

震级	能量/TNT 当量	震级	能量/TNT 当量	震级	能量/TNT 当量
0.5	85g	4.0	2.7t	7.0	8.5 万 t
1.0	0.477kg	4.5	15t	7.5	47 万 t
1.5	2.7kg	5.0	85t	8.0	190 万 t
2.0	15kg	5.5	477t	8.5	1500 万 t
3.0	85kg	6.0	2700t	9.0	8500 万 t
3.5	477kg	6.5	1.5 万 t	9.5	4.7 亿 t

同样大小的地震，在不同的地区造成的破坏不一定相同；同一次地震，在不同的地方造成的破坏也不同。为衡量地震破坏程度，科学家又提出了地震烈度的概念，主要描述人对地震的感觉、一般房屋震害程度和其他现象，以此作为确定烈度的基本依据，编制地震烈度表。在世界各国有几种不同的烈度表。西方国家比较通行的是麦加利地震烈度表，从Ⅰ～Ⅻ度共分 12 个烈度等级。日本将无感定为 0 度，有感则分为Ⅰ～Ⅶ度，共 8 个等级。苏联和中国均按 12 个烈度等级划分烈度表。1980 年，我国又重新编订了地震烈度表（表 4-3）。

表 4-3　中国地震烈度表

地震烈度	地震影响描述	地震震级
Ⅰ度	无感：仅仪器能记录到	1 级
Ⅱ度	微有感：特别敏感的人在完全静止中有感	2 级
Ⅲ度	少有感：室内少数人在静止中有感，悬挂物轻微摆动	3 级
Ⅳ度	多有感：室内大多数人，室外少数人有感，悬挂物摆动，不稳器皿作响	3～4 级
Ⅴ度	惊醒：室外大多数人有感，家畜不宁，门窗作响，墙壁表面出现裂纹	4 级
Ⅵ度	惊慌：人站立不稳，家畜外逃，器皿翻落，简陋棚舍损坏，陡坎滑坡	5 级
Ⅶ度	房屋损坏：房屋轻微损坏，牌坊、烟囱损坏，地表出现裂缝及喷沙冒水	5～6 级
Ⅷ度	建筑物破坏：房屋多有损坏，少数破坏路基塌方，地下管道破裂	6～7 级
Ⅸ度	建筑物普遍破坏：房屋大多数破坏，少数倾倒，牌坊、烟囱等崩塌，铁轨弯曲	7 级
Ⅹ度	建筑物普遍摧毁：房屋倾倒，道路毁坏，山石大量崩塌，水面大浪扑岸	7～8 级
Ⅺ度	毁灭：房屋大量倒塌，路基堤岸大段崩毁，地表产生很大变化	8 级
Ⅻ度	山川易景：一切建筑物普遍毁坏，地形剧烈变化，动植物遭毁灭	9 级

影响烈度的因素有震级、震源深度、距震源的远近、地面状况和地层构造等。一般来说，震级越大震源越浅、烈度也越大。一般震中区的破坏最重，烈度最高。从震中向四周扩展，地震烈度逐渐减小。所以，一次地震只有一个震级，但它所造成的破坏在不同的地区是不同的。即一次地震，可以划分出好几个烈度不同的地区。这与一颗炸弹爆后，近处与远处破坏程度不同道理一样。炸弹的炸药量，好比是震级；炸弹对不同地点的破坏程度，好比是烈度。目前，学界还未完全理清有关地震的成因机制，但一般认为主要与地球内力因素有关，人类的一些活动，如核爆炸、水库蓄水也可能引起一些地震发生。所以，按照成因，地震可以分为天然地震和人工地震两大类。天然地震即自然作用造成的地震，通常包括构造地震（岩石圈板块运动在局部区域积累能量，当能量超过岩体强度则引起岩石断裂发生错动，能量在这一过程中急剧释放并以地震波的形式传播出去，形成地震）、火山地震（由于火山活动时岩浆喷发冲击作用而引起的地震）和陷落地震（地表或地下岩石突然发生大规模的崩塌或陷落，产生强大的冲击波导致的地震）3 种类型。人工地震是人类活动的原因造成的地震，如人工爆破、地下核试验、水库储水、高压注水等人为的行为，这些行为可能诱发地震产生。诱发地震的形成主要取决于当地的地质条件、地应力状态和地下岩体积聚的应变能。

地震的形成是有独特的孕育环境的，地震界普遍认为，天然地震是地球上部沿地质断层软弱带发生突然滑动产生的。换句话说，地震通常是在岩石圈的软弱破碎地带背景下发育的，这种软弱破碎带通常位于板块边界或构造断裂带，因此，绝大多数地震都出现在环太平洋带、地中海-喜马拉雅山带、大洋中脊带和大陆裂谷带这些板块边界区域。

2. 火山

火山是地下岩浆的喷发活动，大规模喷发或溢流的炙热岩浆、火山碎屑、火山气体会对人类赖以生存的自然环境造成不可估量的破坏和影响。历史上维苏威火山的喷发就毁掉了它周围的两座著名城市，还有其他的火山如培雷火山、埃特纳火山等都是这样，其灾难之巨大令人触目惊心。有时，大规模的火山喷发会喷出大量的火山灰，以及烟尘和气体，它们被喷向高高的天空，往往会形成"灰幔"，在空中飘移悬浮很久不能消散，太阳光被这些"灰幔"遮挡住了，这就会引起气候发生异常，从而造成一系列的灾难。由火山引发的系列灾害还有火山地震、海啸和龙卷风等。它们往往使灾害扩大和加重。例如，培雷火山喷发、喀拉喀托火山爆发等都有这种情况发生。

根据火山活动情况，火山常分为活火山（现代尚在活动或周期性喷发的火山，如日本的富士山）、死火山（史前曾发生过喷发，但有史以来一直没有活动过的火山，如我国山西大同火山群）和休眠火山（有史以来曾经喷发过，但长期以来处于相对静止状态的火山，如我国长白山）。

火山的形成是地球内部岩浆活动的结果。上地幔软流圈岩浆物质运动、地壳运动和大地地质构造决定着火山的形成与发展。在地下高温高压环境下，上地幔中的岩浆运移，参与和影响板块运动的地质过程，通常沿着地球内部的薄弱带运移侵入地壳，并在一定的条件下，涌出地表，或者爆炸性地喷发，或者宁静地溢流，形成不同形态的火山。

火山主要发生在地壳厚度薄、构造运动强烈的地区，也就是在板块边界地带。火山分布与地震带基本一致，主要分布太平洋沿岸及其附近岛屿的环太平洋带和地中海喜马拉雅带是地球上最大的两个火山带。我国现已发现的火山锥大致有 600 余座，其中绝大部分是第四纪死火山，近代活动的火山很少。

3. 崩塌滑坡

崩塌是指地表陡峻山坡上岩块、土体在重力作用下，发生突然的急剧的倾落运动。滑坡则是斜坡岩土体沿着贯通的剪切破坏面所发生的整体滑移现象。崩塌滑坡会使建筑物，甚至使整个居民点遭到毁坏，使公路和铁路被掩埋，有时还会使河流堵塞形成堰塞湖，常常给工农业生产以及人民生命财产造成巨大损失，有的甚至是毁灭性的灾难。

崩塌滑坡是发生在地表的极端现代地质过程，它们的形成有其自身相应的孕育环境，也与外在的一些因素的触发有关。

从地貌上看，陡峻地形是崩滑形成的必要条件。地形切割强烈、高差大的陡峻峡谷区易发生崩滑。从区域地貌条件看，崩塌形成于山地、高原地区；从局部地形看，崩塌多发生在高陡斜坡处，如峡谷陡坡、冲沟岸坡、深切河谷的凹岸等地带。崩滑的形成要有适宜的斜坡坡度、高度和形态，以及有利于岩土体崩落的临空面。这些地形地貌条件对崩滑的形成具有最为直接的作用。深沟大川强烈地形陡峻切割，悬崖临空高耸的地形条件是崩塌最易发生地段。各级阶地和剥蚀夷平面间的斜坡地带，崩塌滑坡也十分发育。

从地质上看，地质构造与岩性特征是崩塌滑坡形成的重要条件。区域断层附近、褶皱核部、岩体破碎带、岩体内节理裂隙发育带都是崩塌滑坡易于发生的地带。例如，当陡峭的斜坡走向与区域性断裂平行时，在几组断裂交会的峡谷区、断层密集分布区、变形强烈褶皱核部岩层，褶皱轴向垂直于坡面方向时褶皱轴向与坡面平行时的高陡边坡。崩塌滑坡一般发生在厚层坚硬脆性岩体中，这类岩体能形成高陡的斜坡，斜坡前缘由于应力重分布和卸荷等原因，产生长而深的拉裂缝，当与其他结构面结合，形成连续贯通的分离面时，在触发因素作用下发生崩塌滑坡，相反，软弱岩石易遭受风化剥蚀，形成的斜坡坡度较缓，发生崩塌滑坡的机会小得多。

上述地质地貌条件，为崩塌滑坡营造了适当的生成环境，崩塌滑坡的发生通常是在这些外部因素的作用下产生的。例如，强烈的大气降水，渗入坡体，增加坡体重量，节理裂隙内静水压力在短时间内增高，降低岩土的抗剪强度，引起岩土体的地下水变化，破坏岩土体的稳定性；地震的震动冲击，造成岩土体破裂，引起斜坡失稳；采掘矿产资源、开挖边坡、水库蓄/泄水与渠道渗漏、堆填加载等人类活动都易影响山体坡体的稳定性，进而诱发崩塌滑坡产生（魏云杰，2019）。

崩塌滑坡是山地地区分布较为广泛的一类地质灾患。我国是一个多山的国家，也是崩塌滑坡灾患比较严重的国家。据统计，崩塌滑坡灾患 90% 都分布在处于第二级阶梯的中部山地，地处西南的川渝滇黔地区首当其冲。此外，甘肃省崩塌滑坡灾害也比较严重。在第二级阶梯向第三级阶梯过渡的地区，是崩塌滑坡危害最严重的地区。

4. 泥石流

泥石流是暴雨、洪水将含有沙石且松软的土质山体经饱和稀释后形成的特殊洪流，典型的泥石流由悬浮着粗大固体碎屑物并富含粉砂及黏土的黏稠泥浆组成。在适当的地形条件下，大量的水体浸透位于山坡或沟床中的松散堆积物质，使其稳定性降低，饱含水分的松散堆积物质在自身重力作用下发生运动，就形成了泥石流。它暴发突然、来势凶猛，可挟带巨大的石块。因其高速前进，具有强大的能量，故破坏性极大。

泥石流是一种极端的现代地质过程，它的形成有其特有的孕育环境和条件。首先，要有陡峻沟谷的地形环境，山体相对高大、河流切割强烈，地表具有较大的潜在动力势能背景；其次，流域范围内有大量储备的松散固体物质；最后，就是有集中性的大量降水或者快速冰雪融化和水库溃决等突发性的水源冲击。

泥石流在我国西部、西南部山区危害严重。我国每年有近百座县城受到泥石流的直接威胁和危害；有 20 条铁路干线经过 1400 余条泥石流分布范围内。

三、大气圈、水圈环境及主要气象水文灾患

（一）大气圈、水圈孕灾环境的主要特征

大气圈是地球引力作用下，包围地球表层的巨厚气态物质，主要由元素状态的气体混合物组成，其最下部密度最大的对流层集中了全部质量的 80%，平均厚 10～12km。大气是自然环境的重要组成部分和最活跃的因素，在地理环境的物质交换与能量转化中是一个十分重要的环节，这里是太阳能活动影响最为强烈的地方，也是与水圈、岩石圈表层、生物圈物质相互作用最为强烈的地方。太阳辐射是大气能量的源泉，由于地球的球体形态以及自转和公转的缘故，使得大气的热量在时间上有周期性变化，空间上有纬度变化，从而形成不同的热量带，并在海陆分布的影响下，推动着大气运动，形成不同尺度、不同性质的大气环流，出现不同的气温、降水、风云等现象。

水圈是地球上水的各种存在形式覆盖的圈层，由大洋、河流、湖泊、冰川、沼泽、地

下水及矿物中的水分组成的。水是地球表面分布最广和最重要的物质，是参与地理环境物质能量转化的重要因素。水由于其具有气态、液态、固态三种状态的特殊性能，在常温的条件下，地表固态水可以融化成液态水，地表水可以蒸发为大气中的水汽，上升至空中冷却成云，一定条件下，又以降水形式回到地球表面，成为地表水，形成水分循环，将大气圈与水圈紧密地联系在一起，决定着自然地理环境的水热的配置，影响着大气和水体的物质运动和变化。

大气圈、水圈在太阳辐射和地表重力的推动下运动变化，展现出各种天气现象、水文现象和气候特征。当大气圈、水圈中的物质能量变化和发生异常的时候，则会出现极端的大气物理过程和水文过程，这些极端地球过程会威胁人类生命财产、生活与经济活动或破坏人类赖以生存与发展的资源环境。陆地上的水文异常现象归根结底都是大气中的气温、降水与蒸发的异常所造成，无法将水文异常与大气要素异常完全分离开，因此，常把水文异常与大气要素异常统称为气象水文异常。所以，我们将发生在大气圈中极端的大气物理过程和水文圈中极端的水文过程统称为气象水文灾患。

气象水文灾患发生频繁，种类多样，波及面积最广，持续时间长，是人类社会时常面临的灾患，在时间上有季节性、阶段性、持续性等特性，在空间上有普遍性与差异性等特性。发生在大气水文圈的气象水文灾患的主要类型有：台风、龙卷风、雷电、冰雹、暴风雪、干旱、高温酷暑、低温寒潮、雾霾、连绵阴雨、冻雨、大风、沙尘暴、洪水、海啸、风暴潮、海平面上升、地下水位下降、海冰等。

气象水文灾患的形成通常与太阳辐射、大气环流、下垫面等环境背景及其异常变化有关。由于太阳辐射、大气环流、下垫面等因素具有一定地带性分异特征和时间上的节律性，它们的发展以及变化变异都有一定区域特征和时间周期，从而使得相应产生的气象水文灾患也具有一定的时空分布特性，如全球的台风或飓风主要在夏秋季节热带大洋的西部孕育形成，影响中低纬度东部沿海地区；暴风雪主要发生在冬季的中高纬度地区；在我国，气象水文灾患的区域差异也特别明显，北方地区，以寒潮、风沙、干旱为主，西南地区以干旱和暴雨洪水为主，长江中下游地区以梅雨、伏旱、台风、寒潮和暴雨为主，华南地区以台风、干旱和暴雨为主。近些年来，全球性的气象水文灾患的频繁发生与全球气候变化和海洋水体物理性质的变化密切相关。

（二）气候变化与气象水文灾患

气候是长期的大气过程和大气现象的综合，它通常是由太阳辐射、大气环流和下垫面特征三个因素所决定，它们的变化不仅会引起气候变化，也会造成天气异常，诱发气象水文灾患的发生。

气候变化的原因较为复杂，科学家提出了不少假说或理论来解释气候变化的原因，归纳起来气候变化有三大类原因：一是天文学方面的原因，太阳辐射强度的变化、太阳活动的周期性变化和日地相对位置的变化都可能成为气候变化的原因。据研究，太阳黑子活动强烈时，大气经向环流活跃，南北气流交换频繁，冬冷干燥，1973年和1984年非洲大旱，就可能与太阳活动有关；太阳活动减弱时，大气纬向环流活跃，南北气流交换减少，冬暖湿润。二是地文学方面的原因，地极移动、大陆漂移、造山运动和火山活动对气候变化的影响最大。越来越多的事实表明，火山爆发喷出大量熔岩、烟尘、二氧化碳、硫化物以及水汽，会打乱大气的太阳辐射平衡，直接影响大气的温度。三是人类活动对气候的影响。

地球上的人口数量急剧增长,对自然资源的利用和对自然环境的影响速度和规模迅速增加,从改变地表下垫面性质到每年消耗数十亿吨燃料,燃烧产生二氧化碳、烟尘和工业废气大量扩散到大气中而引起大气成分变化,影响全球气候变化,带来不可估量的灾害性后果。

进入 20 世纪以来,全球气候系统变化较为显著。全球气温在近百年来有升高趋势,全球变暖的趋势逐渐得到大多数科学家的认可。近百年来全球气候正经历一次以变暖为主要特征的显著变化(黄永光,2008)。据联合国政府间气候变化专门委员会(Intergovernmental Panel on Climate Change,IPCC)的资料披露,自 1850 年以来全球地表温度的仪器测量资料中,在 1995~2006 年中,有 11 年位列最暖的 12 个年份之中。1906~2005 年的温度线性趋势为 0.74℃,这一趋势大于《第三次评估报告》给出的 0.6℃ 的相应趋势(1901~2000年)。20 世纪也成为过去 1000 年中增温率最高和偏暖持续时间最长的世纪。另据 IPCC 预测,如果按照目前的趋势发展下去,到 2027 年全球仍将会以每十年大约升高 0.2℃ 的速率变暖。但全球升温也有地区和季节等差异,一方面陆地区域的变暖速率比海洋快,北半球高纬度地区温度增幅较大。在过去的 100 年中,北极温度升高的速率几乎是全球平均速率的两倍。1903~2000 年南极半岛冬季增温最快,达到了 1.1℃,南极半岛增温主要发生在冬季(卞林根等,2004)。

全球气候变化问题是人类迄今为止面临的范围最广、规模最大、影响最为深远的挑战之一(胡鞍钢和管清友,2008)。与全球气候变暖的趋势一致,我国近百年地表增温明显,降水有微弱增加的态势。在气候变暖的背景下,我国极端天气事件发生频率和强度以及地质灾患等均呈增加趋势(秦大河,2009)。

由于气候变暖,20 世纪后期,我国特别是北方干旱有逐渐加重的趋势,缺水日益突出,干旱范围逐步扩大,持续时间也由单年、单季、单月向连年、连季、连月增长,农作物受灾面积和粮食产量损失加大。我国南方暴雨趋于增加,平均每年受雨涝灾害的面积为 975 万 hm^2,严重雨涝年份中可达 1500 万 hm^2 以上,1998 年达到 2229 万 hm^2。作为我国经济发展的核心地区,长江流域有近三分之一的地区是洪涝灾害的高危险地区,频繁发生的暴雨洪涝严重制约了区域的可持续发展,经济损失呈明显上升趋势。在继续变暖的 21 世纪,气温升高造成水循环加快,降水的空间分布更加不均,极端事件发生频率增大,发生百年一遇旱涝的概率也会随之增加。

全球气候变暖会造成海洋洋面温度和近地面气温的升高,台风自生成到消亡过程中的加强因素较多,极易导致台风强度增大,自 20 世纪中叶以来发生在北太平洋和西北太平洋的大约 4500 次台风的风力增加了 50%。台风能量巨大,破坏力极强,直接的和衍生的灾害种类很多,对人类生命安全、经济发展和社会稳定都有十分严重影响。

随着全球气候变暖,特别是地表气温的升高,高温热浪已经成为一种十分严重并对美国、欧洲和我国中高纬度国家和地区构成威胁的自然灾害,造成的人员死亡甚至比洪水、龙卷风、强风暴等灾害加起来还要多。近年来,严重高温热浪频袭我国,我国华北、西北地区东部和长江以南大部分地区都成为极端高温灾害的脆弱区,极端高温事件发生频率越来越高。部分地区甚至年年都遭受热浪袭击,极端高温热浪强度越来越强。21 世纪以来,我国几乎每年都会有持续 10 天以上的强度大、范围广的高温热浪出现。2003 年夏季,浙江出现长达近 2 个月的极端高温天气。2006 年夏季,重庆出现近 2 个月的极端高温天气,在 2006 年 7 月 11 日~8 月 31 日期间,全市有 20 个区县日最高气温突破 42℃,其中最高极端气温达 44.5℃,为重庆历史最高气温纪录(郭跃和王建华,2007)。2011 年夏天,极端高温再次袭击重庆，7 月高温天气 20 天，8 月入秋以来连续晴热 14 天，全市 22 个区县日最高气温持续 40℃以上。极端高温热浪严重危害人体健康，尤其对弱势群体的生命安全威胁更大。从全球范围看，因高温热浪死亡多为城市弱势群体，西方发达国家类似现象更突出。独居老人、长期慢性病患者、降温设施不足的低收入群体以及户外作业人员往往成为高温热浪最直接、最严重的受害者。持续高温造成供电紧张，同时还会带来石油、天然气煤炭等能源物资供应紧张的连锁反应，如果处理不当，甚至会引起严重的油荒、电荒等社会问题。

在全球变暖和经济快速发展与城市化进程加快的双重作用下，我国的雾霾灾害将更加严峻和复杂。进入 21 世纪以来，我国空气混浊的霾日明显增多。2000～2005 年，我国雾霾的发生频次从 4000 次增加到 7000 次。雾霾天气条件下，空气流动性很差，大气中悬浮物比较容易挟带各种细菌、病毒，给人造成呼吸道疾病，形成群体性公共卫生事件。

（三）厄尔尼诺现象与气象水文灾患

1982～1983 年，世界很多地区都充满异常事件。1982 年圣诞节前后，栖息在太平洋中的圣诞岛上的 1700 万只海鸟抛弃了它们的幼鸟，离开了它们的栖息地，不知去向；接着南美洲的秘鲁北部、厄瓜多尔、哥伦比亚、美国中部平原地区大雨滂沱，美国西部加利福尼亚、犹他和内华达高山冬季雪堆大量融化，出现洪水泛滥；飓风罕见的太平洋中部的夏威夷和塔希提岛，在 5 个月里遭受了 6 次飓风袭击；菲律宾、印度、印度尼西亚、南非、巴西东北部少雨干旱，澳大利亚东部及沿海地区雨水明显减少，干旱严重；欧洲地区也出现一些异常天气。全球性的一系列气象水文异常，引起了科学家的高度关注，科学家发现一种作为海洋与大气系统重要现象之一的厄尔尼诺洋流对这些全球性的异常气象水文起着十分重要的作用。

厄尔尼诺是发生秘鲁和厄瓜多尔海外的太平洋赤道海域的海水增温现象。"厄尔尼诺"是西班牙语的译音，原意是"圣婴"。相传，很久以前，居住在秘鲁和厄瓜多尔海岸一带的古印第安人，很注意海洋与天气的关系。如果在圣诞节前后，附近的海水比往常格外温暖，不久便会天降大雨，并伴有海鸟结队迁徙等怪现象发生。古印第安人出于迷信，称这种反常的温暖洋流为"神童"洋流，又叫"圣婴"现象，厄尔尼诺在西班牙语中有圣婴的意思，取自《圣经》中福音书中天使加百列向童贞圣母玛利亚报喜时给耶稣所取的名字，天主教译为"厄玛奴耳"。

当厄尔尼诺现象发生时，赤道东太平洋大范围的海水温度可比常年高出几摄氏度。太平洋广大水域的水温升高，改变了传统的赤道洋流和东南信风，破坏了南太平洋的正常大洋洋流环流圈，进而打乱了全球气压带和风带的原有分布规律性，使全球大气环流模式发生变化，导致全球一系列的异常气象水文事件发生。

据科学家观察，厄尔尼诺事件的发生与地球自转速度变化有密切联系。从地球自转的年际变化来看，1956 年以来发生的 8 次厄尔尼诺事件，均在地球自转速度减慢时段，尤其是自转连续减慢的两年中。再从地球自转的月变化来看，1957 年、1963 年、1965 年、1969 年、1972 年和 1976 年 6 次厄尔尼诺事件，无论是海温开始增暖还是最暖的时间，都发生在地球自转每月开始减慢和最慢之后，或是处在同时，表明地球自转减慢可能是形成厄尔尼诺的原因。其物理原因在于，上述 6 次厄尔尼诺增温都首先开始于赤道太平洋东部的冷水区，海水和大气都是附在地球表面跟随地球自转快速向东旋转，在赤道转速最大，达到每秒 465m。当地球自转突然减慢时，必然出现"刹车效应"，使大气和海水获得一个向东的惯性力，从而使自东向西流动的赤道洋流和赤道信风减弱，导致赤道太平洋东部的冷水上翻减弱而发生海水增暖的厄尔尼诺现象。

厄尔尼诺是一种周期性的自然现象，大约每隔 7 年出现一次，它的发生、发展是全球气象水文灾患形成的重要环境背景。

（四）主要气象水文灾患及其孕灾环境

1. 热带气旋

热带气旋是大气圈壮观的极端天气过程，也是地球上破坏力大的天气现象。世界上位于大洋西岸的国家和地区，几乎都受到过热带气旋的侵袭和破坏作用的影响。中心附近最大风力达到 12 级或以上的热带气旋，因为产生的海域不同而称谓有别。在大西洋、加勒比海地区和东太平洋海岸被称为飓风，在西太平洋地区被称为台风，在印度洋地区被称为旋风。

热带气旋是在热带海洋洋面上孕育形成的，它的形成与发展是一个典型的能量聚散过程。它的形成有 4 个基本条件：①有一个原先存在的扰动。热带气旋都是从一个原先存在的热带低压扰动发展而形成的。据我国的统计，西太平洋-南海地区热带气旋来源于四种初始扰动热带辐合带中的扰动，占 80%～85%；东风波，约占 10%；中高纬长波槽中的切断低压，或高空冷涡，约占 5%；斜压性扰动，约占 5%以下。②暖性洋面，海水温度高于 26.5℃。热带海洋上低层大气的温度和湿度，主要决定于海水表面温度，海水表面水温越高，则低层大气的气温越高、湿度越大，位势不稳定越明显。热带气旋形成于 26～27℃的暖洋面上，一般来说，全球热带海洋面上全年都满足此条件，只有赤道东南太平洋全年≤26.5℃，这是该处没有台风发生的主要原因。③生成位置一般距赤道 5 个纬度之外，地球自转偏向力的作用才足以促成气旋性涡旋的生成。④整个对流层风的垂直切变要小。对流层风速垂直切变的大小，决定着一个初始热带扰动中分散的对流释放的潜热能否集中在一个有限的空间之内。如果垂直切变小，上下层空气相对运动很小，则凝结释放的潜热始终加热一个有限范围内的同一些气柱，而使之很快增暖形成暖中心结构，初始扰动能迅速发展形成台风。

热带气旋的发生发展有 4 个阶段：①孕育阶段。经过太阳一天的照射，海面上形成了强盛的积雨云，这些积雨云里的热空气上升，周围较冷空气源源不绝地补充进来，再次遇热上升，如此循环，使得上方的空气热，下方空气冷，上方的热空气里的水汽蒸发扩大了云带范围，云带的扩大使得这种运动更加剧烈。经过不断扩大的云团受到地转偏向力影响，逆时针旋转起来（在南半球是顺时针），形成热带气旋，热带气旋里旋转的空气产生的离心力把空气都往外甩，中心的空气越来越稀薄，空气压力不断变小，形成了热带低压——台风初始阶段。②发展（增强）阶段。因为热带低压中心气压比外界低，所以周围空气涌向热带低压，遇热上升，供给了热带低压较多的能量，超过输出能量，此时，热带低压里空气旋转更厉害，中心最大风力升高，中心气压进一步降低。等到中心附近最大风力达到一定标准时，就会提升到更高的一个级别。热带低压提升到热带风暴，再提升到强热带风暴、台风，有时能提升到强台风甚至超强台风，这要看能量输入与输出比决定，输入能量大于输出能量，台风就会增强，反之就会减弱。③成熟阶段。台风经过漫长的发展之路，变得强大，具有了造成灾害的能力，如果这时登陆，可能会造成重大损失。④消亡阶段。台风消亡路径有两个，第一个是台风登陆陆地后，受到地面摩擦和能量供应不足的共同影响，会迅速减弱消亡，消亡之后的残留云系可以给某地带来长时间强降水；第二个是台风登陆后，北上容易变性为温带气旋，之后，消亡一般较慢（伍荣生，2011）。

热带气旋是地球上破坏力最大的大气灾患，其强度参数是风力，即风速。英国海军上将弗朗西斯·蒲福特（Francis Beaufort）于 1805 年制定了蒲氏风速表（12 级风速表），以标度不同强度等级的风力，后来由于测风仪器的进步，将风力等级增至 17 级（表 4-4）。世界气象组织将中心最大风力达到 8~9 级的热带气旋称为热带风暴，达到 10~11 级的称为强热带风暴，风力超过 12 级的被称为台风或飓风或旋风。

表 4-4　风力风速表

风力等级	名称	风速/（km/h）	陆上地面物象
0	无风	<1	静，烟直上
1	软风	1~5	烟示方向
2	轻风	6~11	感觉有风
3	微风	12~19	旌旗展开
4	和风	20~28	吹起尘土
5	劲风	29~38	小树摇晃
6	强风	39~49	电线有声
7	疾风	50~61	步行困难
8	大风	62~74	折毁树枝
9	烈风	75~88	小损房屋
10	狂风	89~102	拔起树木
11	暴风	103~117	损毁重大
12	台风/飓风/旋风	118~131	摧毁极大
13		132~148	
14		149~165	
15		166~182	
16		183~200	
17		201~220	

据美国海军的联合台风警报中心统计，1959~2004 年，西北太平洋及南海海域平均每年有 26.5 个台风生成，出现最多台风的月份是 8 月，其次是 7 月和 9 月。科学家曾估算，一个中等强度的台风所释放的能量相当于上百个氢弹或 10 亿吨 TNT 炸药所释放能量的总和。经统计发现，西太平洋台风发生的源区主要集中在：①菲律宾群岛以东和琉球群岛附近海面。这一带是西北太平洋上台风发生最多的地区，全年几乎都会有台风发生。②关岛以东的马里亚纳群岛附近。7~10 月在群岛四周海面均有台风生成，5 月以前很少有台风，6 月和 11~12 月台风主要发生在群岛以南附近海面上。③马绍尔群岛附近海面上（台风多集中在该群岛的西北部和北部）。这里 10 月发生台风最为频繁，1~6 月很少有台风生成。④我国南海的中北部海面。这里 6~9 月发生台风次数最多，1~4 月则很少有台风发生，5 月逐渐增多，10~12 月逐渐减少，但多发生在 15°N 以南的北部海面上。

西太平洋是全世界最适合台风生成的地区，台风生成频率占全球的 36%。中国是受台风袭击最多的国家，据统计，1949~2000 年，西北太平洋和南海每年平均有 27~28 个台风生成，其中每年有 7~8 个登陆我国。

2. 洪水

洪水是一种较为常见的自然现象，它指河流水量急剧增减或水位急速上升超过正常水位的极端水文过程。泛滥的洪水通常会淹没河流沿岸的田地和城镇乡村，给人们的生命和财产带来极大的损害。洪水灾害是世界上最严重的自然灾害之一，洪水往往分布在人口稠密、农业垦殖程度高、江河湖泊集中、降水充沛的地方，如北半球暖温带、亚热带。中国、孟加拉国是世界上遭受洪水灾害最频繁的地方，美国、日本、印度和欧洲地区遭受的洪水灾害也较严重。

洪水的形成的基本条件是短时间有大量的水产生。暴雨和融雪是洪水的突发性水源的主要机制。

暴雨洪水的孕育和发展主要取决于暴雨的特性和下垫面性质。

从暴雨方面看，它是大气特定环境的产物，其形成过程是相当复杂的，从宏观物理条件来说，产生暴雨的主要物理条件是充足的源源不断的水汽、强盛而持久的气流上升运动和大气层结构的不稳定。大中小各种尺度的天气系统和下垫面特别是地形的有利组合可产生较大的暴雨。引起中国大范围暴雨的天气系统主要有锋、气旋、切变线、低涡、槽、台风、东风波和热带辐合带等。在干旱与半干旱的局部地区热力性雷阵雨也可造成短历时、小面积的特大暴雨。此外，全球大气环流的异常变化也是引发暴雨发展的宏观背景。例如，发生在我国长江流域的大范围长时间的暴雨就与西太平洋副热带高压异常有关。西太平洋副热带高压是影响我国降雨带位置和强度的重要因素。1998年入夏以来副热带高压异常强大，脊线位置持续维持偏南、偏西；6月中下旬，副热带高压位置尚属正常，降水带主要位于长江中下游地区；6月底至7月上旬，副热带高压短暂北抬；从7月中旬开始，副热带高压反常地突然南退，位置异常偏南偏西，并持续稳定了一个多月，使长江上中游地区一直处于西南气流与冷空气交汇处，暴雨天气频繁出现，导致长江上中游洪峰迭起，中下游江湖水位不断攀升。

除暴雨外，下垫面性质也是径流洪水形成的重要环境。下垫面的性质影响降水到达地面后的土壤下渗、壤中流、地下水、蒸发、填洼、坡面流和河槽汇流的整个过程，即降水转化为径流或洪水过程。例如，在一个自然湿润环境背景下，下垫面是森林生态系统，暴雨雨水到达地表，进入森林生态系统，将经过地表植物、枯枝落叶等层层拦截、土壤下渗、壤中流吸收、蒸发填洼、形成坡面流，汇入河槽。整个过程会减少和延迟降水径流的形成，从而减缓洪水过程，但是如果人类活动改变了下垫面的自然状况，广泛的农业开垦、城市化硬化地面的大量出现都将加快洪水形成的过程，增加洪水的水量，催生大量灾害性洪水的形成。1998年长江大洪水的形成，除了暴雨因素外，长江流域下垫面的变化也是重要因素。由于上游地区的森林砍伐，中游河流淤积、围垦等原因，长江中下游湖泊面积减少，降低了长江中下游湖泊的调洪能力，众多湖泊不再通江，江湖隔离，原本行洪的滩地、通道不能行洪，加上河道设障严重等原因，加剧了长江大洪水的形成。

暴雨洪水有时空分布的规律，与暴雨时空分布格局大体一致。中国属于季风气候，从晚春到盛夏，北方冷空气且战且退，冷暖空气频繁交汇，形成一场场暴雨甚至引发洪水。中国陆上主要雨带位置亦随季节由南向北推移。华南（粤、桂、闽、台）是中国暴雨及洪水出现最多的地区。4~9月华南地区都是雨季和洪水期。6月下半月~7月上半月，通常为长江流域的梅雨期暴雨，这是长江流域暴雨洪水的主要暴发期。7月下旬雨带移至黄河以北，北方出现暴雨洪水。9月以后冬季风建立，雨带随之南撤。

　　融雪洪水是由冰融水和积雪融水为主要补给来源的洪水，主要分布在高纬度地区或海拔较高的山区。在我国，融雪洪水主要分布在东北地区和西北的高纬度山区，融雪洪水是冬季积雪或冰川在春夏季节随着气温升高融化而形成的。若前一年冬季降雪较多，而春夏升温迅速，大面积积雪的融化会形成较大洪水。融雪洪水一般发生在 4~5 月，冰川洪水一般发生在 7~8 月，洪水历时长，涨落缓慢，受气温影响，具有明显的日变化规律，洪水过程呈锯齿形。

3. 海啸

　　海啸是由海底地震、火山爆发造成海岸和海底山体滑坡、塌陷引起的具有超大波长和周期的大洋巨浪。其波长一般几十公里至几百公里，周期 20~200min。海啸的波速高达每小时 700~800km，几小时就可横跨大洋，当海啸波进入岸边浅水区时，波速减小，波高陡涨，有时可达 20~30m，骤然形成水墙，具有巨大能量，使重达数吨的岩石混杂着船只、废墟等向陆地推进数千米，常常为沿岸地区造成严重的生命和财产损失。海啸造成的灾害分布与海拔有关，并沿海岸线呈带状分布，在海边，海拔低的地方就容易被淹没。

　　海啸的形成环境有三个基本条件：海底剧烈震动、深海和开阔并逐渐变浅的海岸条件。海底震动造成上覆海水水体的巨大波动是海啸形成的动力机制，只有当海底震动达到一定强度时，才可能形成海啸。据研究，小地震的海底震动幅度不大，引起的海浪浪高超不过1m，对人类没有什么威胁。一般只有 7 级以上的大地震才能引发海啸灾患。太平洋海啸预警中心发布海啸警报的必要条件是：海底地震的震源深度小于 60km，同时地震的震级大于 7.8 级。这从另一个角度说明了海啸都是深海大地震造成的。值得指出的是，海洋中经常发生大地震，但并不是所有的深海大地震都能产生海啸，只有那些海底发生激烈的上下方向位移，造成海底山体滑坡、陷落的地震才能产生海啸。如果地震释放的能量要变为巨大水体的波动能量，那么地震必须发生在深海，因为只有深海才有巨大的水体，发生在浅海引发不了海啸。再有，要有开阔并逐渐变浅的海岸环境，尽管海啸是由海底地震和火山喷发等引起的，但海啸的大小并不完全由地震和火山喷发的大小决定。海啸的大小是由多个因素决定的，如产生海啸的地震和火山喷发的大小、传播的距离海岸线的形状和岸边的海底地形等。海啸要在陆地海岸带造成灾害，该海岸必须开阔，具备逐渐变浅的条件。

　　全球各大洋均有海啸发生，90%的海底大地震发生在太平洋，因此太平洋沿岸是海啸灾害的多发区。在 1300 多年的太平洋海啸记载中，海啸灾害造成约有 14 万人死亡，沿海众多的城镇被毁。据统计太平洋沿岸海啸灾害的多发区为：夏威夷、新西兰、澳大利亚和南太平洋地区、印度尼西亚、菲律宾群岛、日本、阿拉斯加、堪察加半岛、千岛群岛、新几内亚岛、所罗门群岛、美国西海岸、中美洲地区以及哥伦比亚与智利地区。上述地区中印度尼西亚为太平洋海啸的重灾区，历史上该地区共发生过 30 多次破坏性海啸，曾有 5 万多人丧生。

　　在 1900~2000 年发生的海啸资料统计中，太平洋发生 711 次海啸，约占全球发生海啸的 75%，地中海 110 次（12%），大西洋 91 次（10%），印度洋 33 次（3%）。但发生频率最低的印度洋，在 2004 年 12 月 26 日却发生了全球最强的一次海啸灾害。据专家统计，每 2 年全球发生一次局部破坏性海啸，每 10 年发生一次越洋大海啸。

4. 风暴潮

　　风暴潮是指有强烈大气扰动引起的海面异常升高的现象。风暴潮的空间范围一般由几十公里到几千公里。风暴潮的影响区域随大气扰动因子的移动而移动，因而，一次风暴潮过程往往涉及 1000~2000km 的海岸范围，影响时间可多达数天之久。

按照诱发风暴潮的大气扰动特性，风暴潮可以分为台风风暴潮和温带风暴潮。热带气旋引起的台风风暴潮主要发生在夏秋季节，其特点是来势猛、速度快、强度大、破坏力强。凡是有台风影响的海洋国家、沿海地区均有台风风暴潮发生，影响较为严重的地域有日本沿岸、墨西哥沿岸、美国东海岸、孟加拉湾和我国东南沿海地区。温带风暴潮多由温带气旋引起，主要发生在冬春季节。增水过程比较平缓，增水高度低于台风风暴潮。主要发生在中纬度沿海地区，以欧洲北海沿岸、美国东海岸以及我国北方海区沿岸为多。主要发生在北海和波罗的海沿岸、美国东海岸、日本沿岸和我国黄渤海沿岸地区。

风暴潮能否成灾，在很大程度上取决于其最大风暴潮位是否与天文潮高潮相叠，尤其是与天文大潮期的高潮相叠。当然，也取决于受灾地区的地理位置、海岸形状、岸上及海底地形，尤其是滨海地区的社会及经济情况。如果最大风暴潮位恰与天文大潮的高潮相叠，则会导致发生特大潮灾，如 1992 年 8 月 28 日~9 月 1 日，受第 16 号强热带风暴和天文大潮的共同影响，我国东部沿海发生了 1949 年以来影响范围广、损失非常严重的一次风暴潮灾害。潮灾先后波及福建、浙江、上海、江苏、山东、天津、河北和辽宁等省、市。风暴潮、巨浪、大风、大雨的综合影响，使南自福建东山岛，北到辽宁省沿海的近万公里的海岸线，遭受到不同程度的袭击，受灾人数达 2000 多万人，死亡 194 人，毁坏海堤 1170km，受灾农田 193.3 万 hm^2，成灾 33.3 万 hm^2，直接经济损失 90 多亿元。

5. 干旱

干旱是指降水异常偏少的极端大气过程，它会造成空气过分干燥，土壤水分严重亏缺，地表径流和地下水量减少，除危害作物生长、造成作物减产外，还危害居民生活，影响工业生产及其他社会经济活动。干旱在气象学上有两种含义：一种是气候学意义的干旱，指的是某些地区因特定的气候条件，历史上长期性持续缺少降水，形成固有的干旱气候，成为长期性干旱地区。另一种是天气学意义的干旱，指的是某些地区因天气异常，使某一时期内降水异常减少，出现水分短缺的现象。这种干旱现象只发生在某一时段内，因此实质上是短期干旱，它可以发生在任何区域的某一时段，既可以出现在干旱或半干旱地区的任何季节，也可以出现在半湿润甚至湿润地区的任何季节。天气学上的干旱最容易造成灾害，是本书研究的对象，所造成的就是干旱灾患。

干旱现象是在特定环境里孕育而成的。干旱灾患并非几日少雨形成，而是长期持续明显的少雨结果。大范围持久性的干旱是大气环流和主要天气系统异常造成的。对中国来说，高纬度的极涡、中纬度的阻塞高压和西风带、西太平洋的副热带高压、南亚高压，以及季风系统都是影响和制约大范围干旱的大气环流系统，它们的强度和位置的异常变化对各地区的干旱都有不同程度的作用。季风的强弱、来临和撤退的迟与早，以及季风期内季风中断时间的长短，与干旱有直接关系。由于气候变化的全球性，大气环流的变化不仅由自身或邻近地区大气环流状况决定，而且还取决于其他地区，甚至受制于全球大气环流的影响，也就是大气存在遥相关关系的影响。大气环流异常的原因不仅是大气环流内部动力过程形成，外部的强迫，如热力影响（特别是下垫面热状况，如海面热异常、陆面积雪、土壤温度与湿度异常等）是引起大气环流异常的基本原因。根据调查，厄尔尼诺现象即赤道太平洋海温异常偏暖到来时，经常出现大范围的干旱，除了中西部太平洋地区如印度尼西亚、澳大利亚的北、中和东部干旱外，印度与非洲的撒哈拉地区经常干旱。

现代人类活动也是影响干旱现象的重要因素，如人类活动造成 CO_2 等温室气体增加，使全球变暖，进而影响大气环流和气候，引起干旱增加。同时，人类通过改变下垫面的物理属性，如草原、森林植被、土壤温度和湿度、反照率等影响局地气候变化，也增加了干旱强度。现代干旱问题，社会因素是影响干旱的一个重要因素，对于干旱问题的分析，更应将社会、自然因素及人类活动这些因素尽可能全面考虑，才有可能更好地进行治理与减灾（刘引鸽，2005）。

干旱是我国常见的、对农业生产影响大的气象灾患。干旱在我国各地均有分布，范围非常广，但也有一定的时空分布规律。从时间上看，春旱发生频率最高；从地域上看，秦岭淮河以北地区，春旱突出，素有"十年九春旱"之说；东北地区 4～8 月的春夏干旱突出；黄淮海地区，经常出现春夏连旱，甚至春夏秋连旱；长江流域地区，以 7～9 月干旱概率最大；华南地区干旱主要出现在秋末、冬季及初春；西南地区，干旱主要出现在冬春季节。

6. 沙尘暴

沙尘暴是指强风把地面大量沙尘卷入空中，使空气变得特别混浊，水平能见度低于 1km 的极端天气现象。沙尘暴天气主要发生在干旱地区的降水稀少的冬春季节，这时，地表干燥松散，抗风蚀能力很弱，遇有大风刮过，就会将大量沙尘卷入空中，形成沙尘暴天气。

沙尘暴是一场恐怖的灾难。几乎所有的沙尘暴来临时，都可以看到风刮来的方向上有黑色的风沙墙快速地移动着，越来越近，远看风沙墙高耸如山，极像一道城墙，是沙尘暴到来的前锋。强沙尘暴发生时刮起 8 级以上大风，风力非常大，能将石头和沙土卷起，随着飞到空中的沙尘越来越多，浓密的沙尘铺天盖地，遮住了阳光，使人在一段时间内看不见任何东西，就像在夜晚一样。刮黑风时，靠近地面的空气很不稳定，下面受热的空气向上升，周围的空气流过来补充，以至于空气挟带大量沙尘上下翻滚不息，形成无数大小不一的沙尘团在空中交汇冲腾。风沙墙移过之地，天色时亮时暗，不断变化，流光溢彩。沙尘暴袭击会造成区域生态环境恶化、影响生产活动和交通安全，威胁人民生命财产，危害身体健康。

沙尘暴的形成主要有三个条件：一是物质基础，即地面上裸露的干燥、疏松的物质，如沙尘，沙漠和粉尘；二是动力条件，强风、强热力不稳定；三是环境气象条件。在这三个因素中，强风是卷扬沙尘的动力，沙源是形成沙尘暴的物质基础，而不稳定的空气是将沙尘卷入高空的热力条件。也就是说不稳定的空气产生强风，强风卷起地面上裸露的干燥、疏松的沙尘，便产生了沙尘暴。可见，地表性质和气象条件是沙尘暴形成的主要原因。除此之外，前期干旱少雨，天气变暖，气温回升，是沙尘暴形成的特殊的天气背景，地面冷锋前对流单体发展成云团或飑线是有利于沙尘暴发展并加强的中小尺度系统，有利于风速加大的地形条件即狭管作用，也是沙尘暴形成的有利条件之一。

世界上共有四大沙尘暴多发区，它们分别是北美洲、大洋洲、中亚以及中东地区。北美洲的沙漠主要分布于美国西部和墨西哥的北部。在与沙漠接壤的荒漠干旱区，沙尘暴时有发生，甚至在大平原上发生了历史上著名的黑风暴。北美洲沙尘暴发生的原因主要是土地利用不当、持续干旱等。20 世纪 30 年代美国西部大平原发生了一场特大的沙尘暴，被称为黑风暴，在这场美国历史上最严重的沙尘暴中，大平原损失了 3 亿 t 的肥沃土壤。浩劫之后，众多城镇成为荒无人烟的空城。许多人被迫向加利福尼亚迁移，引发了美国历史上最大的移民潮。澳大利亚是个干旱国家，陆地面积的 74.8%属于干旱和半干旱地区。澳大利亚的中部和西部海岸地区沙尘暴最为频繁，每年平均有五次之多。由于许多地方气候干燥，加上耕作和放牧，土壤表层缺乏植被的覆盖，导致了土地的逐渐沙化，一旦刮起大风，就会引起沙尘暴。亚洲中部的荒漠区也在不断扩大，中亚五国是荒漠化比较严重的地区，总面积有近 400 万 km^2。由于人口的快速增加，人为过量灌溉用水，乱砍滥伐森林，超载放牧，草场退化，沙漠化十分严重。中亚地区盐土面积非常辽阔，达到 15 万 km^2，所以造成了沙尘暴和盐尘暴的混合发生。中东地区的沙尘暴主要发生在非洲撒哈拉沙漠南缘地区，从 20 世纪 70 年代初～80 年代中期，由于连年旱灾以及过量放牧和开垦，草场退化，田地荒芜，沙漠化土地蔓延，沙尘暴加剧，人们的生活环境急剧恶化。频繁的沙尘暴还殃及其他地区，有的沙尘被风带过大西洋到达南美洲亚马孙地区，还有沙尘被吹到了欧洲。

中国的沙尘暴多发区属于中亚沙尘暴区域的一部分，主要分布于广大北方地区，东西绵延 4500km、南北跨越 600km。强沙尘暴出现区域，一是西起吐鲁番、哈密地区，东接绵延 1000km 的甘肃河西走廊，北连内蒙古阿拉善盟，东扩外延到河套地区；二是北疆克拉玛依地区、南疆和田地区；三是青海西北部地区。

7. 寒潮

寒潮是指来自高纬度地区的寒冷空气，在特定的天气条件下迅速南下，往往造成沿途大范围的降温、大风和雨雪的极端天气，这种冷空气南侵过程达到一定的标准，才能称为寒潮。我国气象部门规定，凡以此冷空气侵入后，某地的日最低气温在 24h 内降低幅度≥8℃，或者 48h 内降低幅度≥10℃，或者 72h 降低幅度≥12℃，且使该地最低气温下降到 4℃ 或以下的冷空气过程即属寒潮。因为这大范围的极端强冷空气过程来势迅猛，有如潮水袭来一般，所以人们称它为"寒潮"或"寒流"。寒潮这种大范围的极端天气过程，会造成沿途大范围的剧烈降温、大风、霜冻、雨雪天气，对农业、交通、电力、航海以及人们身体健康都会造成很大的影响。

寒潮的形成主要与北半球极地及高纬度地区的寒冷空气集聚有关。北极地区由于太阳光照弱，地面和大气获得热量少，常年冰天雪地。在冬季北冰洋地区，气温经常在-20℃ 以下，最低时可到-70～-60℃。1 月的平均气温常在-40℃ 以下。由于北极和西伯利亚一带的气温很低，大气的密度大，空气不断收缩下沉，使气压增高，这样便形成一个势力强大、深厚宽广的冷高压气团。当这个冷性高压势力增强到一定程度时，在适宜的高空大气环流作用下，就会像决了堤的海潮一样，一泻千里，汹涌澎湃地向南袭来，这就是寒潮。每一次寒潮暴发后，西伯利亚的冷空气就要减少一部分，气压也随之降低。但经过一段时间后，冷空气又重新聚集堆积起来，孕育着一次新的寒潮。

8. 冰雹

冰雹是指积雨云中降落到地面的冰块或冰球，会出现一种小尺度的极端强对流天气过程。冰雹体积不大，小如绿豆、黄豆，大似栗子、鸡蛋。冰雹来势凶猛，强度大，历时短，大都出现在下午到傍晚，一次狂风暴雨或降雹时间一般只有 2～10min，少数在 30min 以上；每次冰雹的影响范围一般宽约几十米到数千米，长约数百米到十余千米，冰雹常砸坏农作物，威胁通信、交通、电力以及人民生命财产安全。

冰雹的形成需要条件有：①大气中必须有相当厚的不稳定层存在；②积雨云必须发展到能使个别大水滴冻结的温度（一般认为温度达-16～-12℃）；③要有强的风切变；④云的垂直厚度不能小于 6km；⑤积雨云内含水量丰富，一般为 3～8g/m^3，在最大上升速度的上方有一个液态过冷却水的累积带；⑥云内应有倾斜的、强烈而不均匀的上升气流，一般速度为 10～20m/s。

　　冰雹形成的物理过程：在冰雹云中强烈的上升气流挟带着许多大大小小的水滴和冰晶运动着，其中有一些水滴和冰晶并合冻结成较大的冰粒，这些冰粒和过冷水滴被上升气流输送到含水量累积区，就可以成为冰雹核心（雹核）。这些冰雹初始生长的核心在含水量累积区有着良好生长条件。雹核在上升气流挟带下进入生长区后，在水量多、温度不太低的区域与过冷水滴碰并，长成一层透明的冰层，再向上进入水量较少的低温区，这里主要由冰晶、雪花和少量过冷水滴组成，雹核与它们黏并冻结形成一个不透明的冰层。这时冰雹已长大，而当上升气流较弱，支托不住增长大了的冰雹时，冰雹便在上升气流里下落，在下落中不断地并合冰晶、雪花和水滴而继续生长。当它落到较高温度区时，碰并上去的过冷水滴便形成一个透明的冰层。这时如果落到另一股更强的上升气流区，那么冰雹又将再次上升，重复上述的生长过程。这样冰雹就一层透明一层不透明地增长；由于各次生长的时间、含水量和其他条件的差异，所以各层厚薄及其他特点也各有不同。最后，当上升气流支撑不住冰雹时，它就从云中落下来，成为我们所看到的冰雹。

　　冰雹活动不仅与天气系统有关，而且受地形、地貌的影响也很大。地形复杂，地貌差异大常常会扰乱正常的大气环流，造成大气层结的不稳定，为冰雹的形成创造了条件。强对流天气系统和山区高原地形是冰雹孕灾环境的主要因子。因此，冰雹活动具有一定的时空规律。冰雹大多出现在 3～10 月，在这段时期，暖空气活跃，冷空气活动频繁，冰雹容易产生。一般而言，我国的降雹多发生在春季、夏季、秋季。发生区域从亚热带到温带的广大气候区内均可发生，但以温带地区发生次数居多，主要发生在中纬度大陆地区，通常北方多于南方，山区多于平原，内陆多于沿海。我国冰雹多发区有青藏高原区地，云贵高原及向东延伸到湘西、川鄂边界地区，青藏高原的北部出祁连山、六盘山经黄土高原和内蒙古高原地区。

四、生物圈孕灾环境及主要生物灾患

（一）生物圈的孕灾环境的主要特征

　　生物圈是指地球生物及其分布范围所构成的一个极其特殊又极其重要的圈层，是行星地球特有的圈层，在自然环境中，生物圈并不单独占有空间，而是分别渗透于水圈、大气圈下层和地壳即岩石圈表层。它包括地球上有生命存在和由生命过程变化与转变的空气、陆地、岩石圈、水以及生物与岩石圈、水圈和空气的相互作用。生物圈为生物的生存提供了基本条件：营养物质、阳光、空气、水、适宜的温度和一定的生存空间。它也是人类诞生和生存的空间。

　　生物圈是地球生命起源后，经过 35 亿年的演化而来的。生物圈里繁衍着各种各样的生命，它包括植物、动物和微生物三大类。从生态学视角来看，生物圈也是一个巨型自然生态系统，生态系统中的生物按其在物质和能量流动中的作用，可分为生产者、消费者和分解者三大类。为了获得足够的能量和营养物质以支持生命活动，在这些生物之间，存在着复杂的生态关系，推动着生态系统的演化，当自然生态系统达到成熟阶段时，其能量和物质的输入、输出之间往往保持相对平衡，而系统中的生物种数以及各种群的数量比例也相对稳定。生物圈中的生物物种因此而互相依存，和谐共处。然而，生态系统一旦受到破坏失去平衡，生物灾患就会接踵而至。例如，捕杀鸟、蛙，会招致老鼠泛滥成灾；用高新技术药物捕杀害虫，反而会增强害虫的抗药性；盲目引进外来植物会排挤本国植物，均会造成不同程度的生物灾患，危及生态环境。

所谓生物灾患就是指生物圈的异常变化现象和过程，这种极端的生物过程会威胁人类健康、生产、生活及生存，并使受影响地区现有资源承载能力下降，人类生态环境被破坏。生物灾患危害人类生命，其伤害不亚于洪水、地震、战争。一场大的蝗灾、病虫害或者农作物瘟病，可使几百万公顷庄稼减产绝收，导致几十万人饥饿死亡。全世界农林作物被瘟病、害虫、老鼠、杂草等毁掉的产量约占总产量的1/3；传播的流行性病毒，每年造成成千上万的人死亡，生物灾患也是威胁人类社会的重要隐患。

生物灾患具有种类多、频率高、范围广以及区域性、隐蔽性、扩散性、生物性等特点。发生在生物圈的生物灾患的主要类型有流行性病毒或病原体、植物病虫、植物病害、毒虫、白蚁、鼠害、赤潮等。

生物灾患的形成主要与生态环境的变化、不合理的人类活动有关。生态环境的改变常常会改变生物的生境和食物链关系，从而导致生物灾患的出现。环境污染会造成原有生态系统内主要生物衰退，使得少数抗逆性强的生物抢占生态位，造成生物灾患，如环境污染引起水体富营养化、赤潮等。生物入侵也会导致生物灾患。生物随着商品贸易或人员往来迁移到新的生态环境中，在新的领地里，由于没有原有的限制因子，或者天敌存在，从而获得较快的生长和繁殖，威胁原有的物种生存。100多年前，有人将20多只英国家兔带到澳大利亚饲养。因一次火灾兔舍被毁，幸存的兔子流窜到荒野，澳大利亚的草原气候适于兔子的生存，在没有天敌的环境里，这些逃逸的兔子以惊人的速度繁殖起来，它们与羊争夺食物，破坏草原植被，给澳大利亚牧业造成很大损失。

（二）生态环境变化与生物灾患

自工业革命以来，特别是20世纪50年代以来，人类对自然一直都保持着重开发轻保护的态度，对资源采取掠夺式、粗放型开发利用方式，甚至为了发展经济，严重破坏了自然环境，超过了生态环境的承载能力，导致生态环境发生变化，地球环境相继出现温室效应、大气臭氧层破坏、酸雨、森林面积锐减、土地退化、水污染、生物多样性大减等问题。这些环境变化加大了生物灾患出现的风险。

最突出的生态环境变化是全球森林面积及生物多样性的锐减，全球森林面积已从原始的76亿hm^2减至2020年的34.4亿hm^2。全球森林面积的减少严重影响了生物的憩息场所和食物链关系，造成生物多样性的锐减，使得生物灾患发生的效应更加明显。生物多样性包括物种多样性、遗传多样性和生态系统多样性。其中，物种多样性构成了生物多样性的基础。植物多样性和群落结构多样性是动植物赖以生存的基础。据估计，目前地球上有物种500万～1000万种。据研究，脊椎动物种的生存期一般是500万年，在过去2亿年中，自然灭绝速率为平均每世纪约90余种；高等植物在过去4亿年中，大约每27年灭绝1种。然而，随着世界人口的增加，不合理的资源开发以及环境污染、生态破坏等，生物多样性受到严重损害，物种灭绝速率也在不断加快。例如，20世纪前的300年里，平均每4年有一种鸟类或哺乳类动物绝灭，20世纪前半期，每天有1～3个物种消失，现在有报道每小时有1～3个物种灭绝，每年则有2.7万种灭绝。估计今后25年内，地球上将有1/4生物物种濒临灭绝。科学家认为，由于人类活动激烈地加快了地球上物种灭绝的速度，现有生物物种消失的速度至少是自然灭绝速度的1000倍，我们也许正经历着6500万年前恐龙灭绝时代以来的又一场生物物种大量灭绝的灾难，这将严重危及地球生物圈，极大地激化生物灾患暴发的可能性。生物多样性的减少是有害生物危害加剧的根本原因，不仅直接减少了人类可利用的生物资源，而且，还威胁着其他生物的生存。自然界的不同物种之间存在着相互依存和相生相克的复杂关系。在生物多样性丰富的自然生态系统内，各物种之间形成相互竞争又相互制约的相对平衡，使得有害生物不可能无限扩张，受害物种也能很快适应并产生一定抵抗力。全球环境的变化和人类开发活动有时会使有害生物的天敌数量减少，甚至灭绝，食物链关系发生改变，为有害生物的繁衍创造了条件，如现在农村、牧区、林区猫头鹰、蛇等老鼠的天敌的减少或消失，使得鼠害猖獗，盲目毁林开垦，使得鸟类失去栖息觅食的场所，造成某些森林害虫暴发。

（三）主要生物灾患及其孕灾环境

1. 蝗虫

蝗虫属于节肢动物门昆虫纲直翅目蝗科，身体一般呈绿色或黄褐色，咀嚼式口器，后足大，适于跳跃，不完全变态，其幼虫称为"蝻"，主要以禾本科植物为食，种类很多，世界上共约有 1 万余种，在我国就有 300 余种，如飞蝗、稻蝗、竹蝗、意大利蝗、蔗蝗、棉蝗等是农林业的主要害虫。一旦蝗虫暴发性增长，大量的蝗虫会吞食禾田，使农产品完全遭到破坏，引发严重的经济损失以致因粮食短缺而发生饥荒。

蝗灾的暴发主要是由干旱引起的。造成这一现象的主要原因是干旱的环境对蝗虫的繁殖、生长发育和存活有许多益处。因为蝗虫将卵产在土壤中。土壤比较坚实，含水量在 10%～20%时最适合它们产卵。干旱使蝗虫大量繁殖，迅速生长。酿成灾害的缘由有两方面：一方面，在干旱年份，由于水位下降，土壤变得比较坚实，含水量降低，且地面植被稀疏，蝗虫产卵数大为增加，多的时候可达每平方米土中产卵 4000～5000 个卵块，每个卵块中有 50～80 粒卵，即每平方米有 20 万～40 万粒卵。在干旱年份，河、湖水面缩小，低洼地裸露，也为蝗虫提供了很多适合产卵的场所。另一方面，干旱环境生长的植物含水量较低，蝗虫以此为食，生长较快，而且生殖力较高。

全球变暖，尤其冬季温度的上升，是有利于蝗虫越冬卵的孕育环境；此外气候变暖、干旱加剧、草场退化等多种因素的叠加，将为蝗虫产卵提供合适的产地，而且蝗虫适应干旱的能力很强，这是因为其他昆虫和鸟类在此情况下都不能生存，而且能对蝗虫致病的一种丝状菌被抑制，故而使其数量大增。随着全球变暖的趋势，未来蝗灾发生的规模会越来越大，对中国和世界的粮食生产将造成严重的影响。

2. 松毛虫

松毛虫是鳞翅目枯叶蛾科松毛虫属昆虫的统称，又名毛虫、火毛虫，古称松蚕，共有30 余种，我国分布有 27 种，是松毛虫种类最丰富的国家，食害松类、柏类、杉类等重要树种（侯陶谦，1987）。

松毛虫多分布于大面积纯林地带。马尾松毛虫成灾，多在海拔 500m 以下的低山丘陵地区。云南松毛虫、德昌松毛虫则猖獗发生于 500～1000m 的山区。文山松毛虫的成灾区可高达 1200m。在自然生态环境下，几种主要松毛虫都具有周期性猖獗成灾的规律。猖獗周期的长短，与地理分布、世代多少、天敌资源、地形地势、森林类型、食料数量和质量、植被情况及林区气候条件有密切关系。一般是年发生世代多的马尾松毛虫灾害间隔时间短，3～4 年暴发一次，年发生 1 世代的赤松毛虫灾害约 10 年暴发一次。油松毛虫灾害在 2～3代区，3～5 年暴发一次。

松毛虫只能在孕育环境条件对它特别有利时，才能数量积累并逐步发展到猖獗成灾。这个首先形成的、最适的小生境，称为发生基地。松毛虫发生基地是可变的，常随着林木的成长、采伐、更新、演替而变迁或形成新的基地。在营养丰富的条件下，幼虫生长健壮，成虫体长、翅展增大，雌雄性比、蛹长、蛹重、产卵量、世代分化比率等均有利于后代增殖。气候不但直接影响松毛虫的分布和世代的多少，同时也影响整个生物种群间的动态平衡，从而诱发间歇性周期发生和数量变动。在光、热充足的条件下，生长发育期缩短；在气候不适宜的情况下则可造成松毛虫大量死亡。长期干旱时寄主植物内部水分减少、糖分增加，可使幼虫的取食量增大，间接地促使害虫增加繁殖量。

3. 埃博拉病毒

埃博拉病毒是一种能引起人类和其他灵长类动物产生埃博拉出血热的烈性传染病病毒，其引起的埃博拉出血热是当今世界上最致命的病毒性出血热，感染者症状包括恶心、呕吐、腹泻、肤色改变、全身酸痛、体内出血、体外出血、发烧等。病毒潜伏期可达 2～21 天，但通常只有 5～10 天。死亡率在 50%～90% 不等，致死原因主要为中风、心肌梗死、低血容量休克或多发性器官衰竭。

"埃博拉"是刚果（金）北部的一条河流的名字。1976 年，一种不知名的病毒光顾这里，疯狂地虐杀埃博拉河沿岸 55 个村庄的百姓，致使数百生灵涂炭，有的家庭甚至无一幸免，埃博拉病毒也因此而得名。时隔 3 年（1979 年），埃博拉病毒又肆虐苏丹，一时尸横遍野。2013～2016 年，埃博拉病毒在西非多个国家造成 11000 多人死亡；2018 年 8 月埃博拉病毒在刚果（金）东部再次暴发，3444 人感染，2264 人死亡；2020 年 6 月 1 日，世界卫生组织（WHO）宣布，刚果再次发现新的埃博拉疫情，位于刚果（金）西北部的赤道省姆班达卡市附近，已有 6 名感染者，其中 4 人已死亡。

埃博拉病毒主要是通过病人的血液、唾液、汗水和分泌物等途径传，病毒在体内迅速扩散、大量繁殖，袭击多个器官，使之发生变形、坏死，并慢慢被分解。病人先是内出血，继而七窍流血不止，并不断将体内器官的坏死组织从口中呕出，最后因广泛内出血、脑部受损等原因而死亡。

埃博拉病毒是人畜共通病毒，尽管世界卫生组织苦心研究，至今没有辨认出任何有能力在暴发时存活的动物宿主，果蝠是病毒可能的原宿主。尽管医学家绞尽脑汁，做过许多探索，但埃博拉病毒的真实"身份"，至今仍为不解之谜。没有人知道埃博拉病毒在每次大暴发后潜伏在何处，也没有人知道每一次埃博拉疫情大规模暴发时，第一个受害者是从哪里感染的。埃博拉病毒是人类有史以来所知道的最可怕的病毒之一。

埃博拉出血热目前为止主要呈现地方性流行，局限在中非热带雨林和非洲东南热带大草原，但已从开始的苏丹、刚果（金）扩展到刚果（布）、中非共和国、利比亚、加蓬、尼日利亚、肯尼亚、科特迪瓦、喀麦隆、津巴布韦、乌干达、埃塞俄比亚以及南非。非洲以外地区偶有病例报道，但均属于输入性或实验室意外感染，未发现有埃博拉出血热流行。埃博拉病毒仅在个别国家、地区间歇性流行，在时空上有一定的局限性。

2016 年 12 月 23 日世界卫生组织宣布，由加拿大公共卫生局研发的疫苗可实现高效防护埃博拉病毒。2016 年 12 月 28 日中国人民解放军军事医学科学院宣布，由该院生物工程研究所陈薇研究员团队研发的重组埃博拉疫苗，在非洲塞拉利昂开展的Ⅱ期 500 例临床试验取得成功。

4. 禽流感

禽流感病毒，属于甲型流感病毒，根据禽流感病毒对鸡和火鸡的致病性的不同，分为高、中、低/非致病性三级。由于禽流感病毒的血凝素结构等特点，一般仅感染禽类，但当病毒在复制过程中发生基因重配，致使结构发生改变，获得感染人的能力，才可能造成人感染禽流感疾病的发生。至今发现能直接感染人的禽流感病毒亚型有：H5N1、H7N1、H7N2、H7N3、H7N7、H9N2 和 H7N9 亚型。其中，高致病性 H5N1 亚型和 2013 年 3 月在人体上首次发现的新禽流感 H7N9 亚型尤为引人关注，不仅造成了人类的伤亡，同时重创了家禽养殖业。

1878 年从瘟鸡中分离得到禽流感病毒，1901 年称这种"鸡瘟病原"为"过滤性因子"或鸡瘟病毒（fowl plague virus，FPV）。后来，又发现新城疫病毒（new castle disease virus，NDV）在禽中也可引起鸡瘟样疾病，即我国俗称的"鸡瘟"。为区分两者，前者称为真性鸡瘟或欧洲鸡瘟病毒，后者称为伪鸡瘟或亚洲鸡瘟病毒。1955 年，根据病毒颗粒核蛋白抗原特性，认定 FPV 为甲型流感病毒的一员。绝大多数在禽中并不引起鸡瘟，甚至呈静默感染或健康携带状态，如 2013 年在我国新发现的 H7N9 禽流感病毒，基本不导致禽间致病。

H5N1 亚型于 1997 年在香港首次发现能直接感染人类。截止到 2013 年 3 月，全球共报告了人感染高致病性 H5N1 禽流感 622 例，其中死亡了 371 例。病例分布于 15 个国家，其中，我国发现了 45 例，死亡 30 例。大多数感染 H5N1 禽流感病例为年轻人和儿童。2013 年 3 月，我国首次发现人感染 H7N9 禽流感病例。到 2013 年 5 月 1 日，上海、安徽、江苏、浙江、北京、河南、山东、江西、湖南、福建等 10 省（市）共报告确诊病例 127 例，其中死亡 26 例。病例以老年人居多，男性多于女性。

目前研究发现，人感染禽流感的传染源为携带病毒的禽类，而传播途径仍需明确。研究认为，人感染 H5N1 亚型禽流感的主要途径是密切接触病死禽，高危行为包括宰杀、拔毛和加工被感染禽类。少数案例中，当儿童在散养家禽频繁出现的区域玩耍时，暴露的家禽粪便也被认为是一种传染来源。目前研究的多数证据表明存在禽—人传播，可能存在环境（禽排泄物污染的环境）—人传播，以及少数非持续的 H5N1 人间传播。目前认为，H7N9 禽流感病人是通过直接接触禽类或其排泄物污染的物品、环境而感染。感染 H7N9 禽流感病例仍处于散发状态，虽然出现了个别家庭聚集病例，但目前未发现该病毒具有持续的人与人之间传播能力。

5. 赤潮

赤潮是指入海河口、海湾和近海水域水质严重污染和富营养化，导致某些微小的浮游植物、原生动物或细菌在一定条件下突发性地增加，引起海面水色异常现象。赤潮不仅造成海洋生物死亡，还给海洋渔业资源和沿海养殖业带来严重危害，已成为世界海洋国家所面临的一种严重的海洋灾患。

赤潮发生的原因、种类和数量不同，水体会呈现不同的颜色，有红色或砖红色、绿色、黄色、棕色等，也有某些赤潮生物引起赤潮发生时，颜色没有特别的变化。赤潮是在特定环境条件下产生的，相关因素很多，但其中一个极其重要的因素是海洋污染。大量含有各种含氮有机物的废污水排入海水中，促使海水富营养化，这是赤潮藻类能够大量繁殖的重要物质基础，国内外大量研究表明，海洋浮游藻是引发赤潮的主要生物，在全世界 4000 多种海洋浮游藻中有 260 多种能形成赤潮，其中有 70 多种能产生毒素。它们分泌的毒素有些可直接导致海洋生物大量死亡，有些甚至可以通过食物链传递，造成人类食物中毒。

目前，世界上已有 30 多个国家和地区不同程度地受到过赤潮的危害，日本是受害最严重的国家之一。近十几年来，由于海洋污染日益加剧，我国赤潮灾害也有加重的趋势，赤潮发生次数较多的地区有浙江、辽宁、广东、河北、福建近岸、近海海域。浙江中部近海、辽东湾、渤海湾、杭州湾、珠江口、厦门近岸、黄海北部近岸等是赤潮多发区。引发赤潮的生物以甲藻类为主，其中有夜光藻、锥形斯氏藻和原甲藻。对赤潮的发生、危害予以研究和防治，涉及生物海洋学、化学海洋学、物理海洋学和环境海洋学等多种学科，是一项复杂的系统工程。

主要参考文献

卞林根，王金星，林学椿，等. 2004. 南极半岛近百年气温的年代际震荡. 冰川冻土，26（3）：267-274

郭跃，王建华. 2007. 重庆特大旱灾的自然与社会机制分析. 环境科学与技术，8：47-50

洪汉净，郑秀珍，于泳，等. 2003. 全球主要火山灾害及其分布特征. 第四纪研究，（6）：594-603

侯陶谦. 1987. 中国松毛虫. 北京：科学出版社

胡鞍钢，管清友. 2008. 应对全球气候变化：中国的贡献——兼评托尼·布莱尔《打破气候变化僵局：低碳未来的全球协议》报告. 当代亚太，（4）：9-27

黄永光. 2008. 全球气候变化与国际气候制度的演进. 科学新闻，（19）：16-17

刘引鸽. 2005. 气象气候灾害与对策. 北京：中国环境科学出版社

秦大河. 2009. 气候变化：区域应对与防灾减灾. 北京：科学出版社

魏云杰. 2019. 崩塌地质灾害及其防范措施. 城市与减灾，126（3）：17-20

伍荣生. 2011. 现代天气学原理. 北京：高等教育出版社

杨涛. 2017. 基于时空视角的全球地震灾害分布模式分析. 现代测绘，40（1）：29-31

Alexander D. 2000. Confronting Catastrophe: New Perspectives on Natural Disasters. New York: Oxford University Press

Burton I，Kates R W. 1964. The perception of natural hazards in resource management. Natural Resources Joural，1（3）：412-441

Chapman D. 1999. Natural Hazards. Oxford: Oxford University Press

Cutter S L. 2001. American Hazardscapes: The Regionalization of Hazards and Disasters. Washington，D.C.: Joseph Henry Press

Hewitt K. 1983. Interpretations of Calamity. Boston: Allen and Unwin，3-32

Mitchell J T，Cutter S L. 1997. Global Change and Environmental Hazards: Is the World Become More Disastrous? Washington D.C.: AAG

Simkin T，Siebert L. 1994. Volcanoes of the world. 2 ed. Tucson: Geoscience Press Inc

Smith K，Petley D N. 2008. Environmental Hazards: Assessing Risk and Reducing Disaster. London and New York: Routlege

第五章　灾害风险的性质

风险目前已是现代社会各行业中出现频率最高的词汇之一，无论是金融投资、管理决策、资源环境、科学技术等领域，都会使用风险一词。在灾害领域，风险更是频繁使用的词汇，然而，什么是风险？风险的内涵是什么？什么又是灾害风险？这些问题都需要我们认真思考与研究。本章以风险与灾害风险的概念为基础，系统阐释风险的类型、灾害风险感知、风险的基本特征以及当今世界灾害风险的演化趋势。

第一节　灾害风险的概念

一、风险术语的由来及其内涵

风险既是一个通俗的日常用语，也是一个重要的科学术语。风险的含义起源很早。在远古时代，以打鱼捕捞为生的渔民们，在长期的实践中，深深意识到"风"给他们带来的无法预测、无法确定的危险，同时也给他们带来捕鱼的机会。作为一个词语，英语风险"risk"一词可能源于希腊语"rhizia"和古意大利词语"risicare"，语义是害怕的意思。也有学者认为，风险一词源于西班牙语的航海术语，本意是指冒险和危险。还有学者认为，风险一词来源于拉丁文"risicum"，意思是上帝给你的，可以让你从中得到好处，但也蕴含着可能不利的结果。而在汉语中，风险一词是危机的意思，它是危险和机会的复合词，具有双重含义。

现代的风险概念源于19世纪的西方经济学。随着人类活动的复杂性和深刻性，风险的内涵逐渐深化，并赋予了哲学、经济学、社会学、灾害学、心理学等更广泛、更深层次的含义，且与人类的决策和行为后果联系越来越紧密，风险一词也成为现代社会生活中出现频率很高的词汇。但是，目前国际社会和学术界尚无统一严格的风险概念，不同领域的学者，如经济学家、社会学家、金融投资家、保险精算师、工程技术专家、数理统计学者、风险管理学者和灾害学者，根据自身专业的情况，给出了属于他们各自学科专业领域的风险定义。风险的通识语义按《韦氏字典》的定义，风险是指人们面临着伤害或损失的可能性，可以用以下数学公式表达：

$$R=C\times P \tag{5-1}$$

式中，R 表示风险；C 表示损失的后果；P 表示损失后果发生的概率。从《韦氏字典》的定义中，我们可以解读风险有以下几层含义。

第一，风险是一种针对人类而言的社会现象，而不是一种自然现象。例如，在大洋中脊时常面临地震暴发的可能性，但由于那里没有人类存在，这种地震事件的可能性就不能称为风险。如果地震可能发生在有人类居住的岛屿附近，这时对于这里的岛民而言，就面临地震的风险。

第二，风险是相对于特定的社会行为主体的负面价值影响而言的，是对于特定个人或团体将面临的负面后果（孙得将，2008）。对特定主体而言，客观情形可能会发生剧烈的变化，但是对主体的利益或价值不会有任何影响，就不能说有风险。例如，股市的波动对于购买股票的群体而言，就面临较大的投资风险，而对没有购买股票人就没有任何风险。因此，理解风险的本质不能脱离主体的特定利益的价值取向。

第三，风险的负面后果的可能性即意味着不利后果发生的时间、空间和强度都存在着不确定性。风险的不确定性的原因在于我们生活在一个充满不确定性的世界中。如果我们生活在一个确定性的世界中，那么世界上就不存在风险，我们也就不会遇到风险了。

第四，风险是面向未来的，是在未来可能发生的不利后果。不论过去发生了多么沧海桑田的变迁，对人类社会造成了多少不利影响，从现在来看，都属于历史和事实，不存在不确定性。未来世界是不能完全准确预测与把握的，也就是说，未来本身就具有不确定性的属性。所以我们考察风险必须界定出具体的未来时间跨度。

第五，风险是一种复杂性现象。由于风险源（自然和社会事件）和风险载体（人群和人类社会）的复杂多样性和不确定性的广泛存在，风险十分复杂，难以用数学的状态方程来精确表达。

简单地说，风险就是一个事件产生我们所不希望的后果的可能性。风险是不确定性结果的一种度量，可能出现的情况不止一个。不确定性就是某个问题本身及其结果存在着两个或更多的选择。风险的不确定性突出在两个方面，即风险发生的不确定性和风险导致损害的不确定性（黄崇福，2010）。因此，风险的本质就是一种未知状态，这种未知和不确定性的原因是：一方面风险的出现是随机的；另一方面人们对风险后果的解释和估计是不明确的。

二、灾害风险的定义

在灾害研究领域里，风险，或灾害风险的定义也尚未达到统一，也有不同的理解和定义。马斯克雷（Maskrey，1989）将风险定义为某一自然灾害发生后造成的总损失；史密斯（Smith，1996）认为，风险是某一灾害发生的概率。联合国救灾组织曾在 1979 年将风险定义为灾患与脆弱性之间的重叠部分（UNDRO，1979）（图 5-1）。1991 年，联合国开发计划署认为风险是由自然或人为危险因素和脆弱的条件相互作用而造成的有害后果的概率，或者生命损失、人员受伤、财产损失、生计无着、经济活动受干扰等的预期，是在一定区域和给定时段内，由于特定的自然灾害而引起的人民生命财产和经济活动的期望损失值。泰威森（Thywissen，2006）则认为灾害风险是灾患、脆弱性、暴露性和恢复力等 4 个要素的函数。

然而，在灾害研究中，国外多数灾害学者把"灾害风险"定义为灾患与人类社会和环境相互作用产生的有害后果的可能性（Ansel and Wharton，1992）。他们将灾害风险的普遍的定义化表达式写成：

$$灾害风险＝灾患×脆弱性 \tag{5-2}$$

其中，灾患用潜在灾害事件发生的可能性表示，脆弱性用人类社会可能损失的程度表示（Twigg，1998）。灾患事件发生的可能性通常用灾害事件概率或频率定量表示，也可以用一些定性的术语来表示（Coppola，2011）。例如，肯定发生（每年发生的机会大于 99%）、很可能发生（每 1～2 年发生 1 次的机会 50%～99%）、可能发生（每 2～20 年发生 1 次的机会 5%～49%）、不太可能发生（每 20～50 年发生 1 次的机会 2%～5%）、罕见发生（每 50～100 年发生 1 次的机会 1%～2%）、极端罕见发生（每 100 年发生 1 次的机会小于 1%）。

灾害风险的定义不仅包含了客观风险源情况，而且还考虑了人类社会系统的性质及其对风险的反应能力。灾害风险是风险源或灾患与人类社会系统的脆弱性共同作用造成的潜在损失。需要指出的是，虽然灾害与灾害风险定义的表达式是一样的，但是两者是不同的概念，灾害是灾患与人类脆弱性相互作用的后果，是现实的结果；灾害风险是潜在的灾患与人类易脆弱性共同作用导致损失的可能性，是潜在的后果。

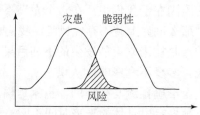

图 5-1　联合国救灾组织的风险定义

三、灾害、风险和灾患概念含义的区别

在英文描述灾害现象的文献中，较常见的术语有：disaster、calamity、catastrophe、hazard、risk 等词汇，这些词汇语义相近，描述的主题相同，常常容易弄混，以至于误解其原意。

（一）灾害（disaster、calamity、catastrophe）

在英文中，disaster、calamity、catastrophe 三个词是同义词，都是灾害、灾难或祸害之意。disaster 一词使用较为广泛，calamity 一词是更为书面化的表达，catastrophe 一词则通常用来描述巨大的灾害。

（二）灾患或致灾因子（hazard）

hazard 一词是英文描述灾害现象的文献中，使用频率最高的一词，通常语义是危险、危害，一些人也常常将它翻译为灾害。但从灾害学的角度看，hazard 一词可以翻译为灾害的危险性，或者致灾因子。2015 年，联合国国际减灾战略在其《2015—2030 年仙台减灾框架》将 hazard 翻译成"灾患"。

（三）风险（risk）

risk 一词通常的语义是危险、风险。从灾害学的角度看，风险是指某种可能发生的危险或损害，联合国国际减灾战略将风险定义为致灾因子与脆弱性条件相互作用而导致的有害结果或期望损失（人员伤亡、财产、生计、经济活动中断、环境破坏）发生的可能性。

（四）灾患-风险-灾害（hazard-risk-disaster）的区别与联系

灾患和风险在有些时候可以看作是同义词，都有危险、威胁的意思。但是风险具有特定灾患实际发生时统计上可能性的含义。灾患一词解释为一个自然或人为导致的，可能造成损失的过程或事件，也就是未来的危险源。风险是某些人类价值的东西在某种灾患面前的实际暴露，经常用事件可能性和人类损失的乘积来量度。因此我们可以定义：灾患是原因，是对于人类及其财产的潜在威胁；风险则是可能的结果，是灾患发生的可能性及造成的损失。灾患与风险两者概念的不同可以这样来比拟：两个横跨海洋的人，一个人在大轮船上，而一个人在小划艇上，他们两人横跨大洋将面临的威胁将是海洋中的大风大浪，换句话说即是两个人面临的灾患都是一样的，而由于大轮船与小划艇抵御大洋风浪的能力差别较大，两个人翻船或船体沉没的风险则不一样。显然，那个在小划艇上的人面临翻船或船体沉没的可能性更大，即风险更大。再举一例，纵观全球，由地震造成的灾患大体相当，但生活在贫穷欠发达国家的人们比起富裕且发展程度更高的国家的人来说更加脆弱，灾害的风险大得多。例如，中美洲墨西哥、海地的地震灾害风险，比美国西海岸地区大得多。

灾患与灾害在语义上是十分相近的，都有威胁、祸害之意。灾患是潜在的威胁，而灾害并不是潜在的威胁，而是实实在在发生的祸害。所以我们定义：灾害是实际后果，是灾患的实现，也就是说，每场灾害都始于一个灾患。

灾患是可能致灾的自然或人为过程，当它们发展、积累到一定程度，就会产生质变，对人类社会造成人员伤亡和财产损失，危害人类生存与发展时即称为灾害。这就是说，当自然界某物或某物质系统发生灾患，且这种灾患超出了人类社会的承受能力时，人类社会受到了伤害，这时就会形成灾害。灾患的发展属于一种量变，强调的是过程，而灾害则是一种质变，强调的是结果。我们以高温与干旱的事例，来说明灾患与灾害两个概念的差别：在中国长江流域，夏季通常是高温多雨的季节，也是农作物旺盛生长发育的时期，如果每日都是日复一日的晴天，高温无雨，开始时，人们还没有什么不适感，可是随着高温无雨过程（灾患）的持续发展，人们会有闷热的不适感；农作物则可能因高温缺水，出现枯萎，以致死亡，出现干旱灾害，这时灾患就转化为了灾害。

简而概之，灾患-风险-灾害三者的联系就是危险性事件的原因-可能的结果-实现的后果。

四、风险的度量

在日常生活中，人们常常认为飞行员工作的风险大，生活在海边的人们风险大，股票的投资风险大，在非洲、中东地区做生意风险大，这里所说的风险大小是指什么？风险的大小从哪些维度来定量描述？风险的基本测度是怎样衡量的呢？

根据风险的定义，风险大小可以从风险损失程度和损失发生频率两个维度来描述（于汐和唐彦东，2017）。风险的损失程度是指某次损失的大小程度，也称损失幅度，即在一定时间内，某次风险事件一旦发生，可能造成的最大损失的数值。风险的损失发生频率是指一定时间内，风险事件损失可能发生的次数，如河岸附近的建筑物因洪水受淹的概率，风险事件损失发生频率也可称为损失概率。

对风险的大小或等级的估计，一般会将损失发生的可能性（风险事件）和损失发生的不确定性后果的严重程度（风险载体即人类社会）综合考虑，通常是将损失的程度或幅度和事件造成损失的频率或概率进行比较而得出风险大小或等级高低的估计。在风险管理中，人们将损失概率低和损失程度低的风险，以及损失概率较高，但损失程度低的风险判定为低风险；将损失概率高和损失程度高的风险，判断为高风险，这类高风险必须控制；将损失概率低，但损失程度高的风险，也定为高风险，如强地震事件，发生概率低，但后果严重，就属于高风险。

五、灾害风险的构成要素

在灾害风险形成过程中，风险源、暴露和风险载体的脆弱性缺一不可，风险是潜在的脆弱性暴露损失，只要暴露在灾害风险源之中就有可能面临危险，如果风险载体难以抵抗风险源的破坏时，风险才能形成。然而，人类社会也具备影响灾害风险形成和发展的能力。所以，灾害风险的要素由风险源、风险载体与物理暴露等两方面的要素构成。

（一）风险源

风险源是指导致风险发生的源头，灾害风险中的风险源是可能发生的灾患或致灾因子。对于自然灾害风险的风险源，地震、气象、洪涝、海洋、地质、农业生物、森林生物等的自然变异和人为致灾活动及环境变异达到对人类生命财产构成威胁和损失时即成为风险源。风险源不但在根本上决定某种灾害风险是否存在，而且还在量上影响该种风险的大小。风险源的度量可以用危险性来衡量。一般地，风险源的变异强度越大、发生灾变的可能性越大或灾变发生的频度越高，则该风险源的危险性越高，表达成数学公式为

$$H=f(M,P) \tag{5-3}$$

式中，H（hazard）为风险源的危险性；M（magnitude）为风险源的变异强度；P（possibility）为灾变发生的概率。

（二）风险载体与物理暴露

有风险源并不意味着风险就一定存在，因为风险是相对于人类社会及其经济活动而言的，风险载体就是指风险的承载体，或者风险承担者，它就是人类社会本身，且在不同情况下，有不同的具体形式，可以是某具体的人或人群、某种财产的拥有者、某种人类社会经济活动或组织，也可以是一个区域社会体系和一个国家，当风险源危害某一风险载体后，对于一定的风险承担者来说，才承担了相对于该风险源和该风险载体的灾害风险。

对于某种灾害风险而言，不是人类社会全部都会遭受这种灾害风险的威胁，某种灾害风险其实也只能威胁人类社会的部分人群或部分区域，如台风只威胁沿海地区生活的人们，不会威胁到内陆地区的人们，换句话说，只有暴露在某种风险源面前的人类社会，才会受到灾害风险的威胁，所以灾害风险的存在是以人类社会的物理暴露为前提的。

风险载体与物理暴露是指人类社会暴露在风险源面前（致险要素影响范围内）的风险载体（如人口、财产等）的数量或价值量，它是灾害风险存在的必要条件。没有人类社会的物理暴露，致险因子、致灾因子或灾患的暴发就是自然过程，如海底洋中脊的地震，就不是灾害过程。人类社会的风险载体的物理暴露取决于致险因子的危险性和区域内风险载体的总量，其概念表达式为

$$E=f（H，N） \tag{5-4}$$

式中，E（exposure）风险载体的物理暴露度；H（hazard）为风险源的危险性，主要指灾患即致灾因子的强度和频率；N（number）为区域内风险载体的总量（数目或价值量）。它反映了在一定强度致险因子的影响下，可能遭受损失的风险载体的总量。对于灾害风险而言，暴露量越大（如人口稠密、物质财富众多的区域），其灾害风险也就越大，所以通常城市地区的灾害风险比农村地区大。

风险载体，有时也称为风险要素，是指灾害潜在影响的社会和环境要素，包括人群、建筑物、农田、工厂、公众服务设施、基础设施、经济活动和水体、植物、生态环境等。风险载体的脆弱性水平是影响灾害风险大小的基本因素之一，一般地，风险载体相对于风险源的灾害脆弱性越低，则该风险载体遭受损失的可能性越小，相应地其所载荷的来自该

风险源的灾害风险就可能越小；反之越大。

第二节　风险的类型

由于不同的领域对风险的定义不同，风险的类型也是多种多样的。为了便于学术研究和交流，也为了便于对不同风险类型采取不同的应对策略和管理措施，有必要将各种各样的风险进行类型划分。

一、风险源的风险分类

人类社会所面临的风险可能来自不同的来源，根据人与自然的关系，可以将风险分为自然风险和人为风险两大类。

（一）自然风险

自然风险指来源于自然界的风险，如暴风雪、台风、地震、滑坡、泥石流、洪水等给人类社会带来的威胁。

（二）人为风险

人为风险为由人类生存和发展而引发的威胁人类社会自身安全的风险，它主要包括以下几种类型。

（1）社会风险：社会风险是由于人们的宗教信仰、道德观念、行为方式、价值取向、社会结构与制度，甚至风俗习惯受到冲击之后产生的不确定性事件，进而导致社会各种冲突和极端事件的发生，影响人们的生活、国家的稳定和经济发展。

（2）政治风险：政治风险是由于国家的政策变化导致的风险。对于一个国家，特别是领导人的更换，军事政变等使得一些政策发生改变，进而导致政治风险。另外，国际政治环境的复杂，他国的参与介入，都可能产生政治风险。例如，气候变化、节能减排等环境政策变化，国内产业政策的改革与调整、内战、经济制裁等也可能引起政治风险。

（3）经济风险：经济风险是指由于宏观经济和微观经济市场变化导致各类市场价格的风险。多数经济风险与政治风险是相互渗透的，由于经济的全球化，经济风险与政治风险更是具有相伴而生的趋势和特点。

（4）法律风险：法律风险是由于社会法律体系的变化而引起的风险，法律标准和条款会随着经济理念的变化而变化，这些都将可能引起社会的动荡，造成风险。

（5）操作风险：操作风险一般指社会组织运行和程序的不当可能造成的社会风险。特别是安全生产领域和公共安全领域都存在着这种潜在的风险。

二、接受意愿的风险分类

根据人们接受风险的意愿将风险分为非自愿风险和自愿的风险两类（Smith and Petley，2009）。

（一）非自愿风险

非自愿风险是人们不愿意承担的。它们常常被认为是个体外部的，或者叫作"上帝之手"，如雷电引起的火灾或者是陨石降落被认为是非自愿风险。有时候这些风险是被人们所认知的，只是它们被视作是必然的，或不能控制的，就像地震一样。它代表了风险作为强加在特定生活环境里的一个结果。

（二）自愿的风险

自愿的风险，这是人们愿意通过自己的行动接受的风险。这些风险更常见，没有潜在的巨大灾难并且容易控制。和非自愿风险不同，他们通过自己的判断和生活方式更容易被评估。大范围的可控制的自愿风险被看作是个体行为（停止抽烟和停止参加危险的运动）或政府行动（立法安全和污染控制）。人为制造的灾害如技术风险也常常潜伏在这个群体当中。

一般很少有人自愿承担风险，如果它的可避免性与个人的巨大牺牲相连接，那就成了风险持有人的一部分。自然风险常被看作人非自愿的，但是洪水泛滥是十分频繁的，并且公众对此投以怀疑的目光，一些洪水泛滥区的居住者可能会买便宜的房子居住在城镇较安全的地区，并且认为这里的房子花费是很少的。这种决定是基于经济原因和自愿的理由。这些问题会被人们所拥有的自愿承担风险水平的低度认知，搞得复杂化。许多例子显示，低水平理解意味着决策合理性与事实并不符合。

自愿风险和非自愿风险之间的关系又引进了一个新概念即可接受风险或风险忍受力。因为提供绝对的安全是不可能的，所以人们试图确定一个对于任何活动和处境都可接受的风险水平。可接受风险是指预期的风险事件的最大损失程度在单位或个人经济能力和心理承受能力的最大限度之内。

三、我国应急管理的风险分类

2007 年 8 月我国政府颁布了《中华人民共和国突发事件应对法》，规定了我国现行的行政体系框架下的风险分类。根据该法第一章第三条的定义，突发公共事件是指突然发生，造成或者可能造成严重社会危害，需要采取应急处置措施予以应对的自然灾害、事故灾难、公共卫生事件和社会安全事件。根据突发事件的过程、性质和机理，将突发公共事件分为自然灾害、事故灾难、公共卫生事件和社会安全事件四类，与此对应的风险分类为：自然灾害风险、安全生产风险、公共卫生风险和社会安全风险。

（一）自然灾害风险

自然灾害风险主要包括水旱灾害风险、气象灾害风险、地震灾害风险、地质灾害风险、海洋灾害风险、生物灾害风险和森林草原火灾等风险。

（二）安全灾害风险

安全灾害风险主要包括各类企业可能发生的各类安全事故、交通运输事故、公共设施和设备事故，环境污染和生态破坏事件等风险。

（三）公共卫生风险

公共卫生风险主要包括可能发生的传染病疫情、群体性不明原因疾病、食品安全和职业危害、动物疫情以及其他严重影响公共健康和生命安全的风险。

（四）社会安全风险

社会安全风险主要包括恐怖袭击事件、经济安全事件和涉外突发事件。

四、达沃斯世界经济论坛的风险分类

达沃斯世界经济论坛于 2014 年初发表了"全球风险报告（2014）"，把全球风险划分为 5 大类和 31 个小类。

（一）经济风险

经济风险有：主要经济体的财政危机、某个主要金融机制或机构崩溃、流动性危机、结构性失业率、石油价格震荡冲击全球经济、关键性基础设施失灵/不足、美元作为主要货币的重要性下降等 7 个小类风险。

（二）环境风险

环境风险包括：极端天气事件（如洪水、风暴、林火）发生更频繁、自然灾害（如地震、海啸、火山爆发、地磁暴）发生更频繁、人为环境灾害（如原油泄漏、核事故）发生更频繁、主要区域生物多样性丧失和生态系统崩溃（陆地和海洋）、水资源危机、气候变化适应与减缓措施失败等 6 个小类风险。

（三）地缘政治风险

地缘政治风险有：全球治理失败、某个具有地缘政治重要性的国家陷入政治危机、腐败加剧、有组织犯罪和非法贸易大幅增加、大规模恐怖袭击、大规模杀伤性武器的部署使用、影响地区局势的国家间暴力冲突、经济和资源日益国有化等 8 个小类风险。

（四）社会风险

社会风险包括粮食危机、流行病暴发、慢性疾病负担失控、严重的收入差距、耐抗生素细菌泛滥、城市化管理不善（如规划失灵、基础设施和供应链不足）、政治和社会严重不稳定等 7 个小类风险。

（五）技术风险

技术风险有：关键信息基础设施和网络崩溃、大规模网络攻击升级、重大的数据欺诈/窃取事件等 3 个小类风险。

第三节　灾害风险的基本特征

人类居住的地球是一个自组织的复杂系统，系统内的任何变动（无论自然变动还是人类活动），只要超过一定程度，都会对人类社会产生正面效应与负面效应，其影响的结果都是一分为二的，可能造福，也可能为害，可能是建设性的，也可能是危害性的，所有这些负面影响出现的可能性即为风险。当今世界进入了一个科学技术空前发达，经济高度发展的时期，同时也将面临新的灾害严重时期，发展与风险并存，为了保障社会可持续发展，就必须面对各种风险问题，包括灾害风险，必须认识和了解灾害风险及其特性。

一、灾害风险的普遍性

　　地球是在不断地运动着、变化着的，加之太阳、月球和其他天体的影响，使地球的岩石圈、水圈、大气圈、生物圈的物质在运动中不断变化，从而涌现了大量的岩石的、水的、大气的和生物的极端地球物理事件等。只要地球在变动，各种自然灾害就会相伴而生，因此，只要地球上有人类存在，不同社会系统的人群，在不同利用和改造自然过程中，就必然产生不同的灾害风险。可以说有多少种自然变异及人类活动，就可能出现多少种风险。无论自然变异或人类活动都可能导致自然灾害或人为灾害发生，因此，灾害风险是普遍存在的（郭跃，2006）。世界各个地方无时无刻存在着灾害风险，但不同地区所面对的风险类型、灾害影响后果可能不尽相同。

　　就人类活动而言，事实上我们认为值得所做的每一件事都具有一定程度的风险，在多数情形下，风险是不能完全消除的，因此，知道如何降低风险、如何在一定风险残余下生活与工作就非常重要。

二、灾害风险的可变性

　　灾害风险不是一成不变的，而是可以变化的。从概念上讲，风险是以下两个因素的函数：一是某一系列不同强度的事件发生的概率；二是事件造成的社会后果。所以，随着影响灾害事件自然原因的变化或人为作用的影响，也随着社会易损性的变化，灾害风险的程度大小，甚至性质都是可以变化的。因此，由于灾害及其影响因素的多变性和社会易损性的可变性，灾害风险是动态变化的。

　　灾害风险程度也随着人们的视角不同而不同。例如，一个人被闪电袭击的概率是很低的，将人群作为一个整体考虑时，这个风险是非常小的。然而，被闪电袭击绝大多数后果是致命的，从受害者的观点来看，死亡的风险是非常高的。其实，由于人类利用和环境过程的改变，灾害风险随时间的变化其自身也会变化（Paul，2011）。

　　灾害风险的动态变化可以体现在风险发生的可能性、影响程度、后果性、可控制程度等多方面。随着时代的变迁，社会环境的改变，以及人们应对风险能力的提高，都在一定程度上影响了灾害风险性。例如，随着人类对社会环境的日益关注，生态环境的改善，人们防灾减灾的能力日益加强，对灾害监测的手段日益发达，许多灾害风险会由隐性转变为显性，不可控转变为可控等。

三、灾害风险的复杂性

　　灾害风险具有多因素相互影响作用、相互亲合的特点，表现出来即为灾害风险的复杂性。一方面，灾害风险的成因、发展趋势、表现形态、影响方式都可能以隐性或显性方式表现出来，有些灾害风险的特性人们尚不明确，也无法探知，表现出一定的不确定性，具有较高的复杂性。另一方面，同种致灾事件在不同结构的社会系统中，风险性质和大小可以是不同的，一个社会系统在面临不同自然致灾事件时，风险性质和大小也是不同的。加之一个社会系统的社会易损性有较大的可变性，使得灾害风险更加复杂多样。泛滥平原上的城市化、易受台风袭击海岸城镇人口的迅速膨胀、不稳定边坡上贫民窟的蔓延等，都会增加自然灾害风险；而加强减灾防灾的社会系统组织、培训和投资，增加技术资本等，则会减少和降低然灾害风险。再有，灾害风险复杂性还表现在形形色色的风险事件中，灾害风险除了一般风险的情形外，还会出现"黑天鹅"事件，即极其罕见的、出乎人们意料的风险。例如，2008 年春节期间，我国自西向东连续出现大范围雨雪天气，这是中国历史上罕见的雪灾，涉及了浙江、江苏、安徽、江西等 14 个省区。这只冬季里的"黑天鹅"造成农作物受灾面积 4219.8 万 hm^2，倒塌房屋 10.7 万间，损坏房屋 39.9 万间，因灾直接经济损失 220.9 亿元；也会出现"灰犀牛事件"，即太过常见以至于人们习以为常的风险，如从全球视角看，当前全球化、气候变化、难民等全球性问题也是当今世界人类社会持续发展正面临的巨大威胁。

四、灾害风险的时代性

灾害事件的产生、发展与结束都有着人的参与，没有人、组织等社会构成元素对灾害风险的能动感知、反应与应对，灾害风险就不可能存在。正是因为灾害与社会具有相互影响的互动作用，才赋予了灾害的风险性。因为人类社会是在发展变化着的且具有时代性特征。因而灾害风险具有明显的时代性，因为不同时期所展现的灾害性质与风险大小都不一样。例如，在农业社会时期，人类社会主要面临的是干旱、洪涝、饥荒灾害的风险，在工业社会时期，除了面临干旱、洪涝风险外，还面临大量地质灾害、环境污染的风险，在当今世界处于社会经济高速发展时期，所引发的各种风险事件与日俱增，面临的风险事件的复杂和风险强度前所未有，如异常地球物理事件的高发，人类社会经济活动不确定性后果频现，核污染和恐怖主义、难民潮的出现，使得当今社会进入了灾害的高风险时代。

第四节　灾害风险感知

由于风险本身具有高度的不确定性，当人们面对灾害风险时，对事情的接收、解读和决策常常要依靠自身主观的感觉，这种依赖本身的主观感受对事情做出判断的过程就是风险感知。公众的灾害风险感知是社会进行灾害风险防范的前提，懂得公众的灾害风险感知知识，对于帮助政府进行灾害风险防范的科学决策，鼓励公众参与这类决策提高积极性，都具有重要的现实意义。

一、灾害风险感知的概念

风险感知的概念最初源于消费行为研究领域，是由哈佛大学鲍尔（Bauer，1960）教授从心理学延伸出来的。开始是对消费者的购买行为以及预期心理进行探索分析，提出不确定性后果理论，即"不确定性"和"后果的危害性"之间的乘积函数。此后风险感知逐渐扩展到财务风险、社会风险、互联网消费和自然灾害等领域。

在灾害研究领域，由于研究者的学术视角和理解的差异，他们对风险感知的界定角度和方式不相同。苏飞等（2016）将这些不同灾害风险感知定义归纳为三种类型。一是灾害风险感知可以定义为对外部冲击与扰动的一种被动胁迫。灾害风险等级的高低直接关系着人们对灾害的应对能力，外部环境带来的冲击性与扰动越大，个体本身所处的地位可能就越被动，相应的认知能力就越低。姜丽萍等通过研究温州地区居民对台风风险的认知得出，随着台风登陆时的强度、雨量、风力的逐年增加，居民所处的地位就越被动（姜丽萍等，2011）。居民的认知能力与风险自身的等级特性属于一种反向相关关系。灾害的风险性越高，受灾个体所受胁迫性就越大，自身的认知能力可能就越易受影响。二是将灾害风险感知定义为个体自身的主观心理感受。有的学者把风险感知作为测量公众心理恐慌的工具，认为灾害风险感知是人们对某个特定灾害风险的特征和严重性所做出的主观判断，是测量公众心理恐慌的重要指标（李景宜，2005）。三是认为灾害风险感知是一个概念的集合。有的学者认为灾害风险感知是人们对风险特征和风险严重性的主观判断，并且这种判断和实际的客观风险之间往往存在偏差，这种偏差不仅受到个人因素的影响，也会被外部环境所干扰（李华强等，2009）。

尽管不同学者对风险感知的内涵有不同界定，但都普遍认为：灾害风险感知是公众获知灾害与灾害风险方面的信息，并根据自身已有的知识采取躲避灾害或者减低灾害损失的态度、选择与行为。灾害风险感知属于心理学的认知过程，这个认知过程是个体根据直观判断和主观感受所获得的经验，根据环境刺激、信息进行纪录、筛选、凝聚成知识与记忆，来做出主观风险的判定，并以此作为逃避、改变、接受风险的态度及行为决策的判断依据。

二、风险感知的影响因素

风险感知是指人们对外部环境中各种实际风险的直觉判断和感觉，由于外部环境中各种实际风险的存在形态复杂、多变，通过个人的主观意识加工的风险感知的状态亦是缤纷多彩的，它受到多种因素的影响。这些影响人们的风险感知的变量大致分为四个方面：一是风险自身特征；二是个体背景特征；三是社会文化特征；四是风险沟通状况。

（一）风险自身特征

不同的风险特征（如危险的大小、形式、可控程度）构成可以左右公众的风险感知。已有众多研究显示，风险特征与公众风险感知水平有显著相关。例如，研究发现，个体会高估可能性低但致死率高的事情的风险值，低估可能性高但致死率低的事情的风险值；人们会高估立即暴发而且瞬间杀伤力大的风险，低估潜伏期长、持续期久的风险。公众会认为含有新科技名词、不易被一般人理解的事物，其风险很高。当个体认为可以控制事物的结果时，重视可能的好处更胜于回避可能的损失，则可能过低估计灾害风险值；当个体无法控制事物结果时，他们重视可能的损失胜于可能得到的好处，即过高估计灾害的风险值。

（二）个体背景特征

由于个体特征的差别，知识结构和生活经验的不同，对特定风险事件的相关知识了解程度各异，会导致对风险事件的评估和应对有所不同。同时，年龄、性别、职业、教育水平、区域、个人情绪等因素也会影响个体对风险的感知能力。

如果公众对特定风险事件的相关知识了解得足够全面，那么他们对该事件结果的认知就能够客观，这样的个体就能更加理性地对待风险事件。而个体的知识结构与其受教育水平和文化背景有密切的关系。

直接经验对于灾害认识有非常重要的影响。1971 年美国旧金山大地震后，当地政府制定的一系列减灾措施，推荐市民采用，结果在有着地震直接经历的旧金山，46%的居民采取个人措施来减轻地震灾害；在感受到地震影响的旧金山周边地区，有24%的居民采取了当地政府提供的减灾措施；离旧金山较远的洛杉矶，只有11%的居民采取了当地政府提供的减灾措施。当然，有些人认为，一旦灾难如地震发生，那么以后再发生的概率就变小，就没有必要采取进一步的缓解行动了（Smith and Petley，2009）。

在公众的风险感知中，情绪也是一个变量。已有研究表明，当个人因为其他不相关事情，如有伤感、忧虑或压抑的情绪的时候，一般会过高地预估其个人风险；反之，当一个人有开心、兴奋或满足的情绪的时候，其风险感知会出现乐观偏差。

（三）社会文化特征

社会文化是影响一定社会群体生活和社会行为的重要因素，不同的社会群体、不同的民族、不同区域文化背景的人们对灾害和灾害风险的认识存在着很大的差异，影响着公众的灾害风险感知，个体的风险感知是综合因素作用的结果并主要由文化所决定。人们的观点是由社会团体所决定的，因为文化环境提供了风险被解释的综合背景。例如，居住在一个宗教意识很强的社会，也许会将灾害看成上帝的惩罚，是无法改变的。社会文化因素中包括对组织的信任、个人和机构具有的文化信仰以及秉承的价值观等。再如，我国有人研究了 SARS 事件中人们的风险感知情况，发现人们的主观自愿、跟风行为等因素会影响公众的态度和感觉，进而影响风险感知情况；同时还发现，在风险感知上，组织信赖是非常重要的社会影响变量，这是因为在现代社会，通常情况下，人们获得风险的相关信息是二手信息，而不是通过亲身经历，因此人们对风险的感知大多是基于人们得到风险消息的组织机构的可靠性和权威性。

（四）风险沟通状况

当公共风险事件发生以后，信息的缺乏会引起公众的高度焦虑，同样，人们接受信息的渠道、信息传播的时间顺序、方式和范围都会影响个体的风险认知；由于社会大多数人缺乏灾害的个人经历，人们多从许多间接资源去了解风险事件和灾害，因此，一个健全的社会，要给予社会成员一个信任感和安全感，应该具有良好的风险沟通机制。

风险沟通主要就是关于灾害风险信息的扩散和传播，包括风险事件所带来的后果性、可控制性、可接受度等不同的信息。人们对灾害事件的获取、感知、沟通等多种因子相互作用，将在一定程度上影响个体的风险感知能力。不恰当的风险沟通方式很可能导致公众对风险感知的偏差。良好的风险沟通方式能比较有效地利用沟通渠道，理性传达风险信息，满足不同民众特定的心理需求，以此来帮助公众克服面临风险事件时的心理恐慌现象。

在现代社会的框架下，风险沟通是政府、媒体、专家和大众共同参与的社会治理，在风险沟通过程中，一方面发布风险内容，还要公布相关者对风险的态度和行动，给决策人以建议和参照；另一方面还要公开政府在应对危险时候的决策和行动，在风险管理时，考虑政府、专家与媒体所持立场各异，对风险的感知各异，也就需要各异的预防风险措施，为了有效地预防和降低风险，政府与媒体之间、专家与普通民众之间必须注重交流，一致化对风险的感知，获得彼此信赖。

在当今社会，媒体表现是影响风险沟通是否成功的重要环节，风险沟通一定要充分发挥新媒体的传播速度快的优势，同时也要规避其扩散流言快的问题。同时要重新理清危险情境中传媒的功能：媒体的风险报道功能必须存在适当的限制，新闻报道不能只会当风险结果的"马后炮"，要在报道中主动积极反思，在批评中更深刻地洞察风险情境。

第五节　灾害风险的未来趋势

一、灾害风险的形势

随着人类社会的进步与发展，人们对自然、环境与灾害的认识更加深刻，人类社会利用自然资源与抵御和治理灾害的能力也显著增强，人类在与灾害的抗争中获得了更多的自由，人类因为灾害而死亡的人数也显著减少。这是否意味着由于人类社会的进步，特别是科技与教育的进步，人类社会面临的灾害风险就因此而减小了，灾害发展的趋势就缓和了？事实并非如此简单。

（一）自然灾害的强度与频率依然强劲

自然灾害肆虐人类社会的强度和频率丝毫没有减小，甚至愈演愈烈，造成的社会经济损失越发严重。无论是灾害次数、死亡人口，还是灾害损失都出现了增加的态势。自然灾害仍然是当今世界人类最为关注的全球性问题之一，每年都有成千上万的人因为自然灾害遭受财产损失、流离失所甚至丧失生命。

据相关资料表明，21世纪以来，极端气温、干旱等气候灾害仍然发生频繁，1980年全球约20次气候灾害，2017年全球约发生74次气候灾害，整体趋势呈现持续增长；水文灾害也在不断增长，1980年发生的水文灾害约为65次，而2017年水文灾害增长到近323次，期间水文灾害发生次数也在不断增加；天气灾害和地质灾害变化虽小，但从整体趋势来看也是不断增加，1980～2017年天气灾害、地质灾害、水文灾害和气候灾害的发生次数如图5-2所示。

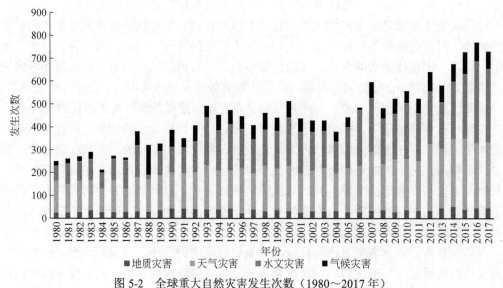

图5-2　全球重大自然灾害发生次数（1980～2017年）

数据来源：中国气象局（http://www.cma.gov.cn[2022.4.20]）

　　地震是威胁人类的重要灾害，21 世纪以来，地震暴发的频率高居不下。根据美国国家地震信息中心数据统计，21 世纪已经发生的 6 级以上的地震数量超过了 20 世纪数量的三分之一。21 世纪第一个十年比 20 世纪第一个十年增长约十倍。据 EM-DAT 的资料，2010 年全球共计发生了 373 起自然灾害，全球共有大小洪灾 182 起，还发生了 83 起风暴、29 起极端天气，以及 23 起破坏性地震，使近 30 万人失去生命，造成财产损失高达 1100 多亿美元。2011 年冬天的强劲寒流横扫欧亚大陆，多地出现百年一遇的极端低温现象。低温雨雪天气引起交通瘫痪、电力供应中断、供暖供气受影响、学校停课，多国进入紧急状态。全球冷热不均将成"常态"。厄尔尼诺现象、拉尼娜现象等影响全球性的极端气候事件不断增加。

（二）全球自然灾害发生已成为常态化的事件

　　通常认为，自然灾害是人类社会中的偶发事件。21 世纪以来，全球自然灾害发生已成为常态化的事件，自然灾害的发生越来越常态化，全年 12 个月都是灾害出现的高发时期，一般来讲，自然灾害中，特别是气象灾害，应该发生于夏季节较多，但是近几年来，灾害的季节性越来越不明显，每个月都出现了各种各样的自然灾害。据 EM-DAT 统计，近几年全球性灾害事件的发生次数一直居高不下，2015 年共发生 208 次全球性自然灾害，2016 年共发生 203 次全球性自然灾害，2017 年共发生 205 次全球性自然灾害，2018 年共发生 142 次全球性自然灾害。将这些年份中每个月发生的次数统计出后，做出 2015～2018 年全球性自然灾害发生次数变化图（图 5-3）。

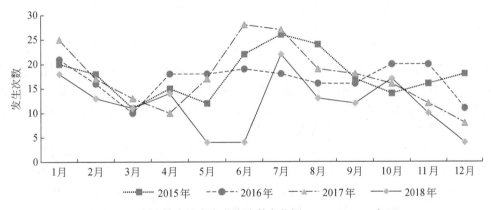

图 5-3　全球性自然灾害发生次数变化图（2015～2018 年）

数据来源：紧急事件数据库（http：//www.emdat.be/[2022.4.20]）

　　我们可以发现，全球性自然灾害发生次数最高出现在 2017 年 7 月，发生了 27 次自然灾害，最低频数出现在 2018 年的 5 月、6 月和 12 月，都只发生了 4 次全球性自然灾害。但全球性自然灾害的发生次数仍居高不下，且分布的月份也没有特别的集中，灾害的发生已经是一种常态化事件。

（三）人为灾害的高风险时代已经形成

　　按照贝克的"风险社会理论"，人类社会已经进入所谓的风险社会时期，所面临的风险种类不断增加，风险程度逐渐加大（Beck，1992）。事实上，除自然灾害风险的压力外，我们这个时代面临着越来越多的新的人为灾害的风险以及许多新的灾害事件，造成的危险和经济损失也越来越大，人类社会的安全感受到严重威胁（郭跃，2013）。

化学事故和核事故日益增加的威胁。目前，许多国家正面临处理化学事故、生物灾害、核事故和大规模毁灭性武器等事件日益增加的威胁。据相关资料显示，我国 2005~2011 年发生了 15 起重大化工水污染事件。2015 年 8 月 12 日晚，天津东疆保税港区瑞海国际物流有限公司存放的危险化学品发生爆炸，事故造成 165 人遇难，798 人受伤，直接经济损失 68.66 亿元。在西方发达国家，也同样面临化学事故和核事故的威胁。例如法国，2001 年 9 月 21 日，图卢兹市的 AZF 化工厂发生的爆炸，工厂被炸出一个 50 多米宽、15 米深的大坑，两座厂房大楼夷为平地，事故造成 31 人死亡和 2500 人受伤。这场灾难是工人混合化学药品时发生错误操作导致的。2011 年 3 月，日本福岛里氏 9.0 级地震导致福岛县两座核电站反应堆发生故障，其中第一核电站中一座反应堆震后发生异常导致核蒸汽泄漏，大量放射性物质泄漏，对周围民众健康构成了严重威胁。

高层建筑失火、油气田大火和石油泄漏、城市大面积断电的不时出现给社会带来恐慌和灾难。我国面临的建筑火灾形势严峻，据相关资料统计，仅 2012 年全国发生火灾 152095 起，死亡 1028 人，受伤 575 人，直接经济损失 217716 万元。除火灾事故外，世界也有许多油气田泄露、城市大面积停电事故发生。例如，2013 年 11 月 22 日，山东青岛黄岛区中石化黄潍输油管线一输油管道发生破裂事故，部分原油沿着雨水管线进入胶州湾，海面过油面积约 3000m^2，随后发生爆燃，事故造成 63 人死亡、9 人失踪、156 人受伤，直接经济损失 7.5 亿元。2003 年 8 月 14 日，美国东北部的纽约市、底特律市和克利夫兰市以及加拿大的多伦多市、渥太华市等地迎来了北美洲历史上最严重的大停电。美国和加拿大的 100 多座电厂，其中包括 22 座核电站自动"保护性关闭"，结果造成停电区域进一步扩大，最终酿成了北美大陆有史以来最为严重的停电事故，使 5000 万人的工作和生活受到了严重的影响。造成的经济损失每天多达 250 亿~300 亿美元。2019 年 2 月 20 日，德国柏林电力系统大崩溃，城区处于一片黑暗，柏林逾 3.1 万个家庭和 2000 家企业发生停电，手机基站和固定电话线路都受到波及，无法正常运行，停电还导致居民小区的热电联产设备无法运作，5000 个家庭供暖被中断，事故整整持续了 25 个小时。

互联网带来的不确定性和高风险。由于信息化时代社会对计算机和互联网的依赖，我们的安全、经济、生活方式，甚至生存常常因为电力、通信和计算机故障而变得充满不确定性和高风险，随着越来越多的先进的工业社会的关键系统迁移到互联网，我们这个社会变得更加脆弱，更容易受到新形式（间谍、黑客和其他的恶作剧）的破坏。例如，通信事故的时常发生会造成个人、企业与银行无法通信联系，信用卡验证和付款以及支票结算等出现问题引起金融秩序混乱。

（四）灾害风险对人类的影响更具有全球性特征

自然灾害的发生并不是单一的、孤立的，往往会在某一时间、某一地区集中出现，形成灾害链和灾害群。在新时期，社会构成越来越复杂、人类对自然的影响范围不断扩大，灾害对社会的影响深度和广度也在不断增加。2011 年 3 月 11 日发生在日本福岛的 9.0 级地震，由地震引发海啸和核泄漏，而核泄漏影响全球的环境安全，造成全球部分地区大气环境放射性物质超标，日本周边地区和海域被放射性物质污染；由此而引起社会的恐慌，如在中国和韩国一度造成疯狂抢购食盐的状况；而多国拒绝进口日本被核污染的食品和蔬菜，导致日本多家企业破产，失业人数增加。因此，现代灾害的发生具有：灾害链更长、自然灾害与人为社会灾害的关联性更为密切、灾害波及范围更广、影响更为深远、灾害全球化的趋势更加明显的特点。

全球化加强了人们的联系和相互作用，这也会使得自然灾害能够影响灾害以外的地区。例如，撒哈拉的干旱，不仅瓦解了当地的经济，而且还给邻近地区带来不利，灾民到处流动，救助范围不得不扩大，灾害影响真的全球化了。

（五）自然灾害、社会风险的传播与转移显著增强

由于全球化的快速推进，通过国际贸易、海外保险与投资以及现代科学技术，尤其是互联网、通信技术、数字化新媒体技术等新技术途径，各种潜在自然和社会风险可以在空间上出现跨国转移，在时间上的传播也显著加快（中国地理学会，2009）。一个地方性事件也能通过其对技术或者金融网络、商业运转、移民、公共卫生或者环境的影响对相隔遥远的地区造成实质性的连带影响。

在世界贸易组织（WTO）的推动下，不但一些重要的战略物资，如石油、天然气、铁矿等能源与矿产资源在世界各国和地区加快流动，而且各种金融产品的交易量也在大幅上升，这些都使各种风险在空间上加快传播，影响范围明显加大。世界上一些高风险区的形成，不仅与这些地区的自然灾害致灾因子频发有关，还与这些地区的社会经济国际化水平有关。

2008 年，受美国金融危机的影响，我国珠江三角洲、长江三角洲等对外贸易依赖程度较高的地区，出口加工贸易经济面临的风险明显加剧。此外，国外发达国家在全球范围内推销形式多样的灾害保险和再保险业务，也使灾害风险造成的影响区域扩大。

全球化的发展也使得发达国家越来越多高能耗的、对环境破坏严重的企业转移到不发达国家和地区。将诱发自然灾害的风险转移到其他国家，但同时又缺乏合理的生态补偿机制和法律措施，导致一些不发达国家面临更高的自然灾害风险。

在全球化发展的同时，区域化进程也在加快，世界各国和区域性的经济贸易及政府合作不断加强，如"东盟十国"，亚太经济合作组织、欧盟等。这些区域化组织的加快发展与加强联系，也使得各种灾害风险因素在空间的传播与扩散加强。

随着世界经济、政治、文化发展的全球化进程不断加速，人员交流越来越密切，导致某些疾病的传播速度加快、影响范围扩大。例如，SARS、禽流感、艾滋病、新冠病毒等。从 1983 年，人类首次发现艾滋病（HIV）患者，到目前全世界艾滋病患者达 4000 万人，受感染的人群仍在不断地增加。全球化的发展，导致自然灾害的影响范围、影响程度都在不同程度地扩大。

（六）重大突发事件的风险问题复杂化，风险诱因多样化，需要进行新的风险管理

随着人口、货物和设施、资本和信息流动性的加大和高度集中化，重大突发事件的风险问题越来越复杂。重大突发事件的风险诱因的多样化也会使危机管理工作变得更加复杂。传统上的危机和灾难的风险主要来自自然灾患（主要是地球物理学和气象方面的因素）和人为危险（工业技术危害和战争），对生命和财产带来各种威胁。为此，指定适当的处理机构应对各类危险和危险结果就并非难事了。然而，随着生物和社会政治危机的出现，源于各类危险因素相互作用的更为复杂类型的危机和灾难的识别工作变得更加复杂，针对传统

的水灾、火灾、飓风或危险物质泄露事件的危机管理规划将不适用了。随着重大突发事件的风险内在条件——如气候因素、病原体抵抗力等——的改变，基于过去的记录和经验所制定的风险管理政策也将面临新的挑战。因此，为了有效地应对风险，需要改善风险管理工作，开拓新的管理方法和工具，制定新的应对计划，风险管理的各个阶段都必须适应未来大规模灾难可能带来的影响。

（七）风险管理的参与主体多样化，风险沟通日益重要

随着国家私有化的进展，非政府组织以及国际组织的影响越来越大，媒体对公众意见的塑造作用在加大。此外，社会对风险所持的态度也是影响风险问题的重要因素。因此，需要更好地对风险观念予以把握和评估，确立风险管理者与利益攸关者之间的双重沟通渠道，加强与民众在风险管理上的沟通。例如，欧洲国家以及日本在环境保护和食品安全等方面，加强了政府与地区公众、业主三者之间的风险沟通和社区的多方沟通。

二、灾害风险发展的驱动因素

灾害风险的发展是由灾害风险源（灾患或致灾因子）与面临风险的人类社会的暴露程度和社会的脆弱性相互作用的结果，三者的相互作用决定着灾害风险的大小和灾害风险的发展。因此，我们可以基于灾害风险源与人类社会的暴露程度和社会的脆弱性视角，来分析和预测未来一定时期灾害风险的发展趋势。

（一）从自然环境变化趋势来看

21世纪的地球自然环境的变化，特别是气候变化和生态环境的恶化，可能会加剧未来灾害风险的发展。

从19世纪末工业革命开始，特别是20世纪后半叶以来，地球表层环境的态势已经变得相当严峻，工业化和城市化的急剧发展以及强大的技术手段的运用，强烈地改变了世界各地的经济结构和生态环境结构，资源被加速消耗，许多地区的环境被破坏，全球气候变暖、臭氧层破坏、大气污染和酸雨蔓延、森林锐减、生物多样性减少、土地荒漠化、海平面上升、江河洪灾泛滥、天气干旱肆虐、自然资源枯竭、宇宙射线和系列环境公害威胁人类健康，日益严峻地摆在人类面前。地球环境的严峻形势表明了人类活动正在以威胁自身健康和发展的方式改变着地球系统。

尽管自人类社会的出现以来，就不断地改造和影响着地球系统的变化，但人类社会早期自然环境的变化主要是自然因素引发的自然生态系统的变化，这种变化是局部性的变化，不是全球性的。而20世纪以来人类因素引发的环境变化及其影响的程度变得剧烈，即影响的规模和强度大大增加了，人类因素引发的环境变化在空间尺度上是全球性的，科学家认为，目前许多人类活动显著影响了地球系统的总体进程，并且与自然变化一起导致了全球环境的恶化。越来越多的证据显示，气候正在变化，一些重要的环境服务正在退化，地球系统面临跨越关键翻转点的风险。

地球自然环境的这些变化将为人类社会带来潜在的灾难和不可逆转的影响，可能诱发更多的自然灾害。

（二）从人类社会的暴露度的发展趋势看

随着人类社会的发展，世界人口的数量和人类社会创造和积累的财富都是在不断增长，这就意味着在未来灾害面前人口数量将更多，社会物质财富价值更大，换句话说，就是未来社会的灾害风险因世界人口和财富的增加而加大。

1. 世界人口不断增加和老龄化社会的到来

随着社会发展和进步，世界人口数量的增长是越来越快。1820 年世界人口约 10 亿人，1960 年世界人口约 30 亿人，1974 年世界人口约 40 亿人，1987 年世界人口约 50 亿人，1999 年世界人口约 60 亿人，2011 年世界人口约 70 亿人，2018 年世界人口约 76 亿人。世界人口的快速增长，不仅会造成更多人群面临灾害的威胁，而且带来人类对自然资源的需求增加、生态环境压力的增大，从而诱发更多的自然灾害，人类受灾的可能性显著增大。当今世界约 90% 的人口增长发生在欠发达国家，使得人类社会的灾害风险加剧。在这些国家中，灾害的脆弱性已经很高了，而不安全的地区聚集着密集的人，他们正遭受着身体的亚健康和营养不良，人口的继续增长，超过了政府对教育和社会其他发展方面的投资能力，生活条件和生活质量会更加恶化，他们在灾害面前更加脆弱。

在新时期，世界人口不断增长的同时，老龄化社会在西方发达国家已经形成，并向发展中国家蔓延。据人口资料统计，1990～2020 年世界老龄人口平均年增速度大约为 2.5%，世界老龄人口占总人口的比重从 1995 年的 6.6% 上升至 2020 年的 9.3%，瑞典、日本、英国、德国、法国等发达国家在进入老龄化时，人均 GNP 已达 1 万～3 万美元，而我国在 2000 年进入了老龄化社会，人均 GDP 不到 1000 美元。2020 年我国 65 岁以上老龄人口将达 1.69 亿人，约占全世界老龄人口 7.23 亿人的 23%，全世界四个老年人中就有一个是中国老年人。当遇到灾难时，这些老年弱势群体，最容易受到灾害的伤害，需要特别的帮助和赡养。老年弱势群体的大量增加，将会持续加大未来社会的灾害风险。

2. 社会财富的不断积累

新时代以来，尽管世界一些局部地区动荡不安，但和平与发展仍然是当今和未来相当一个时期的社会发展主题，人们的物质财富增长和积累较快。例如，2010 年时，全球财富有 111.5 万亿美元，2015 年为 250 万亿美元，2018 年为 317 万亿美元，2020 年，全球财富达到 418 万亿美元。但随着全球财富的增长，灾害造成的经济损失也在增加，2010 年全球灾害造成的世界经济损失为 1100 亿美元，2014 年全球灾害造成的经济损失升至 1130 亿美元，2018 年为 1600 亿美元，2020 年达到 2100 亿美元。这也意味着，随着人类社会的财富增加，灾害造成的经济损失的趋势也在加大，即未来世界财富损失的风险也将增加。

（三）人类社会的灾害脆弱性的发展趋势

从人类社会发展角度看，导致灾害发生、灾情加重的社会原因依然存在，人类社会的灾害脆弱性还会发展，灾害风险增大的趋势明显。

1. 世界政治形势和格局变动的不确定性

在人类社会，我们周围的世界一直处于变化之中，而且将持续变化下去。近半个世纪以来，世界的政治、经济、社会领域都发生了显著变化：冷战的结束、苏联的解体、欧盟的出现与英国的脱欧、发展中国家的非殖民化、新兴国家的崛起、妇女赋权、海湾战争以及中东地区的持续动荡，人类安全和网络问题日益受到重视。没有理由不认为在政治联盟、地区经济联盟、性别关系、国际贸易、网络电信、全球旅游目的地交织等方面的变化将会持续下去。以美国为首的西方世界近年来发动了一场又一场局部战争：出兵伊拉克，军事打击阿富汗，在埃及、利比亚、叙利亚等国家鼓动内部势力推翻政府，抛出了"新中亚战略"。这些行为，客观上使全球许多地区和国家的宗教问题变得更加复杂。一些国家和地区，经济发展也因此受到了严重影响，贫困问题更加突出。此外，下列事件也带来了微妙而持久的影响，如近期的气候变化、围绕水资源的地缘政治、世界的亚洲化、宗教和文化的"春天"、人口预期寿命的提高、全球大众消费以及道德和伦理的转向等。不难想象这些变化将可能会在何时、何地发生，因为没有任何地方会不受到影响。

2. 经济全球化使得灾害形势更加复杂

经济全球化是当今社会发展的趋势，它是指世界经济活动超越国界，通过对外贸易、技术转移、资本流动、提供服务、相互联系、相互依存而形成的全球范围的有机经济整体。历史上社会进步和飞跃最终都对人类社会有利，但不可避免地都伴随着剧烈的社会阵痛。现有的全球化导致发展中国家经济与社会解体，民族工业面临严峻的生存和发展危机，发达国家将其发展模式强加给发展中国家，试图消除南方国家的文化及其特性。同时，由于现行的国际经济秩序不合理，发达国家的合作、财政和信贷政策没有充分考虑到发展中国家的经济要求，导致南北矛盾进一步激化，南北差距日益加大，多数第三世界国家出口原始商品，而市场的价格要么是几十年以来的低价，要么持续不稳定。在欠发达国家几乎没有机会进行产品加工和形成市场，他们依靠进口工业化国家生产的高价格商品。这些在一定程度上会导致不发达地区的社会独立发展更加困难，使得当地社会在自然灾害面前非常脆弱，增加自然灾害的风险。

另外，经济全球化使得世界各国联系不断增强且相互依赖程度升高，一旦某个国家出现经济危机，世界上所有国家的经济都要受到牵连，也可以说经济全球化是灾害全球化表达的一个重要方式，一个地区发生的重大自然灾害会通过经济全球化的影响将灾害影响扩散至全球范围，如撒哈拉沙漠的干旱，不仅瓦解了当地的经济而且给邻近地区带来不利，灾民到处流动，救助范围不得不扩大，所以当今的灾害影响真是全球化的。显然因为全球化的潮流，未来世界灾害风险的压力会持续加大。

3. 高速的城市化加大了灾害风险

随着经济的发展，各个国家的城市化建设的步伐也越来越快，特别是发展中国家城市面积迅速扩大，严重地威胁着自然生态环境的平衡，加大了灾害风险。例如，1990年中国的城市化水平只有26.4%，而到了2010年已经上升到49.95%。城市化造成人口趋于集中在城市和城镇，一批大城市、特大城市不断涌现，而大城市人口的不断膨胀造成了许多城市问题，人口增加的速度超过了城市市政建设的速度、大量市民居住在不安全的地域里，尤其是在山区，高层建筑的不断增多，增加了灾害暴发的风险。

从世界范围来看，由于城市化过程，世界上每年有2万～3万最贫穷的人从乡村来到城市地区，以致现在世界人口最多的城市主要出现在发展中国家。这些城市中，1/3的人会受到地震和其他灾害的威胁，2/3的人居住在危房里。农村移民形成了城市中最穷的居住者。在土耳其，大多数乡村移到城市的居民受到地震的风险很高。除了不安全的地方，那里房屋的供水和环卫设施都非常匮乏，这些都使得人们缺失营养、地方病流行。目前，世界沿海人口不断增多，世界上约有3/4的人希望住在离海岸75m以内的地方。热带地区市民经常会遭遇飓风。即使在发达国家，许多沿海城市也建立在地震活动带上，美国西海岸和日本沿海的城市，因板块碰撞和陆地下沉，很容易遭遇地震。在发达国家，经济的增长同样使得财产损失的风险加大。世界工业依靠的是增加的复杂性和自然资源的消耗，除非采取措施来降低城市和工业地区的风险，否则发展会加剧灾害带来的财产损失。由于城市建设用地缺乏，一些城市不得不在灾害易发地区进行开发建设。同时，一些人类活动如化学烟雾、核的使用也使得潜在损失加剧；休闲时间的增加使得人们把第二家园建在了如山上、海边等潜在危险的环境中。

4.科技创新也会加剧社会的灾害脆弱性

科技创新，社会进步，更增加了人类的自信，增加了的社会期望值，但是，在一定程度上讲，社会越是现代化，越是脆弱，从而增加了社会的灾害的易损性。特别是在发达国家，人们的生产生活越来越自动化，然而却忽视了不利的环境影响，消费者希望在能源供给和水供给等方面得到和以前一样绝对安全的服务。贸易和工业的激烈竞争导致了人力资源的缺乏和利润的减少，使得对环境灾害的有效合作响应也在减少。

发达国家不断提高技术，是为了通过更好的预警系统和更安全的建筑体系来预防灾难。社会越来越依赖先进科技，如果科技失败，将会引起更大的潜在灾害。事实上，可信的系统也并不能确保抵抗环境的压力和其他增强的风险因素。新建的高楼大厦、大型水坝、沿海人工岛上的建筑、核扩散、不断扩张的交通（尤其是空运）都是引起潜在灾难的社会和技术案例。在欠发达国家，不合理地调整、改变技术可能会导致更深远的问题，甚至低水平技术的引进如修建一条穿山的道路也会使乘客暴露于危险之下，因为可能会产生山体滑坡等灾害。

5.土地压力长期威胁着生态环境的平衡

土地是人类最为重要的生存条件和生产资源，尤其是农业和农村发展的命根子，然而，几千年的人类文明发展，使人类赖以生存的土地遭受了极大的破坏。使得当今众多的人要生活在正遭受环境退化的地区。在落后的发展中国家，超过一半以上的人口依靠农业，农民长期掠夺式地重复利用土地，过度开垦和土壤侵蚀的存在使得人们在自然灾害风险（如洪涝和干旱）面前更加脆弱。

然而，随着社会的发展，特别是人口的持续增长、城市化进程的推进和区域开发，对土地资源的需求越来越大，土地的非农利用的压力越来越大，大量农田被侵占，据相关资料表明，2005年全球的城市建成区面积1.49亿 hm²，预计到2050年居住地和基础设施面积增长2.6亿～4.2亿 hm²，80%的城市扩张是靠侵占农业用地获得的；人类为了弥补城市建成区扩张占用的农业用地，同时又积极拓展新的农业用地。过去四五十年来，农业用地扩张一直是以牺牲森林特别是热带森林为代价的。

显然，随着社会的发展，农业土地的压力将持续存在，一方面是土地高强度的重复利用以及大量农药化肥的使用，造成土地退化；另一方面是以牺牲生态环境为代价的农业用地扩张，均会造成环境恶化，甚至更加频繁的自然灾害。

主要参考文献

郭跃. 2006. 自然灾害的风险特征及其风险管理模式的探讨. 水土保持研究, 13（4）：15-18

郭跃. 2013. 自然灾害与社会易损性. 北京：中国社会科学出版社

黄崇福, 刘安林, 王野. 2010. 灾害风险基本定义的探讨. 自然灾害学报, 19（6）：9-16

姜丽萍, 符丽燕, 王玉玲, 等. 2011. 居民对台风灾害影响的认知及应对能力分析. 中国农村卫生事业管理,

31（7）：715-717

李华强，范春梅，贾建民，等. 2009. 突发性灾害中的公众风险感知与应急管理——以 5·12 汶川地震为例. 管理世界，（6）：52-60

李景宜. 2005. 公众风险感知评价——以高校在校生为例. 自然灾害学报，14（6）：153-156

苏飞，何超，黄建毅，等. 2016. 灾害风险感知研究现状及趋向. 灾害学，31（3）：146-151

孙得将. 2008. 论风险的本质结构与实践含义. 企业家天地（下半月版），（3）：241-242

于汐，唐彦东. 2017. 灾害风险管理. 北京：清华大学出版社

中国地理学会. 2009. 地理学学科发展报告（自然地理学）. 北京：中国科学技术出版社

Ansel J，Wharton E. 1992. Risk Analysis，Assessment，and Management. Chichester：John Wiley & Sons Ltd

Bauer R A. 1960. Consumer behavior as risk taking / /Hancock RS. Dynamic Marketing for a Changing World，Proceedings of the 43rd Conference of the American Marketing Association. Chicago：American Marketing Association

Beck U. 1992. Risk Society：Towards A New Modernity Theory. London：Sage Publications

Coppola D. 2011. Introduction to International Disaster Management. Amsterdam：Elsevier

Maskrey A. 1989. Disaster Mitigation：A Community Based Approach. Oxford：Oxfam GB

Paul B K. 2011. Environmental Hazards and Disasters：Contexts，Perspectives and Management. Chichester：John Wiley & Sons Ltd

Smith K. 1996. Environmental Hazards：Assessing Risk and Reducing Disaster. 2nd ed. New York：Routledge

Smith K，Petley D N. 2009. Environmental Hazards：Assessing Risk and Reducing Disaster. 5th edition. New York：Routledge

Thywissen K. 2006. Components of Risk：A Comparative Glossary. Bonn：United Nations University，Institute for Environment and Human Security

Twigg J. 1998. Understanding vulnerability：an introduction. In Understanding Vulnerability：South Asian Perspective. Colombo：Intermediate Technology Publications

UNDRO（United Nations Disaster Relief Organization）. 1979. Disaster Prevention and Mitigation. New York：United Nations

第六章 灾患的危险性

灾患是诱发灾害风险产生的主要动力过程，认识灾患、揭示灾患发生规律与空间分布是减灾防灾及灾害风险管理的重要前提。其中，灾患的危险性分析和评价是灾害风险研究中需首要解决的问题。

第一节 灾患危险性的概念

一、灾患危险性的内涵

灾患，又称致灾因子、灾源等，是一种极端事件或异常现象，它以对人类社会生命和财产具有潜在的危害或威胁为特征。灾患，形式多种多样，是复杂的自然社会现象，全面深入地认识和理解灾患发生发展的规律是灾害研究面临的复杂而艰巨的任务。从灾害风险管理的角度，人们关注的是在一个地区或社会将面临哪些灾患风险？这些灾患在什么条件、什么地方可能发生？发生的可能性有多大？发生的强度会有多大？它对社会可能造成多大的破坏和伤害？这些问题构成了灾患风险管理中的一个重要概念：灾患危险性。

（一）灾患危险性的定义

关于灾患危险性的研究自 20 世纪 80 年代开始兴起，不同学科对危险性的理解有所不同。从工程学的角度，灾患危险性是指特定类型建筑结构破坏的概率；从安全科学的角度，灾患危险性是指发生一定数量损失的概率；而从地球科学的角度，灾患危险性是指特定区域和时间内破坏性灾患发生的概率，重视体现灾患自身的自然属性，其核心要素是描述灾患的活动程度。一般来说，灾患的活动程度越高，危险性越大，其可能造成的灾害损失就越严重。

瓦恩斯（Varnes）将危险性（hazard）定义为在特定时间和区域内某种潜在灾患发生的可能性大小（Varnes，1981）。赫伯特·爱因斯坦（Herbert Einstein）认为危险性是在给定时间内某个特定灾患发生的概率（Einstein，1988）。刘希林和唐川（1995）认为泥石流危险性即指遭到泥石流损害的可能性大小。张梁等（1998）认为危险性是一个地区在一定时期内灾患活动程度的综合反映，即一个地区在某一时期内可能发生的某种灾患的密度、规模、频次，以及可能产生的危害范围和危害强度的综合概括。若将自然灾害的发生视为随机事件，则灾患危险性分析的任务，就是估计各种强度的灾患发生概率或重现期。

目前，国内学界存在将灾患危险性概念"窄化"的现象。灾患的发生是一系列内外因素共同作用的结果，内部因素与灾患自身特性有关，外部因素往往是灾患的诱发因素，灾患危险性具有高维性、复杂性、开放性、动态性等特征。但受限于理论研究和评价技术的发展，大多数研究仅集中于灾患的静态变量，即灾患的内部因素，旨在识别灾患最有可能发生的区域，如高、中、低危险区。学术界将这类研究称为灾患敏感性或易发性评价，可以将其认为是狭义层面的危险性评价。利用敏感性制图法，将某种灾患与其影响因子的空间分布相叠加，运用一定的数学模型计算出灾患敏感性指数，其值越高，即代表该地灾患发生的可能性越大。

关于灾患危险性和灾患敏感性的关系，国外有严格且明确的区分，对危险性评价从时间概率、影响范围、强度分布等做了很多研究。而在国内基本上可以分为两派（邱海军，2012）：一派学者认为危险性就是敏感性，敏感性就是危险性，因此在评价过程中对两者不加区别；另一派学者则认为敏感性与危险性是有区别的，危险性的范畴涵盖敏感性，且涉及灾患发生的时间和强度。然而，从研究现状来看，受限于灾害数据缺乏、评价方法不足以及历史灾害事件记录不完整等因素的限制，很多研究仍停留在定性或半定量的灾患空间概率上，所做的仅是灾患敏感性或易发程度的分析，没有解答或探讨灾患发生的时间概率、影响范围或规模等问题，没有达到灾患危险性全面评价的程度。

从概念上看，所谓灾患危险性也就是人类社会对不同强度与频率的灾患事件冲击的敏感性，对灾患危险性的分析主要是确定未来一定时间内，在给定的区域内，具体灾患发生的可能性。它反映的是造成灾害的致灾因子的可能严重程度和频繁程度。

（二）灾患危险性的核心要素

灾患危险性分析聚焦于极端事件发生的可能性，这个可能性包括 3 层含义，既是空间上的可能性，也是时间上的可能性，还是强度上的可能性；空间的可能性指哪些地方可能有某种极端事件发生的危险，危险性有多大；时间的可能性指某种强度的极端事件在某个地区内多久发生一次，也就是发生频率或重现期；强度上的可能性则指在特定时空条件下，某种强度的灾患事件出现的可能性，如一个地区发生的洪灾情况，可能出现一般洪水、大洪水、特大洪水等不同强度的洪灾，但这些不同强度的洪水事件发生的可能性是不同的。

因此，在分析灾患危险性所指的灾患发生概率或可能性时，一般要从时间、位置和强度三个维度来认识。其中，时间维度是指灾患发生的时间、历时、发生频率（重现期）等；空间维度主要指灾患发生的空间位置；而灾患强度因灾患类型不同而有差异，如洪水的强度一般用淹没范围、水深、流速等指标来体现，滑坡强度用体积、滑动速度、滑动距离等指标体现，地震强度一般由地震造成的地面运动参数如地面运动加速度、速度、位移等指标体现。上述三个维度的灾患危险性分别回答了"灾患何时可能发生或灾患的发生频率如何""哪里最有可能发生灾患""发生灾患的强度或规模可能是多大"等问题，这也分别对应着灾患危险性评价的主要内容，即灾患量级-频度分析、灾患敏感性评价和灾患动力过程分析。

我们知道，灾患是具有自然、社会双重属性的现象，但是灾患危险性分析主要反映的是灾患的自然属性。通过灾患危险性分析与评价，可以确定自然灾患活动参数，圈定自然灾患危害范围，划分危害强度，编制自然灾害危险性分区图。其目的是评价自然灾害破坏损失程度，为灾害风险分析、风险管理规划奠定基础，为部署、实施自然灾害防治工作提供科学依据。

二、灾患危险性的类型

灾患危险性分析是认识灾患的基本途径，由于灾患对象的复杂性和灾害风险管理的工作目标的不同，灾患危险性分析的空间尺度、重点关注的要素、资料数据和运用的技术路线或者评价的指标体系和技术方法都有所不同，从而形成了不同类型的灾患危险性分析。

（一）历史灾患危险性和潜在灾患危险性

按评价目的的不同，可将灾患的危险性分为历史灾患危险性和潜在灾患危险性。历史灾患危险性是针对已经发生的灾患，评价其活动程度；而潜在灾患危险性是针对未来可能发生的灾患，评价其发生的可能性和活动程度。

历史灾患危险性的评价指标一般有灾患发生的时间、强度或规模、频次、分布密度等。这些指标可以表述灾患的发生次数、危害范围、破坏程度，以及造成社会破坏的损失程度。不同种类的灾患，其危险性要素的指标不完全一致。例如，描述崩塌滑坡强度的指标为灾患体体积，活动频次为平均频度（次/年），而描述洪水强度则用洪峰流量，活动频次为重现期（如 10 年、20 年、50 年或 100 年）。历史灾患危险性的评价要素，一般可通过实际调查统计获得。

潜在灾患危险性指未来时期在某一地方可能发生某类型的灾患，以及预测其灾患活动的强度、规模以及危险范围、危险的强度。灾患的潜在危险性受多种条件控制，具有很大的不确定性。就自然致灾因子而言，地质地貌条件、气象水文植被以及人类活动都是控制灾患活动的基本条件，但不同类型的灾患其对应这些条件的要素和主次关系是不同的。

历史灾害活动对灾害风险潜在危险性具有一定影响，这种影响可能具有双向效应。某种灾害发生后，能量得到释放，灾害的潜在危险性削弱或基本消失；也可能具有周期性活动特点，灾害发生后其活动并没有消除不平衡状态，新的灾害又在孕育，在一定条件下将继续发生，甚至可能更加频繁、激烈（张梁等，1998）。

（二）区域性灾患危险性和单体灾患危险性

按评价对象的空间范围不同，可将灾患危险性分为区域性灾患危险性评价和单体灾患危险性评价。

区域性灾患危险性评价是对一个流域、一个地区或更大的自然、行政区域内的灾患进行评价，其特点是面积大、成灾条件复杂、致灾因素多样、分布广、特征复杂，许多因素具有较高程度的模糊性和不确定性，因此，采用的评价指标多为相对指标，评价结果定量化程度较低。

单体灾患危险性评价是针对某个灾患点或相邻近、具有统一动力活动过程和破坏对象的几个灾患点或灾患群进行评价，其特点是评价面积小、灾患特征清晰明确、评价精度高，所采用的评价指标、模型以及得到的评价结果定量化程度都较高。

区域性灾患和单体灾患的危险性评价往往并不是相互独立的。从评价流程上来说，首先，在一个较大的区域内，通过区域性灾患危险性评价，识别出哪些位置最容易发生灾害，随后针对一些危险性高的区域，开展灾患点的危险性评价，旨在进一步分析该灾患点的影响范围、强度及规模等参数，可为防灾减灾的精细化管理提供支撑。

（三）单种灾患危险性与综合灾患危险性

按评价对象的性质来看，可将灾患危险性分为单种灾患的危险性与综合灾患的危险性。

单种灾患危险性是指针对某种类型的灾患进行的危险性分析，如地震的危险性分析、洪水灾害的危险性分析，该类危险性通常用灾患自然致灾因子的可能强度及其发生的可能性大小来描述。它对加深该类灾害危险性的理解，对更好地达到防灾减灾的目的具有直接的服务与指导意义。

综合灾患危险性分析系指一定区域范围内、多种灾患在一定时间尺度上的整体发育程度和活动水平，如一定时间尺度和空间范围内最大的地震和洪涝强度及其发生频率（或概率），又如一定空间范围内地震和洪涝活动的多年平均水平等。该类危险性通常用某种灾患或多种灾患的活动强度和频度两方面的指标来度量，或者通过造成灾患的孕灾环境和条件的变化来反映。加深对该类灾害危险性的理解，对区域水平上的灾害监测布局、防灾备灾、部署灾害应急储备、灾后重建规划以及土地利用规划、社会经济发展规划和可持续发展战略规划等更具指导意义。

灾患危险性分析类型的划分只是为了突出灾患危险性分析的某个特征或方法的一个相对概念，在灾患危险性的具体实践中，这些类型也是相互交叉或包容的。例如，中国地震灾患的危险性分析，它既是历史灾患危险性分析，也是区域灾患危险性分析，还是单种灾患危险性分析。

第二节　灾患危险性的评价方法

灾患危险性分析会涉及较多的技术方法和分析模型，不同类型的灾患危险性分析有一些不同的技术方法和分析模型，目前学界主流的灾患危险性评价方法包括定性评价法、半定量的综合指标评价法、定量评价法、统计分析法和情境模拟法等。

一、定性评价法

定性评价法又称为经验法，它在灾患危险性评价的应用，主要是为了解决某些评价地区缺少必要评价数据、资料的问题，且该区域无高精度危险性定量化要求。该方法将灾患的基本属性特征作为主要输入要素，在对危险性进行评价分级时，重视研究者经调查分析后的专家判断。以滑坡灾患为例，主要包括两种定性分析方法：①地貌分析法，滑坡的易发程度由研究者直接确定；②因子叠加法，研究者基于专业知识经验对一系列要素图进行赋权值。

地貌分析法是最简单的滑坡危险性定性评价法，是由专家根据自己的知识和在相似地区的工作经验对评价区的滑坡危险性直接作出判断，并进行分区分级。其工作思路是：首先，通过联想把没有灾患评价的地区对比已有灾患评价的地区；然后，依据地貌环境上的类似程度，从已有灾患危险性评价的地区中，选择出与没有灾患评价地区最为相似的地区，并由该地区的灾患危险性评价结果推及没有灾患评价的地区。从工作思路来看，这种方法属于因果类比的表现形式。

因子叠加法的基本原理是将灾患形成的每一个因子，按其在灾患形成过程中的作用程度进行分析，并用不同的颜色、线条或其他符号表示在相同比例尺的图上，一个因子做一张图（单因子图），然后将参加区划的几张单因子图叠加在一起，视其叠置后的颜色浓度、线条密度等进行滑坡发生危险性分区。

定性评价法一般适用于对历史灾患的危险性评价，可对历史灾患的危险性等级进行划分，如灾患的高、中、低危险性。通过该方法，可以大致了解评价区域的灾患危险性，但由于其高度依赖于参评人员的灾害感知经验和知识能力，易受主观性因素制约，因此评价结果有时会较现实情况存在一定的误差。

二、半定量的综合指标评价法

在自然灾害调查中，我们常常发现这样的现象：有的地方灾患点分布密集，而有的地方则很分散，有灾患发生的邻近区域也存在相对安全区域。灾患点分布差异与其所在位置、环境、组成物质等孕灾因素密切相关，灾患的形成往往是多种因素共同作用的结果，且不同因素所起作用也是不同的。

半定量的综合指标评价法就是基于这一思想把灾患发生的各影响因素进行综合考虑，首先按照一定标准对其进行权重赋值，数值越大表明其对灾患发生的贡献越大，反之则越小；然后再选用合适的数学模型，计算得到灾患的危险性指数，并对该指数进行等级划分；最终可实现对灾患发生可能性等级的评价。

$$H = \sum_{i=1}^{n} w_i \cdot x_i \tag{6-1}$$

式中，H 为灾患发生的危险性程度；x_i 为各项影响因素；w_i 为其对应的权重值。式（6-1）的意义在于灾患危险性评价把不同影响因素的作用累加起来，表明灾患的发生是各个因素共同作用的结果。例如，王余庆等（2001）在收集地震滑坡实例资料基础上，分析了我国岩土边坡地震滑坡的特征，以及边坡地震滑坡与地震动参数的关系，综合考虑地层岩性、地形地貌、地质结构、水文气象等因素对地震滑坡的作用，并对不同因素的主次作用进行了区分和量化，进而对有关区域地震滑坡的危险性进行了评价、分级。

综合指标评价法适用于区域性灾患危险性评价，主要解决"哪里最有可能发生灾患"的问题，也即灾患的敏感性（或易发性）问题。该方法具有原理简单、计算量小、数据要求较低、运算快、易操作等优势，特别适合大区域的灾患危险性分析，其评价结果可服务于土地利用规划、建设选址等用途。但是，其缺点也很明显，主要表现为：在评价指标选择和指标权重确定上具有较大差异，不同评价尺度上的评价因子选择也存在差异。例如，单沟泥石流和区域泥石流危险性评价的因子就不同；指标权重的确定通常通过专家打分、聚类分析等方法得到，存在很大的不确定性。不同指标的选取、不同的权重值会得到不同的危险性结果，故它被认为是半定量的灾患危险性评价方法。另外，通过该方法建立的评价指标体系往往都带有较强的地方性特征，这在一定程度上限制评价体系的推广应用和区域间的横向对比。

三、定量评价法

借助于计算机和地理信息系统技术的发展，定量评价法已经广为应用。该方法的核心思想是通过对潜在灾患体的动力状态或形成条件进行分析，认识它们目前的动力状态，进而判断它们活动的可能，从而确定它们发生的概率。以滑坡为例，张倬元等（1994）认为，可应用岩土力学的理论与方法，通过力学平衡计算得到滑坡的稳定系数 K，用来表示斜坡失稳的可能性，从而反映出滑坡灾患的危险性。王文俊（2002）把典型滑坡、崩塌的孕育形成过程划分为成形阶段、松动阶段、蠕动和局部活动阶段、整体活动阶段等4个阶段，根据对区内外若干发生过周期性活动的灾害实例分析，确定了处于不同阶段的灾害体的活动概率：稳定型为0.01，基本稳定型为0.02，较不稳定型为0.05，不稳定型为0.1，正在变形的为0.2。

这种方法的具体表现形式、评价指标及计算公式要视滑坡的滑动面类型和物质成分的不同而异。就堆积层（包括土层）滑坡而言，当滑动面为折线形时，稳定性用传递系数法进行计算；但滑动面为单一平面或圆弧形时，稳定性用瑞典条分法进行评价。岩质滑坡的稳定性则用平面极限平衡法来评价（葛全胜等，2008）。

需要说明的是，由于稳定性系数所反映由斜坡内在因素控制的现状环境下的斜坡稳定程度，只是今后斜坡状态变化的基础。所以在计算现状环境下斜坡稳定系数的同时，应根据今后可能出现的情况（如暴雨、地震、人为活动及实施防治工程等）设定相应的参数，计算稳定系数，从而研究导致斜坡失稳的因素，这些因素出现的频率有多大，进而可以确定灾害的发生概率（莫健，2005）。

定量评价法一般适用于灾患类型较为简单且基本物理属性较为均一的情况，仅适用于大比例尺的小区域灾患危险性评价。定量方法的主要缺陷之一是当基础数据不完整时，对研究区基本属性进行了过分的简化；确定性的定量模型所需要的数据往往具有挑剔性，经常无法获取必要的输入数据以保证定量模型的有效利用。

四、统计分析法

在灾患的危险性评价中，还可以通过搜集历史灾害事件的数据，建立起各影响因子（自变量）与灾患（因变量）之间的相互关系，并运用该关系定量地判断与历史灾患有相似条件的潜在灾患发生的可能性。在灾患的量级-频率分析中，也可以运用合适的概率统计模型，建立起灾患的量级-频率函数，以实现对相应量级灾患的频率和重现期估算。

统计分析法是运用数理统计理论，根据已知研究区的灾患分布情况，建立影响参数和灾患发生与否的数学统计模型，在测试区得到验证后，将其应用到孕灾环境相同或相似的地区，预测研究区的灾患危险性分布规律。最常用的统计分析是判别分析和回归分析，前者更适合于连续型变量，后者可以应用于含有定性变量的分析。

国外学者对此类方法研究较早，并取得了一定成果。Keeper（1984）收集了 1811～1980 年全世界 40 次地震导致滑坡数据，将其分为土质滑坡和岩质滑坡两大类，对震级与地震导致滑坡的最大距离、影响面积进行研究，并对 1958～1977 年的 300 个地震数据进行整理，得出能够触发滑坡的最小震级为 M_L=4.0，最小烈度为 IV 度。依据同样滑坡分类方法，Rodriguez 等（1999）对 1980～1997 年 36 次地震诱发的滑坡进行分析，得出能够引起滑坡的最小震级为 M_L=5.5，最小烈度为 VI 度。在国内，周本刚等（1994）总结中国云南、川西地区 1970 年以来的 11 次 $M \geqslant 6.7$ 级地震，并最终得出滑坡主要发生在坡度为 30°～50° 的斜坡上，能够诱发滑坡的最小地震烈度为 VI 度。

统计分析评价法对历史灾害资料依赖性较强，一般适用于灾患发生频繁、有较长观测记录及研究资料的地区，从空间尺度上，更适用于县以下行政单元的灾患危险性评价。基于统计学方法，通过收集历史资料的灾患危险性研究具有一定的全局性，但往往由于所选灾害案例不同，灾患发生的孕灾环境也不同，造成拟合结果相差很大，因此，所得结论往往不能代表任何一个区域的灾患危险性。另外，由于涉及地域广、时间跨度大，收集较为完备的数据十分困难，数据覆盖面也较为有限（商璟璐和刘吉夫，2014）。

五、情境模拟法

对于灾患易发性评价中出现的高危险区域，还需要进一步得到其具体的危险范围及灾害强度的空间分布等参数，这是防灾工程设计、灾害应急响应和预警工作的重要支撑。这里可以运用灾患危险性的情境模拟法，其基本原理是基于灾患的物理机制模型，通过计算机数值模拟和 GIS 分析，再现灾害的整个发生和运动过程，可得到灾患的影响范围和每个评价单元内的强度特征值。

这种评价方法同样以一定的历史灾害数据为基础，采用多指标的评价思路，不同的是，它是在假定灾害事件的多个关键影响因素有可能发生的前提下，基于成因机制构造出未来的灾害情境模型，从而用来评价灾患的不同致灾可能性和相伴生的灾患可能活动强度。在国外，日本早在 20 世纪 80 年代中前期，就已经以此种方法进行洪涝危险性的制图，研究者在历史洪水和地形等数据资料的基础上，利用水文、水利学方面的水池模型和不均匀流模型，分别对干流和支流的洪水流量进行情境模拟（孙桂华等，1992）。在国内，欧进萍等（2002）也曾利用情境模拟法构建出台风的物理模型，并以模型推算出我国东南沿海的 9 个重点城市的台风最大风速及其概率，从而有效地评价了台风的危险性。情境模拟法在地质灾害危险性评价中应用也比较广泛，我们曾利用 FLO-2D 模型，对汶川地震区泥石流进行数值模拟计算，得到了不同降雨频率和有无防治工程等情境下，泥石流的危险范围以及流深、流速、冲击力等参数的空间分布（黄勋和唐川，2016）。

情境模拟法本质上是一种启发式的确定性评价方法，其物理意义明确、评价过程科学客观，且评价精度高，可根据不同的灾害情境，估算灾患危险性特征。但是，它对数据质量要求高、模型复杂、计算量大、耗时长，且对评价者的专业能力要求高，因此，比较适合单体灾患的小范围、高精度的危险性评价。

第三节　主要灾患的危险性评价

一、地震危险性评价

我国是地震灾害频发的国家，地震次数多、分布范围广、地震强度大，造成的灾害影响严重。地震危险性分析是工程抗震工作的重要内容之一，在震灾预防中发挥着重要作用。这里，简要介绍两种地震危险性评价方法，一种是最常用的基于概率统计的地震危险性评价方法；另一种是学界近期提出的基于 GIS 的地震危险性综合指标评价法。

（一）基于概率统计的地震危险性评价方法

地震灾害的最大特点是巨大的不可预知性，为此，Cornell（1968）提出了概率性地震危险性分析（PSHA）来研究一个地区所有潜在震源对场地的危险性，采用超越概率和平均重现期的概念来表达某一场点或区域的地震危险水平，可用于工程设计或验证地震诱发下结构的性能需求。PSHA 方法是目前使用最为广泛的地震危险性评价方法，其操作流程可概括为 4 个基本步骤：划分潜在震源区、建立地震复发模型、建立地震动预测模型和计算场点的地震危险性。我国的《中国地震动参数区划图》（GB 18306—2015）和美国地质调查局 2014 年公布的美国地震区划图的编制即采用了该方法。

（二）基于 GIS 的地震危险性综合指标评价法

利用统计分析法进行大区域的地震危险性评价时，其计算难度和数据要求是比较高的，相应的评价成本也较高。然而，政府部门所需的又正是其辖区内科学详细的地震危险性区划结果，用以服务当地规划建设，因此，有必要寻求一种既科学简便又适用于大区域范围的地震危险性分区评价方法。

张文朋（2018）构建了基于 GIS 的地震危险性综合指标评价体系，选择了对地震危险性影响最大的地震与断裂构造两个评价因子，根据专家打分得到两者的权重值分别为 0.45 和 0.55；然后，再将地震因子细分为地震震级（0.27）和地震频次（0.18）两个评价要素，将断裂构造因子细分为断裂活动性（0.33）、断裂规模（0.11）及断裂性质（0.11）3 个评价要素。在此基础上，建立了地震危险性评价模型：

$$E_j=0.27×V_j+0.18×U_j+0.33×X_j+0.11×Y_j+0.11×Z_j \qquad (6\text{-}2)$$

式中，E_j 为地震危险性得分；V_j、U_j、X_j、Y_j、Z_j 为地震震级、地震频次、断裂活动性、断裂规模和断裂性质的得分。采用 10 分制评分的方法对评价要素进行量化，分数越大，其地震危险性越大。

以西藏日喀则地区为例，依据不同评价要素图层及其权重，按式（6-2）直接计算各网格的地震危险性得分 E_j，即可形成该地区的地震危险性分区评价图。

基于 GIS 的大区域地震危险性分区评价是一个新的研究方向，系统、成熟的经验尚未形成，评价要素的处理方法、权重的合理分配以及更加科学的计算结果划分标准等方面是未来发展方向。而且，还可以将场地条件纳入评价调价，探索评价因子更为合理的量化处理方法，逐步形成较为符合传统意义上的地震危险性评价体系，这样得出的评价结果对区域规划建设有更强的指导意义。

二、滑坡危险性评价

滑坡是山区较为常见的一种自然灾害。目前，学术界用于评价滑坡危险性的定量方法多达十几种，按评价思路和可利用资料的不同，可将滑坡危险性评价分为两类：基于历史灾害反演的统计分析法和基于力学模型的定量评价法。

（一）基于历史灾害反演的统计分析法

1. 基本原理

危险性评价的统计学方法，其核心思想是将滑坡灾害点与一系列滑坡影响因子进行空间叠加（图 6-1）；应用合适的统计学模型，探索出影响因子与滑坡之间的关系，如不同因子对滑坡发生的贡献值；在此基础上构建滑坡敏感性指数的数学判别模型，并以此计算本区或相邻区域内未来潜在滑坡的危险性水平。

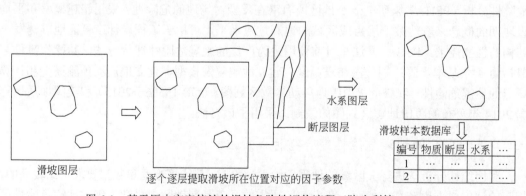

图 6-1　基于历史灾害统计的滑坡危险性评价流程（陈晓利等，2006）

　　该方法符合"将古论今"的地学思想，它基于一个基本假设，即历史灾害与潜在灾害在孕灾环境、成灾机制等方面是基本一致的。这一假设在一定程度上限定了滑坡危险性统计方法的使用范围，但它以操作简便、计算量少、可视化强等优势，仍保持着很强的生命力，依然是滑坡乃至整个地质灾害危险性评价领域的主流方法。

　　滑坡危险性评价的统计学方法还可细化为 3 类（王涛等，2015）：①基于数据挖掘的方法，如聚类分析、决策树和支持向量机等；②基于统计分析的方法，如信息量、确定性系数、证据权、判别分析和逻辑回归等；③在有历史灾害数据的情况下，还可以使用基于专家经验（或启发式）的赋值方法，如层次分析法等。但是，层次分析法在确定滑坡影响因子之间权重时有一定人为因素的干扰，所以，严格意义上它应该属于半定量的统计分析方法。

　　在上述方法中，信息量模型应用最为广泛。信息量模型的理论基础是信息论，采用滑坡灾害发生过程中熵的减少来表征滑坡灾害事件产生的可能性。滑坡灾害的发生（Y）受多种因素（x_i）的影响，在不同的地质环境中，各个因子所起作用的大小和性质不尽相同，但总会存在一种"最佳因素组合"。信息预测的观点认为，滑坡发生与否与预测过程中所获取的信息数量和质量有关，是用信息量来衡量的，信息量越大，表明发生滑坡的可能性越大（Aldo et al.，2002）。

2. 评价指标的选择

　　进行滑坡危险性分析时，评价指标的选择是关键。指标选得太少，不能完全表征滑坡活动特征，很难得到可靠的评价结果；指标太多，又容易产生指标间的多重共线性问题，也会增加数据冗余，增加计算量。因此，一般选择 6～10 个指标为宜。

　　滑坡危险性评价指标一般分为两类：斜坡的内部特征指标，即表征斜坡本身具有的有利于滑坡发生的地质、地貌、水文等条件，它们是滑坡发生的内因（必要条件），对于每一个滑坡都是必不可少的，且这些指标需要同时作用；滑坡的外部触发指标包括地震、降雨、水位变化、不合理的人类活动等，它们是导致滑坡的触发条件（充分条件），只需要其中任何一种或几种因素组合即可触发滑坡。具体说来，滑坡危险性评价指标包含以下几组。

　　（1）地质指标：地层岩性（工程地质岩组）、与断裂的距离、坡体结构等。

　　（2）地形指标：坡度、坡向、高程、地表粗糙度（凹凸性、曲率、斜坡形态）、坡位、地形湿度指数等。

　　（3）水文指标：与河流距离、水系密度等。

　　（4）其他内部指标：土地利用类型、归一化植被指数等。

　　（5）外部触发指标：①地震型滑坡，包括地震烈度、同震地表破裂、地震动峰值加速度；②降雨型滑坡，包括年均降水量；③不合理人类活动触发的滑坡，包括与公路距离、建筑物分布、采空区影响范围等。

3. 考虑滑坡发生的时间概率

　　一般来说，常用的危险性评价指标仅能表征滑坡可能的空间分布，如何考虑滑坡发生的时间概率，一直以来都是学术界的研究难点，虽暂无较为成熟的研究方法，但一些学者仍然做出了有益尝试。

　　（1）对于降雨型滑坡，其发生时间主要受制于降雨的时间，特别是暴雨。基于这一认识，卜祥航（2016）提出了"危险性=敏感性×降雨"的模型，即危险性是在敏感性的基础上，考虑以不同频率下的降雨作为时间动态因素，研究滑坡地质灾害在不同时间概率下的动态危险性变化程度。在评价流程上，首先，运用逻辑回归方法，考虑地层岩性、地震烈度、与水系距离、与断层距离、坡度和高程等 6 项指标，得出滑坡敏感性评价图；然后，将该结果与不同频率（5%、2%和 1%）的降雨因子进行空间叠置运算；最终，可以得到不同降雨频率下的滑坡危险性评价结果。

（2）对于地震型滑坡，其发生主要受地震的影响。许冲等（2019）基于来自 9 场地震产生的 306435 处真实的滑坡数据，运用逻辑回归模型，选择了 13 个影响同震滑坡发生的地震、地形、地质、降水等因子，构建了同震滑坡发生的概率模型，结合中国地震动峰值加速度区划图（50 年超越概率为 10%），开展了中国地震滑坡危险性真实概率研究，制作了第一代中国地震滑坡危险性概率图，该成果可用于区域性的规划与地震滑坡风险评价。

（二）基于力学模型的定量评价法

1. 基本原理

该法是在滑坡失稳的物理过程和力学机制基础上，以稳定性状态为评价指标，结合基础区域空间数据对滑坡危险性进行评价预测（蒋树等，2017）。它与统计学方法的主要区别在于，它可以定量分析滑坡失稳机制和滑移过程，其物理意义明确，属于"显式"评价；而统计法则是依靠评价指标，以黑匣子方式间接地反映滑坡形成规律，属于"隐式"评价（王涛等，2015）。表 6-1 所示为从关注对象、历史灾害资料需要与否、核心算法、时间序列、适用范围等角度对两种滑坡危险性评价方法的比较。

表 6-1 滑坡危险性评价方法的对比

所选角度	基于历史灾害反演的统计分析法	基于力学模型的定量评价法
关注对象	历史滑坡	潜在滑坡
历史灾害资料	需要	不需要
核心算法	经验和数学算法	坡体失稳和滑移过程的定量分析
时间序列	灾后反演	灾前预测
适用范围	灾后应急响应决策	灾前防灾规划、防灾工程设计

基于力学模型的定量评价法起源于经典滑坡稳定性分析方法，经过模型改造并结合 GIS 技术形成简化经验式，逐步实现了区域滑坡危险性评价。尽管该法可以提供区域滑坡危险性的定量分析，但由于引入了斜坡地质力学模型和斜坡失稳的诱发机制，需要非常详细的地形和岩土力学参数，其评价结果会受到数据量和数据精度的影响。因此，该法比较适合于单体滑坡或较小范围的区域滑坡危险性评价。

2. 主要的评价模型

为了更好地理解基于力学模型的定量评价法，这里就降雨型滑坡和地震型滑坡，分别介绍几种常见的评价模型。

在降雨诱发的滑坡灾害中，地下水是改变滑坡体应力状态最常见的控制因素，因此，对于该类滑坡水文-力学模型是应用最为广泛的确定性模型，常见的有 SHALSTAB 模型、SINMAP 模型和 TRIGRS 模型。

地震滑坡稳定性分析是滑坡灾害领域关注的重点问题之一，其评价方法经过拟静力分析、Newmark 累积位移法和数值模拟等演进之后日趋成熟（王涛等，2015）。其中，Newmark 累积位移法有较为明确的物理力学意义，且能够较好地揭示地震滑坡的形成机制与滑移过程，已成为学界主流的区域地震滑坡位移及定量危险性评价方法之一，不少学者已基于该方法开展了地震滑坡研究。

三、洪水危险性评价

洪水风险分析是防洪非工程措施的重要组成部分，而洪水危险性评价是风险分析的基础。现有的洪水危险性评价方法主要有基于 GIS 的综合指标评价法，量级-频率的统计分析法，基于水文、水力模型的情景模拟法。

（一）基于 GIS 的综合指标评价法

基于 GIS 的综合指标评价法是洪水危险性评价常用的方法之一，利用它可解决洪水危险性的第一个科学问题：某地是否可能会发生洪水？也即洪水暴发的敏感性。该方法的基本原理是根据洪水发生的机理，选择多个表征洪水发生可能性的指标，运用数理方法和 GIS 空间分析，计算洪水危险性综合指标，最终得到洪水危险性区分评价图。该法的优点在于计算量小，对数据精度要求相对较低，适用于大区域或流域尺度的洪水危险性评价。

该法一般通过专家打分、层次分析、模糊综合评价等数学方法，确定各指标的权重，这其中带有很强的人为主观性。评价指标的选择对评价结果影响巨大，不同的指标会产生不同的危险性评价结果。因此，如何科学、合理地选择评价指标，已成为洪水危险性指标评价的核心问题。

洪水危险性指标的选取通常需要考虑两方面的因素，分别是洪水的触发因子和下垫面自然条件。由于各评价区域的具体情况不同，如可提供的数据资源，孕灾环境的特殊性与差异性，在进行洪水危险性指标选取时应做到因地制宜。

（1）触发因子：也即引发洪水的动力因子，对于不同类型的洪灾，其触发因子也是不同的。对于暴雨洪水，持续性的暴雨是触发因子；对于风暴潮，则是强风暴；而对于融雪洪水，温度的上升是主要触发因子。在一些复杂情况下，洪水可能受多个触发因子的影响。一般而言，触发因子多用定量指标对其空间特征和时间过程进行描述。描述暴雨洪水的触发因子主要是降水，其强度、历时和范围直接影响着洪水灾害的严重程度，强度越大、历时越长、范围越广，越容易发生特大洪水灾害。描述降雨的评价指标一般有最大 3 日降水量、当日降水量、多年平均年降水、年暴雨日数等。

（2）下垫面自然条件：也即洪水的孕灾环境，如地形、水系、土地利用类型、植被覆盖以及地质条件等，它们主要是在对洪水进行再分配的过程中起作用，具有相对的稳定性。在洪水危险性评价中，主要利用各种专题要素图进行描述，着重于其空间特征的分析。

（二）量级-频率的统计分析法

通过基于 GIS 的综合指标评价法可识别出洪水的易发区域，但并不能判别洪水的规模和量级，但这正是防洪减灾特别需要关注的问题：可能发生多大的洪水？洪水作为一种复杂的自然现象，它所包含的特征值有洪峰流量、洪水总量、洪水水位、洪水流速、洪水过程线以及洪水历时等。目前，在防洪工程和洪水统计分析工作中，通常采用洪峰水位或洪峰流量（洪量）作为洪水大小的度量标准。但在实际的防减灾工作中，最常用的评价指标却是洪水频率，如 20 年一遇、50 年一遇以及 100 年一遇洪水等。那么，如何构建洪水的量级-频率关系，成为洪水强度分析的核心问题。

1. 资料获取

通常基于历史记录数据建立洪水的量级-频率关系（图 6-2），数据来源主要有（温家洪等，2018）：

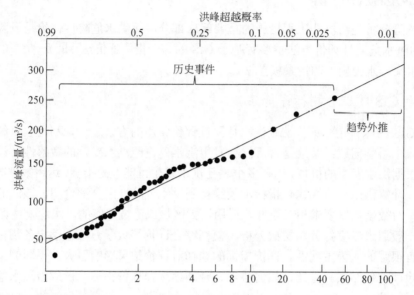

图 6-2　某河流的洪峰流量与其重现期及洪峰超越概率的关系（Rogers and Feiss，1998）

（1）各种监测仪器记录的数据（如水文站点数据）和灾害地图等（如洪水淹没区域图）；

（2）各种历史资料（如新闻报纸、城市档案、地方志等）；

（3）社区尺度的参与式制图，通过实地调研和访问等推断大量级历史致灾事件发生的状况。

历史资料通常是不全面的，只能获取某个时间段的数据和信息。历史记录的时间跨度对于估算量级-频率关系具有非常重要的作用。如果时间太短，又缺少典型灾害事件，则很难评估更长重现期事件的发生概率。同时，评估的精度也依赖于给定时间段内数据记录的完整性，在很多事件记录缺失的情况下，也很难做出合理的评估。

2. 趋势拟合

水文数据频率分析的目标是利用概率分布模型建立极端事件量级和发生频率之间的关系（即量级-频率曲线），其基本前提是用于分析的水文数据相互独立并且均匀分布，同时产生水文过程的暴雨系统也是随机的，在空间和时间上是独立的。

水文数据频率分析多应用数理统计方法，线型选择和参数估计是其主要研究内容。线型分布依据频率曲线的尾部特征可分为两类：薄尾分布和厚尾分布。前者指所有超越概率在尾端，即流量增大方向按负指数律递减的分布，如正态分布、耿贝尔（Gumbel）极值分布、皮尔逊Ⅲ（P-Ⅲ）型和皮尔逊Ⅱ（P-Ⅱ）型分布等；后者指所有超越概率在尾端按负幂函数律递减的分布，如对数正态分布、对数 P-Ⅲ型分布和韦布尔（Weibull）分布等。由于负幂函数律比负指数律趋于 0 的速度要慢得多，厚尾分布对于远离一般点据的特大值，要比薄尾分布点据拟合得好一些。研究表明，P-Ⅲ型分布比较适合于我国有较长系列观测资料

（>30 年）的洪水特征值分布，参考《水利水电工程设计洪水计算规范》［SL44—2006）］，美国水资源委员会推荐使用对数 P-III 型分布。

3. 注意事项

在构建和使用洪水量级—频率函数（曲线）时，应注意如下事项：

（1）若待评估的洪水特征值超出了量级-频率函数的取值范围，需要对该曲线作趋势外推，此时必须注意到可利用数据的有效性。例如，利用 30 年一遇的洪水记录数据，通过各种方法去外推 100 年一遇，甚至 1000 年一遇的洪水强度，其结果是值得商榷的。那到底能外推多少是比较适合的呢？这里有一个基本原则，即在记录数据小于 10 年一遇的洪水情况下，应该避免进行频率分析。同时，当估算的洪水重现期大于记录数据的时间长度的 2 倍时，也不适合做频率分析。

（2）应该考虑随机事件的非周期性。例如，自 1960 年以来，东非的许多地区降水经历了显著变化，相同频率下的洪水强度远大于 1960 年以前数据。因此，能否把 1960 年前后的水文资料混合在一起构建洪水频率曲线，也是值得商榷的。

（3）气象触发事件的变化可能会引起水文记录数据缺乏同质性（均匀性）。例如，在美国的新英格兰地区，每年洪水由夏季暴雨、秋季飓风、融雪等各种因素引发。是否可以把所有类型的洪水都包含在频率分析中，也是一个有争议的话题。

（三）基于水文、水力模型的情景模拟法

从承灾体的角度来说，除洪水发生可能性、量级-频率曲线外，最关注的问题是：洪水淹没范围有多大？水深、流量有多少？这也是构建洪水脆弱性曲线的基础，是洪水灾害风险精准量化的关键环节。对于这一系列问题的解决，往往需要借助基于水文水力模型的多情景模拟法，这里将涉及评价方法的基本原理、洪水模型的类型以及洪水危险等级判别标准等内容。

1. 基本原理

多情景模拟法是综合运用 GIS 和水文水力学模型，模拟再现不同暴雨情景下洪泛区的淹没特征（包括淹没范围、淹没水深、洪水流速、洪水历时等）。具体来说，即是利用 GIS 空间分析模块分析和存储研究区域地貌特征（DEM）、不同重现期情境下的降雨量，并提取相关参数，作为水文水力学模型的输入条件，可通过流域产流模型、汇流模型以及一维或二维的洪涝演进模型等水文水力学模型，对洪水演进过程进行模拟，进而得到洪水过程中的可能淹没范围、淹没水深和淹没历时等强度指标。

情景模拟法的物理意义明确，最大的优势在于计算精度高，可以得到详细的洪水淹没区范围，以及每个计算单元（栅格）内的水深、流速等参数；但其缺点是需要高精度、高分辨率的地形、观测降水以及水位数据。在山区小流域，山洪易暴发，但水文气象观测站点稀缺，高分辨率的地形数据人工实地测量成本高，很难大面积地实测，在一定程度上限制了情景模拟法在山洪危险性评价中的应用。

2. 洪水演进模型的类型

常用的洪水演进模型主要分为水文学模型和水力学模型（李帅杰，2013）。

水文学模型以产汇流理论为基础，依据"降雨径流"过程的物理概念和实验或经验性理论建立数学模型，其数学模型包括系统理论模型和概念性模型。系统理论模型是基于对输入和输出系列的经验分析，模型参数不具有物理意义；概念性模型以水文现象的物理概

念和经验公式为基础构造，往往具有分布式特征，模型参数具有一定的物理意义，需结合集水口的历史洪水资料在计算域上率定。水文学方法结构简明、计算速度快，其计算结果为流域或单元出口处的洪水过程，因此无法反映整个洪泛区内水力要素值的时空变异规律。

　　水力学模型是基于水文过程的物理规律，采用数值算法求解水流运动的质量和动量守恒的偏微分方程，得出详细的汇流演进过程，可提供洪水灾害的淹没范围、水深分布、流速分布与淹没历时等信息。水力学模型属于物理性模型，模型参数具有明确的物理意义，主要根据地形和地貌数据经量测和分析获取，并结合历史洪水资料进行率定和验证，其计算结果较为准确、可靠。常用的洪水动力模型有一维模型和二维模型，它们分别通过求解一维和二维水动力方程进行水力要素的计算，一维模型计算速度较快，但只能模拟单向流动，一般用于模拟河道洪水演进，对于淹没区的水力要素分析，通常需要借助二维模型，而离散求解二维水动力方程往往需要耗费较长时间。国内外学者往往采用并行计算、分布式计算和自适应网格技术等手段提高计算速度。

3. 危险性等级划分

　　利用多情景模拟法可以得到一系列洪水特征参数的空间分布，那么，这些参数值达到多少时算危险呢？这就涉及洪水危险性等级划分的问题。目前，世界各国都有不同的划分标准，一般可按承灾体类型分为两类，即针对人的评价和针对区域的评价（王静等，2019）。

　　1）针对人的洪水危险性评价指标和等级划分

　　侧重于评价洪水对人避难行走的危险性，评价时采用的洪水条件一般为场次洪水（某一设计频率洪水或历史典型场次洪水），评价指标有洪水危险率、水深和流速组合曲线以及水深、淹没历时和洪水动能组成的综合指标等，其评价结果主要服务于防汛预案编制、防汛预警或应急避难。

　　2）针对区域的洪水危险性评价指标和等级划分

　　针对区域的洪水危险性评价主要服务于土地利用规划、洪水风险管理和风险意识教育等领域，一般采用洪水强度特征值、重现期矩阵划分危险等级。图 6-3 所示为国外较为典型的针对区域的洪水危险等级划分指标和阈值。

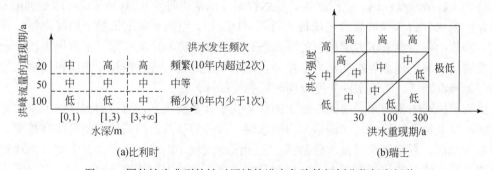

图 6-3　国外较为典型的针对区域的洪水危险等级划分指标和阈值

主要参考文献

卜祥航. 2016. 基于不同降雨频率的地质灾害危险性评价方法研究. 成都：成都理工大学博士学位论文

陈晓利，叶洪，程菊红. 2006. GIS 技术在区域地震滑坡危险性预测中的应用——以龙陵地震滑坡为例. 工程地质学报，14（3）：333-338

葛全胜，邹铭，郑景云，等.2008.中国自然灾害风险综合评估初步研究.北京：科学出版社

黄勋，唐川.2016.基于数值模拟的泥石流灾害定量风险评价.地球科学进展，31（10）：1047-1055

蒋树，王义锋，刘科，等.2017.滑坡灾害空间预测方法研究综述.人民长江，48（21）：67-73

李帅杰.2013.城市洪水风险管理及应用技术研究——为福州市为例.北京：中国水利水电科学研究院博士学位论文

刘希林，唐川.1995.泥石流危险性评价.北京：科学出版社

莫健.2005.地质灾害危险性评价研究综述.西部探矿工程，17（10）：220-223

欧进萍，段忠东，常亮.2002.中国东南沿海重点城市台风危险性分析.自然灾害学报，11（4）：9-17

邱海军.2012.区域滑坡崩塌地质灾害特征分析及其易发性和危险性评价研究——以宁强县为例.西安：西北大学博士学位论文

商璟璐，刘吉夫.2014.地震滑坡危险性研究进展// 风险分析和危机反应中的信息技术——中国灾害防御协会风险分析专业委员会第六届年会论文集

孙桂华.1992.洪水风险分析制图实用指南.北京：中国水利电力出版社

王静，李娜，王杉.2019.洪水危险性评价指标与等级划分研究综述.中国防汛抗旱，29（12）：21-26

王涛，吴树仁，石菊松，等.2015.地震滑坡危险性概念和基于力学模型的评估方法探讨.工程地质学报，23（1）：93-104

王文俊.2002.三峡库区干流崩塌、滑坡的发育特征及危险性评价.灾害学，17（4）：54-59

王余庆，辛鸿博，高艳平，等.2001.预测岩土边坡地震崩滑的综合指标法研究.岩土工程学报，23（3）：311-314

温家洪，石勇，杜士强，等.2018.自然灾害风险分析与管理导论.北京：科学出版社

张梁，张业成，罗元华，等.1998.地质灾害灾情评估理论与实践.北京：地质出版社

张文朋.2018.基于 GIS 的地震危险性分区评价方法初探.华北地震科学，36（3）：52-58，74

张倬元，王士天，王兰生.1994.工程地质分析原理.北京：地质出版社

周本刚，张裕明.1994.中国西南地区地震滑坡的基本特征.地震工程学报，16（1）：95-103

Aldo C，Susanna P，Claudio T，et al. 2002. A procedure for landslide susceptibility zonation by the conditional analysis method. Geomorphology，48（4）：349-364

Chou W C，Lin W T，Lin C Y. 2009. Vegetation recovery patterns assessment at landslides caused by catastrophic earthquake：A case study in central Taiwan. Environmental Monitoring & Assessment，152（1-4）：245-257

Cornell CA. 1968. Engineering seismic risk analysis. Bulletin of the Seismological Society of America，58（5）：1583-1606

Einstein H H. 1988. Special lecture：Landslide risk assessment procedure. In：Proc 5th International Symposium on Landslides. Lausanne：Switzerland

Rodriguez C E，Bommer J J，Chandler R J. 1999. Earthquake-induced landslides：1980- 1997. Soil Dynamics and Earthquake Engineering，18（5）：325-346

Rogers J J W，Feiss P G. 1998. People and the earth：basic issues in the sustainability of resources and environment. Oxford：Cambridge University Press

Varnes D J. 1981. The principles and practice of landslide hazard zonation. Bulletin of the International Association of Engineering Geology，23（1）：13-14

第七章　人类的脆弱性

人类脆弱性作为灾害风险的重要组成部分，主要用以表达人类作为灾害的受害者在特定强度的灾患的作用下，可能出现的负面后果，属于自然灾害的社会经济属性表达。脆弱性评价也是实现各类承灾体风险量化的关键环节，起着连接灾患与风险的纽带作用，对于推进灾害风险评价与风险管控至关重要。

第一节　脆弱性的概念及内涵

一、脆弱性研究的由来

长期以来，灾害研究的主流方向是认识致灾因子的形成机制与活动特性，并在此基础上施加结构性的工程措施来达到防控灾害的目的。例如，针对洪水灾害修建水坝、防洪堤及排洪渠等，针对滑坡灾害修建挡墙、抗滑桩、截水沟等。这些工程措施在短时间内对于一些突变性灾害能够起到一定的防治功效。但是，针对大尺度的缓变性灾害，如干旱、热浪、海平面上升等，依靠工程防治措施是不现实的，主要是由于这类灾害的成灾机制非常复杂，且涉及因素非常广泛，很难从根源上抑制其发生。

20 世纪中期，学术界逐渐认识到，仅从自然灾患的形成机制上探求防灾减灾措施收效甚微，人们开始寻求认识灾害本质的其他途径。著名地理学者奥金夫等（O'Keefe et al., 1976）在 *Nature* 发表了里程碑式的论文——*Taking naturalness out of natural disasters*。该文分析了 1947～1973 年全球自然灾害及其损失的变化趋势，得出认识：自然灾害不仅是天灾，社会经济条件决定的承灾体脆弱性才是灾难的真正原因。在 20 世纪 80 年代初期，英国巴斯大学的地理学者在加勒比海和印度尼西亚地区的灾害野外调查中，继续着社会脆弱性的研究工作（Jeffery, 1982）。

1983 年地理学家休伊特（Hewitt, 1983）编辑出版了题为《从人类生态学视角：灾害的解释》的论文集，并指出，对自然灾害的认识，重要的事情不是靠灾患事件的条件或行为来解释灾害的特征、后果和形成原因，而是要分析当代的社会秩序、灾害的日常关系和塑造这些特征的历史环境。该书的问世为灾害研究和管理提供了不同于传统范式的灾害研究思路和方法，开启了灾害脆弱性研究的时代。我国地理学者姜彤、许朋柱于 1996 年在《灾害学》杂志上发表"自然灾害研究的新趋势：社会易损性分析"一文，开创了中国学者对人类脆弱性的研究。

近 30 年来，脆弱性的概念成为现代灾害研究及实践应用的中心，也是减轻灾害后果的基本策略。在这一时期内，科学家关注的焦点已从灾害本身转移到人们对灾害的脆弱性的共同作用和相互作用以及导致脆弱性的条件的多样性。脆弱性已经发展为一种对主流技术层面的灾害研究的批判，并成为多学科传统的灾害著作和研究中的专业术语。

二、脆弱性的定义与内涵

在自然灾害发生后，为什么一个个体、家庭、团体或社区可能比另一个个体、家庭、团体或社区承受更多或更少的伤害或损失？原因就是灾害背景——脆弱性的不同。因此，认识灾害，研究脆弱性是重要的环节。

脆弱性一词是"vulnerability"的中文翻译，《韦氏字典》将脆弱性定义为"能够受物理损害"或"易受攻击和伤害"。那么，脆弱性的语义即是能够受到或易于受到伤害、攻击、损害的状态或条件。在国内，一些学者将"vulnerability"一词翻译成易损性。在灾害学界，脆弱性实际上是人类对于灾害的脆弱性的简称，也称为灾害脆弱性或人类脆弱性。

然而，脆弱性或易损性一词，并非是灾害领域的专有名词，该概念已被用于多个学科领域，包括人类学、生态学、经济学、地理学和社会学，并被应用于气候变化、发展、粮食安全、生计、贫困、公共卫生和可持续性等主题。在不同的研究领域，由于学科背景、研究对象、研究视角的不同，对灾害脆弱性概念的界定有很大的差别。目前，比较典型的灾害脆弱性定义有以下三类：

Burton 等（1978）是最早给脆弱性定义的学者，他认为，脆弱性指易于遭受到自然灾害的破坏和损害。这一概念比较宽泛，关注的主题是自然灾害条件的分布、人类占用的灾害地带和灾害可能带来的损失程度。该脆弱性定义代表了大部分自然科学家的观点，倾向将脆弱性理解为系统由于各种不利影响而遭受损害的程度或可能性，偏重于影响结果的表达。

Blaikie 等（1994）是人类的灾害脆弱性研究的先驱者，他认为脆弱性就是个人或群体预见、处理、抵御灾害和从灾害中恢复的能力的特征，它涉及自然或社会灾害威胁人们生活程度的各种因素。在灾害背景下，社会中一些阶层比另一些阶层的人们更容易遭受灾害的破坏和损失，这些影响因素包括社会阶层、姓氏、种族、性别、是否残疾、年龄等。这类概念关注的主题是社会对灾害的抵御和恢复能力，把灾害事件的性质当作是已知的条件，它强调脆弱性的社会结构，注重分析影响人们处理灾害能力的历史、文化、社会和经济过程。该定义代表了大部分社会科学家的观点，则更多的是将脆弱性表述为整个系统可能承受负面影响的能力，并用以探究其脆弱环节或因素，以实现降低系统脆弱性的目的。

联合国减灾组织长期以来致力于引导世界各国减灾防灾事业，指导国际灾害学术界的学术发展，自1991年以来，就非常关注脆弱性问题，不断完善对灾害脆弱性的理解，多次对人类的灾害脆弱性提出定义。2017年，联合国减灾组织再次提出了脆弱性的新的理解。按照联合国减灾发展战略的新观点，脆弱性是由自然、社会、经济、环境因素或过程共同决定的状态，这一状态会增加个体、家庭、社区、资产或系统面临灾害的敏感性（UNISDR，2017）。这一定义得到了国际社会和学界的广泛认同。它突出了灾害脆弱性的本质特征，既是一种损失的可能结果或现象存在，同时也是人类社会的成灾特性或状态，并强调了人类社会系统在面临灾害时的脆弱状态是由自然系统和人类社会系统相互作用所决定。

人类脆弱性是面临灾害时人类所固有的一个属性，表现为人类社会面临灾患冲击后可能出现的损失或伤害，就像在传染性病毒面前，人都是脆弱的一样，都可能因为感染病毒而患病。事实上，在大自然面前，在强大的、突然的极端灾患事件面前，人类及其人类社会都是软弱的，是易受到伤害的，灾患事件可以随时随地袭击人类、伤害人类，这是人类与自然的相互关系所决定的，因为自然的力量，灾害是不可抗拒的，故在灾害面前，人类是渺小的、脆弱的。

人类的脆弱性不仅仅指面对灾害风险时个人的脆弱性、家庭的脆弱性，也包含社区的脆弱性、社会物质财富、人类的生存环境和条件的脆弱性以及人类社会整体系统的脆弱性。

脆弱性是人类社会系统存在的会造成潜在危害的固有特性，这一特性与灾患事件本身无关，而取决于人类系统自身结构，是人类社会内部各种因素综合体现出的一种成灾特性。这种特性使得不同的社会、不同的阶层、不同的人群面对灾害有着不同的脆弱性。例如，在灾害面前，穷人比富人更脆弱，妇女、儿童、老年人、残疾人比其他人群更脆弱。

脆弱性是自然过程和人类社会过程的相互作用的状态。自然、社会、经济、环境过程及其相互作用过程决定着人类脆弱性的大小，如人类的脆弱性与任何地方人类建筑环境的发展水平密切相关，建筑水平越差，脆弱性越大。正如哥伦比亚大学地球研究所的一名地震学家所说的那样，地震不会杀死人，质量差的建筑会杀死人。

人类脆弱性也与外在的灾患过程直接相关，虽说脆弱性是人类社会系统内部属性的综合表现，但是这种易损特征必须是在一定灾害强度影响下才能够得以体现，我们可以将灾患理解为脆弱性产生的激发器，脆弱性是否产生、脆弱性有多大，这都与灾患类型及其强度直接关联。各项参数都相同的两处建筑物，在面临不同类型或不同强度的灾害冲击时，其所呈现的损失结果是截然不同的。例如，两处建筑物，一个是石砌结构，另一个是钢混结构，在遇到干旱灾害时，两者的脆弱性可能相差不大，若遇地震灾害时，其呈现的损失状态肯定具有质的不同。

从根本上说，人类脆弱性是一个政治生态学概念，脆弱性是联系人与环境、社会力量和制度之间关系与其文化价值的纽带（Oliver，2004）。脆弱性涉及人们生活的社会、经济和政治环境的复杂情况，这些因素构成了人们在应对灾害方面的选择，最容易受到伤害的是那些有最少选择的人。

脆弱性作为人类社会对自然灾害敏感的程度，它是人类社会组成和结构的函数，这个函数是可以调整和改造的，它的减少或降低应该是人类减灾防灾的重要手段。从一定程度上讲，自然灾害是无法控制的，人类要在未来几十年完全认识自然灾患事件也是非常困难的，所以，从自然的角度看，控制和预防自然灾害的成效是有限的，为了得到一个更加安全的环境，人类必须通过减少灾害脆弱性来实现。

三、脆弱性的性质

自然灾患本质上是极端的地球物理事件，它们有对人类社会施加潜在危险的特征，但灾害的风险不仅仅是自然过程的结果，而且还是人类社会及其脆弱性的结果。灾害是自然过程和人类脆弱性相互作用的结果。如果地球上仅有地球物理极端事件发生，但没有人类脆弱性存在，这时灾害风险是不会发生的；如果没有极端地球物理事件，只有人类社会脆弱性，这时灾害风险也不会发生。换句话说，对自然灾害风险来说，人类的脆弱性和自然的极端事件是同等重要的。脆弱性是构成灾害风险的重要条件，表现出以下性质。

（一）脆弱性既是普遍的又是特殊的

在强大的自然力量面前，人类社会显得相当脆弱，是易于受到破坏和伤害的，加之人类社会的社会形态、组织结构的不完善，社会经济、政治、文化条件的不够强大和人类一些行为的不够理性，使得人类社会在自然灾害面前更加脆弱和易损。在人类社会里，灾害的脆弱性是普遍存在的，但它的成因是不相同的。人类社会的复杂性和多样性，使得不同的社会的脆弱性成因不同、特征不同、大小不同。脆弱性又是特定社会的专门产物。

本质上说，灾害现象的存在，或者灾害事件的发生，是源于人类社会，源于人类的脆弱性，而人类灾害脆弱性的普遍存在，充分说明脆弱性的研究是非常必要的，它是人们认识灾害现象的重要途径。

（二）脆弱性是多种多样的

极端地球物理事件对人类社会的影响和破坏是全方位的，人类社会的方方面面几乎都可能遭受到自然灾害的影响和破坏，从而使得脆弱性的表现形式具有多样性。据英国学者Aysan（1993）研究，脆弱性至少有这样几种表现形式：缺乏资源（经济脆弱性）、社会结构的分离（社会脆弱性）、缺乏强有力的国家和地方组织机构（组织脆弱性）、缺乏信息和知识（教育易损性）、缺乏公众意识（动机脆弱性）、有限的政治权力（政治脆弱性）、信仰和习惯（文化脆弱性）和虚弱的身体（健康脆弱性）。

其实，脆弱性还有许多其他类型的表现形式，如房屋的脆弱性、农业生产的脆弱性、军事的脆弱性、物理的脆弱性、环境的脆弱性、家庭的脆弱性、社区的脆性、区域的脆弱性、国家的脆弱性等。从脆弱性的表现形式可以看出，脆弱性是一个影响因素众多的复杂现象，脆弱性不仅是人类行为、决策和选择的结果，也是人类生活的自然、经济、社会、文化和政治背景的结果。

（三）脆弱性既是有形的又是无形的

脆弱性作为灾害可能带来的潜在破坏和损失，其结果可以是可见的、有形的，如人群、建筑物、物质财产等，它们是有物质形态的，我们可以直接感受到的事件；脆弱性也可以是不可见的社会、经济、文化和政治影响，如灾害可能给人类带来的心理恐惧、失业、企业丧失生产能力和市场、社会关系变更等，这些都是没有物质形态的、不可见的，但是可以预料的。脆弱性的影响不仅在灾害发生地，而且也可超越灾害发生地，波及其他地区。脆弱性是当代的，其影响也可是历史性的。

（四）脆弱性是动态变化的

脆弱性可以说是与灾害相关的社会、经济、文化、政治、环境条件的表现形式，正是这些相互联系的自然与社会经济过程构成了脆弱性。无论是自然环境过程，还是社会经济过程都是复杂的，多数组成要数和影响因数都是随时间而变化的，特别是社会经济是易于动态变化的过程，因此，脆弱性就不可能是静态的，脆弱性也是动态的、演化的，这是脆弱性的本质特征。就一个国家或地区而言，随着社会经济的发展和进步，由于社会组织更加完善，社会用于减灾的投入增加，灾害知识和教育的提升，系统抵御灾害的能力提高，脆弱性会不断降低。另外，脆弱性也会受到某种灾患或灾害的影响而发生显著变化。例如，在 2008 年汶川大地震中受到强烈震害的建筑物，后期再遭遇次生地质灾害时，其脆弱性将大幅增加。然而，这种效应也因承灾体类型而不同，如受威胁的人群或组织机构，在经历多种灾害影响后，将会从客观上增强其避灾意识、应灾处理能力、灾后恢复速度等，反而有利于降低人口或组织脆弱性。

正因为脆弱性具有动态变化的特征，才使得人类可以通过自身行为来影响、降低、改造脆弱性。脆弱性的变化可以影响个人或社会的稳定性，影响社会处理外部干扰事件的能力。

四、脆弱性概念的意义

脆弱性概念和性质的理解对于我们认识自然灾害的本质，构建减灾防灾策略和措施具有重要的意义（郭跃，2005）。

按人类生态学的观点，人和聚落的易损状态是自然灾害形成的重要原因，因为自然灾害是自然现象与相关的社会易损状态相结合的结果。地震、台风、洪水是自然产生的，但随后我们看到的后果是这些自然现象对人类及其聚落影响的结果，这个结果与社会对自然灾害的敏感程度有关，而社会和聚落对自然灾害的敏感程度（脆弱性）则是以社会决策和社会行动为条件的，即社会及其脆弱性是灾害的重要原因之一。

脆弱性的概念是一种方法，它把人类社会政治、经济、文化的日常过程转变成灾害环境的风险程度的判别。在灾害环境中，一些人群、一些团体比其他群体更易受到破坏和伤害，这意味着社会存在不等的灾害风险。脆弱性分析就是力图解释社会经济系统怎样把不同的人们置于不同的灾害风险水平。

脆弱性的概念也是一种管理，它把灾害关注的重心从自然事件转移到人类社会本身，关注人类社会的安全和可持续发展，关注社会弱势群体和落后地区，关注社会的公平；它把管理空间从灾后的响应和恢复拓宽到灾前的预防和备灾，从部门的应急行为拓展到全社会的日常行为。因此，脆弱性的概念将有利于区域社会发展规划和开发过程的改善，也有利于社会民主化和人权的发展。

自1995年国际减灾日，联合国提出"最易损的人群：妇女和儿童是预防的关键"的减灾主题以来，国际社会日益关注灾害脆弱性问题，这种关注对发展中国家贫困人群和易损人群的灾害伤害率和死亡率的减少都起了积极的作用。

第二节　脆弱性的识别与分析方法

一、脆弱性的识别

灾害脆弱性是人类及其社会结构相对于灾害事件的薄弱环节的体现，所以人们可以社会分异或社会系统组成的不利条件作为切入点来识别人类的脆弱性。脆弱性是由许多要素和因素构成的，如社会地位、健康状况、年龄、社会管理等，这些因素影响着社会中人们的各种活动，决定着社会经济的易损程度。

脆弱性的组成在自然灾害的后果中是不难识别的，在灾后调查中可以评价和测量。但是在灾前如何识别和评价易损性乃是重要的问题。从理论上讲，灾害的脆弱性可以通过社会经济系统的层次、结构分析，社会系统内部组成及其相互关系的解析得以识别；也可以通过区域宏观经济发展的不利条件分析；或者通过灾害案例演绎来判别。

脆弱性的识别是一个复杂的、因事而变的过程，它涉及空间尺度、地域类型、区域或部门协调等问题，如评价的地域是城市、农村、社会整体，还是个人、家庭、社区、地方？这些都将影响脆弱性的识别标准或指标。

地方脆弱性评价是脆弱性评价的重点，这样的评价应有社区参与。当地居民可以对房屋易损性、社会组织状况、建筑物的维护和财产的所有制关系等问题提供帮助。但仅有外部的调查和本地的印象对易损性评价来说还是不够的，因为灾害的地方印象可能还不是灾害全景，当地以外的人类活动可能产生或加剧灾害，影响可能超过当地的经历，这样地方的调查可能会忽视那些当地不熟悉的灾害易损性。因此，脆弱性的判别和评价应该是地方和区域，微观和宏观的结合。

二、脆弱性的分析方法

灾害脆弱性的评价与研究方法较多，从方法论上有历史的叙述、背景分析、案例研究、数学统计分析和 GIS 及制图分析等；从技术层面上，主要有脆弱性矩阵、脆弱性曲线和脆弱性综合指标体系。

（一）基于脆弱性矩阵的半定量评价方法

该方法的基本原理是，根据特定区域的历史灾害经验或专家判断，构建基于灾害强度与损失率（值）的脆弱性判别矩阵。利用该方法可快速判断出某一强度灾害作用下的承灾体脆弱性值，在地质灾害风险评价领域运用最为广泛。例如，针对泥石流灾害，Hu（2012）根据舟曲泥石流灾损调查，构建了泥石流建筑物脆弱性矩阵，给出了砖混和钢混两种建筑结构所受泥石流冲击力与损失等级的对应关系。基于矩阵的脆弱性评价法其优势在于，不需要大量翔实的样本数据，其操作过程简便快速，专业性限制较少，多适用于灾后应急抢险阶段的灾害损失快速评估，但由于其忽略了承灾体个体差异，且主观性强，故评价精度相对较低。

（二）基于脆弱性曲线的物理定量评价方法

脆弱性曲线作为承灾体脆弱性和灾害风险精细化定量评估的关键环节，其核心思想是构建灾患强度和承灾体脆弱性的函数关系。该方法最早应用于洪水灾害，近年来在地震、台风、滑坡、泥石流、雪崩和海啸等领域逐步被推广应用，最有代表性的是美国联邦应急管理局建立的 HAZUS 灾害风险评估系统，该系统已集成了涵盖多种承灾体的脆弱性曲线库。

该方法属于数据驱动型，其基本原理是基于大量灾害调查数据，根据灾害强度与承灾体损失的函数关系式，实现对潜在承灾体的脆弱性评价。其中，灾害强度需根据不同灾害类型而定，常用的有地震动峰值加速度（地震灾害）、标准化降水量指数和缺水时间（干旱灾害）、水深和持续时间（洪水灾害）、风速（台风灾害）、流速、流深和冲击力（泥石流灾害）等。承灾体损失常以损失价值、损失程度和损失概率表达。

在国外文献中，常将以承灾体预期损失价值或损失程度构建的脆弱性曲线称为"vulnerability curve"，而将以承灾体达到或超越某一级（类）损失概率建立的脆弱性曲线称为"fragility curve"。国内有学者将前者翻译为"脆弱性曲线"，将后者翻译为"易损性曲线"（周瑶和王静爱，2012）。为避免中文概念上的混淆，本书将"vulnerability curve"简称为"V 曲线"，"fragility curve"简称为"F 曲线"。

（三）基于脆弱性综合指标体系的数学定量评价方法

在社会脆弱性评价方面，由于需要考虑的因素较多，且相互关系比较复杂，很难用于理论模型进行概括，故多以建立评价指标体系，并通过不同的数理分析方法得出社会脆弱性指数为主，以脆弱性指数的大小作为社会脆弱性程度的衡量依据。社会脆弱性评价指标主要与社会系统遭受的风险和暴露度，以及社会系统的敏感性、应对能力、适应性等要素相关。指标的选取方法一般包括专家推荐法、数学分析法、反推法、信息量法等；权重的确定方法有专家打分法、层次分析法、经验权数法、模糊综合评价法、主成分分析法、模糊逆方程法、灰色关联法、熵值法等（王岩等，2013）；评价指标数据多来源于社会经济统计数据、现场调查或家庭访问数据。

（四）灾害脆弱性评价方法的比较

三种常用承灾体脆弱性评价方法比较见表 7-1。

表 7-1　常用脆弱性评价方法（Papathoma et al.，2017）

评价方法	优点	缺点
基于脆弱性矩阵的半定量评价方法	不需要历史灾害损失数据和详细的承灾体信息 操作简便	定性或半定量评价 评价结果不能转换为损失价值 取值区间是固定的
基于脆弱性曲线的物理定量评价方法	定量评价 评价结果可以损失价值的形式呈现 可用于预测未来灾害情景	高度依赖灾后数据调查 样本数量要求高 大量灾患和承灾体信息被忽略 曲线拟合方式选择上存在不确定性 构建脆弱性曲线的本地化特性强，普适性较差
基于脆弱性综合指标体系的数字定量评价方法	考虑要素齐全 评价结果能反映脆弱性产生机制，找到薄弱环节，有利于减轻脆弱性行动的制定	指标体系中缺乏对灾患特征的考虑 评价过程中需要大量且翔实的数据，数据搜集过程费时费力 指标权重的确定存在主观性 评价结果不能以损失价值形式呈现

不难发现，脆弱性矩阵和脆弱性曲线都侧重于体现承灾体的易损结果，虽操作简便，但评价过程不透明，就像是一个暗盒，输入的是灾患和承灾体信息，输出的是承灾体损失率或损失价值，其中的脆弱性产生过程和机制并不清楚，也难以控制，不利于指导减灾行动。这类方法多用于评价承灾个体的物理脆弱性或经济脆弱性，因其可将评价结果直接损失价值（货币）形式体现，故在灾害风险量化中广受欢迎。

然而，实际灾情的产生不仅与承灾体的内部属性相关，还受孕灾环境、灾害预警、防灾水平等多因素影响，且随着评价精度的不断细化，需要考虑的评价因子逐渐增多，脆弱性曲线将暴露其劣势，若将评价因子考虑过细，将大幅减少灾损样本数量，造成所构建的脆弱性曲线精度下降，且其适用范围相当狭窄，普适性较差，即便是采用模型模拟的方式，也很难有合适的物理实验或数值模拟，能够将众多影响要素考虑其中。

脆弱性指标体系评价法恰好能弥补上述缺陷，它可以全面考虑涵盖承灾体脆弱性、敏感性和应对能力的评价指标，其普适性和代表性较强。而且，指标体系法侧重考虑的是脆弱性特性或状态，评价过程较为透明，便于理解脆弱性指标的相互关系，对于减灾策略的制定具有较强的指导作用。该方法多用于复杂承灾系统的社会脆弱性、组织脆弱性评价等，且在物理脆弱性方面也表现出很强的应用价值。Papathoma 等（2017）的研究指出，应用指标体系是自然灾害（泥石流）作用下承灾体脆弱性评价的发展方向。但是，在灾害产生机制尚未充分阐明的情况下，评价指标的选择及其权重的确定常带有较强的主观性，势必会限制其评价成果的客观性和科学性。另外，需要指出的是，现有评价指标体系常常忽略对灾患特征的考虑，仅表达承灾体的内部属性，导致其与灾患危险性和风险评价脱节，限制了脆弱性评价在灾害风险管理中的作用。

第三节　物理暴露与物理脆弱性的评价

一、脆弱性的测度

目前，在人们对脆弱性概念的理解尚未达到统一的情况下，使用专门化的变量或指标来操作脆弱性这个概念还是相当困难的。资料信息的有效性也是限制易损性度量的一个因素。于是，长期以来，不同学者按照自己的理解设计和使用了一些变量或指标来描述脆弱性的大小。

然而，多数学者认为，灾害的脆弱性可以从物理暴露与人类敏感性两方面来测度。物理暴露是指当灾害发生时，位于灾害事件影响范围内的人类系统，主要包括可能受到损害的人员、财物、建筑设施和其他要素等有形物财富。暴露性（度）常以处于致灾事件影响之下，可能遭受损失的人口、财产、系统等要素的数量或可定义的价值来表示；敏感性反映的是与人类系统反应有关的灾害事件的大小，可以认为它是自然与社会经济因素的综合，它反映了人员和地点受到伤害的程度，强调人类系统的本身属性，它在灾害发生前就已经存在；所有这些因素都是决定特定人群或地点易损程度的重要变量。

二、物理承灾体的暴露分析

暴露性是潜在承灾体发生损失的前提条件，只有暴露于灾害影响内，才有可能遭受损失。这里举一个例子，拳击赛场上倘若一位拳击手被击倒，首先他必须暴露在对手的攻击范围内，其次才是他因不能承受对手拳击的力度而被击倒，后者体现的是承灾体应对灾害的敏感性，有时也称"承灾力"，它是承灾体产生不同程度损失的决定性因素。至于这位拳击手是否有韧性，被击倒后能否再站起来，甚至赢得比赛，这就属于承灾体"恢复力"的研究范畴。这里重点讨论暴露承灾体类型和典型承灾体暴露的分析方法。

（一）暴露承灾体类型

暴露承灾体是指各类灾患作用的对象，是人类及其活动所在的社会与各种资源的集合。暴露承灾体类型纷繁复杂，如何对其进行科学分类，是脆弱性及灾害风险管理的基础。根据我国的《自然灾害承灾体分类与代码》（GB/T32572—2016），把自然灾害中暴露的承灾体即物理暴露划分为人、财产、资源与环境共三大类。将"人"再依据性别、年龄属性划分为两大类；将"财产"分别根据其形态和所有权属性划分为固定资产、流动资产、家庭财产和公共财产共四大类，之后再划分中类，中类下再划分小类；"资源与环境"门类下划分五大类。

（二）典型承灾体暴露的分析方法

典型承灾体暴露分析是灾害风险评价中的重要环节，其目的在于识别不同灾害影响下的承灾对象，而暴露度制图是实现暴露分析的主要手段，其原理是利用 GIS 技术，将灾患的威胁范围与潜在承灾体的分布进行时空叠加，以确定承灾体的数量及其价值。对于一些承灾体的内部价值来说，还需要获取灾害强度参数信息。例如，在评价洪水灾害中建筑物内部财产的风险时，既要考虑洪水的平面范围，更重要的是获取洪水的水深数据，因为在不同水深范围内，被淹建筑物内部的财产暴露数量及价值是不同的。因此，如何快速、准确地获取灾患和承灾体的时空分布范围是典型承灾体暴露分析的重点讨论内容。

1. 预测灾害威胁范围与强度参数分布

从国内外研究现状来看，地震灾害的危险范围预测开展得最为深入，迄今我国已发布了五代地震区划图，前三代分别为 1957 年、1977 年和 1990 年编制的《中国地震烈度区划图》，后两代分别为 2001 年和 2015 年编制的《中国地震动参数区划图》。地震区划图是以地震动参数（地震动峰值加速度、地震动加速度反应谱特征周期）为指标，将国土范围划分为不同地震危险程度，对国土进行区域划分，再考虑地震地质环境及地震风险水平，确定抗震设防等级（以房屋抗倒塌为准则）。根据《中国地震动参数区划图》（2015 年版），我国取消抗震不设防区，实施国土范围全面设防。

一般来讲，对于危害面积较广阔，且影响因素较复杂的灾害类型，准确预测其威胁范围及灾害强度，难度是非常大的，且预测精度也很低，如干旱灾害、冰雪灾害、风蚀沙化灾害等。目前，学术界对灾害威胁范围预测研究主要集中在一些中、小尺度的灾害类型，如滑坡、崩塌、泥石流、洪涝、风暴潮等灾害。这里我们以汶川震区泥石流灾害为例，展开对灾害危险范围预测方法的探讨。目前，对泥石流堆积扇泛滥范围预测的方式有基于历史灾害数据的统计反演、物理试验和数值模拟等。

1）经验统计法

经验统计法的基本原理是利用历史灾害事件的数据，在选取一系列流域背景参数后，经过数理统计获得回归模型，以实现对未来事件的预测。在汶川地震后，强震区的暴雨泥石流活动进入活跃期，为了给震区重建选址和灾害风险管理提供依据，Tang 等（2012）利用四川省北川县 32 处泥石流参数，建立了强震区暴雨泥石流危险范围预测的数学模型，如式（7-1）和式（7-2），利用该模型通过获取流域面积 A、流域相对高差 H 和物源体积 V_L，即可计算出泥石流堆积扇的最大长度 L_f 和最大宽度 B_f。

$$L_f = 0.36A^{0.06} + 0.03(V_L \cdot H)^{0.54} - 0.18 \tag{7-1}$$

$$B_f = 0.40A^{0.08} + 0.04(V_L \cdot H)^{0.35} - 0.23 \tag{7-2}$$

基于历史灾害事件统计的预测模型，可在不考虑灾害机理模型的情况下，实现危险范围的快速预测，是灾后一项重要的临时应急措施。然而，经验统计法的使用高度依赖模型样本的数量和质量，同时，它仅能获取危害范围的特征参数（如最大长度、最大宽度等），并不能完全获取危害范围的实际形态和空间位置，也不能获取灾害强度的空间分布。

2）试验模拟法

图 7-1 所示为泥石流的室内水槽试验。试验者可以设置不同的泥石流情景，如用不同的固体物质含量、流量、沟道坡度等，配合高清摄像头和各类传感器，可获得泥石流的运动堆积特征参数，以及它与承灾体（如建筑物等）的作用关系。

图 7-1 泥石流物理试验的堆积板（Sturm et al.，2018）

3）数值模拟法

近年来，随着计算机科学、计算流体力学以及数值计算方法的革新，数值模拟计算已广泛应用于泥石流研究中。通过运用一些专业软件，可实现在计算机上进行泥石流运动过程的模拟，其计算结果可反映泥石流流变特性的时空变化，可直观地获取泥石流堆积扇上的危险范围、强度参数等，是实现泥石流定量风险评价的有效工具。图 7-2 所示为利用 FLO-2D 模拟软件计算的汶川震区某泥石流的危险范围及强度指数 IDF。

(a)10年一遇　　　　　　　　　　(b)100年一遇

图 7-2 不同降雨频率下的泥石流数值模拟

2. 确定承灾体的时空分布

土地利用是承灾体制图最重要的方式之一，土地利用数据通常可以通过遥感影像解译得到。但由于灾害暴露中的承灾体要素很多，在实际的风险分析中需要根据研究目的和数据基础，筛选出最为重要的要素进行分析。这里重点讨论两类暴露要素：建筑物和人口。

1）暴露要素——建筑物

建筑物是灾害威胁区内最重要的一类承灾体，它是人类活动最频繁、财产资源分布最集中的场所，往往在成灾过程中，其损失程度也最为严重，而且大量案例研究已表明，人员伤亡与建筑物破坏关系十分密切。因此，如何准确获取建筑物空间分布及属性信息的动态变化特征，对控制灾害风险、减轻灾害损失具有显著意义。

在现代遥感技术的支持下，基于多时序高分辨率遥感影像的信息提取，已成为建筑物时空分布特征获取的最主要方式。遥感影像信息提取的依据是各类样本内在的相似性，即在相同的条件（地形、光照、时间等）下，地物具有相同或相似的光谱和时间信息特征，并将同类地物像元的特征向量，集群于同一特征空间区域。在实际操作中，考虑到建筑物一旦建成后，无规划和灾害影响的问题，很少发生变动，因此，在多期建筑物解译时，可以选择某一期具有代表性的，最好是以资料丰富、调查数据详细、遥感影像清晰的那一期为基础，往前/往后推进解译，这一期的推进解译主要是图形库解译，即获取建筑物在时间和空间上的分布变化。

在获取建筑物空间位置的基础上，还可结合区域其他特征参数，如与高程、水系、道路、行政区划等因素进行叠加分析，以进一步分析建筑物的空间变化规律。佘平等（2018）研究发现，2008年汶川大地震后，汶川县建筑物在分布高程带上发生了明显变化，2007年的数据显示，建筑物面积占比最大的高程区间为2~3km，所占比例为72.7%；而2013年和2016年的数据显示，建筑物已主要分布于1~2km的高程带内，所占比例分别为57.6%和46.4%。上述分析表明，大地震后，灾后重建的建筑物多集中于地势较为平坦的区域。

如果仅获取建筑物的空间位置信息，在灾害风险评价应用中显然是不够的。在实际操作中，还应结合大量翔实的现场调查，获取筑物结构类型、材料、用途、建成时间、维护状态等信息，以建立完善的建筑物属性数据库。这些信息对于准确计算未来灾害损失，以及实现建筑物脆弱性、风险评价具有重要价值，且一旦在灾害中受损，将难以重现。

2）暴露要素——人口

人口是非常重要的承灾体，与建筑物不同的是，人口居住空间分布不均，且由于通勤和迁移等人口流动导致人口呈时空动态变化。大量研究已表明，灾害的发生时间与其造成的人口损失关系密切，如晚上发生的破坏性地震，其造成人员伤亡与白天发生的差别较大，这主要是不同时段内人口分布特征差异造成的。这里举一个例子，北川县王家岩滑坡发生于汶川大地震后十几分钟内，共计造成了1700余人遇难，成为汶川大地震诱发滑坡灾害中直接死亡人数最多、影响最大的滑坡之一。之所以造成如此严重的损失，其中一个重要的原因是该滑坡的威胁对象包括医院、幼儿园、小学及农贸市场等，不管从时间上还是空间上来讲，这些建筑物内的人口密度都是相当高的。因此，如何准确刻画人口的空间动态分布，对于开展灾害风险识别、评估和灾害预警、应急响应的意义是显著的。

人口普查是获取人口信息最传统的方式，我国国家层面的人口普查频率是10年一次，其更新周期长，时效性较差，且仅能反映普查周期内的静态数据。目前，人口的动态分布模拟方法主要有以下两类（梁亚婷等，2015）。

（1）基于人口空间分布模型或采用某种算法，利用人口统计数据、行政界线，以及对人口分布具有指示作用的建模要素等，对人口统计数据进行离散化处理，发掘并展现其中隐含的空间信息，获得人口分布格网表面，即人口密度格网化。人口密度网格化方法以精细网格为单位刻画人口的时空动态分布，比传统的人口密度行政单元化更接近人口的实际分布。该方法易于整合多源数据，成本较低，许多学者基于遥感数据和 GIS 方法探索了多种人口密度网格化方法，包括平均分配法、格点内插法、人口分布影响因子分析法、人口分布规律法和遥感估算法等。利用人口密度网格化方法，我们虽可获取到较为合理的人口空间分布信息，但对于人口时间动态过程的描述还是比较欠缺。

（2）在大数据驱动下，基于手机通信数据、公交卡刷卡记录、社交网站签到数据、出租车轨迹、银行刷卡记录等进行的人类移动时空动态模拟。由于带有定位功能的移动计算设备等的广泛应用，产生了大量具有个体时空标记的大数据，为长时间、高精度、高效地跟踪个体的空间移动提供可能，为人口承灾体的时空动态分布监测与制图，灾害风险与应急管理提供了新的技术与途径。

三、物理脆弱性的评价方法

关于承灾体的脆弱性评价，目前主流的方法有脆弱性判别矩阵、脆弱性曲线和脆弱性的综合指标体系，这三种方法在物理脆弱性方面也都有应用，而且在其发展历程中，经历了由矩阵法向曲线法，再向综合指标法的演变过程。

1. 脆弱性判别矩阵

脆弱性判别矩阵是最早用于评价自然灾害物理脆弱性的方法之一。该方法主要基于经验数据或专家判断，给出特定灾害强度影响下承灾体损失的类型或程度，属于一种定性或半定量的评价方法。图 7-3 所示为滑坡灾害作用下不同类型建筑物脆弱性判别矩阵示意图。通过该矩阵可以清晰地观察到灾患与承灾体之间的相互关系，也可以明确地得到不同损失类型的灾害强度阈值。灾害强度参数还可以根据实际情况进行选择，图 7-3 选择的滑坡灾害强度参数有滑坡类型、滑动机制、滑坡规模、运动速度与冲出距离等。

滑坡灾害强度参数		受威胁的建筑物			
		临时建筑	低层建筑	多层建筑	高层建筑
滑坡特征	滑坡类型				
	滑动机制				
	滑坡规模				
	运动速度				
	冲出距离				

低层建筑物的脆弱性矩阵(考虑滑坡规模与距离)

承灾体的脆弱性		距离滑坡的距离/m		
		<10	10~50	>50
滑坡规模/m³	<100	0.3	0.2	0.1
	100~1000	0.4	0.3	0.2
	1000~1万	0.6	0.5	0.4
	>1万	1.0	0.9	0.8

图 7-3　滑坡灾害下的不同类型建筑物脆弱性判别矩阵示意图

不难发现，脆弱性判别矩阵的使用非常简便，不需要精确地评估危险强度和经济价值或损失程度的数据，专业性要求不高，因此在脆弱性研究的初期得到广泛的应用。但是，该方法的弊端在于评价结果带有很强的主观性，不同专家对损失程度的判别往往是不同的，因而导致不同脆弱性矩阵的判别结果很难进行横向比较。

2. 脆弱性曲线

为克服脆弱性矩阵存在的主观性强、定性的评价结果等缺陷，一些学者开始尝试使用脆弱性曲线来评价物理脆弱性，包括基于损失价值或损失程度的"V 曲线"和基于损失概率的"F 曲线"。在脆弱性曲线构建中，获取翔实可信的灾患和承灾体数据是至关重要的，常见的数据来源有历史灾损调查、系统调查、模型模拟和专家经验等。

1）基于历史灾损数据的脆弱性曲线

1977 年，英国洪灾研究中心提出了针对英国居住和商用房产的脆弱性曲线（图 7-4）。他们将建筑物分为 21 类，并分别求出各类建筑在 2 种洪水延时情况及 4 种社会条件中的洪灾脆弱性曲线共 168 条，这是目前洪灾脆弱性曲线研究最为详尽的成果之一（周瑶等，2012）。在洪灾脆弱性曲线的研究中，灾患指标在静水条件下常用水深和淹没时间表示，而在水流较大的情景中常用流速表示。洪灾脆弱性曲线在发达国家流域洪灾的风险评价中广泛应用，特别是美国、日本、英国等地研究更为深入。

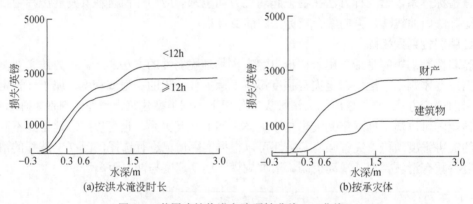

图 7-4　英国建筑物洪灾脆弱性曲线（V 曲线）

地震脆弱性曲线起初应用于核电站的地震风险评估。Orsini（2012）基于建筑震害现场调查，提出使用无参数的地震强度等级建立了脆弱性函数。Singhal 和 Kiremidjian（1996）运用蒙特卡罗仿真法，对钢筋混凝土框架结构建立了脆弱性曲线。Hwang 和刘晶波（2004）针对缺乏桥梁结构地震破坏数据的地区，考虑地震地面运动、局部工程场地条件和桥梁自身参数的不确定性构建了桥梁结构的脆弱性曲线（图 7-5）。Shi（2006）利用台湾震后调查数据建立了 PVC 管道的地震脆弱性曲线。Colombi 等（2008）根据意大利地震案例数据分别建立了砖结构和加固结构的建筑脆弱性曲线，并与地震模型建立的脆弱性曲线进行了对比分析。在地震灾害脆弱性曲线研究中，常用的灾患强度指标有地震动峰值加速度（PGA）、地表位移和结构自振周期对应的加速度反应谱等。

历史灾损调查在实际运用中最为普遍，灾损数据源主要有历史文献、政府统计数据、灾害数据库、实地调查或保险数据等。其中，自然灾害保险的历史赔付清单可反映灾害的实际损失，从保险数据推定脆弱性曲线的方法，在欧洲、北美洲、澳大利亚、日本等保险

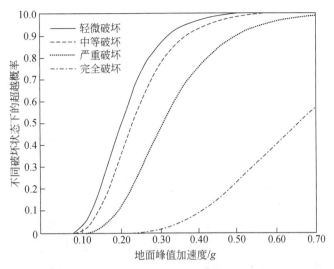

图 7-5 钢筋混凝土桥梁结构的脆弱性曲线（F 曲线）

市场较为发达的地区已得到有效应用，保险数据对灾情信息记录较为完善，在一定程度上弥补了灾情记录缺失的情况。

2）基于系统调查的脆弱性曲线

基于对承灾体价值调查和受灾情境的假设，推测出不同灾害强度下的损失率，进而构建脆弱性曲线的方法，被称为系统调查法，又称合成法（图 7-6）。系统调查法基于土地覆盖和土地利用模式、承灾体类型、调查问卷等信息，发掘致灾参数和损失的对应关系，进而构建脆弱性曲线。这种方法在英国、澳大利亚等地的洪灾脆弱性评价中也被广泛采用，其优点在于摆脱了灾害案例数据不完备的局限。但由于调查的工作量较大，实地调查方法较难适用于大范围区域，并且调查数据准确性和灾害情境的合理性直接决定了脆弱性曲线的精度，人为干扰较大。

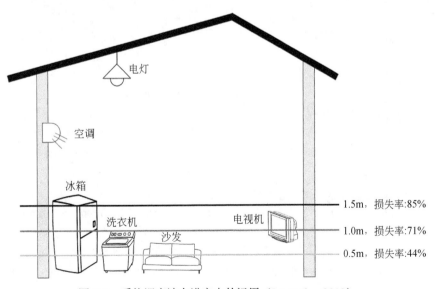

图 7-6 系统调查法在洪灾中的运用（Lo et al.，2012）

3）基于模型模拟的脆弱性曲线

随着物理实验和计算机仿真技术的快速发展，基于物理/数值模拟的承灾体脆弱性曲线应运而生，该方法的关键是在室内试验或计算机数值模拟中，获取灾患强度参数和承灾体损失特征值，跟踪两者的变化过程，定量表达脆弱性曲线。例如，在旱灾研究中，有学者利用作物生长模型，模拟了不同旱灾强度的灾害情境，并计算出相应的产量损失率，进而构建了农作物的旱灾脆弱性曲线。董姝娜等（2014）以吉林西部玉米干旱灾害作为研究对象，运用 CERES-Maize 模型，模拟出不同干旱强度下，不同生育期对最终产量起主要影响的关键指标的损失率，并且拟合出玉米的干旱脆弱性曲线（V 曲线）。结果表明，脆弱性对最终产量影响由高到低的生育期为抽雄－乳熟期、拔节－抽雄期、乳熟－成熟期、出苗－拔节期。

基于模型模拟构建脆弱性曲线的优势在于，可以模拟任意灾害情境中的承灾体脆弱性水平，深入发掘灾害信息，较少受到实际灾情数据缺乏的限制；可以从灾害自身机理出发细致刻画承灾体的脆弱性。然而，这种方法的发展严格受限于模型理论的发展，而且在模拟计算过程中，需对诸多因素进行简化或省略处理，势必造成评价结果与实际情况存在误差。

4）基于专家经验的脆弱性曲线

如果某区域既无历史灾害数据，又没有合适的模型进行模拟计算，那么还可以采用咨询专家的方式，搜集大量专家关于不同强度下的不同结构类型的预期损失比例，进而构建脆弱性曲线。Winter 等（2014）依据专家评判法，建立了泥石流灾害影响下的道路脆弱性曲线，该模型通过传统的问卷访问收集基础数据，问卷样本数为 47 个，共涉及 17 个国家的同领域专家，其中，32%来自科研机构、51%为商业公司、17%为政府组织，并经过初始曲线、趋势拟合、人工插值、权重确定等步骤，最终得到道路超越损失概率与泥石流规模（一次冲出量）的脆弱性曲线（图 7-7）。

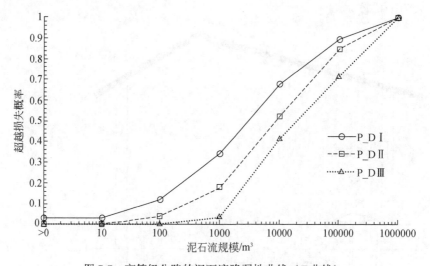

图 7-7　高等级公路的泥石流脆弱性曲线（F 曲线）

P_DⅠ、P_DⅡ、P_DⅢ分别为超过Ⅰ级损失（基本无损失）、超过Ⅱ级损失（部分损伤）和超过Ⅲ级损失（严重损伤）的概率

3. 脆弱性的综合指标体系

无论哪一类的承灾体脆弱性曲线，它所呈现的都是历史灾害影响下的损失结果，但承灾体在承灾过程中到底是哪些因素发挥了作用？其影响程度又如何？这一系列关乎成灾机制的问题，运用脆弱性曲线是很难回答的，然而这些问题对于防灾减灾工作却是至关重要的，为了弥补这一缺陷，一些学者开始尝试将综合指标体系应用于物理脆弱性评价中。

对于单体建筑物的物理脆弱性评价，比较有代表性的是 PTVA 模型（Papathoma et al.，2003）。这是一种基于 GIS 的建筑单体海啸脆弱性评价方法，可以针对海啸淹没区每栋建筑物计算相对脆弱性指数（RVI）。在 PTVA 模型里，RVI 由 2 个基本属性进行加权：建筑结构的脆弱性和建筑单元对水的脆弱性。研究表明，结构薄弱的建筑（如楼层低，建筑材料为木质，浅地基），即使在部分淹没时也会造成更大的损失。而建筑结构强的建筑，即使被全部淹没，也只会损失 40%～50%，且没有任何的结构损失。建筑物的海啸脆弱性可按式（7-3）进行计算：

$$RVI = SV \times 2/3 + WV \times 1/3 \qquad (7-3)$$

式中，SV 为结构脆弱性的标准化得分；WV 为水浸脆弱性的标准化得分。SV 和 WV 的得分将标准化为 1～5，结构脆弱性的赋值权重为 2/3，主要是因为其可能会导致更昂贵的修理费用。而水浸脆弱性主要是因为浸没后的建筑内部需要重新粉刷及更换地板等维修费用。进一步地，SV 结构脆弱性主要取决于建筑结构（B_v）、建筑所在地水深（E_x）和保护屏障（P_{rot}）3 个因素；而 WV 被设定为淹没层数与建筑物总层数的比值。

那么，在输入建筑物的各项属性后，就可以计算出其 RVI 值，这一得分并不依赖于建筑的经济价值，或者它们内部物品价值（这与脆弱性曲线的区别是比较大的）。对 PTVA 模型而言，每栋建筑都同等重要，因为它的价值表现为它提供的结构功能。该模型被成功应用于马尔代夫、希腊科林斯湾、澳大利亚马鲁巴等地区，结果证明 PTVA 模型具有一定的灵活性和有效性（辜智慧等，2015）。

与脆弱性矩阵和脆弱性曲线相对，指标评价体系所考虑的因素更多，更能反映承灾体受灾的过程与特征，把握成灾过程的主控因子，使得未来的防灾减灾更有的放矢。很显然，选择哪些因素作为评价指标，以及这些指标的权重如何，是综合指标体系成败的关键所在。传统的方法主要是专家打分的经验方法，其主观性较大，当前不少学者开始尝试利用历史灾害调查或模拟实验的数据进行统计分析，尤其是使用一些机器学习的方法，如随机森林算法等。

四、物理脆弱性评价的示例

（一）泥石流作用下的建筑物脆弱性曲线

2013 年 7 月 11 日 3 时许，四川省汶川县七盘沟暴发特大型泥石流灾害，泥石流冲出固体物质量约为 78.2 万 m^3，形成一长舌状的堆积扇，面积约 46 万 m^2，平均堆积厚度 1.8m。该次灾害共造成 8 人死亡、6 人失踪，区内超过 90% 的村庄及 7 家工矿企业遭毁，受灾人口 5000 余人，估算经济损失达 4.15 亿元。为了构建建筑物泥石流脆弱性曲线，我们于 2013 年 9 月 14 日调查取得了泥石流损坏建筑物样本 72 份，其损失类型可分为 4 个等级，包括泥沙淤积、部分结构损伤、主要结构损伤及完全损毁等，详见表 7-2 和图 7-8。

表 7-2　建筑物损失等级

损失等级	损失定义	损失率/%	损失描述
I	泥沙淤积	<25	承重墙、梁柱完好，室内泥沙淤积，部分非承重墙、门窗损坏，无结构性损坏
II	部分结构损伤	25~75	少数承重墙体、梁柱损坏，部分非承重墙体损失，部分结构性损伤、功能降低
III	主要结构损伤	75~100	部分梁柱、墙体、屋顶倒塌或损坏，受损比>20%，主体结构破坏、功能丧失
IV	完全损毁	100	承重墙、梁柱破坏>40%，或中央支撑柱破坏>20%，主体结构破坏、功能丧失

图 7-8　建筑物损失等级现场照片

在利用 FLO-2D 模型进行泥石流数值模拟，获取泥石流流速、流深等参数空间分布的基础上，我们建立了该地的典型建筑物脆弱性曲线，其反映的是泥石流强度与建筑物超越损失概率的关系，这一关系满足 Weibull 累积分布函数，趋势曲线整体上呈"S"形。如图 7-9 所示，建筑物超越损失概率随泥石流强度的增加而增加，尤其是在泥石流强度值为 20~50m³/s² 时，增幅最为明显，也即在泥石流高强度区域，建筑物更易遭受严重等级破坏。

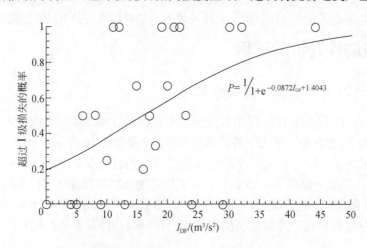

$$P = \frac{1}{1 + e^{-0.0872 I_{DF} + 1.4043}}$$

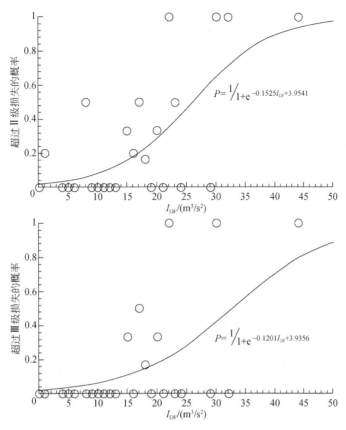

$$P = 1\!\big/1+e^{-0.1525I_{DF}+3.9541}$$

$$P = 1\!\big/1+e^{-0.1201I_{DF}+3.9356}$$

图 7-9 不同 I_{DF} 下的各级超越损失概率曲线

（二）泥石流作用下的建筑物脆弱性评价指标体系

如前述，PTVA 模型是用于评价建筑物海啸脆弱性的指标体系，Papathoma（2016）将该模型的核心思想运用于泥石流灾害，构建了建筑物泥石流脆弱性评价指标体系。该体系依然是针对每个单体建筑物计算其泥石流相对脆弱性指数 RVI，所不同的是评价指标的选取及其权重值的确定。如图 7-10 所示，用于评价泥石流脆弱性的指标共有 7 个：建筑材料、建筑物现状、建筑物楼层、面朝洪流的排数、面朝山坡的排数、面朝洪流的植被状况以及面朝山坡的植被状况等参数。每个指标下还要细分为不同等级，并赋予不同的脆弱性得分，如将"建筑材料"细分为混凝土、金属、混合、砖墙和木质等 5 个等级，分别赋值为 0.2、1、0.6、0.4 和 1，分值越高代表其在泥石流灾害中发生损失的可能越大。

在确定指标权重方面，作者考虑了两种不同的使用情景，分别是减轻脆弱性或房屋加固（针对房主、保险公司和地方政府等）和灾害疏散或营救（针对消防队、军队、救护队、志愿者及其他应急救援机构），其对应的相对脆弱性指数分别为 RVI$_{VR}$ 和 RVI$_{EP}$。例如，对于灾后应急救援来说，"建筑物楼层"是一个非常重要的指标，若能在灾害发生后确定集中伤亡人数和潜在受害者的楼层分布，对救援工作是至关重要的。通常来说，楼层越低，其受损概率越高，居住在底层的人们往往缺乏"纵向疏散"空间，很难逃生至更高的区域，如高地、多层建筑物的上层以及垂直遮蔽物等。在灾前的备灾阶段，出于降低建筑物脆弱性的目的（即建筑物加固），我们会更加关注建筑材料、建筑物现状以及建筑物周围环境等要素。

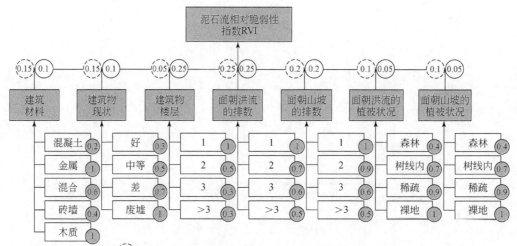

泥石流相对脆弱性指数RVI

| | | | | | | |
| 建筑材料 | 建筑物现状 | 建筑物楼层 | 面朝洪流的排数 | 面朝山坡的排数 | 面朝洪流的植被状况 | 面朝山坡的植被状况 |

减轻脆弱性或房屋加固(针对房主、保险公司和地方政府等)

灾害疏散或营救(针对消防队、军队、救护队、志愿者及其他应急救援机构)

图 7-10　建筑物泥石流脆弱性评价指标体系

　　将这一模型应用于意大利南蒂罗尔省马爹利地区，该地于 1987 年 8 月 24 日发生了暴雨泥石流灾害，由于灾前预警得当，该灾害虽未造成人员伤亡，但建筑物的损失占比是非常大的。在对编号为"Gand66"建筑物的评价中，其 RVI_{VR} 和 RVI_{EP} 分别为 0.5785 和 0.6150，这一评价结论与该建筑物实际损失率 0.4 基本一致（图 7-11），可说明该模型具有较高的评价精度，应用前景广阔。

房屋编号：Gand66
泥石流流深：2.10m
损失率：0.4

建筑材料：0.6
建筑物现状：0.3
建筑物楼层：0.3
面朝洪流的排数：1
面朝山坡的排数：0.5
面朝洪流的植被状况：1
面朝山坡的植被状况：1

$RVI_{EP} = 0.6150$
$RVI_{VR} = 0.5785$

图 7-11　"Gand66"建筑物的物理脆弱性评价结果

资料来源：马爹利市政部门

第四节　社会脆弱性的评价

一、社会脆弱性的含义

20 世纪末，灾害对人口和社会的影响逐渐成为学界关注的热点。一些学者运用自然-社会系统综合的方式去理解脆弱性，认为脆弱性是代表着人与环境综合研究的概念集群（Newell et al.，2005）。除了环境变化等外部扰动因素，也开始关注哪些人在脆弱性过程中更容易受到伤害，哪些因素使得脆弱性对社会系统的影响被减缓或加剧，以及如何构建更具韧性和适应能力的社会（Turner et al.，2003）。研究重点从单纯的自然系统脆弱性演化为以人和社会为中心，注重人和社会在脆弱性的形成以及降低脆弱性中的重要作用，并将人与社会的主动适应性作为脆弱性评价的核心问题（Eakin and Luers，2006），社会系统的脆弱性研究逐渐成为脆弱性科学领域的热点（黄晓军等，2014）。

在理解社会脆弱性之前，首先应认识社会脆弱性的研究对象。与物理脆弱性关注的（自然）物理环境不同，社会脆弱性明确将人口和社会系统作为灾害风险的关注对象。很显然，社会脆弱性的研究对象更加复杂。有学者认为，社会脆弱性的研究更倾向于构建这样一种思维框架，即暴露在风险区域内的所有人都是脆弱的，但风险对社会的影响是不均衡的，这取决于不同人群的应对能力。例如，穷人、儿童、老年人、少数族裔和残疾人往往是比较脆弱的社会群体，他们由于自身特征而缺乏对风险事件的应对能力，在遭受灾害后，又缺乏必要的知识、社会和政治等资源，故难以从灾害中恢复（黄晓军等，2014）。

社会脆弱性从应灾—抗灾—灾后恢复的全域视角出发，关注的是人和复杂的社会系统面对灾害冲击的应对能力。因此，我们认为社会脆弱性是暴露于灾害影响范围内的人和社会系统，由于其自身的敏感性以及应对能力不足，所呈现出的不利影响和损失状态，是人类社会在灾前已经存在的状态。

物理脆弱性与社会脆弱性在思维框架、研究对象、研究内容等方面存在着较大差异。在思想框架上，我们认为物理脆弱性灾害损失更多是灾患作用的结果，而社会脆弱性人类系统自身特征是成灾的主要因素；在研究对象上，物理脆弱性方面关注自然物理环境，社会脆弱性方面关注人和社会系统；在研究内容上，物理脆弱性方面研究承灾体可能出现的灾害损失，而社会脆弱性方面研究人类社会的灾害敏感性或应对能力。

二、社会脆弱性的理论模型

目前，社会脆弱性的研究尚未形成专门的理论分析框架，不同学者从不同学科、不同视角来分析自然灾害的社会脆弱性的理论基础，主要有以下三个视角：政治经济学视角、社会-生态视角和综合视角，并提出了一批代表性的概念模型，这为社会脆弱性的量化评估奠定了理论基础。

（一）政治经济学视角

1. 压力-释放模型

压力-释放（pressure-and-release，PAR）模型是由布莱克（Blaikie）于 1994 年建立的。该模型中的"压力"是指产生脆弱性的自然灾害事件过程，"释放"是指灾害、压力与脆弱性的相互作用。脆弱性的产生主要有三个环节：根源、动态压力和不安全条件。具体来看，脆弱性的根源是社会的经济、政治系统，它们决定了权利及各种资源的配置；动态压力囊括了所有可能将根源转变成灾害风险的过程和活动，如快速城市化、人口变化、森林砍伐等；而一些存在于自然环境、地方经济、社会关系和公共行为与制度中的不安全条件，可能会进一步加剧社会脆弱性。不难发现，PAR 模型重点关注的是人文因素对社会脆弱性的影响，特别是社会、经济和政治等因素导致社会资源分配差异的影响，试图通过政治经济系统来减轻脆弱性，但该模型对灾害成因的根源探究较为缺乏，且未能解决社会与自然系统耦合作用对灾害产生的影响。

2. 可持续生计框架

可持续生计框架由英国国际发展署（Department for International Development，DFID）于 1999 年提出，目前已广泛应用于脆弱性研究领域，主要集中在农村地区的社会与贫困脆弱性、家庭生计安全评价等方面。

该模型将脆弱性视为一个更广泛的概念，在脆弱性语境中，包括了各种外部冲击、发展趋向及季节性变化特征（图 7-12）。生计和可持续是该框架的两个核心概念，其中生计是指获得生存的能力，包括有形和无形的资本，如人力资本、社会资本、自然资本、物质资本、金融资本，可用来判断社会对自然灾害的敏感性和应对能力；可持续与从压力和冲击中恢复以及保持自然资源本底的能力相关。该框架强调政治系统和私人部门的结构转型以及法律、制度、文化等过程的变化不仅影响脆弱性水平，同时还决定了人们生计资本的获取程度及其生计策略与生计结果。

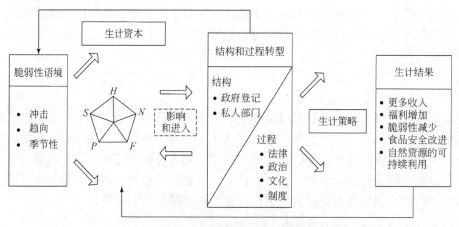

图 7-12　可持续生计框架

H=人力资本；S=社会资本；N=自然资本；P=物质资本；F=金融资本

该框架对脆弱性研究最大的贡献在于提供了评价指标的来源。许多学者已从该框架的 5 个生计资本（人力资本、社会资本、自然资本、物质资本和金融资本）出发，构建了社会脆弱性评价综合指标体系。但是，在该框架中政治、经济结构和过程是如何影响脆弱性和生计策略的，还有待进一步研究。

（二）社会-生态视角

1. 风险-灾害模型

风险-灾害（risk-hazards，RH）模型最先由美国地理学者怀特（White）提出，是用于探讨社会和环境系统之间的交互影响的概念模型（图 7-13）。RH 模型试图理解危险区域的暴露度以及导致承灾体脆弱性增加的驱动因素。RH 模型是基于灾害事件暴露度，以灾害事件为中心，将灾害事件所造成的损失理解为暴露度与敏感性之间的函数。模型中并未考虑人为因素对脆弱性的影响，以及社会、政治和经济压力对个人响应和应对灾害事件能力的作用。

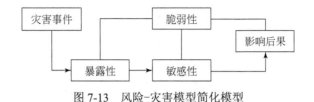

图 7-13 风险-灾害模型简化模型

2. 地方脆弱性模型

地方脆弱性（hazards-of-place，HOP）模型由美国地理学者学者卡特（Cutter）于 1996 年提出，该模型综合考虑 RH 模型和政治经济学视角对脆弱性的理解，以区域为单元，认为风险（灾害损失发生的可能性）与减缓（减轻灾害影响的措施）的交互作用形成潜在危险，并在具体的地理环境和社会环境中演化为真实的灾害损失。地理环境决定了地方的物理脆弱性，而社会环境影响社区或社会对风险的响应、处理和适应的能力，也即社会脆弱性，物理脆弱性和社会脆弱性共同形成了地方的脆弱性。不难发现，HOP 模型中的社会脆弱性由潜在危险与特定的社会环境两部分组成（图 7-14）。

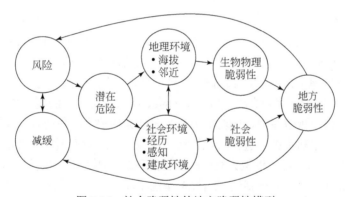

图 7-14 社会脆弱性的地方脆弱性模型

虽然有学者认为，HOP 模型的不足之处在于未能检验出社会脆弱性产生的根源，但它却是最适合于实证检验及地理空间技术的使用。

（三）综合视角

1. BBC 框架

BBC 框架因 Bogardi、Birkmann 和 Cardona 三位学者的提出和发展而得名。该框架认为脆弱性应从环境、社会和经济三个层面来分析（图 7-15），因暴露于脆弱状态下的不同层面应对能力有限，从而导致相应的环境、社会和经济风险发生。该框架将风险和脆弱性的降低分为两种情况：一是风险或灾难发生前（$t=0$），可通过干预系统的一系列环境、社会和经济措施，如排放控制、早期预警、灾害保险等，避免灾害事件的发生；二是风险或灾难发生后（$t=1$），通过灾难/突发事件管理降低灾害损失。该框架强调脆弱性是一个动态过程，通过应对能力和潜在的干预工具来减轻脆弱性。

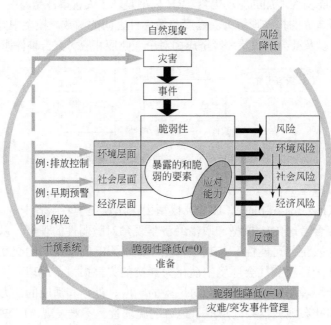

图 7-15　BBC 概念框架

2. MOVE 框架

欧洲脆弱性评估改进方法（methods for the improvement of vulnerability assessment in europe，MOVE）框架由联合国大学环境和人类安全研究院提出。该框架旨在提出一个涵盖脆弱性多元特征的概念模型，解释暴露度、敏感性、社会响应能力与适应能力等核心因素，并整合脆弱性的不同维度，包括物理、生态、社会、经济、文化和制度（图 7-16）。暴露于风险下的不同维度，由于预防能力、应对能力和恢复能力的缺失，使得各系统遭受不同程度的损失，通过组织、规划和实施可进行风险管治，措施包括风险干预、降低暴露度、缓解敏感性，提高适应能力等。MOVE 框架为社会脆弱性的系统评估提供了指导，尽管没有提供具体的评估方法和指标体系，但其概括的脆弱性关键因子和不同维度为脆弱性的分析提供了概念框架，目前已在欧洲多地的洪山、高温、干旱等灾害的社会脆弱性研究中得到应用。

上述理论模型的提出与发展，为社会脆弱性理论建构奠定了重要基础，同时也为社会脆弱性评价与实证分析提供了指导。但是，社会脆弱性是一个由多种因素影响的综合性系统，包括了多维的脆弱性特征，且由于研究视角的差异，不同模型框架的社会脆弱性研究出发点、逻辑思路和主要内容都不尽相同（黄晓军等，2014）。因而，统一的社会脆弱性理论模型还有待提出和完善，也有学者指出，社会脆弱性的构成要素、发生过程、动力机制和应对措施等问题也需要进一步深入研究与理论整合。

三、社会脆弱性的评价方法

（一）评价方法

要实现对社会脆弱性的量化评价，仅仅依靠理论模型是不够的，必须要落实到具体的

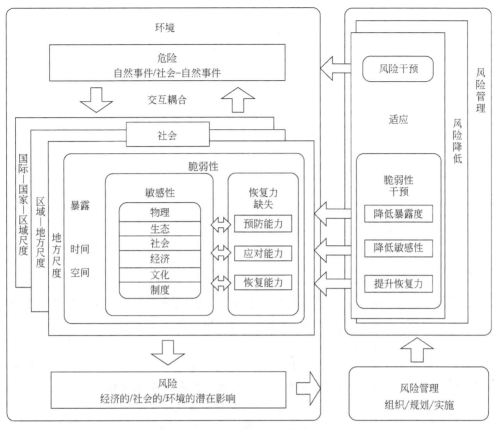

图 7-16　MOVE 框架

评价方法上来。尽管关于社会脆弱性的理论模型比较多，但由于人和社会系统的复杂性，且部分社会因素难以量化，目前社会脆弱性评价仍处于探索阶段，尚缺统一的评价模式。从已有研究来看，社会脆弱性多以建立指标体系并通过不同的数理分析方法得到社会脆弱性指数为主，以脆弱性指数的大小作为社会脆弱性的衡量依据。目前，较为常用的方法有综合指数法、函数模型法、BP 人口神经网络模型法、决策树分析法等。近年来，GIS 技术在社会脆弱性评价中也得到广泛应用，如面向对象分析法、空间多准则评估法、图层叠置法等。从评价流程上看，构建社会脆弱性指数的基本步骤（图 7-17）包括理论模型结构的选取、指标收集和尺度分析、误差测量、数据变换、权重赋值、指数计算、不确定性和敏感性分析等环节。

（二）指数计算

社会脆弱性程度最终将由社会脆弱性指数大小呈现。就文献报道来看，相关学者根据不同的脆弱性理论模型、不同的灾患类型以及不同的研究重点，提出了不同类型的社会脆弱性指数计算模型，如社会脆弱性指数（SoVI）（Cutter et al.，2003）、社区脆弱性指数（CVI）（Pandey et al.，2012）、沿海社区社会脆弱性指数（CCVI）（Bjarnadottir et al.，2011）等。这些社会脆弱性指数的差别主要体现在研究者对社会脆弱性构成要素的理解上，主流方法大多将脆弱性视为暴露度、敏感性和恢复力的函数，也有学者认为社会脆弱性与自然脆弱性共同构成了综合脆弱性。

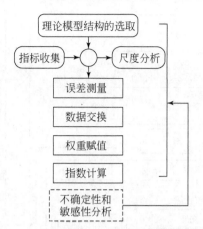

图 7-17　社会脆弱性指数构建的基本流程

（三）评价指标

评价指标的选择是社会脆弱性评价中最基本也是最关键的一步，这其中包括 3 个核心问题：如何选取指标？选择哪些指标？如何确定指标权重？

首先，关于社会脆弱性评价指标的选择方法可分为两类：①演绎法，即基于前人的理论或专家的经验，自上而下地选择评价指标。其优点在于可根据评价目的和评价对象，有侧重地选择评价指标，且指标数量相对较少，也便于解释，但这个过程中往往带有较大主观性，操作者的先验知识、科学素养对评价结果影响较大；②归纳法，即基于统计学方法（因子分析、主成分分析等），从众多指标中筛选出对社会脆弱性影响显著的指标，这是一种自下而上的由数据驱动的选择方法，常见的有数学分析法、反推法、信息量法等。例如，Cutter 等（2003）在对美国县域自然灾害的社会脆弱性评价中，利用因子分析法将 42 个指标浓缩为 11 个指标，涵盖社会、经济、政治、教育及文化等方面。归纳法的优点在于选择过程较为客观，且涵盖的社会脆弱性信息更全面，评价精度更高，且归纳得到指标贡献度也可为指标权重的确定提供依据；其缺点是对数据的要求更高，且指标之间的相互关系难以解释。

其次，在社会脆弱性评价中，究竟该选择哪些评价指标呢？这一问题对脆弱性评价结果影响巨大。就文献报道来看，社会脆弱性评价指标的确定主要取决于所研究的学科和研究对象。但普遍认为，社会脆弱性评价指标的选择应从社会、经济、政治等方面考虑，着重反映人口和社会经济属性特征。常用的评价指标有社会经济地位（收入、政治权利）、性别、种族、年龄结构（老人、小孩）、职业、居住房屋结构、基础设施、教育、人口增长、医疗服务、有特殊需求群体等。

近年来，随着研究的不断深入，研究者在社会脆弱性评价指标的选择上开始走向系统化、全面化，评价指标尽可能涵盖到社会系统在面临灾害风险时的各种特征，如暴露度、敏感性、应对能力、适应力等。例如，奥地利学者 Dywer 等（2004）尝试建立了社会脆弱性评价的系统化指标体系，他将评价指标分为 4 个层次：①个人属性因子，主要描述居民个人属性特征、居住状况、财富占有等对脆弱性的影响，具体包括年龄、性别、收入状况、残障状况、财产占有权等；②社区属性因子，主要考虑社会网络对脆弱性的影响方式以及个人与社区的关系，主要包括社区参与、对等互惠、网络规模、合作、情感支持等；③服务因子，主要是从地理的概念分析医疗、社会服务等对脆弱性的影响；④组织/架构因子，主要从制度的角度分析地区政府政策对脆弱性的影响。

我们认为，自然灾害社会脆弱性的影响因素是一个复杂的体系，从社会学角度进行研究，评价指标主要包括以下几个方面：①人口。由于人自身的统计，面对灾害的袭击而做出的反应和对灾害抵抗能力具有很大差别。弱势人群和人的职业构成是社会脆弱性的主要方面。②社会结构。社会结构是一个群体或一个社会中各要素相互关联的方式。社会结构是否稳定、方式是否合理可以决定社会在灾害面前损失的大小，以及社会对自然灾害的抵御和恢复能力。③社会文化。不同文化背景处理社会事务的方式各不相同，信念和生活习惯的不同，都会影响社会脆弱性（郭跃等，2010）。

最后，关于评价指标权重的确定，一直以来都是学术界讨论的热点。由于部分社会脆弱性评价指标量化难度大，其相对重要性判定难度就更大，长期以来，有不少研究将评价指标视为同等重要，这样势必会造成评价精度降低。目前，用于确定指标权重的方法比较多，常用的有专家打分法、层次分析法、经验权数法、模糊综合评价法、主成分分析法、模糊逆方程法、灰色关联法及熵值法等。

四、社会脆弱性评价的示例

美国县域自然灾害社会脆弱性评价是美国南卡罗来纳州大学卡特（Cutter）团队于 2003 年完成的，他们基于美国 1990 年的社会经济数据，计算了社会脆弱性指数（SoVI），实现了对美国 3141 个县的社会脆弱性评价。在评价指标选取的过程中，他们最初收集了有关社会经济和人口的 250 个指标，在经过多重共线性检测和标准化处理后，选择出 42 个独立指标进行因子分析，最终将指标数量浓缩为 11 个，这些指标涵盖了原始指标的 76% 信息量（表 7-3），排名前三位的指标分别是个人财富、年龄和建筑密度。

表 7-3 美国社会脆弱性评价指标

指标维度	信息量占比/%	代表性指标
个人财富	12.4	人均年收入
年龄	11.9	年龄的中位数
建筑密度	11.2	单位面积商业机构的数量
单一部门的经济依赖性	8.6	采掘业的员工比例
房屋设施和租赁	7	移动式住房单元数
种族（非裔美国人）	6.9	非裔美国人的比例
少数民族（西班牙裔美国人）	4.2	西班牙裔美国人的比例
少数民族（土著美国人）	4.1	土著美国人的比例
种族（亚裔美国人）	3.9	亚裔美国人的比例
职业	3.2	服务业就业人口的比例
基础设施的依赖性	2.9	公共设施、交通和通信业的就业比例

在确定指标权重时，由于未对其重要性做先验假设，且缺乏可靠的判别方法，他们将 11 个评价指标的重要性视为相等。针对评价指标的正负影响，他们对指标进行了尺度调整，正值表达脆弱性水平较高，负值则表达脆弱性水平降低，对于正负效果不明确的则使用绝

对值。最后，通过将评价指标相加得到了每个评价单元的社会脆弱性指数，为了方便评价结果的表达，他们根据离散程度对社会脆弱性指数进行了分级，将脆弱性指数＜-1*标准差定为脆弱程度最轻，而把＞1*标准差定为脆弱性程度最重，其余每隔 0.5 倍标准差划分为一级，总共分为 5 级。

美国县域社会脆弱性评价表明，美国大部分县都存在着中等程度的社会脆弱性，脆弱性指数值范围从-9.6（低脆弱性）到 49.51（高脆弱性），全国平均值为 1.54（标准差为 3.38）。从社会脆弱性空间分布来看，自然灾害社会最脆弱的县位于美国的南半部，从佛罗里达州南部延伸至加利福尼亚州边界，这一区域有严重的种族和民族的不平等以及很高的人口增长；社会脆弱性最小的县集中在新英格兰，沿着阿巴拉契亚山的东坡，从弗吉尼亚州到北卡罗来纳州北部和五大湖区。总的来说，较低的社会脆弱性与均匀的市郊、财富、白种人以及高教育程度等特性有关。

主要参考文献

董姝娜，庞泽源，张继权，等. 2004. 基于 CERES-Maize 模型的吉林西部玉米干旱脆弱性曲线研究. 灾害学，29（3）：115-119

辜智慧，王娟，葛怡，等. 2015. 基于 PTVA 修正模型的建筑单体台风脆弱性评估方法. 中国安全科学学报，25（11）：99-105

郭跃. 2005. 灾害易损性研究的回顾与展望. 灾害学，20（4）：92-95

郭跃. 2013. 自然灾害与社会易损性. 北京：中国社会科学出版社

郭跃，朱芳，赵卫权，等. 2010. 自然灾害社会易损性评价指标体系框架的构建. 灾害学，25（4）：68-72

黄晓军，黄馨，崔彩兰，等. 2014. 社会脆弱性概念、分析框架与评价方法. 地理科学进展，33（11）：1512-1525

黄勋，唐川. 2016. 基于数值模拟的泥石流灾害定量风险评价. 地球科学进展，31（10）：1047-1055

姜彤，许朋柱. 1996. 自然灾害研究的新趋势：社会易损性分析. 灾害学，11（2）：5-9

梁亚婷，温家洪，杜士强，等. 2015. 人口的时空分布模拟及其在灾害与风险管理中的应用. 灾害学，30（4）：220-228

佘平，冯德俊，朱军等. 2018. 基于多因子的震区建筑物空间分布变化分析. 地理信息世界，25（4）：24-28，41

王岩，方创琳，张蔷. 2013. 城市脆弱性研究评述与展望. 地理科学进展，32（5）：755-768

温家洪，石勇，杜士强，等. 2018. 自然灾害风险分析与管理导论. 北京：科学出版社

周扬，李宁，吴文祥. 2014. 自然灾害背景下的社会脆弱性研究进展. 灾害学，29（2）：128-135

周瑶，王静爱. 2012. 自然灾害脆弱性曲线研究进展. 地球科学进展，27（4）：435-442

Hwang H，刘晶波. 2004. 地震作用下钢筋混凝土桥梁结构易损性分析. 土木工程学报，37（6）：47-51

Adger W N. 2006. Vulnerability. Global Environmental Change，16（3）：268-281

Aysan Y F. 1993.Vulnerability Assessment// Merriman P，Browitt C. Natural Disasters：Protecting Vulnerable Community，London：Thomas Telford

Birkmann M. 2006. Measuring Vulnerability to Natural Hazards：Towards Disaster Resilient Societies. New York：United Nations University Press

Bjarnadottir S，Li Y，Stewart M G. 2011. Social vulnerability index for coastal communities at risk to hurricane hazard and a changing climate. Natural Hazards，59（2）：1055-1075

Blaikie P，Cannon T，Davis L，et al. 1994. At Risk：Natural Hazards，People's Vulnerability and Disasters.

London：Routledge.

Burton I，Kates R W，White G F. 1978. The Environment as Hazard. Oxford：Oxford University Press

Colombi M，Borzi B，Crowley H，et al. 2008. Deriving vulnerability curves using Italian earthquake damage data. Bulletin of Earthquake Engineering，6（3）：485-504

Cutter S L，Boruff B，Shirley W L，et al. 2003. Social vulnerability to environmental hazards. Social Science Quarterly，84（2）：242-261

Dywer A，Zoppou C，Nielsen O，et al. 2004. Quantifying Social Vulnerability：A Methodology for Identifying Those at Risk to Natural Hazards. Canberra：Geoscience Australia

Eakin H，Luers A L. 2006. Assessing the vulnerability of social- environmental systems. Annual Review of Environment and Resources，31：365-394

Hewitt K.1983. Interpretation of Calamity from the Viewpoint of Human Ecology．Boston：Allen and Uniwin.

Hu K H，Cui P，Zhang J Q. 2012. Characteristics of damage to buildings by debris flows on 7 August 2010 in Zhouqu，Western China. Natural hazards and earth system sciences，12（7）：2209-2217

Jeffery S E. 1982. The creation of vulnerability to natural disaster：Case studies from the Dominican Republic. Disaster. 6（1）：38-43

Lo W C，Tsao T C，Hsu C H. 2012. Building vulnerability to debris flows in Taiwan：a preliminary study. Natural Hazards，64（3）：2107-2128

Newell B，Crumley C L，Hassan N，et al. 2005. A conceptualtemplate for integrative human environment research. Global Environmental Change，15（4）：299-307

O' Keefe P，Westgate K，Wisner B. 1976. Taking the naturalness out of natural disasters. Nature，260（5552）：566-567

Oliver A. 2004. Theorizing vulnerability in a globalized world：a political ecological perspective// Bankoff G. Mapping Vulnerability：Disasters，Development and People. Sterling：Earthscan

Orsini G. 2012. A model for buildings' vulnerability assessment using the parameterless scale of seismic intensity（PSI）. Earthquake Spectra，15（3）：463-483

Pandey R，Jha S K. 2012. Climate vulnerability index-measure of climate change vulnerability to communities：a case of rural Lower Himalaya，India. Mitigation and Adaptation Strategies for Global Change，17（5）：487-506

Papathoma-Köhle M. 2016. Vulnerability curves vs. Vulnerability indicators：Application of an indicator-based methodology for debris-flow hazards. Natural Hazards and Earth System Sciences，16（8）：1771-1790

Papathoma-Köhle M，Dominey-Howes D，Zong Y，et al. 2003. Assessing tsunami vulnerability，an example from Herakleio，Crete. Natural Hazards and Earth System Sciences，3（5）：377-389

Papathoma-Köhle M，Gems B，Sturm M，et al. 2017. Matrices，curves and indicators：A review of approaches to assess physical vulnerability to debris flows. Earth-Science Reviews，171：272-288

Shi P. 2006. Seismic response modeling of water supply systems. New York：Cornell University

Singhal A，Kiremidjian A S. 1996. Method for probabilistic evaluation of seismic structural damage. Journal of Structural Engineering，122（12）：1459-1467

Sturm M，Gems B，Keller F，et al. 2018. Understanding impact dynamics on buildings caused by fluviatile sediment transport. Geomorphology，321（15）：45-59

Tang C，Zhu J，Chang M，et al. 2012. An empirical-statistical model for predicting debris-flow runout zones in the

Wenchuan earthquake area. Quaternary International，250：63-73

Turner B L，Kasperson R E，Matson P A，et al. 2003. A framework for vulnerability analysis in sustainability science. Proceedings of the National Academy of Sciences of the United States of America，100（14）：8074-8079

Winter M G，Smith J T，Fotopoulou S，et al. 2014. An expert judgement approach to determining the physical vulnerability of roads to debris flow. Bulletin of engineering geology and the environment，73（2）：291-305

第八章　灾害的恢复力

近年来灾害恢复力的研究越来越引起人们的重视，已经成为生态、环境灾害和气候变化等诸多环境学科共同关注的焦点。

第一节　恢复力的概念及内涵

目前，恢复力已成为自然灾害研究的一个重要概念，并且是地方、国家、区域和全球层面减灾发展的核心。恢复力可以被认为是自然和人类系统对极端事件做出反应和恢复的能力（Tierney and Bruneau，2009）。恢复力通常被称为缓冲器，通过允许系统在极端的情况下有机会应对，而不是耗尽所有资源；或者，在紧急事件发生后，系统可以选择措施恢复，促进可持续的生计。像脆弱性一样，恢复力也有许多定义。不同学科的研究人员在不同的认识论导向和随后的方法论实践中产生了恢复力的不同含义。

一、恢复力的定义

恢复力（resilience）起源于拉丁文 resilio，即"跳回"的意思，国内也有学者翻译为"弹性""韧性"等。从纯机械力学概念理解，恢复力是指材料在没有断裂或完全变形的情况下，因受力而发生形变并存储恢复势能的能力。在有些场景中，也被引申为从不幸或变化中恢复或适应的能力。1973 年加拿大生态学者霍林（Holling）从农业生态学和自然资源管理中提出了恢复力这个广受争议的概念。随后的 30 余年，恢复力这一概念已从力学领域延伸运用到生态学、社会学和灾害学等多学科领域，不同领域学者也从自身学科出发对恢复力作出了定义。但这一术语在 2005 年卡特里娜飓风之后才在灾害研究中得到强化。

霍林的恢复力定义在现在通常被称为"生态恢复力"，他认为恢复力是生态系统吸收改变量而保持能力不变的测度。此定义含有"稳定性"含义，即系统经受暂时扰动后回到平衡态的能力。一般来说，稳定性强的系统不会有大的扰动，而是会快速恢复到正常水平。许多生态学家认为，这种适应力是生物多样性保护的关键，而多样性本身可以增强恢复力、稳定性和生态系统功能。

皮姆（Pimm，1984）则认为恢复力是系统在遭受扰动后恢复到原有平衡态的速度。

生态学领域的恢复力定义都突出了生态系统的结构和功能的维护，但不同学者的认识还是有差别的。例如，霍林强调系统能承受的扰动量，即稳定性；关于稳定性是否始终是恢复力的理想特征仍存在争议。恢复力可能指的是系统能够吸收灾难的不利影响的程度，也可能指灾后恢复时间。因此，一个高度弹性系统的特点可以在于承受高压或承受快速反弹的能力。而皮姆以平衡态为基础，关注系统受扰动后恢复、抵抗、持续和变化的综合能力。关于皮姆提到的生态系统平衡态问题，学界一直存在着较大争议，一些生态学家认为，生态系统在不同时间尺度上是动态发展的，它在响应外界扰动时自身的平衡态也会发生变化，因此，生态系统不可能恢复到扰动前的平衡态水平。

20 世纪 80 年代开始，恢复力的概念开始逐步应用到社会科学及环境变化领域，用以描述社区、机构和经济体的行为反应。

Timmerman（1981）将恢复力与脆弱性联系起来，探讨社会对气候变化的恢复力，他将恢复力定义为系统或系统一部分承受灾害事件的打击并从中恢复的能力。

Dovers 和 Handmer（1992）将恢复力作为一个连续体，认为其由三个部分组成，即恢复力有抵御变化的特征；恢复力是为使系统更有弹性而产生的边际变化；恢复力具有高度的开放性、适应性和灵活性。

Buckle 等（2001）认为恢复力指人或组群拥有承受或从紧急事件中恢复的能力，它是一种防止或减少损失的能力，并且能够和脆弱性相平衡，通常在灾害发生后发挥作用。

Adger（2000）调查了社会恢复力和生态恢复力之间的联系，在研究的基础上，定义社会恢复力为群体和社区应对外部压力和扰动的能力，主要与社会、政治以及环境的变化相关。

IPCC 和国际恢复力联盟都认为恢复力是指一个社会或生态系统在经历变化时，仍然保持对于结构和功能的控制，接受干扰并重组的能力。该定义着重考虑了 3 个方面：系统能吸收并保持相同状态和吸引范围的扰动量、系统能够自组织的能力、系统能够建立并提高学习和适应能力的程度。

进入 21 世纪以来，随着全球对灾害的关注日益增加以及灾害研究的不断深入，恢复力作为衡量灾害系统的一个属性被引入灾害学领域，并且越来越多的学者和机构开始关注恢复力在灾害管理中的重要性。

Mileti（1999）认为灾害恢复力是指一个区域对于一个极端自然事件的可接受损失水平，其前提是该区域没有遭受毁灭性破坏和损失，而且当地生产力或生活质量（没有外界支援）也没有下降。

Kang 等（2007）认为恢复力是系统在一次灾害发生后恢复的能力，可以通过这个状态所持续的时间来测量恢复力的高低。

Mayunga（2013）认为恢复力源于对灾害后可持续生活的诉求，其中社会、经济、人文、物理和自然资本是恢复力的决定性因素。

英国国际发展署（DFID）认为灾害恢复力是一个城市、社区或家庭在面临诸如地震、干旱或暴力冲突等冲击或压力时，在不损害长期发展的前提下，变化管理方法以维持或转换生活水平的能力。

联合国国际减灾战略（UNISDR，2009）最初将灾害恢复力定义为暴露于致灾因子下的系统、社区或社会及时有效地抵御、吸纳和承受灾害的影响，并从中恢复的能力，包括保护和修复必要的基础工程及其功能。在《2015—2030 年仙台减灾框架》中，联合国国际减灾战略将恢复力进一步完善了恢复力的概念，并将其定义为：一个暴露于灾患下的系统、社区或社会通过保护和恢复重要基本结构和功能等办法，及时有效地抗御、吸收、适应灾害影响和灾后复原的能力，并且，将"resilience"一词，从过去的灾害"恢复力"翻译成"抗灾能力"。将灾害恢复力的含义从原来的被动吸收、适应恢复，扩展到主动抗御、建设恢复的能力，灾害恢复力的含义更加丰富，意义更加深远。

二、恢复力的内涵

从上面的讨论可以清楚地看出，恢复力的概念被广泛使用，但其具体含义是有争议的。

恢复力没有确切的定义，因为许多学科的学者从他们自己的专业角度使用和解释这个概念。我们认为，灾害恢复力的概念是一个动态的概念，通过采取减灾防灾措施，发展强大的组织和社区响应灾难的能力，以及提高个体家庭和商业的应对能力，可以增强抵御灾害能力。此外，还可以通过调整和适应灾害以及从灾难中学习，增强恢复力。

从发展理念上看，作者认为联合国国际减灾战略的灾害恢复力或抗灾能力的概念是现阶段比较先进的概念。它体现了社会抗灾与人类可持续发展目标的有机结合，恢复力或抗灾能力的概念符合世界环境与发展委员会上定义的可持续发展目标，即在不损害子孙后代满足自身需要的能力的前提下满足当前需要的发展。具有可持续性和恢复力的社区能够最大限度地减少灾害的影响，同时也有助于从这些极端事件中迅速恢复。

灾害恢复力是一个内涵非常丰富的概念，它不仅包括社会被动接受灾害所造成的干扰的能力，也包含社会主动接受灾害干扰，并从中适应、调整、恢复的能力；这些能力涉及灾前的科学减灾规划能力、组织建设和实施能力、恢复重建的经济能力、工程技术能力、社会的自组织能力、学习和适应能力等。

灾害恢复力是人类社会生态系统的一个特征，这个人类社会生态系统是由自然系统和社会系统两个子系统构成的。因而我们可以从整体（人类社会生态系统）和组成（自然系统和社会系统）不同视角或层次来认识灾害恢复力。换句话说，灾害恢复力具有自然属性、社会属性和社会生态属性，或者自然恢复力、社会恢复力和社会生态系统恢复力三种基本类型的恢复力。

灾害恢复力是一个系统或社区具备的抵御灾害和恢复原系统或社区功能的能力，这个能力是可以改变的，人们通过科学合理的建设或积极的政策和措施可以提升灾害恢复力。

灾害恢复力是一个动态变化的、多维度的概念。作为系统有效地抗御、吸收、适应灾害影响和灾后复原的能力，在不同空间，如国家、省、市、地区、区、县、城镇、社区，在不同的时间，如灾前、灾中、灾后、下一次灾害，在系统不同的属性背景下，如自然、社会、经济，灾害恢复力都可以有不同的具体表达形式和内容。例如，在特定时空和社会技术条件下，人们为抵御洪涝灾害而修建防洪大堤工程，就是提升人们应对洪水灾害能力的有效政策和措施，但是，随着时间的推移，河流泥沙在河道中的长期淤积，河床抬高又使得人们重新面临更大的洪水威胁。原有的提高恢复力的措施，随着时间的流逝和新的情况的出现，成为新的灾害隐患，过去的恢复力变成了未来的脆弱性。

三、恢复力的基本特性

灾害恢复力是人类社会生态系统的一个特征，它是人类社会生态系统具备抵御灾害，并从灾害中得以自我恢复的能力。这个恢复力来源于人类社会是一个有组织结构的系统，这个系统具备系统要素和其他组成单元，它们能够承受一定程度的灾害冲击而不会造成系统功能显著降低或丧失。美国纽约州立大学布法罗分校地震工程研究多学科中心的研究人员研究了恢复力的特征，将其归纳为鲁棒性、快速性、冗余性和资源性（Bruneau et al., 2003）四个要点，它们体现了灾害恢复力的基本特性。这四个要点构成了灾害恢复力的框架，也有人称为灾害恢复力的 4R 理论。

（一）鲁棒性

鲁棒性（robustness）也可以理解为系统的强健或稳健性，它反映了系统内部的力量，缺乏稳健性会导致系统崩溃，是系统在灾害情况下维持性能，抵御冲击的能力。鲁棒性越高，系统灾害损失越小。鲁棒性一般以系统在灾害冲击发生后所残留的性能水平来衡量，灾害冲击发生后残留的性能水平越高，灾害损失越小，其系统的鲁棒性越好。恢复力鲁棒性与脆弱性的内涵较为类似，鲁棒性表示系统抵御压力或需求而没有出现功能退化或损失的特性，而脆弱性反映灾害发生时系统将致灾因子打击力转换成直接损失的程度。不难发现，这两者所刻画的是同一属性，只是侧重点有所不同。如果鲁棒性为 20%，脆弱性即为 80%。这也是有些学者将恢复力和脆弱性的关系比作"同一硬币的两面"的原因。

（二）快速性

快速性（rapidity）指的是系统及时满足优先事项并实现目标的能力，即系统在遭受灾害冲击后服务和生计功能恢复的速度。该属性与系统的内部恢复条件及外部恢复条件相关。内部恢复条件指的是体系内部应对冲击的自我危机处理机制，包括系统的自愈机制、自适应机制等。外部恢复条件指的是外部投入的恢复资源、恢复储备以及所采用的恢复策略。

（三）冗余性

冗余性（redundancy）指的是系统在遭受灾害打击的情况下，通过改变或替换基本元素以达到满足其基本功能的能力，换句话说，就是系统中的组成要素是可持续的，如果系统功能发生重大损害，系统中的其他要素仍能够满足系统功能的要求，也即系统组件的可替代性。冗余性允许选择和替换。缺少该部分会妨碍对极端事件的适当响应。这种能力可以通过灾前准备、灾中有效应对加以提高，如生命线网络体系中重要线路的双线备份，重要国防工业关键部位的设备备份。体系冗余性可以有效地减缓系统的灾害损失。

（四）资源性

资源性（resourcefulness）指的是系统现有资源可供系统调配的丰富程度，以及系统部分受损时，使其能够诊断问题，确定优先事项并调动充足资源以从极端事件的影响中快速恢复的能力。例如，一些偏远落后的山区遭受灾害造成的灾害损失严重，恢复缓慢，重要原因就是缺乏资源性。

灾害恢复力的特性凸显了恢复力的多重路径，通过投资于减灾措施可以提高恢复力的这些组成部分。在灾害恢复力的 4 项属性中，鲁棒性和快速性是系统恢复力所需要达到的目标，因而被称为恢复力的"目标属性"；而冗余性和资源性是系统提升恢复力所采取的手段和途径，一般被称为恢复力的"手段属性"。

图 8-1 描绘了社区在一定的地震损害程度下，社区系统恢复到灾前水平所需时间的不同情景。以系统性能 Q 为参考，性能的变化区间为 0～100%，100%代表系统没有出现任何失效，0 意味着系统功能尽失。假定灾前系统性能保持稳定，在 T_0 时刻发生地震，从而导致系统性能 Q 急剧下降，从 100%降到 20%。此时，系统性能的维持程度（即系统剩余性能水平 20%）反映了系统抵御外界打击的鲁棒性。系统经过一定时间（T_0-T_1）的恢复重建，在 T_1 时刻系统性能完全恢复，这种恢复速度即为快速性。

如果灾前采取了一些减灾措施，如图 8-1 中虚线所示，则地震发生后，系统性能下降幅度减小，表明减灾措施可以提升系统的鲁棒性；从快速性来看，采取减灾措施后，系统性能恢复到灾前水平所需时间减短，恢复速度相应加快。如果没有灾前的防御措施，有灾后及时的应急响应行为，如图 8-1 中加粗虚线所示，当地震灾害发生后，系统性能虽然也降到与无灾后响应（实线）一样低，但是灾后应急响应可以加快系统功能的恢复时间，且同一时刻系统性能高于没有应急响应的性能。这表明，恢复力的鲁棒性和快速性可以通过灾前减灾措施和灾中的应急行为来改善社会或系统的恢复力特征。

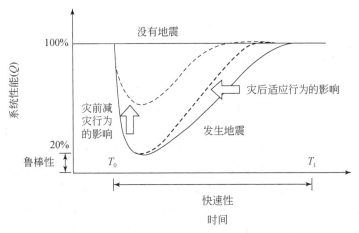

图 8-1　恢复力的二维模型（葛怡等，2010）

四、恢复力的量化

生态学家、经济学家和灾害学家都在尝试将恢复力进行量化研究。比较典型的有 Perrings 和 Stern（2000）应用非线型卡尔曼滤波和误差纠正模型来研究博茨瓦纳农业生态系统的生产潜力和恢复力损失；Paton 等（2001）从社会心理学角度，采用问卷调查和统计方法，对新西兰鲁阿佩胡火山 1995～1996 年火山爆发后的社区恢复力进行了定量研究。

MCEER 致力于通过改进关键性基础设施（地震中的生命线系统）的工程和管理工具以增强社区的地震恢复力，在灾害损失评估的基础上对地震恢复力的量化进行了大量创新性研究工作。他们认为地震恢复力由 4 个相互联系的维度空间组成：技术、组织、社会和经济，简称 TOSE 维度空间。

（1）技术维度。技术维度是指系统在灾害作用下的物理毁伤程度，一般用系统物理单元的失效比率来衡量系统性能，或基于各类复杂网络物理性能指标来衡量系统性能。

（2）组织维度。组织维度是指系统的组织恢复力，即机构灾害管理、组织、决策能力和灾害应急救援体系的建设及作用发挥状况，主要包括该地区的政府管理部门应对灾害动员社会力量、配置社会资源和对重大事件进行及时决策的能力，以及应急预案、防灾减灾政策法规、紧急救援体系建设、医疗和消防队伍建设状况。

（3）社会维度。社会维度是指社会公众应对灾害打击的恢复力，主要包括公众对各种防灾减灾知识了解的程度、进行自救互救和紧急避险的能力、参与防灾减灾活动的积极程度和购买灾害保险的意愿等内容。

（4）经济维度。经济维度是指系统的经济恢复力，即在遭受灾害打击之后，经济系统通过资源配置、调节资源等手段，以避免生产生活中资源供应的中断所造成的经济损失。灾害经济恢复力的影响要素有资源的储备能力、资源的替代能力、资源的外部获取能力和资源的配置能力。

这 4 个维度的恢复力互相联系、互相影响，但其测量方式各不相同。技术维度恢复力符合自然恢复力或工程恢复力要求；组织和社会维度恢复力因为涉及社会系统，是复杂、多稳态的，所以适宜采用社会-生态恢复力的思想；而经济维度恢复力相对特殊，既可以将经济作为社会的组成部分，运用社会恢复力的模型进行评估，也可以将其视为一个独立的承灾体进行考虑，而后者更符合工程恢复力的思想。

五、恢复力与脆弱性的区别

脆弱性最初是在社会科学领域得到普及，它关注的是潜在伤害，特别是对重要的人和事物的伤害，以及不同人群、资产和环境对伤害的敏感性。相比之下，恢复力则是在生态学领域得到发展，它重在理解系统吸收冲击，并从中恢复并回到某种稳定状态的能力。在早期的研究中学者更加关注脆弱性，恢复力被包含脆弱性的概念之中。随着恢复力研究的不断深入，其渐渐脱离脆弱性并成为与之并列的术语。关于脆弱性和恢复力两者之间的关系问题，一直是学界讨论的热点，目前主要存在着以下两种不同观点。

（1）硬币的两面：以 Folke 等（2002）的研究为代表，他们认为恢复力和脆弱性像是"同一硬币的两面"，脆弱性是承灾体面对灾害出现损失的程度或概率，而恢复力正好是承灾体抵御、应对和适应灾害的能力，那么脆弱性的背面即是恢复力，两者呈互逆性。按照这一观点，如果承灾体的脆弱性越大，则它的恢复力就越小，反之亦然。

（2）双螺旋结构：以 Buckle 等（2001）的研究为代表，他们认为脆弱性和恢复力两者就像一个双螺旋结构，在不同的社会层面和时空尺度中交叉，两者是不可分离的，既不能简单视为硬币的正反两面，也不能归纳为一个连续体的端点，应该强调两者之间直接且紧密的联系。恢复力和脆弱性可以呈正相关性，恢复力由低变高的同时，脆弱性也由低变高；恢复力和脆弱性亦可呈负相关性，当恢复力由低变高时，脆弱性由高变低。

上述两种观点的主要分歧在于看待恢复力的视角不同。"硬币的两面"将恢复力视为一种静止的状态量，也即系统在灾害发生时抵抗致灾因子打击的能力；而"双螺旋结构"在"硬币的两面"的基础上，将恢复力视为一种动态的过程量，也即系统灾后调整、适应、恢复和重建的能力，当次恢复力发挥作用将会影响下次灾害的脆弱性大小。例如，某个村落在一次滑坡灾害中遭受到巨大损失，其灾害脆弱性大。但灾后村民及时自救，也得到了政府救助和社会援助，该村迅速从这次灾害打击中恢复过来，表现出较强的恢复力。同时该村在总结该次灾害经验后，做好备灾响应、改进减灾规划和应急预案，从而进一步减低了脆弱性，进而降低了灾害风险。这个案例显示了恢复力对灾害系统存在一种正反馈机制。

葛怡等（2011）正是利用了脆弱性和恢复力的内在联系，用脆弱性的变化速度来表征承灾体系统的恢复力水平，利用相对成熟的脆弱性评估模型和技术，来实现对灾害（水灾）恢复力的评估。在图 8-2 中，曲线为脆弱性曲线，灾害恢复力（R）表征为单位时间（ΔT）内的系统脆弱性的变化量（ΔV），单位时间内降低的脆弱性越多即系统恢复力越强，反之亦然。

图 8-2 体现了灾害脆弱性和恢复力的比较。脆弱性是一种状态量，反映灾害发生时承灾体将灾患打击力转换成直接损失的程度，主要服务于灾前的减灾规划；而恢复力则是一种过程量，反映了灾害直接损失已经存在的情况下，社会系统如何自我调节从而消融间接损失并尽快恢复到正常的能力，主要服务于灾后恢复重建规划，尤其是找出恢复力建设的

薄弱环节，提高灾后恢复重建的效率。

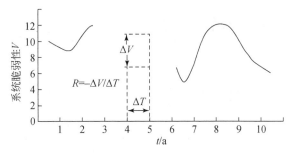

图 8-2 水灾恢复力的二维模型

第二节 社会-生态恢复力及其相关模型

一、社会-生态恢复力的含义

社会-生态恢复力是关于社会-生态系统整体的恢复力，社会-生态系统是人与自然紧密联系的复杂适应系统，受自身和外界干扰与驱动的影响，具有不可预期、自组织、非线性、多稳态、阈值效应、历史依赖和多种可能结果等特征，社会-生态恢复力就是指社会-生态系统在保持自身结构不变的前提下，通过调整系统的行为控制参数及程序后，自身吸收、适应并从灾害影响中恢复的能力。

社会-生态恢复力的定义关注系统整体功能的延续，关注系统远离任一平衡稳态后的适应状况，而这种非稳定态能够促使系统跃迁到其他行为领域，即另一稳定域。相对而言，社会-生态恢复力更强调系统的持久性、可变性和不可预测性，它兼具了生物系统的进化论思想和安全保障的工程设计目标。

社会恢复力的研究对象是整个人类社会系统，相对于工程恢复力，其影响因素更多，作用机制更复杂，量化难度也更大。为此，一些学者将社会恢复力的研究范围缩小，聚焦于社区恢复力的研究。社区作为社会的基本单元，是承担灾害风险的直接主体，也是防灾减灾工作的基础。目前，关于灾害的社区恢复力研究主要集中在理论模型构建上，这里将介绍几种国外常见的恢复力模型，如适应性循环理论、压力抵抗与恢复力模型、生命系统模型以及地方灾害恢复力模型等。

二、适应性循环理论

以霍林为首的"恢复力联盟"主张运用适应性循环理论来解释和分析社会-生态领域的恢复力。传统的生态系统演替可分解为"开发"和"保护"两个阶段，而霍林（1973）在此基础上补充了"更新"和"释放"两个时间过程，将二维视角扩充至三维动态上，构成了适应性循环。该理论认为社会-生态系统并不是向某一平衡稳态演化，而是按照"释放（Ω）—更新与重组（α）—开发（r）—保护（K）"四个特征阶段进行循环演替（图 8-3）。

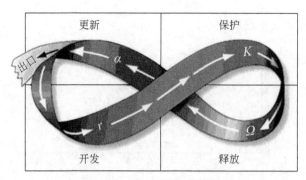

图 8-3　适应性循环理论模型

　　具体来说，当系统受到巨大且不可预料的干扰时，其结构和属性发生改变甚至消失，系统会进入释放（Ω）阶段；紧随之后的是更新（α）阶段，在此期间可能会出现大量新事物，如新物种、新制度、新观念、新政策等，这个阶段持续时间较短，但系统的重大变化往往发生于此，之后其组成、结构等趋于相对稳定，意味着已进行另一稳态的新轨道，从而转入开发（r）阶段；经过长时间的资源累积和转变，系统由 r 阶段转变为保护（K）阶段，在该阶段出现新生事物的数量与概率急剧下降，系统也会变得更为复杂和稳定。

　　上述这一循环过程由系统潜力—连通度—恢复力三重属性交互作用所驱动。其中，潜力是指系统本身的特质；连通度反映系统组分间的交互作用；恢复力则是系统受干扰后恢复至稳态的能力。也有学者以地理学时空视角看待三者的关系，潜力、连通度与恢复力可分别对应空间数据图层中的静态像元属性值、空间分析中的邻域关联特征，以及时间变化过程中的趋势判定。恢复力贯穿于适应性循环始终，并随着各阶段的演替变化而表现出不同的水平。例如，新循环的形成就是原系统恢复力丧失导致向另一稳态转移的过程。

　　"恢复力联盟"借助稳定性景观模型对社会–生态恢复力进行解释和规范。系统可进入的盆地（稳定域）与分割这些盆地的界限统称为稳定性景观（图 8-4）。图 8-4 中的黑色区域为系统所处位置，稳定性景观中的恢复力由 4 个元素构成：①范围（latitude，L），系统在丧失恢复能力前可承受的最大扰动量，一旦系统超越了该阈值，系统性能将无法恢复，系统可能会进行新的稳定域；②抵御能力（resistance，R），系统状态变化的难易程度；③不稳定性（precariousness，Pr），系统距离阈值的距离；④扰沌（panarchy，P），系统恢复力同时受到上下级尺度上其他系统状态及动态过程的影响程度。

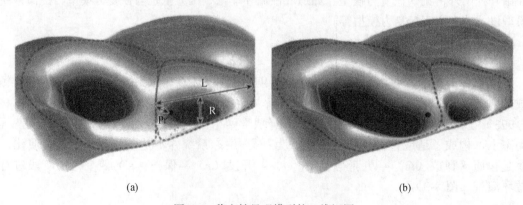

(a)　　　　　　　　　　　　　　　　　　　(b)

图 8-4　稳定性景观模型的三维视图

适应性循环理论是目前恢复力理论研究最为深入的一个分支，它从复杂系统动力学角度出发，在一定程度上阐明了恢复力的形成机制。但是，借助这一理论对恢复力进行定量测量依然非常困难，难点主要集中在对系统目前状态与阈值（或界限）距离的测量。具体来说，首先，扰沌（P）在模型中无法表现，目前仅有定性阐述；其次，模型中L、R和Pr等3个参数的估算方法尚未明确；最后，稳定性景观本身也是动态变化的，这进一步增加了模型参数的估算难度。

三、压力抵抗与恢复力模型

压力抵抗与恢复力模型由 Norris 等（2008）提出（图8-5）。灾害管理的终极目标是确保公众的安全和福祉，那么社区危机是如何产生的呢？该模型将社区危机产生的根源归结为外部压力与社区内部资源随时间共同作用的结果。具体来说，当社区面对外部压力时，如果灾前准备阶段的资源具有鲁棒性、冗余性及快速性，则能够缓冲或抵消压力源产生的即时影响而不发生功能障碍，此时社区就会产生抗压性，适应灾前的环境。但是，如果社区面对的压力较为严重、持续或强度较大时，社区自身的资源系统较为脆弱，则很难产生足够的抗压力，社区将会陷入短暂的功能障碍。此时，如果社区具有恢复力，则适应新环境；如果社区是脆弱的，则出现永久性功能障碍。社区恢复力主要来自4个方面：较高的经济发展水平、雄厚的社会资本、及时的信息传播以及强大的社区应对能力，它们共同构建有效的灾害防治策略。该模型强调恢复力是与脆弱性对立的概念，是一种抗压力、适应新环境的能力。

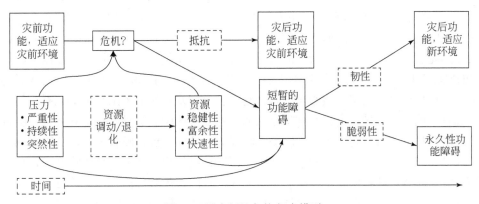

图 8-5 压力抵抗与恢复力模型

四、生命系统模型

生命系统模型由 Okada（2011）提出，该模型的核心观点是：任何区域、城市或社区都可以看作一个生命体，包括生命（survivability）、活力（vitality）及共存（conviviality）3个基本功能。如图8-6所示，生命、活力及共存构成了生命体系三角形的3个顶点。"生命"指的是活下来，是面对自然灾害时，能够克服困难，在逆境中生存；"活力"指的是在面对灾害时，能够轻松生活；"共存"指的是社区与外界资源相互交流或协作，获取共存的力量，达到灾后共同生存的目的。

社区在面临自然灾害时所采取的一系列防灾减灾措施，都应当满足"生命""活力""共存"3个基本功能。具体来说，"生命"功能强调社区在建设过程中，注重社区的固有安

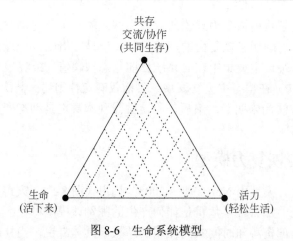

图 8-6　生命系统模型

全性,如提高建筑抗震等级或建设远离洪涝等致灾因子的安全社区;"活力"功能要求社区在应对灾害时具有充足的应急资源,帮助社区居民尤其是儿童、孕妇、老年人及残疾人等脆弱性的群体能够轻松地面对灾害事件;"共存"强调灾后社区与外界交流和沟通的能力,通过与外界进行资源或信息共享,获取外界医疗、资金支持等援助,建立共同生存机制。杨丽娇等(2019)认为生命系统模型最大优势在于其对灾害与社区功能之间关系的解读,并强调普通规模的灾害事件对于社区来讲,不是一种冲击,而是提高社区恢复力的一次契机。

五、地方灾害恢复力模型

地方灾害恢复力模型(DROP)由美国地理学家卡特于 2008 年提出,该模型主要针对自然灾害,集中关注于社区层面的社会恢复力。该模型从承灾系统自身的先决条件入手,认为社区内在的脆弱性和恢复力是其所处的自然系统、社会系统与建筑环境相互作用的结果(图8-7 中的嵌套三角形)。在灾害发生时,这些先决条件与灾害体特征(如频率、持续时间、强度等)相互作用后产生灾害直接影响,具体与灾害类型及其影响范围有关。此时,如果受灾社区实施有效的应对措施,灾害影响将会减弱,那么社区就能够吸收扰动并适应,实现快速恢复。反之,如果灾害影响超过了社区的吸收能力,适应性过程没有发生,其灾后的恢复过程就会非常漫长。在灾后恢复过程中,社区学习的潜在知识反过来又会影响社会、自然及建筑环境系统的状态,即转化为下一次灾害事件冲击社区时的基础储备,可改变下一次灾害事件所产生的先决条件,进而形成一个循环过程,构成地方灾害恢复力模型。

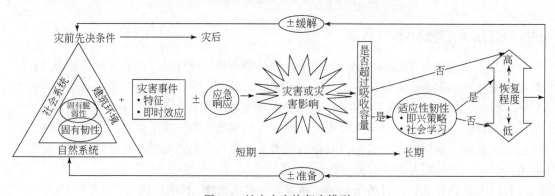

图 8-7　地方灾害恢复力模型

第三节　工程恢复力及其评价

一、工程恢复力的含义

工程恢复力，也称为自然恢复力，是关于自然系统的恢复力，包括系统抵御功能伤害和损失的能力以及平静地面对灾害的能力，关注的是系统的自然特性和系统的关键组成部分的恢复力。以皮姆的定义为代表，他认为恢复力是系统抵御扰动的特性，其表达方式是测度系统在遭受扰动后恢复到原有平衡态的速度或时间。这种观点主要关注系统在特定平衡态附近的稳定状况，并且强调效率、恒定、预见性和功能有效性的维护，把安全保障的工程性要求作为研究对象所有特性的核心，故将这种恢复力称为工程恢复力。

工程恢复力基于单一稳定状态假设，即认为系统仅有一个"最优"的平衡稳态，当系统一旦出现其他非稳定状态时，就应采取措施促使系统恢复到平衡稳定状态。对于一些实体性的承灾体，这种最优稳态确实是存在的。

工程恢复力具有相对明确的衡量标准（恢复时间或速度），所以显现出在恢复力量方面的优越性。

工程恢复力针对的对象一般为实体性承灾体，在自然灾害风险领域以建筑物和基础设施最为常见。关键基础设施体系，也即城市生命线工程，是指维系城镇与区域经济、社会功能的基础设施与工程系统，主要包括交通系统、供（排）水系统、输油系统、燃气系统、电力系统、通信系统、水利工程等工程系统。由于基础设施体系关联着城市多个民生和产业部门，灾害中其发生功能损坏后，将会对整个城市系统造成巨大的间接损失，同时也会严重阻碍灾后恢复重建的步伐，因此，如何准确评估其灾害恢复力就显得尤为重要。

二、工程恢复力评价的主要方法

这里将城市关键基础设施体系作为承灾对象，并结合案例介绍工程恢复力的评估方法与流程。目前，国际上对关键基础设施体系毁伤恢复力的定量研究主要有 3 种方法：概率分析法、专家评估法以及性能响应函数法。

（一）概率分析法

1. 基本原理

该方法由 Chang 等于 2004 年提出，其目的是评估城市供水系统在地震灾害中的恢复力水平。该方法的核心思想是将恢复力表达为承灾系统在灾害冲击下的性能达到预设标准的概率，其预设标准涵盖恢复力的 4 大维度（TOSE）和 2 个目标属性（鲁棒性和快速性），数学表达如下：

$$R = \Pr\,(A/i) = \Pr\,(r_0 < r^*,\ t_1 < t^*) \tag{8-1}$$

式中，R 为承灾系统在灾害强度 i 冲击下表现出的恢复力；$\Pr\,(A/i)$ 为灾害强度 i 下系统损失和恢复时间满足标准 A 的概率。在标准 A 中，承灾系统的灾害损失 $r_0 < r^*$，恢复时间 $t_1 < t^*$，r_0 为灾害中系统性能的实际损失，r^* 为系统的鲁棒性标准，t_1 为系统实际的灾后恢复时间，t^* 为系统的快速性标准。图 8-8 所示为某承灾系统地震恢复力满足性能预设标准的示意图。

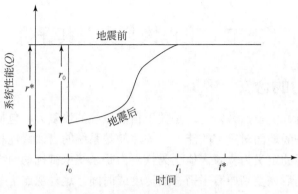

图 8-8　工程恢复力的概率分析法

　　该方法的优势在于：①以概率的形式实现对恢复力的量化，表达直观且意义明确；②模型涵盖恢复力的 4 大维度，充分体现了恢复力的多面性。但在使用该方法时，也存在 2 个关键问题：①如何测量承灾系统在灾害打击中的性能表现？②如何针对恢复力各个维度设定合理的鲁棒性和快速性标准？针对第一个问题，可使用灾害损失评估模型和脆弱性曲线等方式，预测承灾体的灾害损失后果；针对第二个问题的解决方案相对复杂，涉及的要素也比较多。Chang 认为在理想的情况下，应当与决策者、公众和其他潜在的最终用户共同协商预设标准，具体可采用问卷调查和讨论的方式。他们在对美国田纳西州孟菲斯市供水系统恢复力评价的案例中，通过与地震工程师协商后确立了该供水系统鲁棒性和快速性的预设标准（表 8-1），其中，恢复力中技术维度和组织维度的指标针对供水系统本身，而社会维度和经济维度的指标针对社区一级。

表 8-1　美国田纳西州孟菲斯市供水系统恢复力标准

恢复力维度 （评估单位）	测量对象	鲁棒性标准 (r^*)	快速性标准 (t^*)
技术维度 （供水系统）	供水系统运行状态	出现功能损失的主泵站数量≤1	1 周内所有泵站和 99%供水管网恢复正常
组织维度 （供水系统）	供水服务	无供水服务的人口占比<5%	1 周内 99%人口恢复供水服务
社会维度 （社区）	居家人口	流离失所的人口占比<5%	1 周内 99%人口恢复住房
经济维度 （社区）	经济活动	灾害损失占地区生产总值的比值<5%	1 周内 99%的地区生产总值得到恢复

2. 案例分析

　　美国田纳西州孟菲斯市（Memphis）照明、燃气和供水部门（MLGW）向孟菲斯市及谢尔比县（Shelby County）的其余地区供水，2000 年供水服务人口为 77.7 万人。MLGW 从 2 个深水井抽取地下水，并经过 1370km 地下管网，以及一系列泵站、高架水箱和增压泵组成供水网络（图 8-9）。孟菲斯市在地质构造上位于美国中部新马德里地震带，该地震带曾于 1811 年冬季发生过 3 次里氏 8.0 级及以上的地震灾害。MLGW 非常清楚该区的地震风险，因此，从 20 世纪 80 年代后期就启动了供水系统改造工程。该工程集中在对供水泵站进行改造，这对维持城市供水至关重要。而至于其他的改造方案，如大批量更换易受地震影响的铸铁水管，由于费用巨大而没未被实施。

图 8-9　美国田纳西州孟菲斯市供水系统与人口密度图

MLGW 采取的实际改造方案为表 8-2 中的改造方案 1，即对 Morton 和 Davis 两个泵站进行抗震改造。具体来说，将 Morton 站的抵抗地震动峰值加速度（PGA）由 0.22g 提升至 0.30g，将 Davis 站的 PGA 值由 0.30g 提升至 0.36g（表 8-2）。另外，该研究还考虑了另一种假设方案（表 8-2 中的改造方案 2），即将 Mallory 和 Sheahan 两个泵站的 PGA 值由 0.18g 提升至 0.30g。之所以选择对这 2 个泵站进行改造，是因为它们的抗震水平都比较低，且均位于人口稠密区，提升它们的抗震能力对于减少整个供水系统的地震损失是否更为有利呢？

表 8-2　不同改造方案下的泵站抗震能力（PGA 值）

泵站	现状	改造方案 1	改造方案 2
Mallory	0.18g	0.18g	0.30g*
Sheahan	0.18g	0.18g	0.30g*
Morton	0.22g	0.30g*	0.22g
McCord	0.30g	0.30g	0.30g
Allen	0.30g	0.30g	0.30g
Lichterman	0.30g	0.30g	0.30g
Palmer	0.30g	0.30g	0.30g
Davis	0.30g	0.36g*	0.30g
L.N.G.	0.45g	0.45g	0.45g

* 代表需要改造的泵站。

该研究将该供水系统建模成一个由 960 个需求节点和供应节点，以及 1300 条线路组成的网络系统，其中，9 个泵站以供应节点表示，而需求节点表明在整个系统的各个位置需要多少水量。经过大量的地震灾害模拟和基于脆弱性曲线的灾害损失评估工作后，可以得到不同震级（里氏 6.5 级和 7.1 级）下各个维度（技术、组织、社会及经济维度）的供水系统性能表现，通过与预设的系统鲁棒性和快速性标准进行比较，得到其满足预设标准的概率，进而实现对恢复力的定量评估。

孟菲斯市供水系统恢复力评估结果按四大维度分别呈现，这里仅介绍技术维度评估结果。从技术维度来看，预设的鲁棒性标准为 9 个泵站中不超过 1 个因地震而无法运作，快速性标准为经过 1 周修理后所有泵站和 99%的供水管道恢复功能。表 8-3 为供水系统技术维度恢复力评估结果，表中数值为系统性能满足预设标准的比率，0 为无恢复情况，100%为完全恢复情况，数值越高表明恢复力越大。通过对比不难发现，改造方案 2 明显优于改造方案 1，在 6.5 级地震下改造方案 2 的系统鲁棒性是 23%，是改造方案 1（10%）的 2 倍多，在 7.0 级地震下改造方案 2 将系统鲁棒性由 0 提升至 7%。

表 8-3　供水系统技术维度恢复力评估结果（满足恢复力标准的百分比）　（单位：%）

（恢复力标准）改造方案	6.5 级地震	7.0 级地震
（同时考虑鲁棒性和快速性）		
维持现状	12	0
改造方案 1	10	0
改造方案 2	23	0
（仅考虑鲁棒性）		
维持现状	12	0
改造方案 1	10	1
改造方案 2	23	7
（仅考虑快速性）		
维持现状	100	0
改造方案 1	100	0
改造方案 2	100	0

（二）专家评估法

1. 基本原理

该方法由 Chang 等（2014）提出，其初衷是为了评价城市整体恢复力，并将城市中供水网络体系、电力供应体系、通信体系、交通运输体系等多种系统及其之间的相互依存性考虑在内。但由于城市整体运行状态是十分复杂的，并不能依靠某个单一模型对其进行综合评价，因此，他们提出了利用各行业专家经验的恢复力评估方法，即专家评估方法。专家评估法主要采用专家间信息共享、迭代及分享式学习等方法，对城市关键基础设施体系在特定灾害强度冲击下的潜在灾害后果（鲁棒性）和恢复时间（快速性）进行分析评估。

2. 案例分析

Chang 等（2014）将专家评估法应用于加拿大温哥华地区的城市关键基础设施体系地

震恢复力的研究中。整个评估过程包括 4 个相互关联的阶段：结构化与调整、专家访谈、数据合成、信息共享、反馈和修订。

（1）结构化与调整：此阶段可细化为 2 个步骤，即灾害情境设置与灾害经验总结。具体来说，其假设的灾害情景为 7.3 级浅源地震，震中位于温哥华附近的乔治亚海峡，地震烈度为Ⅵ～Ⅷ级。评估对象为城市最关键的基础设施部门，即电力、给排水、天然气、交通（区域内、跨区域）、通信、卫生等部门。另外，还需要搜集整理该区地震及非地震灾害对基础设施损失的历史数据，可为专家判断提供参考。

（2）专家访谈：所选专家来自各基础设施管理部门，包括公用事业（电力、给排水、天然气）、交通（桥梁和公路、公共交通、机场、海港）、电信、卫生医疗（地方卫生局、医院）以及省、地区和地方政府。评估过程中总共进行了 13 场访谈，共涉及 18 名专业技术人员，每次访谈持续 1～2h。访谈的主要目的是收集关于基础设施系统恢复力与相互依赖关系的信息，并确定可以采取哪些措施来提高恢复力。受访者需要对特定的 3 个时段系统运行状态进行判断，即灾害刚发生后、3 天后和 2 周后。在此阶段，还应避免专家在判断中出现过度自信的情况。

（3）数据合成：即将访谈结果转换为图表形式。①服务中断图，根据专家访谈信息，将基础设施部门在一段时间内的服务中断分为 4 个等级，即无损失、轻微损失、中度损失和严重损失，后 3 类损失如图 8-10 所示。损失划分依据为灾害影响程度和影响范围。其中，影响程度主要考虑灾害后果严重程度和中断的持续时间，而影响范围主要考虑灾害影响的空间范围和受影响的人口比例。②相互依赖关系图，获取各部门之间功能上的相互依赖关系，以帮助可视化一个部门的中断如何影响其他基础设施的运行。

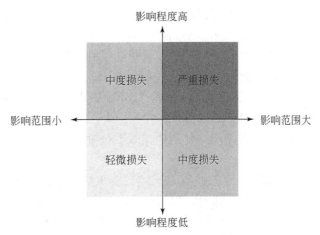

图 8-10 基础设施中断等级分类

（4）信息共享、反馈和修订：即基础设施系统运营商和分析人员，在了解其他系统脆弱性和恢复力的基础上进行信息共享，并对原始评估结果进行修订的过程。

评估结果表明，从服务中断图来看（图 8-11），除了政府和天然气之外，所有部门都将在 7.3 级地震发生后立即出现严重的服务中断，其主要原因是诸如道路、桥梁供电、通信系统等基础设施出现物理损坏。72 小时后，所有基础设施部门预计将出现中度损失。2 周后，电力、政府和天然气部门预计将恢复到较低的损失水平。

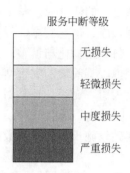

部门	刚发生	3天后	2周后
电力			
通信			
供水			
交通(区域内)			
交通(跨区域)			
卫生医疗			
政府			
天然气			
排水			

服务中断等级

无损失
轻微损失
中度损失
严重损失

图 8-11　基础设施服务中断评估结果

（三）性能响应函数法

1. 基本原理

相对于前述的概率分析法和专家评估法,性能响应函数(performance response function,PRF)法是工程恢复力定量研究中应用最广泛的方法。布鲁诺(Bruneau)等于 2003 年对生命线工程恢复力概念进行全面描述的同时,就提出了利用性能响应函数曲线进行工程恢复力定量评估的构想。之后,针对一些关键单体设施,部分研究也采用 PRF 法进行灾后的恢复力研究,如 Deco 等(2013)以及 Dong 等(2015)采用该法对地震灾害下大型桥梁的恢复力进行定量评估研究。在 Bocchini 等(2012)的工作中,基于 PRF 法对桥梁恢复力进行了定量研究,并据此对高速公路网络体系中损毁的桥梁单元进行了抢修介入时序分析和恢复进程优化研究。

图 8-12 中所示的 A、B、C 三条曲线为基础设施工程在灾害冲击后典型 PRF 曲线。这三条恢复力曲线表征了三种不同的恢复进程:A 曲线表示承灾系统在灾前具备较好应灾能力,如在暴雨洪涝灾害中,具有较好的排水系统以及充足的救灾物资,那么其灾害冲击的损失后果较小(系统性能由 P_0 仅下降至 P_1),且恢复时间较短,最终可达到完全恢复状态;B 曲线表示承灾系统不具备较好的应灾能力,遭受灾害冲击的损失较大(性能下降至 P_2),但在灾后救助及时,措施得当,虽恢复时间较 A 曲线长,但最终还是可以恢复到灾前水平(也可能超过灾前水平,但由于这种情况非常复杂,本书不涉及);C 曲线中遭受灾害冲击的损失与 B 曲线一样,但其灾后恢复力度不够,最终导致系统崩溃,功能完全丧失。

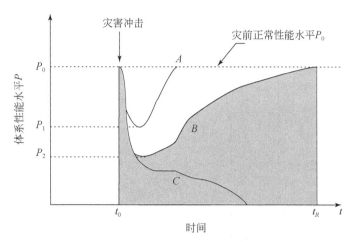

图 8-12　基础设施体系在灾害冲击后典型 PRF 曲线

　　PRF 法的优势在于，能够将恢复力的鲁棒性和快速性融合在一起。那么，在恢复力的量化中，可以将避免的系统性能损失值作为恢复力的作用结果，也即将恢复力定义为某个时段内（$t_0 \sim t_R$）系统避免的性能损失值与系统正常性能水平的比值[式（8-2）]。系统避免的性能损失值为 PRF 曲线与 t 轴的围合区域，即图 8-12 中的阴影区域。

$$R = {A_F}\Big/{A_N} = \int_{t_0}^{t_R} F(t)\mathrm{d}t \Big/ \int_{t_0}^{t_R} N(t)\mathrm{d}t \qquad (8\text{-}2)$$

式中，R 为承灾系统在某类灾害强度 i 冲击下的恢复力；$F(t)$ 为承灾系统在灾害冲击下的性能响应函数（PRF）；$N(t)$ 为承灾系统正常运行时的性能响应函数，为了便于操作，一般可将 $N(t)$ 作常数化处理（图 8-12 中的直线 P_0）；t_0 至 t_R 为灾后恢复所需的时间。

2. 案例分析

　　Deco 等于 2013 年运用性能响应函数（PRF）法对公路桥梁的地震恢复力进行评估，评估对象为美国加利福尼亚州科洛纳市和穆里塔市之间的一座公路桥梁，假设该桥梁遭受 8.0 级地震灾害，震中距离被评估约 4km，震源深度为 10km，这里也是 1910 年 5 月 15 日历史地震的震中位置。

　　Deco 等建立了基于六参数正弦曲线，构建桥梁工程的地震恢复力概化模型。如图 8-13 所示，桥梁工程恢复力曲线的形态和位置分别取决于系统剩余性能水平 Q_r、闲置时间 δ_i（单位为月）、恢复持续时间 δ_r（单位为月）、性能水平的恢复目标 Q_t，以及其他两个参数 s 和 A。其中，修复闲置时间 δ_i 可以是修复前的方案设计和论证阶段，也可以是进行一些对桥梁功能无实质改善的修复活动，如拆除受损部件、清理碎片等。

　　利用美国 HAZUS 系统的脆弱性曲线模型，可以得到该桥梁在 8.0 级地震中发生不同损失等级的概率分布，损失等级可分为：无损伤、轻微损伤、一般损伤、严重损伤、完全损毁（有/无旁路）。在获取恢复力曲线六参数的基础上，可以绘制出该桥梁不同损失等级的恢复力曲线，如图 8-14 所示。不同损失等级下的桥梁呈现出完全不同的恢复过程：无损伤状态下的恢复力呈直线；对于轻微损伤，系统性能在恢复工作之初就呈现出较快的恢复速度，恢复力呈负指数曲线分布；一般损伤状态的恢复力呈阶梯式曲线分布；对于严重损伤和完全损毁（无旁路）的破坏，必须要在大部分修复活动完成之后，桥梁才能恢复正常运行，因此恢复力呈正指数曲线；对于完全损毁，还有另外一种修复方案，即在桥梁修复过程中通过修建一条临时支路以分担一部分交通流量，在此情况下，桥梁功能呈阶梯状逐渐恢复。

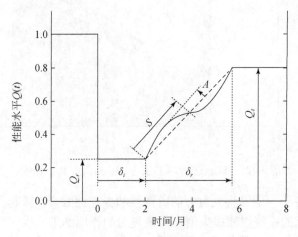

图 8-13　桥梁工程地震灾害恢复力曲线

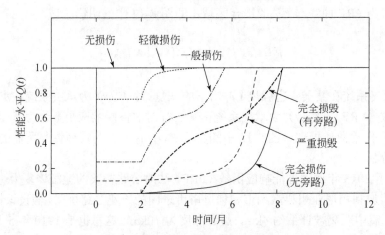

图 8-14　不同损失等级下的桥梁工程恢复力曲线

主要参考文献

费璇，温家洪，杜士强，等. 2014. 自然灾害恢复力研究进展. 自然灾害学报, 23（6）: 19-31

葛怡，史培军，徐伟，等. 2010. 恢复力研究的新进展与评述. 灾害学, 25（3）: 119-124

葛怡，史培军，周忻，等. 2011. 水灾恢复力评估研究: 以湖南省长沙市为例. 北京师范大学学报（自然科学版），47（2）: 197-201

刘婧，史培军，葛怡，等. 2006. 灾害恢复力研究进展综述. 地球科学进展, 21（2）: 211-218

杨丽娇，蒋新宇，张继权. 2019. 自然灾害情景下社区韧性研究评述. 灾害学, 34（4）: 159-164

赵旭东，陈志龙，龚华栋，等. 2017. 关键基础设施体系灾害毁伤恢复力研究综述. 土木工程学报, 50（12）: 62-71

Adger W N. 2000. Social and ecological resilience: Are they related? Progress in Human Geography, 24（3）: 347-364

Berkes F. 2007. Understanding uncertainty and reducing vulnerability: lessons from resilience thinking. Natural Hazards, 41 (2): 283-295

Bocchini P, Frangopol D M. 2012. Optimal resilience- and cost-based postdisaster intervention prioritization for bridges along a highway segment. Journal of Bridge Engineering, 17 (1): 117-129

Bruneau M, Chang S E, Eguchi R T, et al. 2003. A framework to quantitatively assess and enhance the seismic resilience of communities. Earthquake Spectra, 19 (4): 733-752

Buckle P, Graham M, Smale S. 2001. Assessing resilience and vulnerability: Principles, strategies and actions. In: Emergency Management Australia. Department of Defence Project 15/2000

Carpenter S, Walker B, Anderies J M, et al. 2001. From metaphor to measurement: resilience of what to what? Ecosystems, 4 (8): 765-781

Chang S E, Mcdaniels, Fox J, et al. 2014. Toward disaster-resilient cities: characterizing resilience of infrastructure systems with expert judgments. Risk Analysis, 34 (3): 416-434

Chang S E, Shinozuka M. 2004. Measuring improvements in the disaster resilience of communities. Earthquake Spectra, 20 (3): 739-755

Cutter S L, Ash K D, Emrich C T. 2014. The geographies of community disaster resilience. Global Environmental Change, 29: 65-77

Cutter S L, Barnes L, Berry M, et al. 2008. A place-based model for understanding community resilience to natural disasters. Global Environmental Change, 18 (4): 598-606

Deco A, Bocchini P, Frangopol D M. 2013. A probabilistic approach for the prediction of seismic resilience of bridges. Earthquake Engineering & Structural Dynamics, 42 (10): 1469-1487

Dong Y, Frangopol D M. 2015. Risk and resilience assessment of bridges under mainshock and aftershocks incorporating uncertainties. Engineering Structures, 83 (15): 198-208

Dovers S R, Handmer J W. 1992. Uncertainty, sustainability and change. Global Environmental Change, 2 (4): 262-276

Folke C, Carpenter S, Elmqvist T, et al. 2002. Resilience and Sustainable Development: Building Adaptive Capacity in a World of Transformations. Ambio, 31 (5): 437-440

Handmer J W, Dovers S R. 1996. A typology of resilience: rethinking institutions for sustainable development. Organization & Environment, 9 (4): 482-511

Holling C S. 1973. Resilience and stability of ecological systems. Annual Review of Ecology & Systematics, 4 (1): 1-23

Kang B, Lee S J, Kang D H, et al. 2007. A flood risk projection for Yongdam dam against future climate change. Journal of Hydro Environment Research, 1 (2): 118-125

Mayunga J S. 2013. Understanding and Applying the Concept of Community Disaster Resilience: A Capital-Based Approach. http: //www.ehs.unu.edu/file/get/3761. pdf

Mileti D. 1999. Disasters by Design: A Reassessment of Natural Hazards in the United States. Washington DC: Joseph Henry Press

Nelson D R, Adger W N, Brown K. 2007. Adaptation to environmental change: contributions of a resilience framework. Annual Review of Environment and Resources, 32 (1): 395-419

Norris F H, Stevens S P, Pfefferbaum B, et al. 2008. Community resilience as a metaphor, theory, set of capacities, and strategy for disaster readiness. American Journal of Community Psychology, 41 (12): 127-150

Okada N. 2011. A Scientific Challenge for Society under Sustainability Risks by Addressing Coping Capacity, Collective Knowledge and Action to Change: A Vitae System Perspective. Journal of Natural Disaster Science, 32 (2): 53-62

Ostrom E. 2009. A general framework for analyzing sustainability of socio-ecological systems. Science, 325 (5939): 419

Paton D, Millar M, Johnston D. 2001. Community resilience to volcanic hazard consequences. Natural Hazards, 24 (2): 157-169

Perrings C, Stern D I. 2000. Modelling loss of resilience in agroecosystems: rangelands in Botswana. Environmental and Resource Economics, 16: 185-210

Pimm S L. 1984. The complexity and stability of ecosystems. Nature, 307 (5949): 321-326

Tierney K, Bruneau M. 2009. Conceptualizing and measuring resilience: A key to disaster loss reduction. Tr News, 250: 14-17

Timmerman P. 1981. Vulnerability, resilience, and the collapse of society. Environmental Monograph, 1 (1): 1-45

Twigg J. 2007. Characteristics of a Disaster-resilient Community, a guidance note to the DFID DRR Interagency Coordination Group. http: //discovery. ucl. ac. uk/1346086/1/1346086. pdf

United Nations International Strategy for Disaster Reduction (UNISDR). 2009. UNISDR Terminology on Disaster Risk Reduction. Geneva: UNISDR

第九章 灾害风险管理

灾害及其灾害风险与人类社会随影相伴，并且随着人类社会的发展，灾害似乎越来越多，风险也越来越高。如何在灾害风险下生存和发展，如何减小风险，甚至消除风险乃是当今人类社会面临的重大挑战。为了实现人类社会可持续发展，正确地认识和理解灾害风险，对灾害风险实施科学管理就显得尤为重要。

第一节 灾害风险管理的概念

一、什么是灾害风险管理

从人类文明伊始直到今天，人类一直在与各种灾害抗争中共存，在与灾害抗争的实践中，人类也逐渐懂得了与灾害共存的一些方法和措施，其中人类抵御灾害的主动措施，就含有防患于未然的风险管理的意识。例如，人们将其房屋修建在地势较高处，就是为了防止洪水侵袭而采取的主动措施。

随着人类社会文明和经济的不断进步和发展，理性的风险管理的思想和理论也开始形成，并不断发展成熟，建立了风险管理概念体系、分析流程、技术标准以及管理体制与机制，为风险管理提供了理论基础和技术规范。

通常认为，风险管理是指个人、家庭、组织或政府对可能遇到的风险进行识别、分析和评估，并在此基础上对风险实施有效的控制和妥善地处理风险所致损失的后果。其实，风险管理就是指如何与风险共处的建构过程，即为有效管理可能发生的事件及降低其不利影响，进行风险决策与管理实施的过程（于汐和唐彦东，2017）。

我国《风险管理术语》（GBT 23694—2013）给风险管理的定义是在风险方面，指导和控制组织的协调活动。

灾害风险管理是风险管理概念的延伸，是针对灾害风险相关问题而言的。联合国国际减灾战略将灾害风险管理定义为：为了减少潜在危害和损失，对不确定性进行系统管理的方法和做法。

灾害风险管理的目的就是通过减灾、防灾和备灾的活动与措施，来避免、减轻或者转移灾患带来的不利影响。也就是说，灾害风险管理就是利用各种手段、实施一定战略、政策和措施，提高灾害应对能力，减轻灾患给人类社会带来的不利影响和降低致灾可能性的系统过程。灾害风险管理是将灾害的损失降低到最小的有效方法。

灾害风险管理是一个有关于灾害问题和风险事件的全过程管理，贯穿于整个灾害的孕育、发生、发展的全过程，包括灾前、灾后的全部过程，从灾前的风险识别、风险降低、风险转移，到灾后的应急响应和恢复重建。

二、风险管理的基本准则

（一）风险成本与风险管理目标

　　减小风险是要付出代价的，是有成本的，因此该成本称为风险成本。只要你生活在一个存在灾害风险的地区，你就无可避免地要为减少灾害风险付出成本。假定你生活在一个河流洪泛区，每年洪水期间，都要受到洪水灾害的威胁。生活在这一地区的人们可能采取的措施有：①不采取任何措施。不采取任何措施的后果是什么？如果一旦发生水灾，生活在这一地区的居民将遭受损失，洪水会造成人员伤亡，会冲毁房屋建筑、道路等，会淹没大片农田。不采取任何措施看似没有任何成本，实际上也是有成本的，就是以损失为代价。②采取一些抵御措施。为了降低洪水灾害的风险，可以采取修建防洪堤和整治河道等防灾措施，这些措施可以在某种程度上减轻灾害的风险水平，但减灾措施是需要人力、物力和财力的支持，是有经济和社会成本的。③离开洪泛区。这是一种规避风险的措施。这种方法可以将风险降低为零，但是，离开熟悉的生活环境，迁徙到不熟悉的地方生活居住，同样也要增加额外成本，你需要建立新的家园，建立新的生活方式，都是有经济成本的（Smith and Petley，2009）。

　　风险管理的目标是什么？是将风险降低到最小，甚至将风险降低到零吗？从现代经济学、管理学原理以及资源学原理出发，我们不能将风险降到最低作为风险管理的目标，我们也不可能将风险降低到零，所谓零风险的社会也是不存在的。我们进行风险管理的同时，必须承担相应风险管理的成本，而风险降得越低，所需要的风险管理措施的成本就越高，其实，风险损失与风险管理成本之间存在着此消彼长的关系。

　　在现实社会中，无论是减少危险发生的概率的措施，还是采取防范措施使发生危险造成的损失降到最小，都有要投入资金、技术和劳务。也就是说，管理风险是有成本的。通常的做法是将风险限定在一个合理的、可接受的水平上，根据风险影响因素，经过优化，建立可接受合理风险的准则，寻求风险与利益间的平衡，得出最佳的风险应对方案。

（二）灾害风险管理的最低合理可行（ALARP）原则

　　灾害风险管理的（as low as reasonably practicable，ALARP）原则是英国建立的灾害风险管理的基本准则（Fischoff et al.，1981）。在 2007 年，英国 ALARP 原则被纳入国家法律体系，成为国家灾害风险治理的法律依据。

　　ALARP 原则认为，风险管理也需要成本效益计算才能保证资源优先安排使用的合理性，在社会面临着由可接受风险、可容忍风险到不可容忍风险等多种风险等级的前提下，对于不可容忍范围内的风险，也就是社会认为该危险太大而无法承受，无论财务成本如何，都必须或多或少地加以解决；在可容忍范围内的风险，使用 ALARP 原则解决，即应在更广泛的经济和社会框架内尽可能减少它们。最后，最低类别的风险，风险水平微乎其微，不必通过风险管理来解决，社会完全可以接受。风险管理的最终目的是将所有风险降低到可接受的水平。

　　制定风险可接受准则是一个复杂的系统管理工程和决策行为，需要考虑多方面的因素和政策，除了考虑人员伤亡、财产损失外，环境污染和对人健康潜在危险的影响也是一个重要因素，并且制定的准则必须是科学、实用的，即在技术上是可行的，在应用中有较强的可操作性。标准的制定要反映公众的价值观、灾害承受能力。不同地域、人群，由于受价值取向、文化素质、心理状态、道德观念、宗教习俗等诸多因素影响，承受灾害的能力差异很大。标准必须考虑社会的经济能力。标准过严，社会经济能力无法承担，就会阻碍经济发展。

三、灾害风险管理的主要任务

灾害风险管理过程是复杂的，它涉及的任务是多方面的，但应集中回答以下问题：①哪些灾害可能发生？社会的哪些方面将面临灾害的风险？②灾害发生的可能性有多大？它对社会可能造成多大的破坏和伤害？③灾害风险会有多大？这些风险重要吗？④关于这些风险，我们能够做些什么？

由此，我们将灾害风险管理的任务归纳为风险鉴别、风险分析、风险评价、风险处理以及风险沟通等（郭跃，2006）。

（一）风险鉴别

风险鉴别是指用感知、判断或归纳的方式对现实存在或者潜在的风险进行鉴别的过程，它是灾害风险管理的基础，主要目的是明确灾害风险管理的性质，了解目前灾害管理的现状和社会的灾害意识，识别所有的主要风险和次要风险，分析造成风险的潜在致灾因子的危险性以及这些风险可能对社会造成的易损性。

（二）风险分析

风险分析就是运用有效的信息资料分析并估计社会和环境要素面临灾害可能承受的风险。风险分析的目的是要估计每一风险的风险等级，它要分辨出哪些风险是主要风险，哪些风险是次要风险，为风险排序、风险评估提供依据。风险分析过程就是将灾害危险性和社会易损性充分结合的过程。风险分析是在极端事件的背景下通过潜在灾害来定义、分析对个人和社区的危险的过程，它是整个风险管理过程中的一个重要步骤。

（三）风险评价

风险评价是依据风险分析的结果对风险进行总体的认识，它是风险管理人员依据一定的标准进行的主观评价。它通过风险指标比较，对评价的风险进行的价值判断过程，风险评价的目的就是决定这些风险是否可以接受，是否需要处理，并排出风险处理的序列。风险评价涉及参评的风险的严重性和可接受性的判断。风险评价的判断可以通过评估的风险与事先拟定的评价指标（风险不可接受的标准）相比较而得出；也可根据风险等级的情况来决定哪些风险是可以接受的，哪些风险是不可以接受的。

（四）风险处理

风险处理是指在风险评价的基础上，针对风险的情况，采取一系列有益于社会和环境健康发展的措施的系统过程，它包括灾害风险管理的决策过程和执行风险减灾措施并反复评估效果的过程。风险处理的主要任务就是针对不可接受的风险决定采取什么样的介入策略和措施，制定相应风险处理的方案，并组织实施，以达到风险回避，风险转移（将风险责任转移到其他领域，如保险公司，或其他地区，如分洪），减小灾害事件发生的可能性，减轻灾害影响后果的目的。

（五）风险沟通

灾害风险管理除了风险鉴别、风险分析、风险评估和风险处理四个基本流程外，还要有贯穿整个灾害风险全过程的风险沟通这一重要工作。

灾害风险管理是一种公共事务管理，政府科学而有效的管理需要公众的理解和支持。然而，在易灾地区的人们往往不能正确识别与自然灾害相关的风险和实施相应的减灾措施。这主要是由于他们缺乏对潜在灾害的认识和准确的信息，并且在面临这样的灾害时，往往不能完全意识到还有可用的选项。因此，需要以浅显易懂的方式宣传科学知识，帮助人们采取恰当的行动降低灾害带来的风险。这就要求我们在灾害风险管理的过程中，通过风险沟通的形式来建立政府与公众之间的交流对话机制，与公众和利益相关者的沟通协商要贯穿于灾害风险管理的每个阶段。

风险沟通的目的是提供处于风险中的人们需要的信息，使他们在极端事件的情况下做出清楚、独立的判断。风险沟通是指个人、团体和风险管理人员之间的信息和意见交换的交互过程。它还包括关于风险类型与级别的探讨，以及管理风险的方法。有效的沟通是风险管理过程中建立信任的关键，也是确保风险评估和风险管理成功的重要任务。

风险沟通的好处在于改进风险决策，无论是个体的还是集体的。其他好处是：使公众得到更好的教育和启迪，帮助公众处置风险和潜在的灾害，加强各级政府之间的协调，以及发展不同利益集团之间的工作关系。成功的风险沟通可以帮助风险管理人员预防对自然灾害的无效和潜在破坏性的公众反应。在个人和社区层面进行成功的风险沟通可以促进人们降低风险行为的改变以及他们对灾害的信念，化解风险决策中的不同利益者之间的矛盾冲突。

灾害风险管理过程及其工作流程见图 9-1。图 9-1 表达了灾害风险管理的工作思路、步骤和结构。尽管在风险管理流程图中设有表达"风险沟通"这一环节，但风险沟通是贯穿风险管理的所有环节的，风险管理是管理者在与专家和社区群众的不断交流沟通中实现的。图 9-1 是以单向流程图方式表达的，但风险管理过程不是单向的，它是循环的，它是管理者在与专家和社区群众的交流沟通中，以及管理监控中，不断调整的动态管理过程。

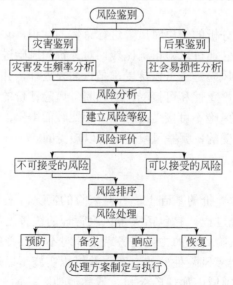

图 9-1　灾害风险管理过程及其工作流程

第二节　灾害风险鉴别

灾害风险鉴别是灾害风险管理流程的第一步，也是最为关键的一步，它的主要目标就是识别灾害风险源（潜在的致灾事件）与灾害风险的承受者（也称为风险要素）。为了明确灾害风险管理的性质和界限，应该限定或定义研究的视野、边界和背景：拟定以行政区为单元的空间范围，确定与风险管理有关的人群、社会团体和机关部门，熟悉政治社会经济环境和有关的法律和规定，了解目前灾害管理的现状和社会的灾害意识。在明确灾害风险管理对象和目标的基础上，找出风险的来源、范围、特性及与其行为或现象相关的不确定性，界定灾害风险的本质特征，收集相关基础资料和数据建立灾害管理数据库并确定相关的方法理论和标准，做好潜在风险事件的危险性和灾害可能后果的社会易损性分析，为灾害风险管理的后续工作奠定基础。

一、灾害风险鉴别的基本方法

灾害风险的鉴别通常可以通过感性认识和历史经验来判断，通过对各种客观情况的资料和灾害风险事件的记录来分析、归纳和整理以及必要的专家咨询，从而找出各种风险及其损失规律（黄崇福，2005）。通常要进行包括地质、气候、地形地貌、特殊价值地区及环境敏感区环境等的分析，主要针对自然灾害发生史、灾害类型、灾度程度、人员伤亡、经济损失、灾害发生的条件、经济、社会现状的人口总数、人口密度、人口分布等因素的调查。

一般运用下列方法来开展灾害风险的鉴别工作：①组织一个灾害风险鉴别专门小组；②开展一些科学研究；③查阅以前发生的灾害历史纪录；④在灾区进行现场调查；⑤组织群众和专家座谈；⑥比较其他地区灾害事件纪录等。这样就可以了解到本地区灾害的情况，建立本地区各种灾害风险的名录或清单。这就是传统简单实用的识别风险的基本方法，即灾害风险清单法。

灾害风险清单法是风险鉴别的基本方法，也是最简单明了的风险识别方法。灾害风险清单通常为专业人员设计好的标准表格和问卷，上面非常全面地列出了一个地区可能面临的各种灾害风险。一般情况下，这样的灾害风险识别清单都很长，在填写风险清单时，需要将所有可能风险要素及其暴露情况都考虑进去。例如，对于一个地区所面临的洪水灾害风险来说，这个清单可以分为建筑物清单、基础设施清单、生命线清单、居民家庭财产清单、农田及其农作物清单等。

建立灾害风险类型清单以后，就应开始分析和描述灾害风险的性质和特征，弄清灾害风险事件发生的概率大小，不同强度灾害事件发生的频率，灾害可能影响的地域范围和持续的时间，灾害风险事件可能的社会后果，为灾害风险的分析奠定基础。

二、灾害风险事件的危险性分析

研究一定区域范围内一定时间段，各种强度的致灾因子发生的可能性称为致灾因子或灾患的危险性分析，也就是灾害风险事件的危险性分析。根据人们现在的认识，灾患或致灾因子的出现多为随机事件发生，那么，灾患或致灾因子的危险性分析的主要任务就是估计各种类型、各种强度的致灾因子发生的概率、频率或重现期，换句话说，也就是致灾因子的活动程度。一般来说，致灾因子的活动程度越高，危险性越大，灾害风险越大、灾害的损失越严重。

灾患的危险性分析可以分为历史灾害危险性和潜在灾害危险性。历史灾害危险性是指已经发生的灾害的活动程度，潜在灾害危险性是指具有灾害形成的条件，但尚未发生的可能的灾害活动程度。

历史灾害危险性的指标是灾害发生的时间、强度或规模、频次、分布密度等。这些指标可以表述灾害的发生次数、危害范围、破坏程度，以及造成社会破坏的损失程度。不同种类的灾害，其危险性要素的指标不完全一致，如崩坍滑坡灾害事件强度为灾害体积，灾害活动频次为平均频度（次/年），洪水灾害事件强度则是洪峰流量，灾害活动频次为重现期（10年一遇，20年一遇，50年一遇，100年一遇）。历史灾害危险性要素，一般可通过实际调查统计而得。

潜在灾害危险性指未来时期在什么地方可能发生什么类型的致灾事件，其灾害活动的强度、规模，以及危险的范围、伤害有多大。灾害风险的潜在危险性受多种条件控制，具有很大的不确定性。就自然致灾因子而言，地质地貌条件、气象水文植被以及人类活动都是控制致灾因子活动的基本条件。不同的致灾因子所对应这些条件的要素和主次关系也不尽相同。历史灾害活动对灾害风险潜在危险性具有一定影响，这种影响可能具有双向效应。某种灾害发生后，能量得到释放，灾害的潜在危险性削弱或基本消失；也可能具有周期性活动特点，灾害发生后其活动并没有消除不平衡状态，新的灾害又在孕育，在一定条件下将继续发生，甚至可能更加频繁、激烈（张梁等，1998）。

灾患的危险性分析是灾害风险管理过程中最为重要的基础工作，它的成功与否直接影响到灾害风险管理的价值。

三、灾害后果的识别和社会易损性分析

如果灾害发生，它对人类社会将会造成多方面的不良后果，它可能涉及财产的破坏、生命的伤害、商业信誉和社会生产下降、社会动荡、环境退化等，但这些后果通过灾害风险的承受者（风险要数）表现出来。所以，后果识别就是通过风险要素的确定来进行的。

风险要素即指受灾害直接影响的社会和环境组成，一般包括人群、个人和社会财产、建筑物、基础设施、公用设施、生命线工程、土地、水体、生态系统等。研究这些风险要素在灾害发生时可能遭受的损失和破坏就是社会易损性分析。为了弄清易损性状况，我们必须针对风险要素建立起易损性因素及其指标。易损性因素是由易损性依赖的社会特征的关键因素组成，而易损性指标则是用于确定易损性因素易损程度的控制性标志。例如，风险要素，一个住宅建筑，其地理位置就是易损性因素，是否位于灾害直接影响的范围之内就是易损性指标，于是，我们对这个住宅建筑易损性分析可以得到：位于灾害直接影响范围之内的住宅建筑是高度易损的，位于灾害直接影响范围之外的住宅建筑是低度易损的。

社会易损性分析是灾害风险管理过程中最为复杂和繁重的工作，它的成功与否直接影响到灾害风险管理的质量。

第三节 灾害风险分析

一、灾害风险分析的基本目标

通过灾害风险鉴别，特别是灾害风险事件的危险性和灾害后果的社会易损性分析，我们基本弄清了区域灾害风险的特征以及各种风险源及其风险的成因，产生积极和消极的后果和后果发生的可能性，弄清了影响后果和可能性的因素。这为我们认识和分析区域风险奠定了基础。灾害风险分析就是在灾害风险鉴别基础上，进一步总结和梳理区域风险的性质，区分出哪些风险是主要风险，哪些风险是次要风险，也就是确定风险等级。

二、风险等级的度量方法

对风险进行定量分级是一件复杂的工作，它需要大量的数据和先进的模型来支撑。因此，在数据缺乏和应急需要的背景下，运用简单而粗略的风险计算方法更为实用。目前，在国外风险界，存在有一些不同的风险等级表格评估方法。这里，依据澳大利亚的风险管理质量标准（Standards Australia，1995），阐述灾害风险等级划分的图表评估法。

澳大利亚的风险管理质量标准认为，灾害风险是由风险事件发生可能性和灾害可能造成的后果两者决定的，灾害风险等级应是事件发生可能性的等级和造成后果的等级两者的结合。为此，他们设计了致灾因子发生可能性分级表（表9-1），风险事件造成后果的分级表（表9-2），以及风险管理矩阵（表9-3）来定义风险的等级（表9-4）。

表 9-1 致灾因子发生可能性分级表

水平	分级描述	情景和细节	可能性（概率）/%
16	几乎一定	在绝大多数环境下都会发生	>85
12	较高的可能	在大多数环境下可能发生	50～85
8	也许	在一些时候可能会发生	21～49
4	不太可能	一般估计不会发生	1～20
2	罕见	仅在特殊情况下可能发生	<1

表 9-2 风险事件造成后果的分级表

水平	分级描述	场景和细节
1000	灾难	人员伤害多，伤情严重，死亡较多，需要医院救助治疗，大量灾民需要安置和救助，社区破坏严重，不能发挥其功能，经济损失巨大，没有外援很难恢复其经济，环境受到重大影响
100	重大灾害	人员伤害较多，有死亡，需要医院救助治疗，较多灾民需要暂时安置，财产破坏严重，需要外部对灾民的支援，社区功能受到损伤，一些公用服务中断，社会经济损失严重，恢复需要外部资金援助，环境受到影响
20	一般灾害	没有人员伤亡，但受伤的人员需要医疗救助，灾民需要政府暂时安置和帮助，社区受到一定破坏，正常功能有些影响，经济损失较大，环境受到一些影响
3	较小事故	有些人员受伤，无死亡，一些人需要暂时安置，财产有些破坏，社会有一定扰乱，有些经济损失，对环境有较小的短期影响
1	甚微	没有人员伤亡，经济损失小，对社会干扰很少，对环境也没有影响

在致灾因子发生可能性分级中，以致灾因子发生可能性为客观指标，以定性描述和专家赋值相结合，将致灾因子发生可能性分为 5 个等级，并定义了每个等级的概率水平取值区间，致灾因子发生可能性的最高级"几乎一定"概率大于 85%，并设定其水平值是 16，最低级"罕见"概率小于 1%，并设定其水平值是 2。在风险事件造成后果分级中，从人员伤亡、经济损失、医疗和社会救助、社会和环境干扰多个维度，充分考虑风险事件可能造成的后果，以定性描述为主，将风险事件后果分为 5 个等级，并通过专家赋值的方式给出了每个后果等级的水平值。例如，风险事件造成最为严重的后果"灾难"水平值为 1000，风险事件造成后果"一般灾害"等级水平值为 20。

按照风险的基本定义，我们可以建立致灾因子发生可能性和风险事件造成后果之间的相关关系，结合表 9-1 和表 9-2 的水平值结果，计算得出风险管理矩阵（表 9-3）。然后得出相应的风险管理目标价值表，结合灾害风险管理实践的要求，得出灾害风险等级（表 9-4）。

表 9-3　风险管理矩阵

致灾因子发生可能性	风险事件造成后果				
	甚微	较小事故	一般灾害	重大灾害	灾难
几乎一定	16	48	320	1600	16000
较高的可能	12	36	240	1200	12000
也许	8	24	160	800	8000
不太可能	4	12	80	400	4000
罕见	2	6	40	200	2000

表 9-4　风险等级表

风险等级	处理措施	风险水平
极度风险	需要立即采取处理措施	>320
高风险	必须高度关注	80~320
中风险	指定管理职责	12~80
低风险	常规程序管理	<12

第四节　灾害风险评价与处理

一、风险评价的主要目的

风险评价通常是以风险分析为基础，综合社会、政治、经济、法律和环境等方面的因素，根据预先设定的评价标准，对风险的容忍度和可接受度进行判断的过程。国际风险管理标准化组织认为，风险评价是广义的风险评估工作的最后一个环节，根据一定的标准或者管理措施、原则规范，以及风险的大小或级别的情况来决定哪些风险是可以接受的，哪些风险是不可以接受的，做出接受还是处理某一个风险的决策，为下一步制定具体的风险管理措施提供基本信息。风险评价的目的就是为不可容忍或不可接受的风险提供降低风险的决策依据，决定需要处置的风险和实施风险处置的优先顺序。

二、可接受风险的内涵

为可接受风险下定义是很困难的一件事情。在风险的描述中，时常会出现这样概念：可接受的风险、常规风险、无法避免的风险、可以忍受的风险。我们需要弄清这些风险之间的区别。

可以忍受的风险不同于可接受的风险。可以忍受的风险是指为了某种利益，个人或社会能够忍受的风险，这种风险在一定时期范围内需要定期评估，并且尽可能减少这种风险。可以忍受的风险代表暂时性的可接受的风险。个人可能在短时间内，愿意容忍一次风险，或是在短期内涉足风险相关活动。然而，一些风险是一种生活方式的一部分，因此它们被视为常规风险。这些风险被视为生活在危险的环境中的后果，如洪泛区、沿海地区、山坡等。在这样的背景下，无法避免的风险也是常规风险，但在不同背景下，无法避免的风险可能不是常规的。例如，对无法避免的风险做出的反应可能是用堤防工程来保护社区免于洪水侵袭，而不是将社区从洪泛区搬离。

鉴于绝对安全的设想是不可能的，应试着确定风险等级中哪一个对社会或团体在公共活动或可能的情况下是可接受的，必须具体说明"对谁可接受"，这表明了基于所有可利用信息的理智决定。可接受风险比起科学问题更多是由政策问题驱动，因为许多政治、社会和/或经济因素影响共同影响风险是否可接受。两个因素混合的风险可接受性是效益与确定风险、通过清除旧风险而产生的新风险相联系起来的。例如，拆除所有核电工厂需要完全地清除这样的设施所产生的风险。然而，这样造成的能源短缺可能需要以更多煤炭或煤气厂生产能源代替。相反，这样将使碳排放增长，以及健康和环境风险增长。

可接受的风险这个概念本质上是从人类与物质损失的程度的感知视角出发去定义可以接受的风险。UNISDR（2001）将可接受的风险定义为：损失的程度是在鉴于现有社会、经济、政治、文化、技术及自然环境的条件下被社会或社区认为是可以接受的。

英国健康和安全委员会认为，可接受的风险是任何可能会被风险影响的人，为了生活或工作目的，当风险控制机制不变，准备接受的风险。

我国风险管理界定义的可接受的风险是指预期风险事故的最大损失程度在单位或个人经济能力和心理承受能力的最大限度之内。

三、确定可接受风险的主要相关者

风险的可接受性水平的确定是一个很困难的课题，其影响因素很多，包括安全科学的技术水平、社会的心理素质、道德观念、经济承受能力和生态环境保护等问题，并且对于不同人群、不同行业、不同系统、不同事件有着不同的标准。因此，在确定可接受的风险时，需要充分考虑各个利益相关者的诉求。对于灾害风险，应该充分考虑受影响公众、控制或负责任的团体、当地政府等三方面的利益。

（1）公众。公众作为灾害的主要承受者，鉴于自身的受灾经历、社会发展水平、个人基本属性（职业、教育背景、年龄、身体状况）、居住环境、自身的适应性和文化环境的限制，主要考虑个人的生命健康安全，以及个人的经济损失，很少会考虑灾害风险对社会和生态环境的影响。因此，在可接受风险的确定过程中，他们关注的是个人风险标准，而非社会风险标准。

（2）社会团体。社会团体通常拥有一定的社会资源，对风险的接受大小相对稳定。对风险大小的评估，主要是从市场规则的角度出发，因此，在风险可接受标准的博弈的过程中，较少考虑个人安全因素（受伤人数、死亡率），较多地考虑经济因素，即在应对和控制风险的过程中所带来的成本和收益。

（3）政府。政府作为社会管理者、社会资源的分配者与协调者，所考虑的因素需要更加全面和综合。不仅要考虑个人的利益，也要考虑社会团体的利益，更要考虑社会整体的利益，协调个人利益与集体利益、短期利益与长远利益之间的矛盾，协调个人理性最终达到集体理性的最大化。

公众、社会团体和政府所占据的社会资源不同。其经济水平和技术水平也不同，因此，三者应对风险的能力也存在很大的差异。增加风险控制的投入，可以降低风险，然而，投入的成本受到许多因素的制约，过多的投入会给社会资源的使用带来压力。这就需要客观科学的"标尺"为决策提供依据。在行动方案与风险，以及降低风险的代价之间谋求一个平衡点，这个平衡点就是可接受的风险水平，也就是可接受风险标准。

四、可接受风险标准的度量

可接受风险标准通常从生命风险、经济风险和环境风险等三个维度来度量。但目前对于可接受风险标准的设定，主要是从生命风险（包括个人风险和社会风险）维度来定义。

生命风险包括个人风险和社会风险两个层面。个人风险定义为长期生活在某一地点且未受保护的人员，遭受特定危害事件的频率，通常指由于灾害性事件发生而死亡的概率，单位为次/年。

社会风险被定义为用于描述事故发生的概率，通常指一次灾害事故中超过一定数量人员死亡或伤亡的概率。常用社会风险曲线（F-N 曲线）来表示。F-N 曲线是指能够引起大于或等于 N 人死亡的事故累积频率，即单位时间（通常一年）的死亡人数，表示累积频率（F）和死亡人数（N）之间的关系，用于表达社会可接受风险的标准。

可接受风险标准的确定通常运用 ALARP 原则，将风险划分为不可接受区（不可容忍区）、警报区以及普遍可接受区（图 9-2）。

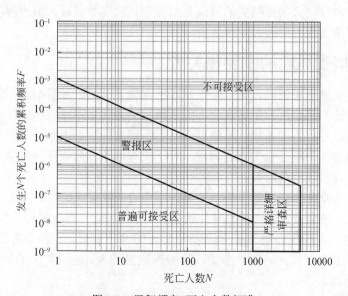

图 9-2　累积频率-死亡人数标准

三个分区所表达的内容包括：①根据系统定量风险评价的结果，如果所评价出的风险值位于不可接受线之上时，则落入不可接受区，此时，除特殊情况外，该风险是不能被接受的。②如果所评价的风险值在普遍可接受线之下时，则落入普遍可接受区，此时，该风险是可以被接受的，无须再采取安全改进措施。③如果所评价出的风险值在不可接受线以及普遍可接受线之间时，则落入警报区，需要在实际可能的情况下尽量降低该区域内的风险。

针对 ALARP 原则中不可接受风险水平以及可接受风险水平，无论划分方式及划分标准，不同国家或部门均有所不同（李宝岩，2010）。1989 年英国健康与安全委员会（HSE）正式发布了社会风险标准值。HSE 推荐使用不可接受线为：斜率 n 为-1，认为这样的不可接受线符合英国乃至全世界所有工业的安全要求，也反映了人们正常的风险容忍程度，中国香港、荷兰及丹麦均采用了 F-N 曲线评价方法，但参数值有所不同（图 9-3）。

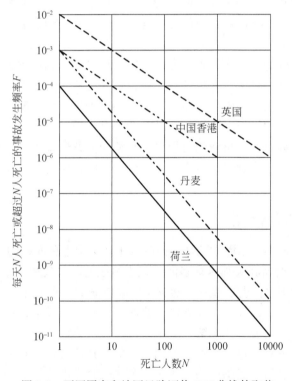

图 9-3 不同国家和地区风险评价 F-N 曲线的取值

中国香港的 F-N 曲线与其他 3 个国家区别在于，在 F-N 曲线中设有一个后果限制线，代表的是当后果超过一定限制（死亡 1000 人）之后，任何失事概率都是不容许的。

五、灾害风险的处理

灾害风险的处理就是针对不可接受的风险决定采取什么样的介入策略和措施，以达到风险回避、风险转移（将风险责任转移到其他领域，如保险公司，或其他地区，如分洪）、减小灾害事件发生的可能性、缓和灾害影响的后果的目的。依据风险评价的结果，风险管理者即可做出风险处理方案。风险处理方案一般包括以下内容：明确的任务、目标、职责分工、经费预算、实施阶段、时间计划表、资源调配计划、执行的措施和预计的结果等。

一旦风险处理方案开始执行，就应仔细监控方案的进展，确保方案执行的有效性。需要指出的是，影响灾害发生可能性和灾害后果的因素可能随时间而变化，所以，对灾害风险管理来说，不断地监测和评述灾害风险处理的状况是非常必要的。

第五节　灾害风险的国家管理

一、灾害风险管理中的政府作用

　　国家在灾害风险管理中的起着决定性的作用。灾害风险的管理是关系到人民生命财产安全和社会稳定的重大事务，是国家社会管理中的一个重要工作。因此，在灾害风险管理中，国家承担着无限的责任，在注重经济、社会及政治、文化的协调发展，注重物质文明、精神文明、社会文明和政治文明同步前进的同时，更要高度重视人民群众的身体健康和生命安全，正确处理好突发事件对经济的影响与人民生命安全的矛盾，时时把人民的身体健康和生命安全放在首位。

　　国家可以通过在政府系统内设置的专门灾害管理机构，利用灾害科学的理论，通过行政、法律、经济、教育和科学技术等各种手段，做好灾害预防工作，建设灾害预警机制和灾害预控机制等预防机制；对破坏环境质量的活动施加影响，控制、约束和引导人们对于灾害的反应与有关减灾的行为；协调有关减灾的各个区域、部门与环节；影响和改善人们的减灾观念；规划与调整减灾事业的发展目标与相应的背景条件；设计、组织、决策与指挥有关减灾的重要活动，达到调节整个社会经济可持续发展与防灾减灾的关系，提高减灾效益。

二、美国灾害风险管理

　　美国位于北美洲南部，东濒大西洋，西临太平洋，国土总面积约 $937km^2$，它是由华盛顿哥伦比亚特区、50 个州和关岛等众多海外领土组成的联邦共和立宪制国家，是当今世界社会经济最为发达的国家，也是遭受自然灾害侵袭频繁的一个国家，主要遭受洪水、地震、龙卷风、飓风、滑坡、山林大火、风暴潮、膨胀土、海啸等侵袭，其中地震、飓风、陆地龙卷风、干旱森林山火灾害最为频繁。美国人口众多，截至 2020 年，总人口约 3.3 亿人，经济发达，物质财富丰富，每一次重大的自然灾害都造成人员伤亡和巨大的经济损失。例如，1906 年 4 月 18 日的一场强度为里氏 8.3 级的大地震袭击旧金山，这场大地震仅仅持续了 75s，但该城市大部分地区的高楼大厦、平房陋室，顷刻间非倒即歪，许多人被当场压死。地震过后不久，一场大火燃起，大火整整烧了三天三夜，烈火所到之处，一片火海，火魔无情地吞噬旧金山大部分地区，约 $8km^2$ 范围万物俱焚。在烈火和地震双重打击之下，旧金山经历了一场前所未有的磨难和浩劫，死亡 700 人，直接经济损失 5 亿美元，20 万旧金山人无家可归。1989 年 10 月 17 日，旧金山再次发生大地震，震级里氏 6.9 级，造成逾 270 人死亡，直接经济损失 10 亿美元。2005 年 8 月，飓风"卡特里娜"带来的风暴潮给路易斯安那州、密西西比州及亚拉巴马州造成灾难性的破坏，造成美国经济损失高达 2150 亿美元，至少有 1833 人丧生。2017 年，飓风"哈维"造成得克萨斯州大规模洪水的损失高达 1250 亿美元，高温引发的西部野火造成的损失高达 180 亿美元，包括大火、冰雹、洪水、龙卷风、旱灾以及三次强烈飓风在内的众多自然灾害令美国遭受了 3060 亿美元的损失。据相关统计，1998～2017 年，美国因自然灾害遭受的经济损失达 9448 亿美元，是世界上因灾经济损失最大的国家。

自然灾害给美国居民留下了挥之不去的阴影，美国的国家管理者高度重视自然灾害的防御，在自然灾害风险的管理实践中，逐渐形成了美国灾害管理的体制和管理的特色。

（一）责任分明的"三级""两等"管理体制

美国是一个联邦制的国家，各州地方政府在地方治理中具有绝对的权利和义务，在面对灾害事务管理时，构建了"三级""两等"管理体制以及运行中的"属地原则"和"分级原则"。

"三级"管理指灾害事务的国家联邦政府—州政府—地方政府的三级分级管理，灾害管理的第一责任是灾害发生所在地的州政府，州政府可通过专门授权向州属各地方（市、郡级）分权，对超越当地地方灾害应对能力的部分由总统按紧急事态法令给予紧急救援。

美国联邦应急管理局是美国联邦政府灾害应急管理的最高行政部门。它负责全面协调灾害应急管理工作，主要负责制定灾害应急管理方面的政策和法律，组织协调重大灾害应急救援，提供资金和科学技术方面的信息支持，组织开展应急管理的专业培训，协调外国政府和国际救援机构的援助活动等。它的内部机构包含：联邦消防、联邦救助、联邦保险、联邦减灾、联邦训练、联邦应急等专业技术机构和行政协调机构。除美国联邦应急管理局外，在国家层面，灾害事务的主管部门还有国家科学基金会、美国地质调查局、美国国家海洋与大气管理局、美国国家技术标准局等联邦政府部门，它们也承担其管辖范围内的相应职责和任务。此外，在美国，还有一些联邦政府部门作为支援部门，参与联邦政府灾害行政管理，各自发挥不同的支援作用，如农业部主要负责支援食品、消防工作，国防部主要负责支援搜寻与营救工作，卫生部主要负责支援卫生与医疗服务，交通部主要负责支援交通运输工作，陆军工程部队主要负责灾后重建工作等。

各州直接负责灾害事务的行政管理的主管部门是州灾害局，主要负责制定州一级的应急管理和减灾规划；建立和启动州级的应急处理中心；监督和指导地方应急机构开展工作；组织动员国民警卫队开展应急行动；在灾害事务的执行管理过程中，各州除灾害主管部门外，还有一些协助执行部门参与。

地方政府承担灾害应急一线职责，具体组织灾害应急工作，当灾害发展到超过其应急管理权限和应对能力时，市级政府则报请州政府负责接管灾害应急工作；当灾害严重程度超过了一个州能承受的能力时，州长可请求联邦政府的援助，此时美国联邦应急管理局则会出面协调指挥。

"两等"即自然灾害的两个等级：一般灾害事件和严重灾害事件。一般灾害事件由州政府管理，自然灾害事件较为严重但影响范围不大，地方政府可以承受或处理的，也属受灾地方政府管理。凡由暴风雨、洪水、地震火山、滑坡、泥石流、干旱、森林大火等自然极端事件所造成的灾害后果严重，范围广，并非一州一地能承担的严重灾害，必须由国家联邦政府承担组织领导协助减灾救援工作。

"属地原则"主要体现在灾害发生所在的地的地方和州政府灾害管理的第一责任，灾害应急响应的第一人。"分级原则"体现在管理体制三级以及根据灾害规模和强度的灾害应急响应的分级，即使在同一级政府的灾害响应行动中，也要依据事件严重的程度、公众的关注度，采用不同的响应行动级别。

（二）不断完善的灾害应急法治建设

美国是一个法治国家，社会事务的管理大都建立在法律的基础之上。早在 20 世纪 30 年代，美国就出台了与灾害防治相关的法律，50 年代就开始制定了联邦综合性防灾减灾法典《灾害救助法》，1970 年正式颁布《灾害救助法》，先后还出台了一些针对相应主要灾害管理的法规以及综合性的《全国紧急状态法》《国土安全法》等，并且，针对在减灾防灾实践中的出现的问题，及时修改完善，使其灾害防御、备灾、救助、恢复重建等灾害管理工作都有法可依，确保了减灾防灾工作的有序开展。

《灾害救助法》是美国灾害管理的基本法律，经过多次重大修改，在 1974 年，形成了《1974 年灾害救济法》。该法案确立了"总统灾难宣布机制"，明确了联邦政府和州政府在灾害管理中各自的职责、权限和任务，各级灾害管理机构设置的法律地位，将联邦灾害援助、救济工作的管理权授予总统办公室，授权联邦政府对遭受灾害损失的公共和私有集团给予援助；该法要求或授权任命一位联邦协调员在灾害风险区开展管理工作，动员联邦官员组成紧急救援小组协助联邦专门机构分发食品、给养和药品，从事援助和恢复工作，提供公平、合理的灾害援助，修复交通设施，提供临时住房，增加失业救济帮助重新安置，安抚人心及拨款、贷款以支持地方经济复兴等（叶锋和周影，2014）。该法还规定主要灾区需制定并实施长远的恢复计划，也要制定一些防灾减灾政策和措施。例如，利用民防或其他通信系统制定一项及时有效的预警计划，以及旨在使事先授权的救灾服务更为协调和及时的条款等。该法还鼓励州、地方和个人通过保险来补充或替代政府援助。1984 年该法案再次修订，并更名为《斯塔福德灾难和紧急援助法》，它以法律的形式，确定了美国灾害事务的管理综合应急管理模式，并赋予了美国联邦应急管理局在国家灾害和应急管理中的领导地位和更多的行政和财政权限。1992 年，美国联邦应急管理局针对如何实施《斯塔福德灾难和紧急援助法》，颁布了《联邦响应计划》，这是联邦政府最早出台的应对灾害的操作性文件。2001 年的"9·11"事件后，2002 年，美国出台了《国土安全法》，催生了一个能够协调边境安全、情报和执法部门更全面的灾难应对机构——国土安全部。2003 年，美国联邦应急管理局并入国土安全部。美国为规范各级政府在对突发事件应急的统一标准和规范，又出台了《国家突发事件管理系统》和《国家响应计划》。2006 年，美国在经历 2005 "卡特里娜"飓风袭击后，又出台了《卡特里娜灾后应急管理改革法案》。该法案规定，在紧急状态下，美国联邦应急管理局直接对总统负责，代表总统协调灾难救助事务。2008 年针对 2003 年《国家响应计划》实施以来的缺陷，再次修改，并出台《国家响应框架》来进一步完善灾害应急机制、社会各阶层的分担的责任，以及各种情景的行动方案（闪淳昌等，2010）。

洪水是美国面临的最为常见的自然灾害，为了使洪水灾害管理更加科学、合理以及法制化，先后推出了多个洪水灾害管理的法规。早在 1936 年美国就出台了《防洪法》，开启了由联邦投资的大规模兴建大坝、堤防及整治河道等防洪工程建设的灾害管理工作；随着洪泛区的开发所带来的环境灾害新问题，1968 年又出台了《国家洪水保险法》，该法通过授权建立了价值达 2.5 亿美元的国家洪水保险基金，规定保险赔偿费的最高限额为 25 亿美元，并首次使洪泛区内四分之一的住户和小企业获得了洪水保险。该法规定，只有洪泛区内已有的建筑物可获得补贴，新结构必须按实际保险费投保，而购买由联邦补贴的洪水保险应具备的条件是，全社区采取了适当的洪泛区管理措施；1973 年又推出了《洪水灾害防御法》，该法进一步扩大了洪水保险计划范围，增设了海岸侵蚀和崩塌损失保险，将居民和企业的损失赔偿费增加为过去的 2 倍，授权向单户住宅及其内部财产分别提供最高达 3.5 万美元和 1 万美元的保险，向其他住宅建筑物及其内部财产分别提供 10 万美元和 1 万美元的保险。该法还对减灾的要求作了规定。

地震是美国另一个重大的自然灾害，20 世纪以来，美国也时常遭受着一些中强地震的袭击，为了更好地防御地震，减轻地震带来的伤害，1977 年制定颁布了《1977 年地震灾害减轻法》，该法认为地震是美国主要的自然灾害之一，需采取综合的防灾减灾措施加以防御。它授权拨款 2.5 亿美元用 3 年时间为地震风险区开发更先进的地震预报技术，制订更完善的建筑规范和土地利用准则。地震法的主要目标包括，提出地震风险区公共设施及高层建筑的抗震结构与抗震设计方法；设计辨识地震灾害和预报破坏性地震的程序；在土地利用决策与建设活动中开展地震风险信息的交流；开发减轻地震风险的先进方法，制订震后恢复重建计划。1980 年，美国又出台《地震灾害减轻和火灾预防监督计划》。1990 年，美国发布重新审定《国家地震灾害减轻计划法》，并形成了较为完善的地震防御法律体系。

（三）应对全灾害的现代综合管理

1979 年以前，美国的灾害管理是处于联邦政府各部门和各州政府各自为战的状态。但在 1979 年 3 月 28 日，宾夕法尼亚州米德尔顿的三英里岛核电站发生严重泄漏，全美震惊，附近 80km² 范围内 200 万居民恐慌，纷纷撤离，一片混乱。面对这一严重的核事故和民众抗议，宾夕法尼亚州政府应急处理不力，此事引起超过了 50%民众的不满意，充分暴露了美国当时灾害管理的缺陷。事故发生后的第 3 天，美国总统卡特签发了第 12127 号行政命令，宣布组建独立机构——联邦应急管理局，将分散于联邦政府各部门中的防灾减灾职能全部集中于此，如将联邦消防、联邦保险、联邦营救等部门都纳入联邦应急管理局。联邦应急管理局是美国的全国性的应急响应枢纽，代表总统行使灾害应急事务的协调与管理。联邦应急管理局认为自然灾害备灾与民防备灾是相似的，将核战争准备与自然灾害和洪泛区管理可以合并，提出了全风险的综合应急管理这一新的理念，即所有灾难，从小规模的、独立的事件到大型的核打击、突发事件等，其应急管理的基本职能是一样的，即指导、控制和预警。美国联邦应急管理局的成立推动了美国应急管理从应对核战争和民防建设为核心向覆盖各类突发事件和各类应急管理职能的综合性管理模式的转变。

美国联邦应急管理局将灾难分为五大类：第一类是技术和人为危害，包括核废物处理溢出，放射性、有毒物质或有害物质事故，公用设施故障、污染、流行病、爆炸、撞车或坠机、城市火灾等。第二类是自然灾害，包括地震、洪水、飓风、龙卷风、海啸、海浪、冰冻、冰雪和暴雪，以及极端寒冷、森林火灾、干旱等。第三类是内部动乱，包括骚乱、示威游行、大规模越狱、导致暴力的罢工和恐怖主义等。第四类是能源和物资短缺，包括罢工、价格战、劳工问题和资源短缺等。第五类是攻击，包括核、常规、化学或生物战等进行攻击的各种方法、手段。所有这些灾害构成了全风险的基本内涵，全风险的应急理念使得联邦应急管理局可以整合各种力量，共同应对自然灾害、人为灾害等各种灾害，并在联邦应急管理局统一领导、协调下，提高美国各级政府应对各种灾害的效率和能力。

（四）联邦-州-地方之间的合作伙伴关系

尽管《1974 年灾害救济法》中把救灾分为减灾、备灾、响应和恢复四大阶段，规定各阶段中各部门之间要密切配合、协调一致救灾。实际上，四个阶段之间的密切联系及其必要性并未得到充分的理解和执行。联邦应急管理局确立了与联邦机构、州和地方政府及私营机构的合作伙伴关系，保证全灾害应急管理的有效实施。

在联邦应急管理局看来，最有效的、全过程的国家应急管理机制应当是联邦、州和地方及私营机构之间的密切合作。所以联邦、州、地方及私人机构能否协调一致行动，是联邦应急管理局有效开展工作的关键。也就是说，联邦应急管理局的主要职责不是以一己之力应对各种灾害，而是需要对灾害做出计划、准备、响应，并协调或帮助协调其他部门、机构、办公室提供所拥有的联邦资源、人力和设备等。作为协调者，联邦应急管理局的任务就是把这些救灾资源集中到一起。联邦应急管理局协调联邦、各级政府及机构的行为不是控制与被控制、命令与被命令的关系，而是一种平等的合作伙伴关系，联邦政府无权改变州和地方的应急管理计划和项目，只是在总统宣布重大灾害或发布紧急声明后，采取各种手段，协调各方救灾力量，对灾情提供各种联邦援助，协助州和地方应急管理计划的执行和完成。联邦应急管理局和州的关系是美国应急管理系统中关键的一环，州充当了联邦和地方在灾害应对方面的"中间人"，对下可以为地方提供灾害援助，对上可以为灾区请求联邦救助。1979 年，联邦应急管理局成立之初就发展起来的"FEMA-州计划"，就是为了促进联邦应急管理局和州政府间就救灾计划和联邦援助等问题进行协商，以便达成更好的解决方案。

联邦应急管理局的综合应急管理始于州、地方而并非传统观念上的联邦，州、地方、志愿者和私人组织是灾害的第一响应者。联邦应急管理局负责协调联邦的救灾资源和救助服务人员如何能够顺利地到达州和地方政府，以及协调参与救灾的非营利性志愿者组织和私人营利性承包商之间的关系。联邦应急管理局还在全国 10 个辖区聘请美国红十字会的工作人员担任顾问，这些顾问非常清楚各州和地方在任何紧急情况下的救助组织和救助行动，以便协助联邦应急管理局更好地应对灾害。联邦应急管理局能够成功地完成它的应急管理任务，与其他机构、政府之间的合作密不可分。联邦应急管理局的局长充当了该局操作中心的联邦协调官员，承担起了相应的协调责任，他与联邦机构、州、地方官员以及私人组织和志愿者形成了一种平等的合作关系，在相互协商、共同配合的基础上保证了灾害救援四个阶段的顺利完成（刘辉萍，2018）。

（五）灾害风险评估模型（HAZUS）的广泛应用

为了降低自然灾害和人为灾害人员伤亡及财产损失，支持减灾、应急管理、抗灾、灾后恢复的国家计划，评估灾害可能的损失，以应用在改良计划、建筑和备灾实践中，增强国家稳定性和经济安全性，美国联邦应急管理局和国家建筑科学院共同研究了基于 GIS 平台灾害风险分析的工具软件包（HAZUS），用于灾害风险管理和灾后损失评估。

HAZUS 首先开发的是地震模型，随后又研制出了飓风、洪水和地震的复合灾害 HAZUS-MH 模型，HAZUS-MH 的飓风模块可以用于估算美国大西洋和墨西哥湾沿海的飓风及其造成的居民建筑、商业建筑和工业建筑的损失；HAZUS-MH 的洪水模块可以用于河流和沿海地区的洪水，可以估算所有类型的建筑物、基础设施和交通设施、公共设施、机动车和农作物的潜在损失；HAZUS-MH 的地震模块可以用于估算所有类型的建筑物、基础设施和交通设施、公共设施和人口等的潜在破坏和损失。

HAZUS 最初应用于联邦应急管理局的地震后的损失评价，随后又用于西雅图地震、"雅莎贝尔"飓风、佛罗里达 2004 年的四次飓风的灾后损失评估，以及联邦应急管理局的洪水灾害风险管理中的大比例尺洪水制图计划。后来，美国各个州和地方机构在执行 2000 年减灾计划（DMA2000）中开始广泛使用该模型来分析灾害风险损失。同时，其他联邦机构、地方应急管理者、消防部门和大学研究者也应用了该软件，使得 HAZUS 成为美国灾害风险管理和科学研究使用最为广泛的软件系统（葛全胜等，2008）。

三、日本灾害风险管理

日本由北海道、本州、四国、九州 4 个大岛和其他 6800 多个小岛屿组成，面积约 37.79 万 km²，日本社会经济发达，为世界第三大经济体，人口众多，截至 2020 年约有 1.26 亿人。日本也是世界上易于遭受自然灾害侵袭的国家，地震、海啸、火山喷发、台风、暴雨等自然灾害极为常见，给社会经济带来严重的伤害。据联合国减少灾害风险办公室的统计资料，1998~2017 年，日本因自然灾害造成的经济损失高达 3763 亿美元，是世界上因自然灾害经济损失第三大国家。特别是地震给日本带来的伤害给人留下了不可磨灭的印象。例如，1923 年的日本关东大地震。1923 年 9 月 1 日 11 点 58 分，东京以南 90km 处的相模湾海底发生了一次 8.2 级大地震。地震引起的海啸袭击了日本关东平原地区，其中东京和横滨损失最大。24 h 后，关东平原地区又发生了一次强烈地震。在随后的一周里共发生几百起余震。灾难发生前，地下传来一阵闷雷般的巨响，大地剧烈震颤，建筑物开始摇晃，大地裂开多道巨缝，人无法平衡，紧接着一幢幢房屋及其他建筑物开始倒塌，到处尘土飞扬。地震几秒钟后，惊恐万状的居民拼命往外冲。顿时，东京城里大街小巷水泄不通。由于地震发生时，许多人正在家中做午饭。当时的日本家庭通常都用炭为燃料。地震发生后，火红的炭渣撒在草垫上或地板上，飞溅在纸糊的墙上，不到几分钟，东京城里千家万户的住宅顿时起火。更糟的是，东京城里的供水管道在地震中受到严重破坏，无法使用。转眼间，全城一片火海。在这次地震和大火中，东京损失了 30 万幢建筑，横滨倒塌的建筑有 6 万幢，码头和港口几乎全被损坏，道路上到处都是裂缝，城里到处都是尸体，更多的人被埋在了地底下和乱石中。这次地震还导致霍乱流行。在这场灾难中，15 万人丧生，200 多万人无家可归，财产损失 65 亿日元。据当时的报纸报道，处于饥饿状态的幸存者试图从池塘里和湖泊里抓鱼充饥，并排着两英里①的长队等待着每天的定量口粮。2011 年发生东日本大地震。2011 年 3 月 11 日 14：46 在日本东北部太平洋海域发生了 9.0 级强烈地震，为世界历史第五大地震，地震引发的高达 10m 巨大海啸对日本东北部岩手县、宫城县、福岛县等地造成毁灭性破坏，并引发福岛第一核电站核泄漏，造成 15895 人死亡、1115 人失踪，日本经济损失高达 2100 亿美元。此次地震重创了日本经济、影响全球产业链和核电站的发展，造成国际金融动荡。

在长期与灾害的抗争中，日本形成了较为完善的应对灾害的管理体系和灾害风险管理特点。

（一）较为齐全的灾害法律体系

早在 1880 年，为应对遇到灾害或饥荒时缺少粮食和物资供给的问题，日本就出台了《备荒储备法》，这是人类社会最早的应对灾害的法规条文，随后逐步构建了以灾害宪法为基础，以应对主要自然灾害以及减灾防灾各阶段任务为目标的灾害法律框架，并且，在应对灾害

---

① 1 英里=1.609344km。

管理的运用实践中，针对其不足部分进行修正和完善，逐步形成了较为完善的灾害应对法律体系。

1961 年颁布的《灾害对策基本法》是日本防灾减灾的基本宪法。它阐述了灾害基本法的立法宗旨，即为保护国土及国民生命、身体、财产免于灾害的威胁，应建立由国家、地方及其他公共事业共同组成的防灾体制，并明确各自的责任，制定防灾计划、灾害预防与灾害应变的对策、灾害恢复及财政金融处置的基本规定，统筹规划推进防灾减灾的发展，以利维护社会秩序，确保全社会的公共福利。《灾害对策基本法》是指导日本应对和处理各类灾害的根本法，半个世纪以来，该法律几经修改，依然秉持"依法防灾，科学应急"的基本思想。《灾害对策基本法》规定了日本灾害风险应急管理的基本问题（体制、机制、行动），与其他灾害关系法律是普通法与特别法的关系。

日本除了像这种"灾害宪法"的存在，还颁布实施了与备灾、应急响应、灾后恢复重建等每个阶段的法律法规，有针对各类灾害的法律体系，如地震灾害，还有若干部法规：《大规模地震对策特别措施法》《关于推进东南海·南海地震防灾对策的特别措置法》《关于推进日本海沟·千岛海沟周边地震防灾对策的特别措置法》《地震基本计划》《建筑物抗震加固促进法》《地震保险法》。对待河流洪水灾害的管理，有《河川法》《治水特别会计法》《治山治水紧急措置法》等法规，以及《受灾者生活再建支持法》《受灾市街地复兴特别措置法》等系列法律法规。截至目前，日本共颁布实施应急管理、防灾减灾等相关法律法规 200 余部，为日本灾害风险管理奠定了坚实的法律基础。

（二）全社会共责的灾害管理体制

日本人口众多，国土空间狭小，自然灾害频繁，是地球上单位面积灾害频度最高，经济损失最大的国家。灾害风险是日本社会和日本居民经常面临的事物，因而，灾害风险管理就成为了日本各级政府公共管理的一项重要任务。

按照日本的行政区划，日本有 47 个省级行政区即都道府县，包括 1 都（东京都）、1 道（北海道）、2 府（大阪府、京都府）、43 县，都道府县下设市町村，按此，日本的灾害应急组织体系分为中央、都道府县、市町村三级管理体制。

按照《灾害对策基本法》的规定，灾害应急的主体是国家、都道府县、市町村、指定的公共机关（以内阁府为首的与防灾有关的 23 个中央部厅级单位）、指定地方公共机关（22个中央机关派驻地方的分支机关）、指定全国性的公共事业机构（包括日本银行、日本红十字会、日本电视、电报电话、电力、交通运输等 61 个）以及指定地方公共事业机构。同时，《灾害对策基本法》还规定，灾害应对不仅是国家的责任，地方的公共团体、防灾设施的管理者以及全社会的居民，皆有共同达成防灾任务与自主性防灾活动的义务。

从《灾害对策基本法》的这些规定，我们可以看出，在日本，全社会对灾害事务均有义不容辞的责任，尤其是各级政府（从中央到地方）的首长，他们都是主体责任人；内阁政府的绝大部分组成单位（中央部厅），除防灾省外，包括外务省、防务省、总务省、环境省、文部科学省、财务省、国土交通省等 23 个中央部门，它们都是防灾指定公共机关，它们各自的首脑都是防灾主体责任人；61 个全国性的公共事业单位和数量众多的地方公共事业单位也都是防灾指定的公共事业机构，这些事业单位的负责人都是防灾主体责任人。在日本，国家机关和事业单位组织管理体系的各级首长都是防灾的主体责任人，各级领导共同担当防灾任务，全社会齐抓共管灾害事务，确保防灾减灾任务的落实。

国家与地方政府（都道府县、市町村）作为行政施政主体，负有灾害应对的重大责任，但职责有所不同。"国家"担负的具体应急事务包括：拟定及实施灾害应对基本计划、灾害应对业务计划及其他灾害应对关系计划；综合调整地方政府与公共机关灾害应对事务的推进；使灾害应对经费的负担合理化；监督地方政府进行地区防灾计划的拟定与实施。"都道府县"这一级政府则担负拟定并实施该地区灾害应对计划的职责；"市町村"作为基层政府更有实施防灾活动，守护居民免于灾害的基本职能。

公共机关和公共事业单位这些灾害应急管理的责任主体，除了各自的主流业务外，它们均有灾害应急的职责。例如，警察部门在灾害发生时，灾区地方警察机构将现场所收集到的情报通过内部专用灾害情报网及时传输给警察署，经警察署整理后传至都道府县公安委员会和警察本部，然后再由警察本部传到国家公安委员会和警视厅，最后由警视厅直接负责向首相官邸汇报。同时，灾区都道府县公安委员会和警察本部指挥各警察机构实施抢险救灾、道路交通管制和维持治安；消防部门在灾害发生时，只要市町村向都道府县提出援助请求，再经都道府县向消防厅长官提出援助请求后，消防人员随即开赴灾区现场，开展抗灾救援工作；自卫队防灾职责，自卫队由日本防卫厅直接领导，不属于地方机关，如果需要自卫队参与救灾抢险，原则上必须由地方政府先向防卫厅长官提出灾害援助请求，办理相关派遣申请手续后，再由防卫厅根据灾害申请的内容和实际需要向灾区派遣救援部队；医疗机构的职责，根据灾害对策基本法的规定，日本各都道府县必须建立一个以上骨干医疗中心和若干地区灾害中心。被确定的定点医院除必须配备各种必要的急救药品和医疗器材外，医院的房屋必须按特定要求加固，以确保灾害发生时能及时开展应急医疗救援活动。灾害一旦发生，指定的定点医院将立即启动成为专门的救灾医院。

（三）协调决策与执行实施对应的工作机制

按照《灾害对策基本法》的规定，在平时，日本三级政府各自设立防灾委员会，三级政府首长各自召集本级政府的防灾委员会，协调各部门的防灾任务，咨询减灾防灾的相关事宜，就减灾防灾事务做出决策与安排，它是日本常规的防灾减灾工作的议事咨询、协调与决策的体系。在灾害发生时，各级政府及时成立本级政府应对的各类突发事件的临时机构：灾害对策本部，按照防灾委员会的决策与计划，统筹全局，统领指挥，具体组织、执行实施本地区的防灾救灾的工作，它是灾时临时建立的指挥与执行机构。日本的灾害应急管理的对应机制，主要指的是协调决策与执行实施的对应，即各级政府的防灾委员会对应各级政府的灾害对策本部，也包含指定的公共机关对地方灾害对策本部的应急响应。

中央防灾委员会是负责日本灾害管理的最高政策委员会，由总理大臣担任会长，并由指定公共机关的首长（外务大臣、防务大臣、总务大臣等）和专家学者为委员组成。主要职能是负责制定全国性的防灾基本计划，协商和制定关于减灾问题的重要议题和对策，推动防灾基本计划和防灾对策的实施；负责协调中央政府各部门之间、中央与地方政府和地方公共机关之间有关防灾方面的关系，协助地方政府和各行政机关制定和实施地区防灾规划和防灾业务规划；在大规模的自然灾害发生时，设立非常灾害或紧急灾害对策本部，制定紧急救灾措施，推进防灾救灾规划的实施，接受总理大臣和防灾担当大臣的咨询等。

都道府县防灾委员会，由都道府县知事出任会长，委员由都道府县及中央派驻地方的机关、市町村等方面的总监以及指定公共机关、制定公共事业分支机构、辖区内指定地方公共事业或地方团体的负责人、指派代表等担任，主要职责是负责制定适合本地区的地区防灾规划，并积极推进地区防灾规划的实施；协调区域内与灾害应急对策及灾后重建等相关各部门之间的关系；收集和处理与灾害相关的情报；讨论、审议和修改地区年度防灾规划。

市町村防灾委员会由市町村长出任会长，委员参照都道府县防灾委员会的组织聘任，主要职责是负责制定本地区的防灾规划；讨论、审议和修改区域内的防灾规划；推动、实施和开展具体的防灾减灾业务工作。

为了加强跨区域间的灾害协调与管理工作，《灾害对策基本法》还规定，当已发生或预测可能发生的灾害波及两个以上的行政区域时，各级地方政府可以根据需要设立地方防灾委员会协调会，共同处理跨区灾害应对事务。

各级政府的灾害对策本部是临时性的机构，它的启动有一定的程序。其流程是，在重大灾害发生或预测到有可能发生时，总理大臣可以在总理府内设立"非常灾害对策本部"，统筹调度灾害应对指挥事宜。如果发生特别严重的大规模灾害时，总理大臣须经内阁会议决定后，在内阁设立"紧急灾害对策本部"，并由内阁总理大臣担任紧急灾害对策本部部长，亲自指挥灾害应急事务。在一般性灾害发生时，首先是在灾区的市町村，立即成立"灾害对策本部"，开展第一线的救援工作，并从事灾情收集以及推动市町村防灾委员会所订立的各项应急措施的执行，将灾情呈报上级都道府县，同时转报中央。此时，都道府县与中央政府应视情况派遣人员至灾区现场。如果灾害发展到一定程度，符合设立都道府县级的"灾害对策本部"的条件时，即在都道府县层面设置"灾害对策本部"，执行各项灾害抢救与应变的组织指挥事宜。

（四）充分准备的防灾预案

日本在灾害风险的管理中，高度重视灾前的防灾计划工作，即防灾预案的编制，并以此作为灾害应对工作的基本依据。日本的防灾预案包括灾害应对基本计划、灾害应对业务计划、地区灾害应对计划以及指定地区灾害应对计划四种（姚国章，2007）。

灾害应对基本计划是由中央防灾委员会制定的国家灾害应对业务工作的宏观指导意见，既是国家灾害风险管理的基础，也是灾害应对的行政最高计划，主要涉及全国防灾的长期性综合计划，规定灾害应对业务计划及地区灾害应对计划中应涵盖的重要事项，灾害应对业务计划及地区灾害应对计划的制定基准等内容。

灾害应对业务计划是由指定的政府部门或公共事业单位依据灾害应对相关联的业务制定的行动方案，主要内容涉及本单位或所负责领域灾害应对需采取的措施，以及与所负责的事务有关地区、领域灾害应对计划应记载事项的制定基准。

地区灾害应对计划是由都道府县及市町村的防灾委员会根据"灾害应对基本计划"的要求拟定的、地区内各机关处理有关灾害应对事务的总纲。其内容主要包括：都道府县完善或新建灾害应对设施的职责，调查研究、教育培训、灾情搜集、灾害预防预警、逃生避难等对策，市町村防灾设施的设置与改善，防灾调查、研究、教育、训练及灾害预防、灾情搜集、传达与预报、避难等对策措施。

指定地区灾害应对计划是由都道府县及市町村的防灾委员会协调会基于"灾害应对基本计划"所确定的该特定区域的灾害应对计划。该计划内容上与"地区灾害应对计划"是一致的，区别仅在于该计划的辖区跨越两个以上的行政区域。

为促进地区防灾计划的顺利推行，都道府县防灾会议议长或都道府县防灾委员会协调会代表人在必要时，可对管辖该都道府县全部或部分辖区内关系机关、公共事业或人员提出要求、劝告或指示，或要求提供相关资料，并要求其报告计划的实施状况。

（五）良好的灾害国民教育和灾害文化

由于特殊的地理环境和自然条件，灾害频发，但日本国民的危机意识和忧患意识很强，形成了"自助"、"共助"和"公助"协作的灾害文化，即必须依靠本人和家人的力量来保障生命财产安全的"自助"，依靠邻居互助及民间组织、志愿者团体等力量互相帮助、共同进行救助救援活动的"共助"，和由国家、都道府县、市町村、行政相关组织等公共机构进行救助救援活动的"公助"必须协同一致，发挥合力，才能将灾害损失降低到最小范围。

为了培育全社会的"自助"、"共助"和"公助"协作的意识，日本推行了全民的灾害教育（熊淑娥，2019）。例如，兵库县实施的灾害教育，提出的高中学生灾害教育目标，除了使学生学会保护自己的技能，成为生存者之外，还要求具有救助周围灾民的意识和能力，养成防灾救灾的社会责任感，在"共生社会"中发挥自己的价值。东京都实施的《防火防灾教育手册》详细规定了从保育院到大学五个学校教育阶段的灾害教育目标，如小学低、中年级的主要目标是自救，即在发生灾害时能够保护自身安全，具体内容为能够按照大人指示行动、没有大人指示也能采取行动保护自身安全、能采取行动规避危险等；小学高年级除了自救外还增加了互救的内容，要掌握地震、火灾以及日常生活中灾害发生的基本原理；初中生要做到自救与互救，并承担部分地区性的防灾工作，通过学习和训练了解地震、火灾以及日常生活中灾害发生的原理，并培养基本的防灾行动能力；高中生的目标为自救与互救，要为防灾做出一定的贡献，具体为灾害发生时，能独立作出判断，采取应急措施开展救援活动，能够承担初期防火工作（吴维屏，2017）。

四、澳大利亚灾害风险管理

澳大利亚常见的自然灾害主要有洪水、暴雨、热带风暴、森林大火几种类型，地震和滑坡在局部地区偶尔也有发生。在过去的数十年中，自然灾害给澳大利亚的社会经济发展造成了较为严重的损失，也给人们的生命财产带来了一定的威胁。近年来，随着气候变暖，澳大利亚的干旱和森林火灾日益严重，给澳大利亚人民生活和农业生产带来了极大的影响，使众多的农场家庭的生活陷入了困境，特别是澳大利亚新南威尔士州北部和内陆以及昆士兰州南部地区持续遭受旱灾袭扰，当地水坝水位持续低落，多个小镇面临缺水危机，严重的干旱使空气和可燃物变得干燥，新南威尔士州和昆士兰州的山火肆意蔓延并点燃半个东海岸线。2019 年，澳大利亚森林山火最为严重，从 2019 年 7 月起，森林山火开始燃烧，持续了 210 天之久，烧毁的森林面积高达 400 万 hm^2，大约有 1170 万 hm^2 的土地被焚毁，死于大火的哺乳动物、鸟类和爬行动物总量超过 10 亿只，这场森林山火灾难给澳大利亚的社会经济和生态环境造成了极大的破坏和不可估量的损失。

澳大利亚作为一个发达国家，传统上一直比较重视公共事务的管理，在减灾防灾实践和灾害风险管理中，形成了独特的管理体系和管理特色（郭跃，2005）。

（一）具有较为先进的灾害管理理念

澳大利亚建立了一套指导灾害规划、管理的概念和原则（NDO，1989）。国家的概念性框架有许多好处，它有助于形成统一的思想，提高效率，确保方法规范，也有助于地区和国家资源的协调。虽然概念和原则不是强制性的国家条文，但是作为指导意见，它被各州政府广泛接受。它的关键思想和基本要点已被纳入了各州相关的法律条文中，从而具有强制性特征。

风险管理的基本概念有：①全灾害方法。灾害应急管理可能面临有效的规划、灾情评价、预警和疏散、营救；救火，危险区的探测和标注，清除污染或毒气和相应的保护措施；医疗救助，提供应急的住宿和物资供应，媒体关系，灾区秩序的恢复和维持，公共设施的抢修，死亡的紧急处理，避难所的管理和灯火管制等。很明显应急管理组织需要有处理上述大多数任务的能力。虽然处理特定灾害的措施和方法是不同的，但无论是何种灾害或紧急状态，都可能面临上述的紧急任务。所以，从逻辑上说，同样的应急管理安排可以应用到各种灾害的应急处理中。②综合的方法。澳大利亚认为灾害应急管理有四个基本要素，即预防、备灾、响应和恢复（PPRR）。提倡发展包括这四个方面内容的应急管理模式。第一个要素是预防，即防止或减轻灾害的影响程度，通常采取的措施有土地利用管理、建筑标准、建筑利用规则、安全防护工程、立法的公共信息、社区意识教育、税收、保险等。第二个要素是社区范围的备灾，措施有社区灾害意识教育、制定灾害方案、培训和演练方案，应急通信、疏散方案、互助协议、警报系统、资源储备、特殊物资的供应等。第三个要素是灾害暴发后的及时响应，措施有执行灾害方案、执行紧急法、颁布警报、启动应急操作中心、运送物资、提供医疗援助、提供救济、搜寻和营救等。第四个要素是灾后的恢复，措施有恢复公共服务、社区重建、商议恢复计划、临时住房、财政支援、健康和安全信息、长期的医疗关注、环境恢复、经济影响研究等。并非所有措施在每一个灾害情形中都是必需的。灾害、社区及其之间相互作用的性质将决定哪些措施是恰当的。但是无论如何，预防、备灾、响应和恢复方案的准备都是必要的。③所有机构的方法。防灾减灾安排是基于所有相关机构、各级政府、非政府组织和社区间的积极的"伙伴关系"，许多不同的组织在执行PPRR的一个或多个管理要素中起着重要的作用，它们代表着一定的规划和管理结构。在澳大利亚综合性灾害应急规划中，通常都是要经过一些委员会的审议、审核才能实施。这些委员会中都有来自各方面的代表，如有"战斗部门"机构（警察、消防、救急）、福利、媒体、地方政府、资源部门、气象部门等。联邦政府提倡建立涉及的所有机构参与灾害管理，并各自履行一定职责的思路。④充分准备的社区。灾害应急规划和管理的多数责任都集中在地方政府。在灾害规划中，突出的重点是地方社区的自助和自救。事实上，不能总是假设有外部的帮助，外部的帮助是需要有一定时间才能达到的，灾害的第一响应应该是地方政府做出。联邦政府在灾害管理的PPRR中把社区看成最基本的焦点，地方政府是最直接的机构，成功的应急管理系统实际上依赖于地方政府的有效安排和管理。为此，联邦政府对地方政府提出了充分准备的社区的基本要求，使社区和社区居民知道地方灾害，采取适当的预防措施，积极参加地方志愿者组织，确保地方政府的现场有效安排进行。⑤更加安全的社区。随着应急管理事业的发展和新时代的挑战，近年来，澳大利亚又提出了应急管理的一个新概念——更加安全的社区，作为应急管理发展的方向（EMA，2002）。社区安全的意思是社区、政府和非政府组织合作朝着一个社会健康稳定的安全模式的共同努力，这种安全模式可形成可持续发展能力，使社会团结、安全、合作、自力更生，并有一个改善的自然环境。在这种环境下，地方政府可以构建更加安全的社区，这样的社区通晓地方风险、通过有效的规划和行动可以管理多数地方问题。目前，更加安全的社区还是一个不太完善的概念，它还需重建社区安全系统（如应急管理、预防犯罪、个人健康等方面的有机结合），一些理论和实践问题也需探索。

澳大利亚建立有效应急灾害管理的第一步就是识别和评估可能影响社区的每一种灾害，即进行灾害风险分析，当有灾害分析方案时，就应根据下列原则进行灾害管理设计：①适当的组织机构。灾害管理安排必须有一个操作机构支撑，建立明确 PPRR 责任的机制，由于在完成 PPRR 职责时，要涉及多个政府部门和机构，显然需要常设跨部门的机构来协调，这个机构应以立法的形式来设立。②指挥和控制。在灾害发生之前，必须以法律或应急规划形式清楚指定灾害控制权和部门指挥权，不能随意更改。③支援的协调。在防灾规划中，必须指定支援抗灾资源的调配机构和职责。④信息管理。有效的信息管理对于成功地处理灾害事务是非常重要的，为确保备灾措施、应急响应行动的协调，必须要有发达的通信网络。⑤及时启动。如果响应是及时的，应急方案的启动可以不受政府是否宣告灾害应急状态的影响，应急方案最好由上级任命的灾害应急官员启动。⑥有效的灾害应急方案。应急方案是灾害管理的概念和原则的应用成果，它是管理安排和各方达成的协议，是实施灾害管理的主要依据和行动纲领。

（二）基于伙伴关系的三级灾害管理体制

作为联邦制国家，按联邦宪法的规定，州政府负责保护所辖公民的生命和财产安全，地方政府负责灾害应急的具体组织和实施，而联邦政府对外代表澳大利亚负责海外灾害应急，对内代表国家对各州政府灾害应急管理提供一定的指导和支援。因此，澳大利亚灾害管理的国家体系是以联邦政府、州或领地政府、地方政府和社区之间的伙伴关系为基础的（David，1999）。

在澳大利亚灾害管理体系中，州政府对灾害应急管理和规划负有主要责任，他们颁布相关的法规和政策，通过地方政府的执行来体现其管理作用；联邦政府主要在国家资源的调配和协调、财政援助，应急的技术标准和培训等方面给予各州政府帮助。地方政府则直接组织灾害应急计划和方案的实施。

澳大利亚国家灾害管理系统主要由国家应急管理委员会、州应急或灾害管理组织和联邦政府应急管理组织三部分组成（EMA，2000）。

国家应急管理委员会是应急管理的顶级国家咨询与协调机构。该委员会由各州应急管理组织的主席和执行官员组成，澳大利亚应急管理中心主任任该委员会主席，该委员会主要的任务就是协调联邦政府和各州政府在国家应急管理方面的事务。

每一个州都建立了一个与灾害应急管理相关部门和机构负责人组成的专门委员会，各州的应急组织的名称和功能不尽相同，但基本职能是一致的，就是确保州和地方政府能妥善安排和处理灾害事务。例如，新南威尔士州，在州政府里设有灾害应急部，部长全面负责本州的灾害应急事务的管理和安排，此外，还设有州灾害委员会和州应急管理委员会。州灾害委员会实际上是灾害部长的咨询委员会，州应急管理委员会则是全州灾害应急管理的职能部门，州应急管理委员会由一位秘书长和一些专职人员具体运作，对部长和州应急管理委员会及州灾害委员会负责；为管理方便，新南威尔士州将全州划分为若干应急管理区，每个区都有一个应急管理委员会，该委员会由区应急管理审计官任主席，区应急管理官员协助工作。区应急管理官员还有责任帮助地方政府和社区的应急管理事务。每一个地方政府都有一个地方应急管理委员会，该地方市政委员会的负责人任主席，由地方政府任命的地方应急管理官员协助工作，地方应急审计官员由警察署长任命。

在联邦政府中，司法部部长负责灾害和应急管理事务，澳大利亚应急管理中心则是联邦政府管理应急事务的机构。澳大利亚应急管理中心的职能有：①强化国家应急管理能力（措施有发展应急管理政策和战略，为公共安全机构提高应急管理水平提供便利，为各级政府、社区和产业提供应急管理信息和资讯，促进国家应急管理研究）；②降低社区的灾害易损性（措施有协调联邦政府在灾害期间对受灾州的物质与技术援助，为社区提供应急管理信息，发展有利于减轻易损性的政策和策略）；③促进地方的应急管理能力和意识（措施有提供应急管理培训和支援，提供信息、咨询和技术援助等）。

（三）有较为充分的法律保障

作为法治国家，国家事务管理大都有相应的法律基础。就灾害管理而言，早在 1900 年出台的澳大利亚联邦宪法中，就有明确的规定。各州或领地对其公民的生命和财产保护负有主要责任，而联邦政府则有责任支持和帮助各州发展它们的灾害应急管理能力。在宪法的规定下，国家制定了联邦政府应急管理政策并建立了相应的机构，通过财政和技术手段，支持各州的应急管理发展和建设。

灾害应急管理的主体各州则通过自己独立的立法权力来建立适合本州的灾害应急管理的组织体系和实施管理的职责。一般来说，州法规将明确指定灾害管理组织的结构，如它们要做什么事情、它们如何运作，并提供在法令条件下采取行动的责任豁免权，但各州的灾害管理组织机构和规划管理的职责权限划分也有一些差异。例如，新南威尔士州，将应急规划的权力指定给了地方政府，在新南威尔士州 1989 年版的应急和营救管理法中，除建立州一级应急管理组织机构和方案以外，规定每一个地方政府都要建立一个地方应急管理委员会，地方应急管理委员会负责编制地方范围内的灾害预防、备灾、响应和恢复的灾害规划，而昆士兰州则突出州政府在应急管理中的领导地位，昆士兰州 1975 年版的抗灾组织法规定，设立州抗灾组织、中心控制组和州应急服务中心。州抗灾组织是州最高级别的抗灾应急委员会，由州发展委员会主任任主席，州应急服务部部长任执行主任，成员有州警察署长、通信信息部长、规划部长、卫生部长、资源部长等 15 个相关部门领导和地方政府代表等。

（四）国家技术指导力度大、管理规范性强

澳大利亚应急管理中心作为联邦政府应急管理的专门机构，充分履行宪法赋予的使命：支持和指导各州应急管理能力的建设，帮助创建一个有灾害意识、有充分准备的社会，为此澳大利亚应急管理中心投入了大量的精力进行灾害应急管理的研究，组织一批学者专家和有经验的灾害管理者编写了澳大利亚应急管理系列手册。早在 1989 年，就出版了一套应急技术参考手册，随后又不断地充实、修订和扩展系列手册的内容。

澳大利亚应急管理中心的应急手册分为 5 个系列。第一个系列是基本原理，内容涉及灾害应急管理的概念、原则、安排、词汇和术语；第二个系列是应急管理方法，内容涉及灾害风险管理、减灾规划和应急方案的实施；第三个系列是应急管理实践，内容涉及灾害救助、灾害恢复、灾害医疗、心理服务、社区应急规划、社区服务、社区开发等；第四个系列是应急服务的技术，内容涉及应急组织领导、操作管理、搜寻、营救、通信、地图等；第五个系列为培训管理。这些技术手册内容丰富全面，既有理论，又有实践，既有方法，

又有操作技能，针对性强。国家把这些手册分发到各州应急管理机构、社区组织、机关的政府部门以及学校，对各州灾害管理有很强的指导性，也对提高全社会灾害意识有重要意义。

澳大利亚应急管理中心还通过举办应急管理培训班，提供应急管理信息咨询服务和直接参与地方救灾行动等方式指导各州灾害应急管理。此外，为使灾害应急管理规范化，国家还颁布了澳大利亚风险管理标准，按质量管理标准来界定和组织实施灾害管理的过程（Standards Australia，1995）。

（五）以志愿者为特色的广泛社会参与

在许多国家，在灾害应急响应第一线的是准军事组织、民兵组织，甚至军队。但在澳大利亚，当灾害发生时，许多组织机构和民众参与抗灾行动。在每一个州或领地参与抗灾的有警察、正规消防队、急救队，更有多种形式的志愿者抗灾组织，如州应急服务中心、森林防火队、圣约翰急救队、冲浪救生俱乐部、营救服务站等，此外，还有许多人不是救灾组织成员，也会积极参与抗灾行动，而成为抗灾的临时志愿者。

在澳大利亚，应急响应志愿者组织有大致 50 万名训练有素的志愿者，他们占澳大利亚人口的 2.5%，而警察、消防队等政府抗灾人员仅有 6.4 万人。所以，在澳大利亚，志愿者是抗灾的生力军，他们来自社区，服务于社区。

澳大利亚州应急服务中心（SES）是众多志愿者抗灾组织较为普遍的一种形式。SES是帮助社区处理洪灾和暴雨的应急和营救的志愿者组织。在新南威尔士州，有 230 个 SES站，分布于各社区，志愿者成员 10000 人，有常规工作人员 60 人，组织和维持 SES 的日常运作和应急服务。州应急服务中心的任务是编制社区洪灾规划，帮助气象局发布官方的洪灾和暴雨警报，疏散和救助被困居民及其财产，进行灾害公共教育。

以志愿者为主体的抗灾队伍是社区备灾建设的核心组成，这充分体现了澳大利亚灾害管理的概念——充分准备的社区。事实上澳大利亚高层抗灾规划者和管理者都把社区看成是国家抗灾的基本力量。

（六）基于风险概念的灾害管理模式

澳大利亚，在 20 世纪 90 年代就广泛接受了灾害风险的意识，认为人们在与灾害抗争中，不能仅把注意力集中在灾害本身，还应关注社会和环境。灾害风险是灾害和社会环境易损性共同作用的后果。事实上，灾害风险的发生是不可避免的。因此，学会如何减小风险，如何在风险下生存乃是灾害管理的根本问题，为此他们将风险管理机制引入自然灾害的管理。

为推广和规范灾害风险管理，澳大利亚早在 1995 年就颁布了风险管理国家标准，该标准建立了风险识别、分析、评价、处理和监控的基本框架，澳大利亚应急管理中心随即根据这个标准，组织编写了"应急风险管理应用指南"（EMA，1998）。

于是，风险管理逐渐成为澳大利亚实施灾害管理的一个基本战略。灾害应急风险管理是形成处理社区风险，增强社区安全和持续发展系列措施的过程。灾害应急风险管理使用建立背景、风险级别、风险分析、风险评估、风险处理等步骤来确立社区风险水平，寻找风险处理的措施。这种灾害风险管理方法特征有：①灾害的全方位（社区所面临的所有灾害风险及其影响因素）；②长期行为（因自然灾害的累积效应明显）；③灵活性（风险水平多变）；④多过程集合（风险评价、预防、减负、备灾应急响应、恢复重建、监测等）；⑤跨部门合作；⑥充分保证个人和社区的权益（风险处理方法）。

五、国外灾害管理的几点启示

美国、日本和澳大利亚都是发达国家中深受自然灾害影响的国家，在应对灾害的长期社会实践中，总结和摸索了一些有益的经验，值得我们深思和借鉴。

（一）与时俱进，不断完善灾害法律建设

依法治国是现代国家治理的基本要求。国家的灾害应急管理更是离不开相应法规的保障。这是发达国家灾害应急管理的共识的基本准则。有法律法规作为基础，灾害管理执行就有社会保障，有专门的组织机构，管理任务才能具体落实，各种应急措施才有合法性。科学、高效的灾害管理法律是一个以灾害基本法（总体原则、体制机制、组织构建）为基础，各种专门法（灾害管理的不同阶段、各类灾害）为支撑的法规体系。且随着时代的发展和变化，相应法律法规也要实时完善与更新，以适应新形势对灾害管理的新要求。

（二）统一思想，树立科学的管理理念

人类与自然灾害抗争的历史已相当漫长，也积累了不少经验教训，但是如何科学地认识和管理自然灾害也许对多数社会成员和社会管理者来说，仍然是不够清楚的，缺乏共识。澳大利亚通过灾害管理的"四个概念"和"六个原则"的推广和实施，统一和提高了管理者的灾害管理的科学思想和技术方法，为搞好灾害管理，减灾防灾工作奠定了坚实的理论基础和行动指南。"四个概念"是澳大利亚灾害科学工作者对灾害性质和灾害管理规律研究的高度浓缩，它是澳大利灾害管理的基本理念；"六个原则"则主要是澳大利亚近20年灾害管理的成功实践经验。

（三）分级管理，构建高效灾害应急管理体系

在发达国家，一般都建立了责任分明的伙伴关系的灾害应急管理体系，中央政府设立综合性灾害应急管理的专门独立机构，全面协调统筹灾害应急管理工作，各级地方属地实施，灾害应急管理工作重心下移，强调地方政府在灾害应对中的主体作用并提高地方政府应对突发自然灾害的能力，能够从根本上提高对突发自然灾害的反应速度，大大提高救援效率。在地方政府有能力应对的灾害等级上，赋予地方政府广泛的权利和义务，上级政府和中央政府配合地方政府协调各个部门间的资源配置，同时，中央政府对于地方的灾害防御体系的建立给予资金上和技术上的全面指导和帮助。

（四）普及灾害教育，提高社会对灾害的应对能力

民众具备一定应急常识，能够在突发自然灾害发生时，采取有序的应对措施。应重视和加强对民众的应急教育，形成覆盖家庭、学校、社会三方的应急教育体制，尤其要加强对于学校的应急教育课程的推广，从小培养学生的危机意识；通过各种媒介在社会上宣传应急知识，如公益广告、电视、网络等；提高社区在应急教育中的作用。在教育的过程中，适当地结合防灾演练，采用角色扮演的形式模拟灾害可能发生的情况，培养市民的应对能力。在灾害应急教育方面，日本可以说是世界首屈一指的。日本政府十分重视对社会公众

进行日常的训练与防灾生活活动，使灾害防御意识深入人心。日本人民在灾难面前表现出来的镇静和秩序归功于自然灾害频发的日本多年来形成的一套行之有效的危机应对机制，大到法律政策，小到建筑设施、常态化的赈灾基金、组织体系以及常态化的日常危机教育。

（五）鼓励志愿者，形成全社会参与救灾的局面

在我国多年的防灾救灾实践中，军队和武警一直是抢险救灾的主力军。军队具有整体性、机动性等优势，在各类灾害的救助工作中也发挥了巨大的作用。然而，灾害的救助如果过度、过频依赖军队，一方面会打乱军方正常的战备训练计划，另一方面也不利于形成全民参与的灾害救助观念。动用各类志愿者参与灾害救助是世界各国的成功经验。西方发达国家的救灾体系中，有着广泛的民间志愿者参与力量，而我国这方面的实践比较薄弱。动员全社会的力量参与救灾，弥补行政力量的不足。对救灾志愿者进行防灾救灾培训，也是全民安全教育的良好途径，更有利于形成互助互爱的良好社会道德风尚。

六、我国灾害风险管理概况

我国地域广袤，自然条件复杂，处于世界上最大的中纬度环球灾害带与环太平洋灾害带之间的交汇位置，是自然灾害种类最多、发生频率最高、危害最为严重的国家之一，几乎所有的自然灾害每年都会发生，如水灾、旱灾、地震、台风、风雹、雪灾、山体滑坡、泥石流、病虫害、森林火灾等。中国的自然灾害呈现灾害种类多，区域性、季节性强，灾害损失严重等特点。据不完全统计，近 500 年来，死亡人数在 10 万人以上的特大型自然灾害就有 33 次之多，1960～1961 年全国干旱灾害，死亡人数超过 100 万人；1976 年唐山大地震，死亡人数 24 万人；2008 年汶川地震造成直接经济损失 8451 亿元，69227 人死亡，374643 人受伤，17923 人失踪；2018 年仅洪涝和台风灾害就造成 1.3 亿人受灾，直接经济损失达 2645 亿元。这一系列自然灾害严重阻碍了国家和社会经济的发展，给国家和人民群众的生命财产带来严重的损失。

（一）中国灾害风险管理体制的变革

我国是一个多灾多难的国家，灾害救助和治理一直都是管理者面临的重要任务。1949 年，中华人民共和国成立，党和政府高度重视灾害的救助和灾害治理工作，通过近 70 年的探索实践与改革发展，逐渐形成了富有中国特色的灾害管理体制和机制（呼唤，2013）。

1950 年 2 月，中央政府就成立了中央救灾委员会，由政务院副总理董必武兼任主任委员，该委员会的组成单位有政法委员会、内务部、财经委员会、财政部、农业部、水利部、铁道部、交通部、食品工业部、贸易部、合作事业管理局、卫生部、全国妇联等 13 个机构，全面负责我国的灾害救助和灾害治理工作。随后国家相继建立了地震、水利和气象等专业性或兼业性部门，负责职能管辖范围内的灾害预防和抢险救灾。在计划经济的框架下，整个社会生产和社会管理服从于中央计划安排，中央政府是救灾的责任主体，形成了以专门的机构应对专门灾害的"条条管理"为特色的灾害管理模式和"全国找中央"的防灾救灾局面。

1979 年以后，我国社会经济体制发生重大改革，中央财政与地方财政实行"分灶吃饭"，救灾管理体制与社会经济的发展不相适应，整体上看，仍然实施以中央政府为主的救灾模式，但是灾害管理也出现了一些重大改革，确立了以"分级管理"为中心、救

灾经费分级负担的救灾管理模式，逐步构建了应急管理体制中的安全管理体系与部门间议事协调机构对口专业部门进行制度安排，国家成立了国家减灾委员会、国家防汛抗旱总指挥部、国务院抗震救灾指挥部、国家森林草原防灭火指挥部、国务院安全生产委员会等专门部门议事协调机构，负责全国灾害管理的协调组织工作。对应上述协调机构，承担日常具体工作的则是民政部、水利部和国家地震局、国家林业和草原局及国家安全生产监管局等部门。

2003 年 SARS 事件在我国暴发，暴露了我国在应对突发公共事件中的缺陷，但也引起了我国政府对灾害管理的深刻反思，客观上推进了我国灾害管理的思想和体制的变革以及灾害管理理念从救灾为主向重视减灾防灾的转变，从此，国家将综合减灾能力建设和应急体系建设作为灾害管理事业发展的主线，建立了"统一领导、综合协调、分类管理、分级负责、属地管理"为主的应急管理体制，构建了枢纽机构抓总+部门协调的灾害应急工作机制。国务院设立国务院应急办公室，全面履行政府应急管理总体职能，国家民政、公安、国土、环境、水利、农业、安监等国务院有关部门都负有应急管理职责，相应地都在各自部门内部设立应急管理机构，负责相关部门突发事件的应急管理。国家防汛抗旱、安全生产、海上搜救、森林防火、核应急、减灾委、抗震、反恐怖、反劫机等专项指挥机构及其办公室，在相关领域突发事件应急管理中发挥了指挥协调作用。地方各级政府是当地行政区域突发事件应急管理的行政领导机构，负责当地行政区域各类突发事件的应对工作；地方各级政府办公厅和相关部门相应履行应急管理办事机构、工作机构的职责。

21 世纪以来，我国面临的自然灾害形势仍然复杂严峻，现有的防灾减灾救灾体制机制难以适应新时代国家现代化治理和灾害管理的需要，2016 年 12 月 19 日中共中央、国务院提出了推进防灾减灾救灾体制机制改革的意见，2018 年 3 月，第十三届全国人民代表大会第一次会议批准了国务院提出的将国家安全生产监督管理总局的职责，国务院办公厅的应急管理职责，公安部的消防管理职责，民政部的救灾职责，国土资源部的地质灾害防治、水利部的水旱灾害防治、农业部的草原防火、国家林业局的森林防火相关职责，中国地震局的震灾应急救援职责以及国家防汛抗旱总指挥部、国家减灾委员会、国务院抗震救灾指挥部、国家森林防火指挥部的职责整合，组建应急管理部的方案，同意设立应急管理部作为国务院组成部门。应急管理部的设立，标志着我国灾害应急管理进入了现代综合统一管理的新时代。

作为我国灾害应急管理的最高行政管理机构，应急管理部拥有以下主要职责：组织编制国家应急总体预案和规划，指导各地区各部门应对突发事件工作，推动应急预案体系建设和预案演练。建立灾情报告系统并统一发布灾情，统筹应急力量建设和物资储备并在救灾时统一调度，组织灾害救助体系建设，指导安全生产类、自然灾害类应急救援，承担国家应对特别重大灾害指挥部工作。指导火灾、水旱灾害、地质灾害等防治，负责安全生产综合监督管理和工矿商贸行业安全生产监督管理等。应急管理部的设立顺应了综合防灾减灾救灾的时代发展要求，有利于从根本上改变长期以来形成的防灾减灾救灾领域，以及按灾种分割惯例而形成的部门分割、政令不一、标准有别、资源分散、信息不通的旧格局，亦能够在统一管理的同时直接推行集中问责，从而重构了国家防灾减灾救灾体制，为新时代进一步做好灾害风险管理和综合防灾减灾救灾工作提供强有力的组织保障。

（二）我国灾害管理相关法律体系的建设

长期以来，我国的灾害管理主要依靠政策协调、行政命令为主导的执政者进行指挥的人治管理模式。1983 年 1 月 3 日，为了防止有害植物的危险性，病、虫、杂草传播蔓延，保护农业、林业生产安全，国务院颁布出台了《中华人民共和国植物检疫条例》，这是我国涉及灾害管理的第一部行政法规，迈开了我国自然灾害法律体系建立的步伐。随后，国家又陆续颁布了《中华人民共和国森林法》《中华人民共和国草原法》《中华人民共和国土地管理法》《中华人民共和国矿山安全法》《中华人民共和国海洋石油勘探开发环境保护管理条例》《中华人民共和国防震减灾法》《中华人民共和国水土保持法》《中华人民共和国防洪法》等十三部法律法规。这标志着我国的灾害防治工作终于能走上法制化的轨道，法制化的方式克服了以往完全应急处理的不确定性和不统一性，对调整灾害防治领域中的各种社会关系、规制人们的不安全行为、保护公众生命财产安全等方面提供了法律保障。

在建设中国特色社会主义法律体系的立法目标被提出后，更是加快了灾害法律法规的建设。例如，2000 年 1 月 1 日起实施《中华人民共和国气象法》、2000 年 5 月 27 日实施《蓄滞洪区运用补偿暂行办法》、2002 年 1 月 1 日实施《中华人民共和国防沙治沙法》、2002 年 3 月 19 日公布《人工影响天气管理条例》、2004 年 3 月 1 日施行《地质灾害防治条例》、2005 年 7 月 1 日实施《军队参加抢险救灾条例》、2007 年 8 月 30 日发布《中华人民共和国突发事件应对法》。

为了适应社会经济发展的新形势和新要求，国家又及时修订了一批法律法规。例如，2008 年 12 月修订《中华人民共和国防震减灾法》，2009 年修订《中华人民共和国矿山安全法》2014 年修订《中华人民共和国环境保护法》、2017 年修订《中华人民共和国海洋环境保护法》、2017 年修订《中华人民共和国水污染防治法》、2018 修订《中华人民共和国大气污染防治法》2019 年 4 月修订《中华人民共和国消防法》等。同时，又先后出台了《国家突发公共事件总体应急预案》《国家自然灾害救助应急预案》《国家防汛抗旱应急预案》《国家地震应急预案》《国家突发地质灾害应急预案》《国家处置重、特大森林火灾应急预案》等专项应急预案。据不完全统计（李媛娣，2014），我国制定的直接规范自然灾害的法律制度中有国家法律 27 部、国家级应急预案 29 项、行政法规 92 部、国家标准 58 项、部门规章 525 件、行业标准 29 项。这些法规将我国的水土保持、防震减灾与地质灾害、防洪抗旱、气象、消防、生物病虫害、环境污染、灾害救助等方面的工作逐渐纳入了法制化的轨道，依法减灾防灾的工作局面基本形成。

第七届全国人民代表大会常务委员会第 28 次会议在 1992 年 11 月 7 日通过的《中华人民共和国矿山安全法》，是我国第一部有关生产安全事故（人为灾害）的法律。该法对我国境内的矿山建设的安全保障、矿山开采的安全保障、矿山企业的安全管理、矿山安全的监督和管理、矿山事故处理及其相应的法律责任做出了明确的规定。为了保障矿山生产安全、防止矿山事故、保护矿山职工人身安全、促进采矿业的发展奠定了坚实的法律基础。

我国是一个多地震的国家，地震灾害十分严重。据统计，自 1949 年以来，我国因地震灾害造成的死亡人数占整个自然灾害死亡人数的 54%，直接经济损失占 6%。面对严峻的地震形势，必须采取各种措施，切实做好防震减灾工作。防震减灾工作是一项系统工程，涉及社会生活的各个方面。国务院先后制定了《发布地震预报的规定》、《地震监测设施和地震观测环境保护条例》和《破坏性地震应急条例》等行政法规，切实加强地震监测预报、地震灾害预防、地震应急、震后救灾与重建等方面的工作。但是，在这些方面还存在一些问题，需要通过立法加以解决，中国地震局在总结实践经验的基础上，起草了《中华人民共和国防震减灾法》，由国家科学技术委员会于1996年4月报请国务院审批。之后，国务院法制局广泛征求了国务院有关部门和地方人民政府的意见，会同中国地震局和有关部门对送审稿反复研究形成了《中华人民共和国防震减灾法》，于1997年12月29日经第八届全国人民代表大会常务委员会第29次会议批准，1998年3月1日正式实施。《中华人民共和国防震减灾法》是我国第一部有关自然灾害管理的法律，它标志我国的地震灾害防治正式步入法治轨道，该法规定了我国防震减灾工作的基本方针、地震监测预报制度、地震预防制度、地震应急制度及震后救灾重建制度等，加上国家地震局相关配套性实施性规章，如《国家地震应急预案》《建设系统破坏性地震应急预案》《铁路破坏性地震应急预案》等出台，对地震灾害治理机构、地震预警、临震应急、震后应急、法律责任等做出了较为全面的规定，构建了较为完整的治理规范体系。截至2009年底，全国所有的省级、98%的地级、92%的县级以及4500多个乡镇都完成了对应级别的地震应急预案的编制工作，共同形成了比较健全的防震减灾法律体系。

我国是一个多暴雨洪水的国家，历史上洪水灾害十分严重。中华人民共和国成立后，党和政府十分重视防洪工作，对江河进行了大规模的治理，并发布了《中华人民共和国防汛条例》《中华人民共和国河道管理条例》《蓄洪区安全与建设指导纲要》等行政法规性文件，为进一步做好防治洪水，防御、减轻洪涝灾害工作，维护人民的生命和财产安全，保障社会主义现代化建设顺利进行，1997年8月第八届人大常务委员会第27次会议通过了《中华人民共和国防洪法》，这是我国针对具体自然灾害防治的第二部法律。该法律对防洪规划、治理与防护、防洪区和防洪工程设施的管理、防汛抗洪、蓄洪区的安全建设管理与补偿救助、洪水影响评价报告、保护范围与分工责任及其相关法律责任都做出了明确的规定。

为提高政府保障公共安全和处置突发公共事件的能力，最大限度地预防和减少突发公共事件及其造成的损害，保障公众的生命财产安全，维护国家安全和社会稳定，促进经济社会全面、协调、可持续发展，国务院于2006年1月8日发布并实施《国家突发公共事件总体应急预案》，该行政文件首次将自然灾害、事故灾难、公共卫生事件、社会安全事件等四类现象归为突发公共事件的范畴，该预案是全国应急预案体系的总纲，明确了各类突发公共事件分级分类和预案框架体系，规定了国务院应对特别重大突发公共事件的组织体系、工作机制等内容，是指导预防和处置各类突发公共事件的规范性文件。

2007年，在实施《国家突发公共事件总体应急预案》的基础上，国家认真总结了我国应对突发事件经验教训、借鉴其他国家成功做法，制定了《中华人民共和国突发事件应对法》，该法经第十届全国人民代表大会常务委员会第29次会议于2007年8月30日通过，自2007年11月1日起施行。该法是一部根据国家宪法制定的一部规范应对各类突发事件共同行为的法律，在我国灾害管理法律建设中具有里程碑的意义。在过去的灾害法律建设中，我国出台的灾害法律法规都是针对具体灾害或减灾防灾的某个方面而制定，缺乏总揽全局的综合性法律。该法共七章70条，全面涉及灾害预防与应急准备、监测与预警、应急处置与救援、事后恢复与重建等内容，规定了我国灾害应急管理的组织机构与责任，管理体制与机制，工作原则，对我国灾害防治起了提纲挈领的作用。

（三）新时代我国灾害管理的指导思想与原则

21 世纪以来，我国社会经济建设和国家现代化治理进入了一个新的发展时代，国家对灾害工作的认识也有了更深更高的认识，灾害管理的指导思想和基本原则也随之发生了变化。

《中共中央 国务院关于推进防灾减灾救灾体制机制改革的意见》（2016 年）指出，防灾减灾救灾工作事关人民群众生命财产安全，事关社会和谐稳定，是衡量执政党领导力、检验政府执行力、评判国家动员力、彰显民族凝聚力的一个重要方面。同时认为，灾害管理工作要坚持以人民为中心的发展思想，正确处理人和自然的关系，正确处理防灾减灾救灾和经济社会发展的关系，坚持以防为主、防抗救相结合，坚持常态减灾和非常态救灾相统一，努力实现从注重灾后救助向注重灾前预防转变，从应对单一灾种向综合减灾转变，从减少灾害损失向减轻灾害风险转变。我们应着力构建与经济社会发展新阶段相适应的防灾减灾救灾体制机制，全面提升全社会抵御自然灾害的综合防范能力，切实维护人民群众生命财产安全，为全面建成小康社会提供坚实保障。

在灾害管理工作中，要遵循五个原则：①"以人为本，协调发展"的原则。坚持以人为本，把确保人民群众生命安全放在首位，保障受灾群众基本生活，增强全民防灾减灾意识，提升公众自救互救技能，切实减少人员伤亡和财产损失。遵循自然规律，通过减轻灾害风险促进经济社会可持续发展。②"预防为主，综合减灾"的原则。突出灾害风险管理，着重加强自然灾害监测预报预警、风险评估、工程防御、宣传教育等预防工作，坚持防灾抗灾救灾过程有机统一，综合运用各类资源和多种手段，强化统筹协调，推进各领域、全过程的灾害管理工作。③"分级负责，属地为主"的原则。根据灾害造成的人员伤亡、财产损失和社会影响等因素，及时启动相应应急响应，中央发挥统筹指导和支持作用，各级党委和政府分级负责，地方就近指挥、强化协调并在救灾中发挥主体作用、承担主体责任。④"依法应对，科学减灾"的原则。坚持法治思维，依法行政，提高防灾减灾救灾工作法治化、规范化、现代化水平。强化科技创新，有效提高防灾减灾救灾科技支撑能力和水平。⑤"政府主导，社会参与"的原则。坚持各级政府在防灾减灾救灾工作中的主导地位，充分发挥市场机制和社会力量的重要作用，加强政府与社会力量、市场机制的协同配合，形成工作合力。

主要参考文献

葛全胜，邹铭．郑景云．2008.中国自然灾害风险综合评估初步研究．北京：科学出版社

郭跃．2005. 澳大利亚灾害管理的特征及其启示．重庆师范大学学报（自然科学版），22（4）：53-57

郭跃．2006. 自然灾害的风险特征及其风险管理模式的探讨．水土保持研究，13（4）：15-18

呼唤．2013. 新中国灾害管理思想演变研究．武汉：中国地质大学硕士学位论文

黄崇福．2005. 自然灾害风险评价—理论与实践．北京：科学出版社

李宝岩．2010. 可接受风险标准研究．镇江：江苏大学硕士学位论文

李媛娣．2014. 我国自然灾害应急管理法律问题研究．保定：河北大学硕士学位论文

刘辉萍．2018. 美国联邦应急管理局的综合应急管理理念及对我国的借鉴．改革与开放，（1）：61-63

闪淳昌，周玲，方曼．2010. 美国应急管理建设的发展过程及对我国的启示．中国行政管理，（8）：100-105

吴维屏．2017. 国外中小学灾害教育的理念、实施及启示．外国中小学教育，（10）：20-25

熊淑娥. 2019. 日本灾害治理的动向、特点及启示：2018 年版《防灾白皮书》解读. 日本研究，（2）：45-53

姚国章. 2007. 日本突发公共事件应急管理体系解析. 电子政务，（7）：57-67

叶锋，周影. 2014. 美国灾害救援对策立法对我国的启示. 中国卫生法制，22（3）：29-32

于汐，唐彦东. 2017. 灾害风险管理. 北京：清华大学出版社

张梁，张业成，罗元华. 1998. 地质灾害灾情评估理论与实践. 北京：地质出版社

Chapman D. 1999. Natural Hazards. Melbourne：Oxford University Press

EMA （Emergency Management Australia）.1998. Emergency Risk Management Application Guide. Canberra：Commonwealth of Australia

EMA（Emergency Management Australia）. 2000. Australian Emergency Management Arrangements. 6th ed. Canberra：Commonwealth of Australia

EMA（Emergency Management Australia）.2002. Planning Safer Community. Canberra：Commonwealth of Australia

Fischoff B，Lichtenstein S，Slovic P，et al. 1981. Acceptable Risk. Cambridge：Cambridge University Press

NDO（Natural Disasters Organization）. 1989. Commonwealth Counter-Disaster Concepts and Principles. Canberra：Commonwealth of Australia

Standards Australia. 1995. Risk Management，Australian/New Zealand Standards，AS/NZS4360. Canberra：Commonwealth of Australia

Smith K，Petley D N. 2009. Environmental Hazards：Assessing Risk and Reducing Disaster. 5th ed. London and New York：Routledge

第十章　灾害风险的调控

灾害风险指的是在某个地区存在着某些灾患，这些灾患有暴发且对社会造成伤害的可能性，而这种暴发的可能性及可能性的大小主要取决于两方面的条件，一是灾患事件，二是人类社会本身，所以，只要能控制或减弱灾患事件，或者增强人类社会的抗灾能力，就能减轻灾害风险的水平，也就是说，灾害风险是可以调控的。灾害风险调控就是降低灾害的风险，尽可能减少极端事件对生命、财产和环境造成的威胁而采取的防灾减灾行动。本章通过瑞士奶酪灾害模型阐明灾害风险是灾患与人类社会脆弱性两方面共同的结果这一灾害风险的基本理念，并从改变灾患事件、降低人类社会的物理暴露和减低人类社会脆弱性等三个维度阐述灾害风险调控的机制和途径。

第一节　瑞士奶酪灾害模型

从灾害风险的定义中，灾害风险的大小是由致灾因子（灾患）和人类社会脆弱性两方面共同作用的结果，灾害的暴发不是偶然的事件，而是有条件的，是满足致灾因子（灾患）和人类社会脆弱性两方面的系列条件时才产生的现象。灾害的暴发可以用瑞士奶酪灾害模型来表述。

一、瑞士奶酪灾害模型的基本思想

瑞士奶酪灾害模型最早是由心理学家詹姆斯·里森在 1990 年提出来解释人类失误造成的事故的累积行为效应模型（Reason，1990）。他研究了各级组织机构为防止事故而建立的防御措施，并认为这些防御措施可以看作是背靠背排成一排的瑞士奶酪片（图 10-1），奶酪片上的洞被认为是每条防御措施上的弱点。他认为，当所有奶酪片上的孔洞对齐时，就会发生事故。如果有一个洞都没有连通，那么防御措施就起作用了，事故就避免了。因此，所有孔对齐的"事故机会轨迹"才是允许发生事故的情况。

这种事故原因模型在预防空难中的应用非常广泛。航空业非常注重安全，建立了许多阻止事故发生的措施，其中包括非常严苛的飞机设计，其基本原则是任何一个部件都不允许发生问题，仔细挑选、培训飞行员和完善的事故应对程序。发生的事故确实往往是多次失误的结果，可能同时涉及飞机自身、飞行员训练和事故应急程序等几个方面的失误。也就是说，即使事故可以归咎于一个人的一个错误，通常也是一系列事件为这一错误提供背景。

按照对瑞士奶酪灾害模型的理解，所谓的自然灾害的暴发，也是一系列巧合过程的结果，或者是风险和灾害的控制因素的连续贯通。模型中的奶酪的一个孔洞代表着所有条件中的一个控制因素，当所有的控制因素都同时起作用时，灾害就发生了。就灾害风险而言，控制因素就是致灾的灾患因素与人类社会脆弱性因素，灾害的发生就是灾患因素与人类社会脆弱性因素的统一。只要将灾患因素与人类社会脆弱性因素两方面中的一个因素改变，都会改变灾害的结果。

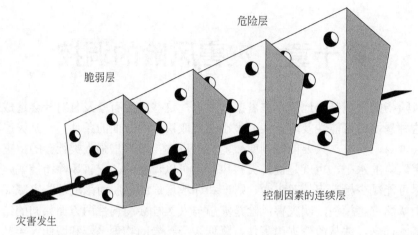

图 10-1　瑞士奶酪灾害模型

二、瑞士奶酪灾害模型的应用

运用瑞士奶酪灾害模型，来分析新世纪之初发生在伊朗的一场地震灾害。2003 年 12 月 26 日伊朗东南部克尔曼省巴姆地区发生了一场地震（Bouchon et al.，2006）。这场地震的震级不是很大，为里氏 6.3 级。在全球，这样级别的地震平均每周都会发生。然而这场灾难的影响是巨大的，顷刻之间，巴姆城夷为平地，9 万居民中，有 4.1 万人死亡，2 万余人受伤，造成这种出乎意料的严重后果的原因是什么？

据调查，这场地震发生时间为当地时间 5 时 28 分，震源深度大约 7km。大地震动了大约 15s 的时间，但是在这段时间，巴姆市附近的断层造成 15km 的断裂带，这座城市 70% 的房子倒塌，14000 人被埋，倒塌的房屋包括三所主要的医院，消防站和大部分居民住宅，世界上最大的土坯建筑综合体巴姆古城几乎完全被毁（EERI，2004）。

依据瑞士奶酪灾害模型，对于伊朗巴姆地震而言，如果决定灾害的灾患和人类社会脆弱性两方面中有任何一件相关事件改变了，那么巴姆地区的灾难结果将会不同。

就灾患而言，这些因素是让巴姆地震变成灾害的主要原因：①地面断裂的地点。巴姆地震造成的地面破裂并不是发生在已知的断层，而是向西 5km 离城市更近的地方。这意味着巴姆承受的震动强度更高。如果地面断裂发生在已知的断层，那么巴姆震动将会减弱，灾害可能就会避免。②断裂的方向。断裂开始在南方，随后向巴姆的北方传播，地震波直接穿过了城市，如果断裂开始在北方然后向南传播，那么震动的量级会变弱。③断裂的时间。地震发生在冬天零摄氏度以下的夜晚，很有可能让一些陷入困境的人丧生。如果地震发生在不同的季节，如春秋两季，那么温度的升高或许不会让如此多人丧生。再有，早上 5 时 28 分，大部分居民都在睡觉，而大部分房屋在 15s 内就倒塌了，极少人可以逃出去。如果发生在白天，那么更少的人会在屋里，可以迅速地移动到安全的区域。更重要的是因为工业设施在这次地震中基本没有毁坏，倘若人们都在上班，那更多的人会存活。

就人类社会脆弱性而言，这些因素是地震灾害严重的主要原因：①建筑物的结构质量较差。有证据表明，许多土砖建筑倒塌是由于先前白蚁对其不断的侵蚀，而采取简单的防护措施就能减少建筑物倒塌的数量。在倒塌的房屋中，近些年的建筑居多，如果这些新近建筑能够遵守建筑法规，显然可以减少一些建筑物的毁坏。②医疗设施的损坏。在地震后的最初几个小时，本应争分夺秒进行紧急援助，而由于当地医疗设施几乎全部损坏，无法对伤员采取任何有效措施，这毫无疑问对因灾害受伤人员的生存产生了很大影响。③不管是本国还是国际的救灾工作都花了较长的时间才开始，错过了最佳的搜救时间。这一点同样导致了震后较低的生还率（Smith and Petley，2009）。

　　这些因素是伊朗巴姆地震灾害严重的主要原因。如果任何一个因素改变，那么结果都将不同。重要的是这些因素之间的相互作用才导致了灾害，如已被白蚁侵蚀质量较差的土砖建筑遇上高强度震动的这种巧合。就建筑本身来说，许多的个人决策导致了建筑物的不堪一击。人类社会脆弱性的两个因素在一定程度上影响灾害最后的结果，但是不会改变整个灾害的规模。

　　瑞士奶酪灾害模型表明，如果控制灾害的任何一个因素改变，那么面对相同等级的地震将会有着不同的结果。其实，这就意味着，在灾害风险调控中人类社会是可以作为的，人类社会可以通过主动、积极的行动，降低灾害风险，减少灾害损失。

第二节　灾害风险调控的选择

一、灾害风险调控的类型

　　从理论上讲，通过改变致灾事件、降低社会脆弱性和减少物理暴露性等方面所采取的行动都可以试图去处理所受影响的地区的灾害，达到降低灾害风险、减少灾害损失的目的。但由于致灾因子的复杂多样性，人类不同社会的信息拥有和资源投入的差异性和复杂性，人类社会在应对具体灾害风险时，只能采取一些措施来处理灾害，甚至有时候没有什么可以做，只是简单地接受这种风险及其带来的灾害损失。从形式上看，灾害风险调控的措施是很多的，如工程的、政策性的、社会性的、金融的。但从属性上看，所有自然灾害风险的调控措施可以分为三类，虽然最有影响的调控往往涉及来自多个类型的综合措施。

（一）致灾事件的改变

　　通常说来，致灾事件是风险和灾害发生的动力源。致灾事件的改变就是人类通过改变致灾事件的形成条件，从而阻滞致灾事件的形成，或者通过缓和致灾事件的物理过程的强度，以便人类社会可以抵御其侵袭，减少灾害损失。这是人类社会灾害风险防控，减少灾害损失的最为主动积极的行为。这些策略也被称为环境控制。

　　致灾事件的改变包含两个层次的措施。一类是阻滞致灾事件的发生的措施，其目标是通过针对具体的致灾事件的形成条件的物理干扰阻滞其发生。例如，一些泥石流事件可以通过泥石流沟的治理，或者流域综合治理破坏泥石流形成的物理条件来减少泥石流的发生；可以通过在流域内大面积进行绿化造林、梯田和等高线耕作，减少和减缓坡面径流的形成，从而阻滞洪水的形成，也可以通过人工降雨来减少洪水的形成，人工降雨的目的是阻止产生造洪暴雨，或是减少造洪暴雨后的洪水水量。同理，河流清淤有助于减少洪水的强度。同样，与全球变暖有关的气候变化风险也可以通过温室气体的减排来降低。事实上，人类社会对于自然致灾事件形成的改变是非常有限的，人类对许多自然致灾事件是无能为力的，如地震、台风、暴风雪、干旱等事件，人们尚无已知的方法可以改变或影响它们形成的机制。还有就是缓和致灾事件强度的措施，其目标是通过对所涉及的过程进行一定程度的物理控制来降低与之相关的特定潜在损失。它们是通过大规模或小规模的环境工程的有限结构措施来控制或干扰自然过程来减轻灾害。大规模地干预自然过程，如在流域上游修建堤坝储水，或在下游通过筑堤来容纳洪水流量，都是缓和致灾事件强度的措施。在规模较小的范围内，抗险设计可以通过工程适应应用于单个建筑，如提高地面高度，使其较少地受到洪水影响。除了调整工程的抗灾设计外还可以通过以下途径实现：实施严格的建筑标准、减少在灾害高发地区的活动和局地区域的国土整治。缓和致灾事件的强度的措施也是有针对性的，不同的致灾事件需要采取不同的环境工程措施。

（二）人类社会脆弱性的调整

人类社会在灾害风险面前是弱小的。人类社会脆弱性调整的主要目标就是降低人类社会脆弱性，减少潜在的灾害损失的威胁，增强抗灾能力，从而减低灾害风险，减少灾害损失。人类社会通过有计划地改变人们的行为以适应灾害风险事件，减少灾害损失，通过非工程化措施调整灾害性事件的社会易损性，如引入灾害预报、建立警报系统、传播警告、疏散人群等措施，有效地减少灾害暴露度，通过科学的备灾计划、建立高效和谐的社会组织、特别扶助弱势群体、精准扶贫、制定科学合理的土地利用规划、灾害科普教育等措施，都可以降低人类社会脆弱性，增强社会的抗灾能力。人类社会脆弱性调整的措施是适应于所有灾害的。

（三）物理暴露度的降低

众所周知，极端的自然过程是造成人类或人类社会伤害的动力源或根源，但是如果人类没有暴露在这些极端自然过程的面前，没有介入这些极端事件，这些极端事件也就是一种自然过程，而不是灾害过程。我们知道，地球是不断变化的星球，极端的地球物理过程也时常在发生，但自然过程的运动变化是有发生规律的，也有空间分布规律。事实上，如果人类能充分认识这些极端事件的自然规律，采取一些积极主动的措施，人类社会可以在一定程度上规避这些极端事件，从而减少在极端事件面前暴露的机会，也就降低了灾害事件的物理暴露度，降低了人类社会的灾害的风险。

二、灾害风险调控选择的影响因素

尽管从灾害风险理论上可以通过灾害风险事件的改变、人类社会的暴露度和脆弱性的调整以及风险损失的调整等三个维度的众多措施来有效调控，然而在现实中，在给定的时间、地点内，并不是所有的风险调控选项都是可用的、可行的，有一些社会政治，经济文化以及环境因素影响或制约着社会和个人对风险调控措施的选择。

（一）社会和政治体制因素

灾害风险管理本是政府和公众社会义不容辞的职责，然而灾害风险调控是巨大的社会工程，需要耗费大量的人力和财力，需要占用大量的公共资源，有时也要占据社会群体，甚至个人的资源，在市场经济的背景下，灾害风险的管理是有成本效益因素制约的，谁应该承担减缓灾害的成本？在社会公众责任和企业群体、个人自由中如何保持平衡？这些问题在不同的政治体制中，会有不同的考量，这将影响政府对风险调控措施的选择。此外，对于政府而言，风险管理除了要减少灾害风险外，也要同样要减少社会风险、金融风险，以及解决其他日常社会经济问题。与其他社会问题如通货膨胀、经济下滑、社会动荡等相比较，自然灾害风险没有那么紧迫。一些应对灾害风险有效的措施，如迁移人们远离灾害危险地区，可直接减少人们在灾害风险面前的暴露，但现实中这种方法很难被选择。每个选择都有一定的效益或成本，需要政府管理者综合统筹决策。

（二）社会经济发展水平

处于不同发展阶段的国家，其社会经济发展水平、社会组织结构，也影响着国家公共事务治理的理念和水平，影响着对灾害风险的认识能力，以及应对灾害的技术资源的储备和灾害风险综合防控能力的建设。在处理消除贫困、经济发展与灾害风险防控之间利益冲突的时候，会有不同的重点选择，从而影响灾害风险调控措施的自由选择。就当今科学技术发展水平而言，人们对大多数大气灾害的发生机制和规律都有了一定程度的了解，大多数大气灾害都可以预报预测、监测预警等积极的调控措施，减少暴露度，有效降低灾害风险，但一些贫穷的国家由于财政、技术资源的限制，这些有效风险调控措施都难于实现。一些发达国家，即使地处地震灾害的易发地区，通过采取高水准的建筑标准、先进的建筑材料和技术而建设的房屋和建筑，仍能有效地抵御地震的侵袭，如美国旧金山地区的现代民居住宅，就是通过这样的地震风险应对措施，有效地保护着旧金山地区人们的安全。

（三）灾害风险自身的性质

一般说来，灾害风险的调控措施都是对特定灾害类型而言的。不同的灾害风险其暴露度、发生频率和严重程度都不相同，所考虑的风险阈值也不相同，风险调控的选择结果就不相同。例如，山体滑坡灾害通常是局地性的灾害，暴露面积较小，事件发生频率较低，灾害造成的社会损失不会太严重；沿海地区的台风灾害通常是区域性的灾害，灾害暴露面积巨大，夏秋季节发生频率较高，灾害给社会造成严重损失的风险极高。显然，对待山体滑坡和台风灾害风险调控的策略和措施的选择是不同的。此外，灾害风险的所有调控措施并不是同样适合所有类型的灾害风险。例如，当今科学发展的局限，人们至今还相对缺乏对地壳性质的了解，这就意味着人类还不能有效地预测和预警大多数地震的发生。因此，对于地震灾害风险而言，预测预警还不能成为地震灾害风险调控的主要措施，地震灾害风险的调控主要依靠抗风险设计和社区防备。

（四）人们的背景特征

由于人们个体背景的差别，其经历、物质财富和个性的不同会导致对灾害风险事件的认识和感受不同，这些将会直接影响人们面对灾害风险的行为和采取的应对措施。个人没有任何经验，就不能够得到有效的信息，也认识不到威胁的严重性，从而采取不了适当的行动措施。一个人拥有较多的物质资本以及拥有丰富的获取信息技术的途径，他就更有能力在更大范围内去选择调控措施，从而做出更加有效的选择。此外，不同地域、人群，由于受价值取向、文化素质、心理状态、道德观念、宗教习俗等诸多因素影响，面临灾害风险时的应对行为选择。

第三节　致灾事件的改变

一般说来，比起灾害恢复重建，主动防御灾害的破坏是一种低成本的灾害风险调控的选择，减少灾害事件对人类社会损失的方法主要有两种：一是通过改变灾害事件本身的强度、规模或范围减少其对人的影响；二是通过建设防御工程或提高建筑标准来减轻灾害事件对人的影响。

一、环境干预工程

对自然灾害事件改变的目的是在一定程度上减少自然控制过程与特定的危险的潜在损害。从理论上讲，这可以通过改变环境来改变灾害事件形成条件去抑制灾害事件释放的能量，从而减少灾害事件对人的影响。

只有在人类的干预可能会影响结果的微妙平衡状态的边际环境条件下，自然事件的改变才可以操作成功。例如，在自然云已经降水或者接近于降水的条件下，人工降水的方法才能发挥作用。对于地震灾害、火山和海啸，没有已知的和可靠的方法对其进行控制。许多对自然过程的干扰可能会造成不良环境和生态影响。

目前，人类能够改变灾害事件的环境干预工程主要有：干扰大气过程的人工降水、干扰水文过程的水利工程、干扰风沙过程的治沙工程，以及阻滞山地滑坡泥石流形成的治理工程。

（一）人工降水工程

人工降水是人类干预自然过程最为典型的代表。人工降水，又称人工增雨，是指根据自然界降水形成的原理，人为补充某些形成降水的必要条件，促进云滴迅速凝结或碰并增大成雨滴，降落到地面。其方法是根据不同云层的物理特性，选择合适时机，用飞机、火箭向云中播撒干冰、碘化银、盐粉等催化剂，使云层降水或增加降水量，减缓旱情；在有台风和冰雹的情况下，已经采用云的催化方法分别减小风速和冰颗粒的大小，以减轻台风的风力和冰雹的强度。但云的催化是有争议的，部分原因是云催化的优点很少是明确的，也担心相互依赖的流程（如降雨）受到影响。天气这种规模的改变不能保证只留在作用区域，可能也会由于顺风的原因到达其他区域。此外，通常的催化剂，如碘化银，被确认为污染物。

流域的综合治理及其植树造林是控制流域内洪水的有效干预。修建人工水库拦蓄山区洪水、消解流域洪峰流量；植树造林可以消减全流域的洪水规模，因为成熟的森林覆盖保持较高的蒸发量和入渗率，从而会降低洪水发生。

（二）水利工程

大型的水利工程是人类干预自然径流以及洪涝灾害最为常见的工程，人们修建的大坝和建立的水库可以调节河流的流量（洪水期减少洪峰流量，干旱期可以调水），可以有效缓减洪涝灾害和旱灾。例如，我国的都江堰水利工程和长江三峡水利工程就是这样的典范。都江堰位于四川成都平原西北部的岷江上，都江堰修建前，岷江水害严重，每年夏秋汛期，洪水泛滥成灾，汛后又河水干枯，形成旱灾，百姓苦不堪言。公元前 256 年，蜀郡太守李冰主持修建了主要包括鱼嘴、飞沙堰和宝瓶口三大工程的都江堰水利工程,有效地改变了岷江天然的河道,科学地控制了岷江的径流分配,消除了岷江的水患。长江是我国第一大河流,也是汛期时常造成水患的河流,长江三峡大坝修建后,三峡水库正常蓄水位175m,具有 221.5 亿 m^3 防洪库容,对长江中下游地区具有巨大的防洪作用,具体表现在:千年一遇的特大洪水,经三峡水库调蓄后,长江枝城站相应流量不超过 $71000 \sim 77000 m^3/s$,配合荆江分洪工程和其他分蓄洪措施的运用,可控制荆州市水位不超过 45m,为避免荆江两岸1500 万人口和 154 万 hm^2 耕地发生毁灭性灾害提供了必要的条件;保障武汉地区防洪安全。由于上游洪水得到有效控制,可避免遇特大洪水时因荆江大堤溃决而威胁武汉地区的安全;同时由于三峡水库拦蓄洪水,相应减少了城陵矶附近地区的分洪量,提高了城陵矶以上洪水控制能力,配合丹江口水库和武汉附近地区分蓄洪区运用,从而提高武汉防洪调度的灵活性,对武汉防洪起到保障作用。同样,三峡水库对武汉以下地区防洪也是有利的,可减轻洞庭湖区的洪水威胁。洞庭湖地区由于泥沙淤积,排洪出路不畅,现有湖区堤防虽不断加高,但圩垸防洪能力仍然较低。由于防洪战线长,高水位历时久,在长江上游和洞庭湖水系各河洪水来源不能得到有效控制前,湖区防洪标准很难提高,也无根本改善办法。三峡水库建成后,能有效地控制上游来水,减轻洞庭湖区的湖水威胁,延缓洞庭湖的泥沙淤积;可对澧水洪水进行错峰补偿调节,减轻其尾闾的洪水灾害,并为松滋等四口建闸控制和洞庭湖的根治创造条件;由于三峡水库有巨大的防洪库容,将极大地增强长江中下游防洪调度的可靠性和灵活性,便于应付各种意外情况,有了三峡工程,一般洪水可由三峡水库拦蓄;若遇特大洪水需要运用分蓄洪措施时,也因有三峡水库拦蓄洪水而为分蓄洪区人员的转移、避免人员伤亡赢得时间,作用将是十分显著的。此外,三峡水库如此巨大的储水量,在中下游大旱时,三峡可加大放水力度增大下泄流量使干旱局面得以有效缓解。

(三)防沙治沙工程

防沙治沙工程是迄今为止人类改变自然生态最为强烈的活动之一,这些工程包括风沙防护林工程、沙化草原治理、水土流失综合治理、水源及节水灌溉工程建设、流动半流动沙地固定技术工程、沙区生态移民等措施,以减轻风沙的强度,减少风沙对耕地、交通线路和城镇的侵袭。

我国最著名的治沙工程是三北防护林工程,它也是世界上最大的治沙工程。1979 年国家将三北防护林工程列为我国经济建设的重要项目,总共建设的面积占 406.9 万 km^2,这个建设工程改变了半个国家的命运。过去生活在我国西北、华北、东北沙漠周边的城镇的居民都会因干旱和风沙等问题受到很大的困扰,随着治沙工程的推进,在沙漠上种树造林,大面积退牧还草、退耕还林、固沙等工程的开展以及流动沙地飞机播种造林,旱作林业丰产,窄林带、小网格式农田防护林网,宽林网、大网格式的草牧场防护林网和干旱地带封山育林育草等先进技术的大面积推广应用。治沙面积在近 40 年里已经达到了 5000 万亩,防风固沙林面积增加 154%,对沙化土地减少的贡献率约为 15%。2000 年后我国土地沙化呈现出整体遏制、重点治理区明显好转态势,结束了沙进人退的历史,森林覆盖率由 1979 年的 5.05% 提高到了 2018 年的 13.59%,活立木蓄积量由 7.4 亿 m^3 提高到 33.3 亿 m^3。水土流失严重的黄土高原新增治理水土流失面积 15 万 km^2,近 50% 的水土流失面积得到不同程度治理,水土流失面积减少 2 万多 km^2,土壤侵蚀模数大幅度下降,每年入黄泥沙量减少了超过 3 亿 t。

（四）滑坡、泥石流工程

滑坡、泥石流是山区局地的灾害现象。由于发生的突发性，其破坏性特别强，事前的预防就尤为重要。

滑坡工程主要目的是破坏滑的形成条件，通常阻滞滑坡形成的治理工程有：①排截地表水和地下水工程，消除水的诱发；②开挖工程，增加坡面稳定性；③物理或化学固土工程，提高坡面稳定性；④挡固工程，提高滑坡体的抗滑力。

泥石流工程是一个流域综合治理，该工程需从形成条件和减少损失两方面考虑，主要工程有：①上游形成区，水土保持工程，减少物质来源，削弱水动力；②中游流通区，拦挡工程，拦渣滞流防止冲刷；③下游堆积区，排导停淤工程，固定沟床，引导排泄；④支挡工程，抵御泥石流对已有建筑工程的冲击或淤埋。

（五）海绵城市工程

城市是人类改造自然下垫面性质最为透彻的地域，在这里，大量不透水的地面和建筑物出现，而自然绿色生态系统缺失，土壤资源稀有，绿地系统蓄水性弱，硬化路面渗水性差，水文过程迅猛，河湖暴涨暴落，河湖调蓄功能大大下降，使得城市面临严峻的洪涝灾害风险。

为建设更加美好的城市，降低城市洪涝灾害的风险，人类对城市水资源管理策略和方法进行了不懈的探索和实践，海绵城市的概念应运而生。海绵城市就是新一代城市雨洪管理概念，是指城市能够像海绵一样，在适应环境变化和应对雨水带来的自然灾害等方面具有良好的弹性。在海绵城市里，通过绿色基础设施，下雨时吸水、蓄水、渗水、净水，需要时将蓄存的水释放并加以利用，从而缓解城市内涝，同时净化水质、补充地下水、缓解水资源紧张局面，实现雨水在城市中自由迁移。

建设海绵城市，即构建低影响开发雨水系统，主要是指通过"渗、滞、蓄、净、用、排"等多种技术途径，实现城市良性水文循环，提高对径流雨水的渗透、调蓄、净化、利用和排放能力，维持或恢复城市的海绵功能。所以，海绵城市工程是基于自然生态的原理对现代城市环境改造，来干预城市水文过程，延缓水温过程的历时，降低水文过程的强度和水患灾害的风险。

我国政府高度重视海绵城市的建设工作，2015 年 10 月，印发《国务院办公厅关于推进海绵城市建设的指导意见》，部署推进海绵城市建设工作，从加强规划引领、统筹有序建设、完善支持政策、抓好组织落实等四个方面，提出了具体措施。目前，我国已有 30 个城市正在进行海绵城市的试点建设工作。

一些发达国家也极为重视海绵城市的建设。例如，在 2011 年，美国费城正式启动了以建设"美国最环保城市"为目标的绿色城市，计划通过 25 年的周期内，将市区内 1/3 的不透水地表改建成"绿色路面"（透水铺装），利用绿色路面就地消纳每次降雨至少 1 英寸[①]的雨水量，年平均减少 85%雨洪径流。整个改造过程中强调使用自然方式改造原本不透水地面，以改变城市景观与雨洪的相互作用。

---

① 1 英寸=2.54cm。

二、自然灾害的防御工程

人为的自然事件改变仅仅是极其有限的、轻微程度的控制。在破坏性的自然力量面前，人类的作用只是非常有限的响应。众所周知，在一天的时间内，大气接收的太阳能能产生10000 次台风，100 万次短时雷雨大风或 1000 亿次龙卷风。与此相比，人类的作为是微不足道的。例如，1945 年 8 月在日本长崎爆炸的原子弹也只有大气接受太阳能的 10^{-8} 个单位。鉴于目前人类社会的知识和能力，大规模的和大量的人为环境控制是不可能的，人类是不可能主宰自然过程的。面对自然灾害事件，人类减轻伤害和损失的主要行为还是防御或抵御。

人类的灾害防御工程都是针对具体的灾害事件而设计建造的。人类在与自然灾害抗争的历史中，寻求和发现了许多防御自然灾害有效的工程措施。例如，为了防御洪水和干旱的侵袭，人类主动的防护工程措施有：大江大河大湖堤防建设，河道治理，控制性枢纽，水库、蓄滞洪区建设，中小河流治理，城市防洪防涝与调蓄设施建设，以及抗山洪的小型水利工程和抗旱水源工程；为了防御海浪和台风的侵袭，人类主动的防护工程措施有：防波堤和防波坝的建设，避风港的建设；为了防御山区重力地貌灾害，人类主动的防护工程措施有：重点地区和交通干线的边坡稳定、加固工程，公共基础设施安全加固工程等。

堤防工程是指沿河湖、海岸或者行洪区、分洪区、围垦区的边缘修筑的挡水建筑物，按建筑材料可分为：土堤、石堤、土石混合堤和混凝土防洪墙等，按其功能可分为干堤、支堤、子堤、遥堤、隔堤、行洪堤、防洪堤、围堤（圩垸）、防浪堤等；堤防按其修筑的位置不同，可分为河堤、江堤、湖堤、海堤以及水库、蓄滞洪区低洼地区的围堤等。

堤防工程是世界上最早广为采用的一种重要防洪建筑。筑堤是防御洪水泛滥，保护居民和工农业生产的主要措施。河堤约束洪水后，将洪水限制在行洪道内，使同等流量的水深增加，行洪流速增大，有利于泄洪排沙。堤防还可以抵挡风浪及抗御海潮。在我国，早在春秋时期，黄河下游就开始修建河道堤防工程，来保护人们的耕地和居住地。历朝历代都在不断地修建和加固黄河的大堤，到今天，黄河下游的各类堤防工程总长已达 2291km，有效地抵御了黄河的洪水。长江中下游平原地区也长期深受洪水困扰，通过多年的努力，目前基本建成了长江中下游堤防体系，包括长江干堤、主要支流堤防，以及洞庭湖区、鄱阳湖区等堤防，总长约 30000km，其中超过 3900km 的干堤已具备抵御 10～20 年一遇洪水的能力。它们保护农田已达 8500 万亩，还可保护上海、南京、武汉等十多处大城市和工商业基地。在国外，人们抵御洪水也是基于堤防工程。例如，在美国，密西西比河也时常泛滥成灾，近百余年来，密西西比河曾发生重大洪水 36 次，平均每 3 年一次。密西西比河的防洪也是从下游筑堤开始的，目前，密西西比河的干流堤防工程 3540km，干流堤防平均高7.5m，顶宽 9m，支流堤防 4000km，除堤防外，密西西比河防洪工程体系还有分洪工程、河道整治、支流水库等工程。

三、抗灾建筑的设计

除了上述的防护某种自然灾害的专门建筑设施外，人类还通过建筑法规，来规范建筑物布局的位置、设计结构、质量标准，当遭受到自然的或人为的破坏威胁时，以保护建筑物内的居住者或公众的安全。目前，国际社会抗灾的建筑规范主要是针对地震和台风（风暴）而制定的。

（一）抗震建筑设计

地震是地球表面较为常见的自然灾害，由于人类认识的局限性，至今尚未能彻底弄清地震的发生机制，还不能科学准确地预测预报地震，地震仍然是目前人类社会面临的最为严峻的挑战。由于地震暴发在时空上都有较强的随机性和不确定性，灾害的后果又如此严重，故人类社会目前大都只有通过建筑自身结构的强化来抵御地震的侵袭，所以在许多国家都建立了抵抗地震的建筑法规。

在大多数国家，公共设施，如水坝、桥梁和管道，重要的工程项目，如核电厂和化工厂，大都有抗震的结构设计；然而，现在仍有许多建筑，特别是私人住宅等老旧和矮小的建筑，即使位于地震多发的环境，但在修建时，仍没有考虑地震风险的影响。事实上，如果人类社会严格地贯彻和执行建筑法规，确保施工质量，地震的损失是可以大大降低的。据1994年发生在美国加利福尼亚州北岭地震的灾情调查，估计损失社会财产超过200亿美元，调查专家现场评估后认为，如果加利福尼亚州北岭所有的建筑物都按抗地震设计要求建设的话，损失可能会减半。

（二）我国抗震建筑设计与标准

我国是一个地震多发的国家，自古以来，深受地震灾害的伤害和苦难。中华人民共和国成立以后，我国政府高度重视对于地震灾害的防御，颁布了相关的一些法律法规，特别是2008年四川汶川地震后，国家又进一步修订和提高了有关防震减灾的建筑设计和质量标准。在2008年，住房和城乡建设部发布了国家标准《建筑工程抗震设防分类标准》（GB 50223—2008），2010年，修订发布了国家标准《建筑抗震设计规范》。根据《中国地震动参数区划图》，我国绝大部分国土位于烈度为6度及以上的地域，根据我国抗震建筑法规的规定，抗震设防烈度为6度及6度以上地区的建筑，都必须进行抗震设计。我国抗震设防烈度要求最高是9度，这些高烈度地区主要位于我国西部地区，如四川康定、西昌，西藏当雄、墨脱，云南东川、澜沧等地，我国北京的大部分区县抗震设防烈度要达到8度。

我国抗震设防的基本目标是：当遭受低于本地区抗震设防烈度的多遇地震影响时，主体结构不受损坏或不需进行修理可继续使用；当遭受相当于本地区抗震设防烈度的设防地震影响时，主体结构可能发生损坏，但经一般性修理仍可继续使用；当遭受高于本地区抗震设防烈度的罕遇地震影响时，不会倒塌或发生危及生命的严重破坏。使用功能或其他方面有专门要求的建筑，则需要具有更具体或更高的抗震设防目标。

按照《建筑工程抗震设防分类标准》（GB 50223—2008），我国的建筑工程应分为四个抗震设防类别：①特殊设防类，指使用上有特殊设施，涉及国家公共安全的重大建筑工程和地震时可能发生严重次生灾害等特别重大灾害后果，并需要进行特殊设防的建筑，简称甲类。这类建筑工程应按高于本地区抗震设防烈度提高一度的要求加强其抗震措施，但抗震设防烈度为9度时应按比9度更高的要求采取抗震措施。同时，应按批准的地震安全性评价的结果且高于本地区抗震设防烈度的要求确定其地震作用。②重点设防类，指地震时使用功能不能中断或需尽快恢复的生命线相关建筑，以及地震时可能导致大量人员伤亡等重大灾害后果，并需要提高设防标准的建筑，简称乙类。这类建筑工程应按高于本地区抗震设防烈度一度的要求加强其抗震措施，但抗震设防烈度为9度时应按比9度更高的要求采取抗震措施，地基基础的抗震措施，应符合有关规定。同时，应按本地区抗震设防烈度确定其地震作用。③适度设防类，指在使用上人员稀少且震损不致产生次生灾害，允许在一定条件下适度降低要求的建筑，简称丁类。这类建筑工程允许比本地区抗震设防烈度的要求适当降低其抗震措施，但抗震设防烈度为 6 度时不应降低。一般情况下，仍应按本地区抗震设防烈度确定其地震作用。④标准设防类，指大量的除上述 3 类以外按标准要求进行设防的建筑，简称丙类。这类建筑工程应按本地区抗震设防烈度确定其抗震措施和地震作用，达到在遭遇高于当地抗震设防烈度的预估罕遇地震影响时不致倒塌或发生危及生命安全的严重破坏的抗震设防目标。

我国的抗震建筑设计规范经过多次修订完善，主要内容有建筑场地和地基、建筑形体及其构件布置的抗震规则；根据建筑的抗震设防类别、抗震设防烈度、建筑高度、场地条件、地基、结构材料和施工等因素确定结构体系；建筑结构应进行多遇地震作用下的内力和变形分析；建筑非结构构件和建筑附属机电设备，自身及其与结构主体的连接，也应进行抗震设计；对抗震安全性和使用功能有较高要求或专门要求的建筑要进行隔震与消能减震设计；提出了结构材料与施工的质量要求；当建筑结构采用抗震性能化设计时，应根据其抗震设防类别、设防烈度、场地条件、结构类型和不规则性、建筑使用功能和附属设施功能的要求、投资大小、震后损失和修复难易程度等，对选定的抗震性能目标提出技术和经济可行性综合分析和论证。

四、现有建筑的改造工程

现有的建筑物是人类文明发展多年的历史积淀，其中大量建筑物缺乏抗灾设计，如旧城建筑、居民危房与土坯房、老旧工厂、老旧医院与学校、农村乡镇与聚落以及城市的老旧基础设施，一旦当灾害事件发生就会造成惨重的人员伤害和财产损失。

2014 年 8 月 3 日云南昭通鲁甸发生 6.5 级地震，震中烈度达到 9 度，地震共造成 617 人死亡，3143 人受伤，8.09 万间房屋倒塌，受灾最重的一个镇的所有房子在数分钟内全部倒塌，镇政府办公楼、镇派出所、镇卫生院也全部垮塌。据震后调查，鲁甸县社会经济发展较差，房屋抗震性能差，是导致鲁甸地震造成伤亡严重的一个重要原因。震区的建筑，普遍未经抗震设防，多数民房为土石夯充墙体、土搁梁（墙抬梁）结构，甚至部分建筑为土墙加混凝土屋盖，顶上的盖板比较重，头重脚轻，抗震性能极差，尤其是土坯房抵抗横向晃动的能力较弱。因此，对没有抗震设防的建筑的加固改造是减少灾害风险、减轻灾害损失的非常有效的措施。但对旧房的抗震加固改造工程是一项沉重的社会负担。据美国相关资料，美国受地震危险严重的加利福尼亚州，过去几十年对数百所学校和医院加强抗震设计的建设和改造，其费用还是比较高的，是新建筑成本的 50%～80%。即使在美国这样的发达国家，原本应按防震要求对现有的危险建筑物加以鉴定及加固（或拆除）处理，但是涉及社会、经济和政治问题，现有建筑的抗震改造工程也很难落实。

近年来，我国社会经济发展取得了举世瞩目的成就，但城乡建设和房屋建筑留下的历史问题较多，需要我们逐步加以解决。据 2001 年我国危旧房屋安全大检查统计，2001 年，全国城镇尚有各类危旧房屋 1.5 亿 m^2，尚有 300 多万户家庭居住在危旧房屋中。通过 10 年的城市危旧房屋改造工程，2010 年，我国城镇的危旧房屋基本改造完成。我们高兴地看到，《国家综合防灾减灾规划（2016—2020 年）》中，就提出了提升抗灾能力的系列改造工程。例如，继续实施公共基础设施安全加固工程，重点提升学校、医院等人员密集场所安全水平，幼儿园、中小学校舍达到重点设防类抗震设防标准，提高重大建设工程、生命线工程的抗灾能力和设防水平。实施交通设施灾害防治工程，提升重大交通基础设施抗灾能力。推动开展城市既有住房抗震加固，提升城市住房抗震设防水平和抗灾能力。结合扶贫开发、新农村建设、危房改造、灾后恢复重建等，推进实施自然灾害高风险区农村困难群众危房与土坯房改造，提升农村住房设防水平和抗灾能力。推进实施自然灾害隐患点重点治理和居民搬迁避让工程。

第四节　物理暴露度的降低

相对于环境工程建设来说，减少灾害物理暴露度是人类应对灾害风险的比较主动的、软性的、非工程性的一些社会活动，但这些社会活动或措施可以使人们有效规避灾害事件，从而降低人类社会的灾害风险。

一、科学合理的国土规划

（一）国土规划是减灾防灾的重要策略

国土空间是人类生产与生活的场所，也是资源、生态、环境和灾害的载体，人类社会发展的历程中，人们通常通过国土规划的方式来实施国土空间的用途管制，指导社会经济发展方向，如社会经济发展规划、土地利用规划、城乡建设规划等，它们在推进社会进步和经济发展的历史进程中发挥了重要作用。然而，从功能上看，国土规划也应该是减灾防灾依赖的重要策略和有效措施。

（二）国土规划是调控人类行为的管控措施

土地利用是人类活动作用于自然环境的重要途径，也是人类社会与自然环境相互作用关系的重要体现。土地利用规划从总体上规定了人类在不同土地类型上的不同利用方式，从而决定着不同土地类型上的人类不同的利用强度和不同的财富强度。例如，一片林地，是人类较低强度的土地利用，社会财富也不太高，如果将其改变为工业用地，则是人类高强度的土地利用，社会财富高。如果这块地有着潜在的灾害风险，显然工业用地会暴露在灾害面前，面临巨大的社会财产巨大损失的风险，而在林地的土地利用中，人类在灾害面前的物理暴露度则大大减少，社会财产损失也不大。因此，科学合理的土地规划，通过土地利用类型的限制，影响着人类活动的强度和空间范围，可以主动降低人类社会在灾害面前的物理暴露的频度，规避灾害事件，从而降低灾害风险。

土地利用总体计划是在一定区域内，根据国家社会经济可持续发展的要求和当地自然、经济、社会条件，对土地的开发、利用、治理、保护，以及在空间上、时间上所作的总体安排和布局，它是国家实行土地用途管制的基础，它在宏观上决定着区域人类社会活动的方式。如果我们在区域土地利用总体规划中，充分考虑区域的潜在自然灾害分布状况和发展背景，首先在区域内，划出潜在的灾害区域，将其作为限制开发区，或者生态保护区，然后，再进行农业用地和非农业用地的安排，这样的土地利用规划在宏观上规定了人类开发和活动的空间范围，减少了人类社会在潜在灾害危险区域的物理暴露，规避了一些潜在的自然灾害风险。

社区的土地规划或土地详细规划，则是人类社会各种土地利用方式和建设活动，它以土地利用总体规划为依据，一个区、一个村或一个企业对其内部一定时期的土地利用空间所作的具体安排和技术设计，包括其空间布局、利用分区、具体建设项目的设计，以及施工方案和搬迁计划等。基于灾害风险防控的理念，在社区土地规划编制中，我们也应该首先识别出所有潜在灾害的分布区域，提供关于土壤、地质条件、排水要求和景观规划以及具体灾害威胁等方面的报告，引导新的住宅、商业和工业的开发项目远离那些已识别的灾害区，禁止在灾害高风险地区建造新建筑，这将有效地降低未来灾害风险，减少灾害损失和支出费用。土地规划在社区是最有用的。成功的管理技术也依赖于信息的质量，准确识别灾害区域。事实上，准确地划定灾害危险区是至关重要的，因为整个政策是基于精细的识别和社会对灾害的不同接受程度，以此来选择适当的开发控制。

在 20 世纪 50 年代，美国就开始使用基于灾害风险的土地管控。例如，在加利福尼亚州，土地可用于允许在超过活断层最小的影响距离外开发，建筑物不得跨越活动断层活动痕迹，通常需要超过 50 英尺①的距离。如果开发是允许的，则应该维持低水平的建筑密度，可能需要大量开发和备用区域作开放空间，如公园或放牧的地区，某些如工业活动用途的可能会被禁止。1952 年以前，土地开发中没有考虑潜在滑坡风险，加利福尼亚州洛杉矶地区的建筑在薄弱的表层物质和陡峭的山坡上也是允许建设的。自 1963 年以来，严格的土地管控法规逐步出台，包括滑坡等山地灾害需要进行详细的现场调查。当 1969 年的暴雨发生后，1952 年以前所建的建筑物范围发生了 1040 处滑坡，以此相比，1962 年后所建的建筑物范围只有 17 处发生滑坡（Smith and Petley，2009）。

尽管在理性上，土地利用规划是一种可以干预灾害多发地的土地利用进程的综合管理方法，也是灾害风险控制的主动措施，但在现实灾害风险调控措施中，土地利用规划的作用并没有得到充分发挥，原因是多方面的。例如，社会对可能影响区域的灾害事件的危险潜力缺乏了解，许多灾害事件发生频繁，提高社区灾害意识就很困难；在灾害易发地区，已经是人类活动的密集区，存在大量开发项目；区域灾害风险的基础调查和灾害风险分区制度也是一件艰巨、成本高的事情；还有社会经济发展对土地需求的压力对土地管制的抵制。

（三）我国国土空间规划的灾害风险防范的意义

由于世上现有的空间规划种类繁多，时常在土地发展权管理权力上发生冲突，以至于影响规划的实施和规划效益。这一问题引起了中国政府的高度重视。2019 年 5 月，《中共中央 国务院关于建立国土空间规划体系并监督实施的若干意见》发布，该意见确立了"多规合一"的国土空间规划体系，秉持尊重自然、顺应自然、保护自然的生态文明理念，根据区域资源环境基础状况，从国土空间系统各要素（包括水资源、耕地资源、自然生态、地质灾害、大气环境和水环境、地形地貌环境等）入手，对区域资源环境的限制性和承载能力进行评价，识别国土开发的资源环境限制性要素及限制程度，在此基础上，结合区位、交通通达度、人口和经济发展等人文因素，国土空间规划应在资源生态环境可承载的范围内，结合区域适宜性评价，依据经济安全、粮食安全、生态安全、环境安全等底线思维，综合考虑经济社会发展、产业布局、人口集聚趋势，科学划定永久基本农田红线、生态保护红线与城镇开发边界，科学布局生产空间、生活空间、生态空间。

① 1 英尺=3.048×10⁻¹m。

　　显然，国土空间规划的编制，也给灾害风险防范提供了机会和窗口。首先，在国土空间规划的基础工作资源环境承载能力评价中，就将灾害因素作为国土 4 个重要属性（资源、生态、环境和灾害）之一来考量，作为国土空间开发的限制性因素纳入国土空间规划，灾害因素的纳入是人类尊重自然、顺应自然、人类与自然和谐共处的体现，也是人类主动规避灾患的更加科学和理性的行为，在客观上，这可以大量减少人类在灾害面前的物理暴露。其次，在"三生空间"的宏观划分中，地质灾害脆弱地带可以纳入生态空间范围内，严格限制人类的开发行为和居住活动。再有，即使在人类高强度活动区城镇开发区范围内，城镇规划与建设布局也要根据生态保护和潜在灾害与环境限制因素，将城镇用地规划区分可建设用地和不可建设用地，将潜在的灾害危险区域或危险点划入不可建设用地的范围，确保人民生产和生活的安全。

（四）土地管控的其他措施

　　除规划措施外，政府还可以采取一些土地管控措施来减少易灾地区的灾害损失。例如，公开收购易灾的土地是当地政府提供的最直接的、最有效的长期战略之一。一旦获得了土地，以保障公众安全或满足其他社会目标来管理，如空地或低密度的休闲设施。但是，土地征用是昂贵的。另一种方式是社会机构通过购买取得土地，然后政府要求其在公共利益方向上利用与发展，也可能在一定条件下通过出售土地或租赁等低强度使用。财政措施是控制易灾地区的土地利用和经济发展的重要措施，主要是因为利润动机在促进土地利用方式转变的重大意义是很深远的。例如，使用财政奖励和惩罚措施可以直接控制发展，或者间接地提醒相对优势，让人们可以看到建设区的危险。任何政府提供拨款、贷款、税收减免、保险或其他类型的金融援助的计划都会对公众和个人的发展产生很大的潜在影响。税收抵免可能被用于刺激减少业主的税务责任以离开灾害多发区的未开发和低密度开发的地区。金融抑制因素在灾害区土地利用方式转变中起威慑作用。

二、生态系统完整性的维护

　　生态系统不仅是地球表层生命的支持系统，而且也是降低自然灾害风险的支持系统。有证据表明，完整的生态系统能够显著降低灾害风险。加勒比海地区国家恢复珊瑚礁的实践表明，生态系统恢复降低了这些国家经受暴风雨灾害的风险。因此，近年来，国际社会开始关注生态系统在降低自然灾害风险的作用，积极发展基于生态系统的灾害风险减缓的方法与策略。

　　基于生态系统的减少灾害风险也属于基于自然的解决方案的整体范畴。它是通过对生态系统的保护、恢复和可持续管理，利用生态系统服务功能和动态调节机制，降低自然灾害风险，确保社会经济可持续和有韧性地发展。基于生态系统的减少灾害风险方法被认为是最具成本有效性的减灾防灾方法，并可获得经济回报。有研究显示，针对自然领域修复每投入 1 欧元可以有 7～27 欧元的经济收益（Verdone and Seidl，2017）。

　　完整的生态系统是生物群落与自然环境紧密结合的、和谐共处的自然整体。生态系统具有复杂的内部结构和平衡调节机制，保证了生物的生存、发展和进化，同时也可以降低受灾体的物理暴露程度，减缓自然灾害事件的冲击。完整的生态系统类似一个海绵体，在强降水阶段，可以吸纳降水、削减和延迟洪峰。在干旱时期，这些生态系统中储存的水分可以逐渐释放出来，提供源源不断的水，以缓解旱情。同时，良好的森林和草地植被能够大幅减少水土流失，减少进入河道和水库的泥沙淤积，从而减缓河床抬升，保持河道稳定，降低洪患风险。

（一）森林生态系统的管护与建设

森林生态系统是地球陆地最大的生态系统，由于自身结构和功能的特点，使其在保护地表的稳定性、减少受灾体的物理暴露程度，降低气象水文灾患风险方面具有独特的优势。从生态角度看，完整的森林生态系统能够大面积、长期地覆盖地面、大大减少了地表的受灾体物理暴露程度，保护可能的受灾体免受自然灾患直接冲击的威胁。从水文循环角度看，在降雨时，森林中的乔木层、灌木层和草本植物层都能够截留一部分雨水，大大减缓雨水对地面的冲刷，最大限度地减少地表径流，延缓洪水形成的过程，减轻洪水灾患的风险，枯枝落叶层就像一层厚厚的海绵，能够大量地吸收和储存雨水，增加地下水的含量，涵养水源，增强了抵御干旱的能力，减轻旱灾的风险。

然而，由于人类的农业开垦和其他开发活动，地球上的森林生态系统遭到强烈的破坏，据联合国环境规划署报告称，1990~2015 年，全球森林资源面积减少了 19.35 亿亩，地球表面大面积区域失去了森林的覆盖保护，加剧了全球自然灾患的风险。

我国是一个缺林少绿、生态脆弱的国家，森林覆盖率（20.36%）远低于全球 31%的平均水平，人均森林面积仅为世界人均水平的 1/4。为改善我国森林和生态环境的状况，我国制定了一系列有利于森林资源保护、建设和可持续管理的政策，实施了六大森林工程（天然林保护工程、三北和长江中下游地区等重点防护林体系建设工程、退耕还林还草工程、环北京地区防沙治沙工程、野生动植物保护及自然保护区建设工程、以速生丰产用材林为主的林业产业建设工程），森林生态系统的面貌得到了极大地改善，使我国成为世界上森林资源增长最多和林业产业发展最快的国家，同时，通过森林生态系统的科学管护和建设，也有效地降低了我国自然灾害风险。

为充分发挥森林生态系统的减灾防灾功能，必须进一步提高社会对森林生态价值和减灾防灾价值的认识，加强宣传教育，坚决贯彻执行国家森林资源保护法规，切实推进国家六大森林工程，科学管护现有的森林生态系统，加大科技和资金投入，通过退耕还林、封山育林等方法积极恢复和重建新的森林系统，为人类社会构建更多、更大、更密的绿色安全屏障。

（二）湿地生态系统的恢复与保护

除森林系统外，湿地也是地球表面最为重要的一大生态系统。湿地是指地表过湿或经常积水，生长湿地生物的地区。湿地具有多种生态功能，如保护生物多样性，改善水质，调节小气候，尤其是调节径流或调洪调蓄的功能特别显著，在多雨或涨水的季节，过量的水被湿地储存起来，直接减少了下游的洪水压力。在随后的数天、数周甚至数月里，再慢慢地释放出来，补充给河流或下渗补充地下水，有效地缓解枯水期河流缺水或断流的问题。一些沼泽，泥炭湿地的吸纳水能力可以达到其面积的 9~10 倍。湿地是消纳水文水患灾害的重要场所。

红树林是海岸地带的特殊的一类湿地，它可以有效消浪缓流、防止岸线侵蚀，从而抵抗风暴和台风等海岸带灾害的负面影响，增强海岸带的生态和社会经济韧性（McKee，2011）被公认为"绿色的海岸卫士"。据研究，100m 宽度的红树林带可消减波高 13%~66%；而

500m 宽度的红树林带则能够将波高消减 50%～99%（McIvor et al.，2012）。红树林还可以随着海平面上升而促淤造陆、抬升滩涂地表高程，长期看可以降低防护设施的维护费用。红树林提供的减灾效益相当于每年保护 1800 万人免于受灾、820 亿经济财产不受损失。在我国，如果没有红树林，那么沿海地区的台风、风暴潮每年将会额外造成 190 亿美元的经济损失（Losada et al.，2018）。

我国湿地资源比较丰富，面积有 6600 万 hm^2，占世界湿地的 10%，位居亚洲第一位，世界第四位，然而由于 20 世纪中后期湿地围垦、生物资源的过度利用、湿地环境污染、湿地水资源过度利用、大江大河流域水利工程建设、泥沙淤积、海岸侵蚀与破坏、城市建设与旅游业的盲目发展等不合理利用导致湿地生态系统退化，造成湿地面积缩小，水质下降、水资源减少甚至枯竭、生物多样性降低、湿地的减灾功能降低，甚至丧失。

因此，无论是生态文明建设，还是从降低自然灾害风险的视角出发，都迫切需要对湿地进行保护、恢复和重建，以应对当前的环境和灾害风险问题。首先，在国家制度层面上，国家要出台湿地保护的相关法规，并建立国家和地方各级自然保护区。我国自 1992 年加入《湿地公约》后，在全球环境基金、世界银行、世界自然基金会和联合国环境规划署等国际组织的支持下，开展了一系列提高履约能力的全国性工作，编制了《中国湿地保护行动计划》、成立湿地国际-中国项目办事处等。1999 年末，我国就已经建成了 926 个自然保护区（国家级自然保护区 124 个，省级 392 个，市级 84 个，县级 326 个）、173 个重要湿地。2015 年末，我国自然湿地保护率提高到 46.80%。自然湿地保护面积达 2185 万 hm^2，全国共批准国家湿地公园试点 706 处，湿地保护与修复工作扎实推进，湿地保护制度不断强化，保护体系不断完善。其次，在湿地恢复与重建的技术原则上，坚持生态完整性、自然结构和自然功能原则，湿地恢复是恢复退化湿地生态系统的生物群落及其组成、结构、功能与自然生态的过程。一个完整的生态系统富有弹性，能自我维持，能承受一定的环境压力及变化，抵御和化解一定的水文灾患，降低社会的自然灾害风险。

采取基于自然的解决方案的策略，改变我们利用自然的方式，防止地球生态系统崩溃、可以减缓自然灾害的发生；改变以往灰色基础工程对生态功能考虑不足的情况，采用基于生态系统的减少灾害风险，发挥生态系统服务功能减轻灾害发生风险；改变灾害管理模式，更加重视灾前预防；在吸取过往教训的基础上，我们应再接再厉，共同努力，创造地球更美好的未来。

三、科学地监测、预测和预警

由于灾患分布的广布性，以及人类对自然环境风险认识的局限性，不少的城镇和居民聚落坐落在潜在危险的区域，这里生活的人们和社会实际上已经暴露在潜在的灾患的危险之中。然而，随着科学技术的进步，人类社会可以通过对自然灾患的科学监测、预报和预警，在灾患暴发前，及时撤离，逃避灾患暴发区，避免直接暴露在灾害危险区域，从而大大减少了灾害的损失。所以，在科学技术高度发展的现代社会，科学地监测、预测和预警是减少灾害风险和损失的重要手段。

事实上，人类社会通过科学地监测、预测和预警的方式，逃避灾害侵袭、减少灾害损失，有许多的成功案例。例如，现代社会抵御台风灾害的抗灾实践中，大都通过台风的预测预警，潜在灾区人们的及时疏散、撤离，大大减轻了台风对人们的伤害。在滑坡泥石流灾害的防御实践中，科学的监测、预测和预警发挥了巨大的作用。例如，1985 年 6 月 12 日凌晨 3 时 45

分，在长江西陵峡中的新滩镇突然响起一声山崩地裂的巨响，霎时，乱石飞迸，烟尘滚滚，总体积约 2000 万 m³ 大滑坡产生了，滑坡摧毁了位于其前缘的新滩古镇，形成的滑坡涌浪在对岸爬高为 49m，向上下游传播中击毁、击沉木船 64 只，小型机动船 13 艘，造成 10 名船上人员死亡，但由于对滑坡早有监测预报，撤离组织得力，使滑坡区内居民 1371 人无一伤亡。

（一）灾害监测

灾害监测是指人们在灾害孕育、发生、发展、衰减直至灾后对其征兆、灾害现象以及灾害后效应进行的观察。通常用科学技术方法，收集灾害风险源、风险区、承灾体的状况及其时空分布以及对可能引起灾害事件的各种因素进行观察和测定。灾害监测的目的是通过对灾害现象及相关因素的观察和测定，获得大量灾害发生、演变和灾情信息，为开展灾害的预测、预警，进行减灾防灾决策和研究灾害规律提供重要依据（郑大玮，2015）。

灾害监测可以通过感官观察，随时随地直接观察灾患或灾害现象的发展状况，但只能感知一些表面和直接的前兆和现象，有的甚至是假象，通常还是需要依靠专门的科学仪器来测定相应的物理或化学参数的变化。

灾害监测的对象是自然灾害事件，根据自然灾害事件的性质，监测的内容不同，有气象监测、水文监测、地质监测、地震监测、火山监测、海洋监测、植物病虫害监测。这些监测大都科学技术性较强，通常由各相关业务技术部门组织实施。随着现代信息技术和航天技术的迅速发展，3S 技术[①]、互联网、物联网等高新技术在灾害监测中日益广泛应用。

我国高度重视灾害监测工作，《中华人民共和国突发事件应对法》规定，县级以上人民政府及其有关部门，应当完善监测网络，划分监测区域，确定监测点，明确监测项目，提供必要的设备、设施，配备专职或兼职人员，对可能发生的突发事件进行监测。我国目前已经建立起气象、水文、农林、地质地震、海洋等自然灾害监测网，其中一些灾害监测能力位居世界前列，如我国的气象监测网，已经初步形成集成地基、空基、天基的立体监测系统。

有了灾害监测的基础，就可以开展直接服务于灾害防御的灾害预测、预报和预警工作。需要说明的是预测、预报和预警这些术语密切相关，好似同义语，其实它们是不同的术语，语义上是有差异的。

（二）灾害预测、预报与预警

灾害预测是根据过去和现在的灾害及致灾因素的信息，运用科学的方法和逻辑推理，对未来灾害的形成、演变和发展趋势进行的估计和推测。它是制定防灾、抗灾和救灾决策以及发布灾害预报和预警的依据。灾害预测的内容主要包括灾种及发生的时间、地点和强度；灾害预测按照预测有效时段，可分为超长期预测、长期预测、中期预测、短期预测和临灾预测。灾害预测是一项技术性工作。预测的结果不一定向社会公布。

灾害预报是灾害管理专业部门对于某种灾害是否发生及其特征向有关部门或公众预先告知的行为。灾害预报是在预测基础上的管理与服务工作。在一些国家，预测与预报工作，二者之间没有严格的界限。通常，自然灾害的预报是由有关灾害管理部门发布，如气象部

---

① 3S 技术是遥感技术（remote sensing, RS）、地理信息系统（geography information systems, GIS）、全球导航卫星系统（global navigation satellite system, GNSS）的统称。

门发布天气灾害预报，农林部门发布植物病虫害预报，但地震预报必须由地震部门提交，由当地政府发布。当特别严重的其他自然灾害来临时，也需要通过政府来发布，以增强权威性，充分调动社会减灾资源，高效组织抗灾和救援，降低灾害损失，保持社会稳定。

这里灾害预警指的是狭义的灾害预警，指在灾害发生之前，根据以往的总结规律或观测得到的可能性前兆，向相关部门和社会发出的即将发生危险的警告消息，并建议应采取什么措施以减少损失的行为。

灾害的预报与预警系统在应对危及生命、快速发展的危险，涉及疏散和可避免的灾难时特别有用。例如，台风飓风，海啸、洪水和龙卷风等灾害的预报和预警已经成功地减少了这些灾害可能造成的死亡人数。虽然干旱和地震危险性很难预测，但也有一些成功是可能的。例如，1975 年初，在我国科学家做出的海城地震中期预测和短临预报的基础上，辽宁省政府及时部署了一系列应急防震措施，并于 2 月 4 日 10 时 30 分向全省发布临震预报，及时组织撤离民众，当天 19 时 36 分，在辽宁省海城、营口一带发生里氏 7.3 级的地震，这次地震震中区面积为 760km^2，区内房屋及各种建筑物大多数倾倒和破坏，铁路局部弯曲，桥梁破坏，地面出现裂缝、陷坑和喷沙冒水现象，烟囱几乎全部破坏，这是一次发生在人口稠密地区的毁灭性地震，尽管地震仍然造成全区人员 18308 人的伤亡（国内其他未实现预报的 7 级以上的大地震，如邢台地震、通海地震、唐山地震的人员伤亡率分别为 14%、13%、18.4%，而海城地震人员伤亡率仅占总人口数的 0.22%）和 8.1 亿元经济损失，但我们认为，这是人类历史上，在正确预测地震的基础上，由官方预警、组织撤离民众，明显降低损失的成功案例。

（三）灾害预警系统及其关键环节

通常意义上或广义上的灾害预警是一个以预测或预报为基础的系统工程，是一个较为完整而有效的灾害预警系统，通常由识别、评估、警报传播和响应等四个相互关联环节组成。

灾害威胁识别是灾害预警系统的第一步环节，这个环节从制定相关灾害监测方案的决策开始。首先要系统地收集和建立灾害风险数据库，然后进行灾害风险分析得出主要的灾害风险威胁，设计相关主要灾害风险的监测方案。

灾害威胁评估包括灾害监测团队对相关灾害风险参数的日常监测、可能导致威胁的环境变化的重点监测、随后可能的风险规模的估计，以及发出威胁警告的最后决定等工作。灾害威胁的评估通常由专门机构来完成，如国家气象服务、地质灾害服务，因为需要通过综合网络进行持续监测，并大量投资于科学设备和人员。这个环节的优先事项是提高预测的准确性，并增加从发出警告到危险事件发生之间的准备时间。

灾害警告传播是灾害预警的核心环节，它是灾害即将发生的消息向灾害危险区居民传输的过程。灾害威胁信息可能由政府及其相关机构、第三方通过不同的通信方式（如无线电或电视）以及警察或邻居等不同人员来制定和传达。这个环节关键的问题是面临灾害风险的人们是否都收到了预警信息？人们都熟悉危险和警报了吗？发布的警报信息是否清晰可用？

公众响应是灾害威胁警告消息的接受者采取的行动环节，它是公众采取减少损失行动的关键环节。例如，1999 年 9 月，美国东海岸有 200 多万居民在发出"弗洛伊德"飓风警告后向内陆撤离，大规模地减少了飓风对人类造成的伤害。这个环节的重点事项是灾前社会是否做出了应急预案，是否经过演练或测试？人们是否做好了应对灾害的准备？

灾害预警系统是一个政策性和技术性很强的系统工程，必须坚持"以人为本"的基本理念。对于科学的灾害预警而言，充分的社会理解与科学信息的准确性都是十分重要的，因为预报的技术能力与社会对警告做出反应的能力之间往往存在差距。灾害警告的发布后果的影响是多方面的，它涉及人们的生命财产安全，也关系社会秩序的稳定或动荡，以及公众对政府的信任。在灾害事件可能即将发生情况下，灾害预警决策者不可能对灾害事件发生有充足的把握，他们将面临发出真实警告、发出虚假警告、不发出警告的艰难选择，他们必须迅速做出是否发出灾害警报消息的艰难决定，因为在不发出警告或发出虚假警告的情况下，这样的错误代价是非常高昂的。例如，1977 年 2 月美国华盛顿的亚基马河谷农垦局对公众发布当年春季的干旱预警，预计只有不到一半的正常供水可用于灌溉季节，然而到 1977 年 5 月，随之而来的丰沛的降水却证明了官方的干旱预测是错误的。然而许多的农民基于官方的预测已经采取行动，他们要求采取法律措施来弥补损失，结果造成了当地社会的不稳定。1976 年 7 月 28 日的唐山地震，这场 7.8 级的大地震使唐山这个有百万人口的工业重地遭受灭顶之灾，24 万多鲜活的生命葬身瓦砾之中。事实上，我国地震部门非常关注唐山地震的危险性，很早就建立地震监测网络，开展了大量的地震监测工作，在 1976 年初，就已经发现了一些地震的蛛丝马迹，专家做出了唐山附近可能会出现 5～7 级地震的推测预估；1976 年 5 月的时候，地震专家通过持续的监测分析得出，2～3 个月内唐山区域可能出现较强烈的地震的结论；1976 年 7 月上中旬，有 6 个地震专业站和 8 个群众测报点提出不同程度的震前预兆。在这期间，有关部门包括某些负责人也对地震的可能性进行了多次专家研讨和论证，然而由于特殊的历史原因和环境背景，未能对社会做出提前的警告，没有应急预案和充足的动员准备工作，导致了"7·28"唐山大地震这场灾难如此惨痛。这是灾害预警决策失败的一次惨痛的教训。

（四）影响预警效果的主要因素

灾害预警系统的一个重要目的是使人们在危险来临之前采取必要的应急措施，撤离某个地区。然而，当灾害预警发出后，公众的应急响应行为时常大打折扣，通常有人不愿意撤离，这不是因为人们在面临危险时惊呆了，而是公众的应急响应行为可能被一系列因素影响，如风险信息传播的模式，警告信息的有效性，公众个体的特征（性别、年龄、教育背景、经历、家庭）等。

对于一般公众来说，新闻媒体是获得信息的主要来源，如果由政府官员或相关组织发布，通过大众媒体发出的警告信息是容易被相信的，但最初的这些警告信息可能会提醒人们注意关注周边环境异样事件，而不能动员他们做出具体的反应。我们知道，最有效的警告信息的内容是与人们自身的安全或利益相关的，事实上，由生活在共同地域的邻居、同事、朋友直接传出的危险警告是才是最有效的灾害信息传播。

在采取任何行动之前，人们收到第一个警告时，总是征求某种确认，如可以寻求家庭成员或警察的确认。这意味着警告消息的解释通常作为集体的响应进行。对个人而言，过去遭受同样危险的经历更趋于相信危险警告的提示，女性比男性更有可能相信危险信息的可靠性。

有效的警告信息应包含适度的紧迫感，估计影响前的时间和事件的规模，并提供具体的行动指示。人们有时不愿意撤离可能是因为信息没有具体说明如何疏散，如何保护其财产，或者人们相信他们能够应付。家庭环境具有相当大的自然依恋性，家庭群体比单身居住更有可能撤离，但他们往往疏散到亲戚家中，而不是到灾难避难所。

（五）我国的国家应急预警制度

我国对自然灾害、事故灾难以及公共卫生事件建立了国家应急预警制度。按照突发事件发生的紧急程度、发展趋势和可能造成的危害程度，分为一级、二级、三级、四级预警，一级为最高级别预警。

根据《中华人民共和国突发事件应对法》，国家灾害预警发布之后，各地应采取响应措施。例如，当国家发布三级、四级灾害警报，宣布进入预警期后，各级政府应根据灾害发生的特点和可能造成的危害，采取以下措施：启动应急预案；责令有关机构与人员及时收集、报告有关信息，并向社会公布反映灾害信息的渠道，加强灾害发生、发展情况的监测、预报和预警工作；组织有关部门和机构、专业技术人员、有关专家学者，随时进行灾害信息的分析评估、预测发生的可能性，影响范围、强度和等级；定时向社会发布与公众有关的预测信息和分析评估结果，并对相关信息的报告进行管理；及时发布可能危害的警告，宣传防灾救灾知识，公布咨询电话。发布一级、二级灾害警报，宣布进入预警期后，各级政府除采取上述措施外，还应针对灾害的特点和可能造成的危害，采取以下措施：责令应急救援队伍、负责特定职责的人员进入待命状态，动员后备人员做好参加应急救援和处置工作的准备；调集应急救援所需物资、设备等工具，准备应急设施和避难场所，并确保其处于良好的状态，随时可以投入正常使用；加强对重点单位、重要部位和重要基础设施的安全保卫，维护社会治安秩序；采取必要措施，确保交通、通信、供水、供电、供气、供热等公共设施的安全和正常运行；及时向社会发布有关采取特定措施避免或减轻危害的建议、劝告；转移、疏散或撤离易受突发事件危害的人员，并予妥善安置，转移重要财产；关闭或限制使用易受突发事件危害的场所，控制或限制容易导致危害扩大的公共场所的活动；采取法律、法规、规章制定的其他必要的防范性、保护性措施。

第五节　人类社会脆弱性的改变

人类社会是灾害事件的承灾体、受害者。在灾害面前，人类是渺小的。然而，人类具有主观能动性，能通过调整面对灾害时的态度和行为，即人类社会脆弱性的调整，来降低灾害对人类的伤害与损失变化。这些调整与变化可能涉及人类对刚刚发生的灾难或对灾害的预测和预警的反映，但更主要是人类及其人类社会自身的改变。

人类社会脆弱性的改变就是调整人们的行为，是最实用的减少灾害伤害的策略和行为。人类社会脆弱性的改变涵盖了从个体、家庭，到社区、城市和国家的一切改变人们面临灾害的软弱性，增强人们对灾害的承受力、抵御力、恢复力等主动的社会政策和措施。

一、加强社会经济发展和社会组织的建设

社会经济是人类社会易损性的前提，或者抵御灾害的基础。社会经济活动是人类社会生存和发展的基础，一般来说，社会经济发展水平越高，社会和人们的物质财富越丰富，社会的基础设施建设越完善，社会对自然灾害的抵御能力就越强。人类的社会经济活动使得社会易损性减弱，我们的社会就会安全。另外，一个贫穷落后的社会经济，加之不合

理的经济活动对环境的过度干预或破坏，产生灾害的潜在因素也在增加，灾害造成的损失越来越严重，易损性增加。灾害对经济发展的影响与社会经济因素对灾害的影响都在日益加深。

近几十年来的社会经济发展与抗灾减灾的历程说明社会进步和经济实力的增强对于降低社会灾害脆弱性、提高抵御能力至关重要。众所周知，中国是一个干旱灾害频繁发生的国家，干旱对于中国社会发展和国民经济有深刻影响，另外，不同的社会经济状况，抗旱减灾的结果完全不同。

1959～1961 年，我国遭遇了连续多年的严重干旱灾害（表 10-1），由于粮食生产的大幅减产，国家的粮食供应严重不足，粮油和蔬菜、副食品等的极度缺乏，严重危害了人民群众的健康和生命，许多地方城乡居民出现了浮肿病，患肝炎和妇科病的人数也在增加，出生率降低，死亡率显著增高。

表 10-1 我国不同年份的旱灾灾情比较

年份	受旱面积/万 hm²	成灾面积/万 hm²	成灾率/%	受灾人口/万人	粮食减产/万 t	全国人口/万人	全年 GDP/亿美元
1959	3381	1117	33.1	4703	1080	67202	
1960	3146	1618	51.4	6107	1127	66207	597
1961	3785	1865	49.3	6433	1177	65859	500
2000	4054	2678	66.1	5405	5996	127000	11983

2000 年我国再次遭受严重旱灾，其受灾面积、成灾面积都是 1949 年以来最大的（李茂松，2003）。2000 年因旱损失粮食 5996 万 t，经济作物损失 511 亿元，农村人畜饮水困难，城市缺水问题也十分突出。然而，经过多年的社会经济建设与发展，2000 年我国的经济整体实力显著增强，全年 GDP 已达 11983 亿美元，人均 GDP 有 7800 元人民币，国家的农田水利建设大大改善，抗旱救灾组织的体系和相应的社会救助体系已经建立，灾害社会易损性明显降低，已经具备较高的抗旱能力（表 10-1）。在党和政府的坚强领导下，全社会积极参与抗旱救灾，采取了各种得力的抗旱措施，最大限度地减少了旱灾损失，挽回粮食损失约 710 亿 kg，挽回经济作物损失 500 多亿元，临时解决了 3100 多万人、2300 多万头大牲畜的饮水困难，确保了重旱区群众有水喝、有饭吃，做到了灾区人心稳定，社会安定，生产生活秩序基本正常，全国的社会经济仍然保持健康发展的局面，当年全国 GDP 的增速仍然达到 8.4%的高速发展（国家防汛抗旱总指挥部办公室，2000）。

因此，从降低人类社会脆弱性的角度看，社会经济是前提，合理的社会组织结构是保障，必须把发展经济，不断增强经济实力作为降低灾害社会脆弱性重要举措，只有当一个社会经济发达、基础设施完善、物质财富丰富、社会组织结构合理、组织机构完善、组织管理严密、社会保障体系完备时，才能有效地抵御灾害的破坏，减轻灾害对社会所造成的危害。

二、开展公众灾害文化的教育

社会文化是影响一定社会群体生活和社会行为方式的重要因素，不同社会群体、民族区域文化背景和受教育程度的差异使人们对灾害的认识存在着显著差异，他们的人文背景直接影响对灾害的反应（灾前的预警、应急响应、灾后救助等），也决定着灾害的脆弱性状况。在现实社会中，由于人们缺乏灾害文化的知识，显现出人们在灾害面前的脆弱，就不乏这样的案例。例如，在 2008 年初，我国南方的冰雪灾害发生时，由于当地政府与民众缺乏相关灾害知识，对气象因素变化及对社会的影响不能进行科学分析与预测，没有提前做好防灾的准备，结果就出现百万人流汇聚广州火车站混乱场面。事实证明，灾害文化发展的社会，往往有较高的防灾水平；同时灾害文化影响个人和团体的避难行为反应，也就是说有灾害文化的个人或社区在灾害链冲击时可以产生积极的适应行为，有效地调节和控制灾害带来的影响，从而减弱灾害链冲击的强度，提高人类对灾害的隐性抵御能力。

日本是通过灾害普及教育，提高全民抵御灾害能力成效最为显著的国家。日本建立了较为完善的灾害国民教育体系（从基础教育阶段到大学教育阶段），公众社会的宣传普及教育体系，完备的灾害应急教育场馆以及丰富多彩的应急宣传活动，使日本人的危机意识和防范应急能力真正内化为每个公民最基本的"生存能力"。由于具备非常牢固的灾害应急群众基础，尽管日本屡受各种自然灾害和突发公共事件的考验，但总体来说，所遭受的生命财产的损失变得越来越小。日本民众整体的灾害应急能力和素质，以及在灾害面前表现出来的淡定的态度，在国际上都是首屈一指。因此，采取积极措施提高社会公众的文化素养，特别是灾害文化知识，增强公众的防灾减灾的知识和意识，也应该是我们主动提高社会防灾减灾能力的重要举措。要广泛开展形式多样、务求实效的防灾减灾知识教育，加强多学科、跨专业间的交流与合作，培养公众应急意识，各级各类学校适当地开设相关的教育课程，并将设立相关的课程标准，同时设立灾害管理的专门教育机构，提供专业训练，培养专业人才，选择条件适当的院校开设灾害管理的专门课程，在组建相应的专业救援组织的同时，做好全民性的危机应对常识教育和常规演练，提高普通群众应对灾害的心理素质和实际能力。新闻媒体要积极发挥应有的作用，全社会都应为防灾减灾做出贡献。总之，要使得人们对灾害有深刻的了解，具备一定的灾害知识，从而可以在灾害发生时能够起到减灾救灾的实质性作用。

我国政府高度重视全社会防灾减灾宣传教育，从国家的层面，就如何加强防灾减灾的宣传教育，向各级政府和全社会提出了加强防灾减灾宣传教育的任务和要求，如《国家综合防灾减灾规划（2016—2020 年）》就明确要求，完善政府部门、社会力量和新闻媒体等合作开展防灾减灾宣传教育的工作机制。将防灾减灾教育纳入国民教育体系，推进灾害风险管理相关学科建设和人才培养。推动全社会树立"减轻灾害风险就是发展、减少灾害损失也是增长"的理念，努力营造防灾减灾良好文化氛围。开发针对不同社会群体的防灾减灾科普读物、教材、动漫、游戏、影视剧等宣传教育产品，充分发挥微博、微信和客户端等新媒体的作用。加强防灾减灾科普宣传教育基地、网络教育平台等建设。充分利用"防灾减灾日""国际减灾日"等节点，弘扬防灾减灾文化，面向社会公众广泛开展知识宣讲、技能培训、案例解说、应急演练等多种形式的宣传教育活动，提升全民防灾减灾意识和自救互救技能。

三、扶持贫困地区的发展

灾害对人类社会的影响程度与社会经济发展水平密切相关。同样的自然灾害，在发达地区和欠发达地区，产生的后果差异很大。

日本、菲律宾、孟加拉国都是受热带气旋影响的亚洲国家，但是这些国家的经济实力不相同，分别代表了经济发达国家、中等经济水平国家和贫穷落后国家。人们不能对这些风暴的发生做任何的改变，但是人类社会通过自身科学的组织，采取积极的抵御措施，是可以在一定程度上减轻灾害损失的。日本社会经济发达，虽然遭遇的气旋袭击最多，但是通过自身社会的有效抵御，灾害造成的损失却最少（表10-2）。孟加拉国是一个贫穷的国家，基础设施落后，社会组织落后，在自然灾害面前的最脆弱，灾害造成的损失最严重。

表10-2　1980～1994年日本、菲律宾、孟加拉国热带气旋及其伤亡人数

国家	热带气旋/次	死亡人数/人	事件死亡率/（人/次）
日本	113	352	27
菲律宾	39	6835	175
孟加拉国	14	151045	10788

1970年11月，地球气象卫星发现一个强热带气旋在孟加拉国海面正在形成，科学家已经预测热带气旋暴风雨引起的巨浪将袭击沿海一带，淹没恒河三角洲平原，但由于孟加拉国社会的落后，缺乏通信网络和社会组织的信息传递，生活在恒河三角洲平原农村的人们对即将到来的热带气旋暴风雨袭击一无所知，结果气旋暴风雨袭击造成了近50万人的死亡（Hilton，1985）。

贫困是人们最容易遭受自然灾害的主要原因（Blaikie et al.，1994）。人们之所以很脆弱，是因为他们很贫穷，缺乏资源（Middleton and O'Keefe，1998）。由于社会经济的落后，贫困的国家或地区，缺乏应有的基础设施，建筑破旧，缺乏有效的应对灾害的组织和计划，这些国家和地区在灾害面前是最脆弱的，他们最易受到灾害的伤害。

减轻贫困和帮助人们实现经济独立已经成为世界上很多国家发展主要目标（Paul，2011）。因此，易损性的减少开始作为减少灾害影响的一项关键策略。减少脆弱性和减少贫困在很大程度上是同步的，也是减少灾害的关键途径。减少脆弱性的战略发展需要考虑到社会经济，以及物质和基础设施的各个方面。物质和基础设施的发展要寻求通过建造堤坝、桥梁、公共龙卷风避难所、农村发电站和能源生产系统以及其他的建筑拯救生命，而社会经济发展的目标是在灾害频发地区，通过社区发展，防灾训练、妇女和穷人权利提升、预防医疗和卫生服务、妇幼保健、经济和生活扶持政策，来提供生计和改善居民的生活条件。

我国社会经济发展也不够平衡，据统计，在2017年全国有14个集中连片特困地区，832个贫困县，12.8万个贫困村，近3000万贫困户。贫困人口主要分布在中西部集中连片特困地区，多为深石山区、高寒区、生态脆弱区、灾害频发区和生态保护区。西藏、甘肃、新疆、贵州、云南等地的贫困发生率超过全国平均水平，云南、贵州、四川、广西、湖南、河南等地的贫困人口数量较大，是贫困人口集中地区（周成虎，2017）。贫困地区大多是多灾地区，防灾抗灾能力不足，严重自然灾害较其他地区严重得多；农村贫困带来了重大社会和区域性问题，如已经成为制约区域经济社会发展、实现全面小康的关键短板。

我国政府高度关注贫困地区的社会发展和减灾防灾情况。21世纪以来，在推进脱贫攻坚的社会实践中，各级政府的减灾、应急管理和扶贫机构通力合作，共同着力增强贫困地区抵御自然灾害和自我发展能力，有效减少灾害风险，减轻灾害损失，防止因灾致贫、因灾返贫，实现减灾与扶贫的互促共赢，促进贫困人口稳定脱贫和贫困地区长远发展。为此制定和实施了许多积极有效的政策和措施。例如，贵州省在 2019 年 3 月专门出台了《关于推进减灾扶贫助力打赢脱贫攻坚战的实施意见》，对深入推进新形势下防灾减灾救灾、助推脱贫攻坚做出安排部署，提出要制定适应新体制新要求的防灾减灾救灾配套法规制度，加强农村特别是多灾贫困地区防灾减灾宣传教育；加强应急避难场所设置与建设，加快建设基层救灾与应急物资储备网络，做好政策性农房灾害保险，筑牢因灾致贫、因灾返贫的"防火墙"；加强贫困地区自然灾害监测预报预警能力建设，建立健全与灾害特征相适应的预警信息发布制度，建立扶贫开发与防灾减灾救灾信息共享与会商机制；要加大对贫困地区和受灾困难群众的救灾救助工作支持力度；及时启动省级救灾应急响应，适当提高省级对深度贫困县的重特大灾害应急补助标准，做好灾害救助与其他救助政策的衔接；要统筹支持贫困地区推进灾后恢复重建；探索建立实施"减灾安居工程"长效机制；要围绕实施乡村振兴战略，推动构建应对各灾种、覆盖各环节，全方位全过程多层次的自然灾害防治体系；重点规划和实施灾害风险调查和重点隐患排查工程、重点生态功能区生态修复工程、防汛抗旱水利提升工程、地质灾害综合治理和避险移民搬迁工程、应急救援中心建设工程、自然灾害监测预警信息化工程、自然灾害防治技术装备现代化等工程。

四、注意保护社会弱势群体

灾害的发生具有突然性，往往在人们毫无预防的情况下发生，对人们造成的损害也是巨大的，尤其是对一些社会弱势群体，如妇女、儿童，造成损害更大。国外一些学者研究表明，在自然灾害面前，女性通常比男性更容易受到伤害，据 1991 年孟加拉国一次超强台风造成的人员伤害调查，妇女的死亡率比男性高得多，而且，在 20～49 岁年龄组的灾民中，妇女的死亡率是男性的 4～5 倍（Fothergrill，1998）。Khan 和 Mustafa（2007）研究了巴基斯坦的 2005 年地震死亡率发现，在 25～49 岁年龄组的灾民中，男性的死亡率是 12%，而妇女的死率是 30%。幼儿的死亡率是 10%～22%，少年儿童的死亡率是 40%～48%。

妇女和儿童是最易的受损群体，这些弱势群体对灾害的抵御能力较弱，她们也引起了国际社会高度关注，国际减灾组织在 1995 年就提出"妇女和儿童——预防的关键"作为国际减灾日主题，呼吁社会在减灾和应急管理的时候，要对妇女儿童这些弱势群体进行重点的关注和保护。对待易损人群的特殊保护，要规划配备专门的救护人员以帮助弱势群体应对灾害的发生。因为以这些弱势群体自身在面对灾害发生时没有足够的能力去应付，必须要借助外界的力量，所以在政府进行防灾规划时需要特别考虑如何重点保护这部分群体。同时也应该计划通过组织建立弱势群体之间的互助团体，并通过不断地培训和学习，加强弱势群体防灾抗灾的能力。另外，弱势群体由于其自身的弱点，在采取应急措施时容易产生恐慌情绪。这会对应急措施的实施带来极大的干扰，如果不及时对其加以心理辅导和干预，极易产生不必要的混乱，反而会人为地给救灾抢险带来负面作用。所以在政府的应急预案中应专门针对弱势群体进行心理辅导。在制定减灾措施的过程中应该加大对这部分群体的帮扶力度。灾害发生时要积极帮助受灾人群，尤其是帮助弱势群体及时得到社会救助或亲友支持，必要时政府要保证其基本生活，并帮助其实施灾后的恢复重建。政府要积极动员全社会力量对受灾人群尤其是弱势群体的援助，加大对弱势群体的受损设施的重建和恢复，并注重对弱势群体的防灾减灾能力的帮助和提高。政府可以对其进行免费培训和提供工作机会，以尽快地使弱势群体恢复至灾前水平。同时加大对弱势群体的帮助也对整个社会救援起到积极的示范和鼓励作用，对提高整个社会积极抗灾的信心作用明显。

对于采矿业、交通运输业和建筑业从业人员，这些职业在灾害发生时相对于其他职业更易受到损害。如何提高易损职业的减灾标准，切实保障这些特殊行业的安全性和可靠性，也是减灾防灾的一个重点（郭跃，2013）。要注重不断提高易伤害职业的防灾设施标准，以实现逐渐与国际针对特殊职业的防灾标准。加大对易伤害职业的防灾设施的科技投入，增强其利用高科技来监测灾害、防控灾害的能力。另外，要对从事易伤害职业的人群进行科学的教育和宣传，以帮助其正确认识防灾的必要性和重要性，并掌握防御灾害的方法。力争将灾害发生时所造成的损失降低到最低。同时针对易损职业要制定严格的灾后重建方案，同时要严格要求易损职业加强防灾抗灾能力的建设，尽最大可能减少灾害所造成的损失。切实做好减灾防灾措施的落实和执行。灾害的发生是无法避免的，但是灾害所造成的损失却是可以降低的，这都有赖于灾前防灾措施的落实和灾后减灾措施的执行。必须要注意对易损职业的科学指导，需要建立专业的救灾抢险队伍，提高易损职业的减灾科技投入来帮助易损职业实施减灾措施，达到减灾目的。

五、切实做好社区备灾工作

做好灾害准备对于确保对灾害做出有效反应，降低灾害社会脆弱性至关重要。备灾方案可以帮助危险区居民认识到威胁并采取适当行动，通常是指为应对即将到来的灾害造成的生命和财产损失降低到最小而预先安排的紧急措施。从理论上讲，它涉及从秒（地震或海啸警报）到数十年（通过更好的土地规划或应对气候变化）的所有时间尺度的减灾措施。这些措施包括提高公共教育和公共意识方案、制定疏散计划、撤离人员的紧急食物和规划栖身之所、本地供应的医疗救助、互助协议、资源储备、特殊物资的供应、应急通信等。重要的是要预先指定一个救灾行动控制中心，因为我们知道许多基本服务（道路、供水或电话）可能不会完全可用。

社区在备灾工作中有着举足轻重的地位和作用。因为社区直接面对灾害，是灾害潜在的受害者、有效灾害管理的受益者。地方社区是灾害管理的基本出发点。要充分发挥社区在减灾防灾的作用的一个前提就是要加强社区减灾防灾能力建设（郭跃，2005）。

社区综合风险防范能力的建设是一个系统工程，它涉及社区的应急管理组织体系和工作机制，灾害风险评估、应急预案、法规政策，社区减灾动员与参与，应急抗灾志愿者队伍，居民减灾意识与技能，防灾减灾基础设施，基层应急保障能力，应急管理知识的宣传教育活动和社区居民参加的应急预案演练等方面。但最重要的是，应该向处于危险中的社区提供如急救、搜索和救援和灭火等自助技术培训。因为大多数灾民在第一个"黄金时间"多是被其他幸存者或社区志愿者救出，而不是救援人员。例如，1999年土耳其发生地震后，地震造成大量人员伤亡和建筑物倒塌，尽管土耳其政府早有统一的防震减灾应急预案，但形同虚设，在这次地震中仍表现出对防灾准备不足，震后采取救援措施不力，震后头两天当地人们采取自救和互救的方式抗御灾害，从受损的建筑物中救出了4600人，而外来的救援队伍从倒塌的废墟中只救出了400人（IFRCRCS，2002）。所以，社区的自救及其相应的社区应急抗灾志愿者队伍的建设，对于减少灾害损失尤其重要。

以志愿者为主的社区抗灾组织建设有许多好处：它提高和培养了社区居民的公民意识和责任感，这为社区带来了更多的安全感；它提高了应急反应的速度，减少了灾害对社区的破坏程度；它为社会节约了大量的经费；志愿者组织通过他们的行为，在地方社区培育了一种团结和自助的精神，这种精神是建设一个更加富有活力的社会的基础。因此，我们要充分认识抗灾志愿者在社区应急管理和安全社区建设的重要作用，在社区开展应急抗灾管理能力建设的工作中，把组织社区应急抗灾志愿者队伍的建设作为一项重要工作来抓。根据不同的公共社会安全事件和灾害类型，组织不同的应急抗灾队伍，如社区治安巡防、社区消防、社区灾害抢险救援、社区水上救生、安全灾害信息宣传等志愿者组织。社区要充分发挥卫生、城建、国土、农业、林业、海事等基层管理工作人员，以及基层警务人员、医务人员、民兵、预备役人员、物业保安、企事业单位有关人员以及社区居民的社会积极性，组织和动员他们参与相关的志愿者组织。应急抗灾救援工作是一个技术性较强的工作，志愿者不能是业余的，他们必须经培训到达职业标准，熟练操作各种复杂的抗灾设备，才能履行其职能，发挥其作用。社区应急管理机构要对志愿者进行一系列相关业务培训，要加强社区应急志愿者队伍的管理，建立相应的组织纪律和运作机制，配备必要装备，确保应急志愿者能成为招之即来、来之能战的应急救援人员。

我国政府高度重视社区防灾减灾能力的建设。2007年，国务院办公厅颁布《国家综合减灾"十一五"规划》，明确对城乡社区减灾能力和建设社区减灾能力示范工程进行了部署。近年来，国家减灾委员会出台全国综合减灾示范社区标准（国家减灾委员会办公室，2010）、开展示范项目等，积极开展"全国综合减灾示范社区"创建活动，推动全国城乡社区减灾能力建设。

在争创全国综合减灾示范社区的活动中，让群众了解社区的避险路线、紧急避难和安置场所，掌握基本的防灾减灾技能；社区配备了相应的紧急救援和防灾减灾物资，居民家中也储备了急救包和逃生绳等应急物品；为社区中的老人、残疾人和儿童等需要帮助的人指定了明确的应急帮扶人员。社区在灾害预警、应急响应、紧急救护、防灾减灾宣传教育等方面有规范的日常工作制度。在加强社区综合减灾能力建设的过程中，各地摸索和创新了经验。上海市在社区减灾工作中着力推动"三个转变"，即从灾后救助向灾前预防转变、从单一灾种向综合减灾转变、从减轻灾害损失向减轻灾害风险转变，形成了以"全过程减灾管理、全灾害危机管理、全社会参与管理"为特征的城市社区综合减灾模式。北京市提出将进一步细化社区防灾减灾的工作标准，规定每个街道应建一处防灾减灾培训基地，每个社区都将配备如防毒面具、逃生绳等必要的救援避险物资和装备等。

北京市朝阳区百子湾东社区的综合减灾能力建设就是我国创建"全国综合减灾示范社区"的一个缩影。北京市百子湾东社区，辖区面积1.138km^2，管辖有百子湾家园经济适用房小区、沿海赛洛城高档商品房小区等。近几年，自然灾害频发，百子湾东社区广泛开展防灾减灾宣传教育和防灾减灾、抗灾救灾知识的普及，并在辖区社会单位和小区居民中开展各种演练和练兵活动。为了应对突发事件，社区设立了应急指挥中心，建立了完善的防灾减灾工作网络，通信设备齐全，保证24h指挥畅通。建立了应急物资储备库，库中存放有急救箱、灭火器、防汛物资、应急灯和部分生活保障用品等应急物品；设置了应急车辆停放点，保证交通畅通。社区设有三个紧急避难场所：北京市第十七中学百子湾校区操场（15000m^2）、北京市第十七中学沿海校区操场（6000m^2）、沿海赛洛城小区中心广场（4000m^2）。社区还将应急避难场所的相关知识在居民中广泛宣传，道路上有明显的应急标识，一旦有灾害发生，居民可以按照标识进行紧急疏散。社区还建立了重大突发事件快速反应机制，如制定2009年百子湾东社区防汛预案、2009年防大风应急预案、2009年扫雪铲冰应急预案等。遇到刮风、下雨、下雪等恶劣天气，社区立即启动应急预案，分组到辖区各主要路口和可能出现问题的地点进行勘察，排除下水道堵塞、道路积水和积雪、倾倒的树木及电线杆等隐患（金晓霞，2011）。

　　在许多的发达国家，实施的社区减灾备灾项目在灾害中减少损失已被证明是非常成功的。1993 年美国南加利福尼亚州遭到 22 次大火的袭击，造成巨大损失：人员伤亡、烧毁建筑物、成千上万公顷土地被焚烧，其中包括国家森林。在焚烧过的地区，大雨诱发的泥石流产生了新的灾害威胁。联邦应急管理局被授命对大火、水土流失、滑坡、洪涝和塌方产生的潜在灾害进行规划。在严重的灾区，成立了 2 个社区灾害恢复和备灾中心，它们的使命是建立和实施有效的减灾项目（维尔基纳，2004）。火灾发生后，灾区社区领导立即采取行动，在当地教堂召开会议，组成了"伊通峡谷恢复联盟"，它是受基内洛阿大火影响的房屋所有者协会和个人的一个保护组织。"伊通峡谷恢复联盟"举行了社区会议，并设立了委员会来处理灾后事务。在各地方民政团体的合作下，"伊通峡谷恢复联盟"筹集了资金，使之有可能实行减灾并在社区内进行培训活动。他们与地方消防队的志愿人员合作，共同调配沙袋，挨家挨户进行土壤侵蚀控制教育，实施紧急培训项目，装设极高洪水危险信号系统，以及执行居民紧急帮助计划等；对焚烧区进行调查，分析居住区的危险性；对居民和地方政府进行咨询，指出沙袋、水泥墙、管道、木料以及其他的防洪设施应如何布设。同时他们还与美国国家气象局和美国地质调查局合作，为降雨量设定界限，达到这一界限值就能在焚烧过的区域产生泥石流。建立了一个行动方案，以警告过火区附近的居民可能发生泥石流。通过社区会议、通信报道和其他的一些项目，教育居民学习一些关于国家气象观测和预警系统的知识，如告诫他们要避免在高危险性的街道上驾车；在哪里装设管道和木料障碍物；预报有暴雨时，如何从家中疏散等。准确的天气报告，对防灾工作非常重要。因此，补充了 50 多个志愿人员组成观测网络，并对他们进行培训，将地面的天气情况报告给气象局。虽然火灾后的第一个冬天非常干旱，没有下多少雨，但是还是产生了泥石流，造成了较小的财产损失。由于没有注意，暴雨诱发的泥石流砸死了 2 个人，这次悲剧发生后，通过录像带"危险，泥石流！"来教育年轻人，使他们知道当地山区"火灾-山洪"循环的道理。1994～1995 年冬，是加利福尼亚州近代历史上最潮湿的冬天之一。然而尽管发生了大暴雨，奥尔塔迪那和基内洛阿地区并没有造成严重的财产损失。当地政府、社区志愿团体和当地居民对减灾工作付出了极大的努力，结果是非常有效的。1995～1996 年冬天，当地的植被重新生长起来，社区正在健康地恢复。由于共同合作，这些社区现在具有较高的总体防灾能力，并加强了内聚力。居民共同工作，预防次生灾害，并取得了成功。当下一次自然灾害袭击时，奥尔塔迪那和基内洛阿社区应对自然灾害将会准备得更好。

主要参考文献

郭跃. 2005. 澳大利亚灾害管理的特征及其启示. 重庆师范大学学报（自然科学版），22（4）：53-57
郭跃. 2013. 自然灾害与社会易损性. 北京：中国社会科学出版社
金晓霞. 2011. 社区减灾迈步前行. 中国减灾，9（5）：20-21
李茂松，李森，李育慧. 2003. 中国近 50 年旱灾灾情分析. 中国农业气象，24（1）：7-10
维尔基纳. 2004. 美国加州社区如何预防次生灾害// 联合国国际减轻自然灾害十年论文精选本论文集. 北京：中国灾害防御协会

郑大玮. 2015. 灾害学基础. 北京：北京大学出版社

中华人民共和国住房和城乡建设部. 2008. 建筑工程抗震设防分类标准. 北京：中国建筑出版社

中华人民共和国住房和城乡建设部. 2010. 建筑抗震设计规范. 北京：中国建筑出版社

周成虎. 2017. 精准扶贫与防灾减灾. 中国减灾，（18）：22-23

Blaikie P，Cannon T，Davis L，et al. 1994. At Risk: Natural Hazards，People's Vulnerability and Disasters. London: Routledge

Bouchon M，Hatzfeld D，Jackson J A，et al. 2006. Some insight on why Bam （Iran） was destroyed by an earthquake of relatively moderate size. Geophysical Research Letters，33（9）：370-386

Fothergill A 1998. The neglect of gender in disaster work: an overview of the literature// Enarson E，Morrow B H. The Gendered Terrain of Disaster: Through Women' Eyes. Westport: Praeger Publishers

Hilton K. 1985. Process and Pattern in Physical Geography. 2nd ed. London: University Tutorial Press

IFRCRCS. 2002. World Disasters Report 2002: Focus on Reducing Risk. Geneva: International Federation of Red Cross and Red Crescent Societies

Khan F，Mustafa D. 2007. Navigating the contours of the Pakistani hazard-scapes: disaster experience versus policy// Moench M，Dixit A. Working with the Winds of Change: Towards Strategy for Responding to Risk Associated with Climate Change and Other Hazards. Kathmandu: Pro Vention Consortium，193-234

McKee K L. 2011. Biophysical controls on accretion and elevation change in Caribbean mangrove ecosystems. Estuarine，Coastal and Shelf Science，91（4）：475-483

McIvor A L，Möller I，Spencer T，et al. 2012. Reduction of wind and swell waves by mangroves. CFA Newsletter，86（7）：414-424

Middleton N，O'Keefe P. 1998. Disaster and Development: The Politics of Humanitarian Aid. London: Pluteo Press

Paul B K. 2011. Environmental Hazards and Disasters: Contexts，Perspectives and Management. Chichester: John Wiley & Sons，Ltd

Reason J T. 1990. Human Error. Cambridge: Cambridge University Press

Smith K，Petley D N. 2009. Environmental Hazards: Assessing Risk and Reducing Disaster. 5th ed. London and New York: Routledge

Verdone M，Seidl A. 2017. Time，space，place，and the Bonn Challenge global forest restoration target. Restoration Ecology，25（6）：903-911

第十一章　灾害损失的转移

　　灾害和风险损失的调整是社会对灾害的直接受害者实施人道主义的关怀。这些措施本质上是对分担灾害损失的设计，而不是为了直接减少灾害损失。但是通过灾害损失的社会分担，可以减轻和弥补灾民和灾区的一些损失，及时救助灾民，帮助灾民和灾区恢复生活，重建社会。所以它们也是降低灾害风险、减轻灾害损失的重要措施。

　　灾害和灾害风险损失的转移通常包括两部分内容：一是灾后的紧急援助分散自然灾害造成的损失，减轻灾区损失的负担；二是通过灾前的灾害保险方式，来调整和转移灾害损失。

第一节　灾　害　救　助

　　灾害救助是国家或社会对因遭遇各种灾害而陷入生活困境的灾民进行抢救和援助的一项社会救助制度，也是减少灾害损失或灾害补偿的一种措施，其目的是通过救助，使灾民摆脱生存危机，同时使灾区的生产、生活等方面尽快恢复正常秩序。

一、灾害救助的意义和任务

（一）灾害救助是人道主义的关怀

　　灾害救助是灾害发生后为保护生命、保护健康、保护物资和保护自然安全而采取的社会行动，它是在灾害发生后人道主义的关怀（Darcy and Hofmann，2003）。在道德层面上，这是很值得嘉奖的一种社会行动，富国对贫穷国家的灾害援助，是国际社会对贫穷国家的回报，通过援助减灾也是促进区域发展的积极措施。尽管对于突发性的灾难，援助是一个必要的社会响应，但它也不能完全改善经济和世界各地的社会差距，也不能替代灾害的易损性响应。总之，救助不是理想地减少灾害的长久之计，它只是人道主义关怀。灾难援助通过政府、非政府的慈善组织和私人捐助者流向受害者，在灾害救助方面，非政府组织扮演了一个重要的角色。

（二）灾害救助维护了社会安定

　　自然灾害不仅直接破坏生产力，影响经济的发展，而且还影响社会的安定，甚至引起社会的动乱，阻碍社会的进步与发展。因为自然灾害及其引起的灾荒，能激化固有的社会矛盾，增加社会的不安定因素；灾害大量毁坏人类的财富，制造贫困，威胁人类的生存，危害社会的安定；灾荒能给人们的精神和心理上带来深重的创伤和压力，导致人心不稳，冲击社会的稳定机制。在中国历史中，灾荒救助的失败往往成为一些王朝覆亡的重要诱因。农民起义的发生，无论其范围的大小或时间的久暂，无一不以灾荒为背景，无一不以饥饿的灾民抢米、分粮为斗争的前奏（郑功成，1992）。当前，构建和谐社会已经成为国家既定的社会发展目标，以人为本已成为执政党与政府施政的核心理念，这其中的一个重要方面就是减少自然灾害、事故灾害等突发性事件造成的损失，从而减少社会不安定的因素。近三十年来，非洲持续干旱，千百万人挣扎在死亡线上，导致非洲国家政局不稳，已发生六十多次政变。当然，有灾不一定有荒，有荒不一定就引起社会动乱，这取决于救灾工作开展得有力与否。可见，救灾工作是极其重要的。

（三）灾害救助具有重要的政治意义

我国是一个发展中国家，经济生活对自然因素的依赖性较大，对自然灾害的承受能力较弱，救灾工作的任务相当艰巨，做好救灾工作的重要性更加突出。从社会活动能力看，由于自然灾害具有突发性、毁灭性、广泛性和失序性等特征，作为独立个体的个人或组织的抗御能力和自我恢复能力往往极弱。只有政府才能迅速调动大量的人力、物力、财力，完成各种资源的集中和整合，有组织、有计划地实施大规模的救助，政府理应处于提供灾害救助的核心地位。从经济角度看，公民对国家履行了纳税的义务，政府作为公共产品的生产者、公共服务的管理者和供给者，有责任在公民遭遇灾害时提供"灾害救助"这项公共产品。另外，我国是建立在生产资料公有制基础上的社会主义国家，政府有义务向灾民提供灾害救助，这是国家作为公众所有权代理者而须向作为所有权委托者的公众提供的"所有权收益"的一部分。救灾工作做好了，不仅能促进灾区生产的恢复与发展，保障经济建设顺利进行，维护社会的安定团结，而且还能够体现社会主义制度的优越性。总之，从政治上看，做好救灾工作都具有重要的意义，是关系到国计民生、社会主义经济建设的大事，必须予以高度重视。

（四）灾害救助的主要任务

"以人为本，救人第一"是灾害救助行动最重要的原则。本着维护生命安全的理念，灾害救助的主要任务有：

首先是灾后紧急救援任务，包括在灾区搜救幸存者、遇难者，处理危机事件；紧急转移受困灾民，将处于灾害威胁的人员和财产及时转移到安全区域，同时要注意对灾民的情绪安抚，妥善解决灾民的吃饭、穿衣、临时住所、饮水以及临时生活必需品等困难；医疗救助应及时跟上，救生要很及时，一般都应该在灾害发生后的 $2\sim6h$ 内紧急救援，约 90% 困在地震中的生命都是在灾害发生后的 24h 里被挽救出来的，同时应立即设立医疗救助点，及时提供医疗保障服务。一些灾害，像洪灾，时常会引起如腹泻、呼吸病等健康问题；其他的灾害，如地震和人为技术事故，易产生像骨折和心理创伤等新的问题，所以医疗救助服务包括伤病的抢救治疗和卫生防疫两方面的工作，应保证所有受灾人员均能接受基本医疗救助，卫生防疫要确保灾后无大疫情发生。

其次是灾后的恢复的任务，这主要涉及灾区灾民生命、生活以及基础设施的再建，还包括从心理咨询到支持网络的一切事物，这些工作的目的就是要提高灾区社会的精神面貌，确保幸存者能够在决策未来和规划未来时发挥自身主人公的作用。

再次就是灾后重建任务，灾后重建是长时期的任务，一般要十年左右的时间，由于灾后恢复过程较慢，有时很难区分紧急救援和长期发展援助的不同，政府希望能将紧急捐助资金与持续的贸易和投资决策协调使用。现在，许多慈善机构更重视灾害的预防而不是灾害的紧急救助。一些发展中国家已经意识到，自然灾害是复杂的应急事件的一部分，现在他们更加关注教育、健康和福利的长远发展。世界银行的战略投资助推这类建设，实施可持续的乡村发展项目，帮助发展中国家地区的发展能力建设。

二、灾害救助的特征

（一）灾害救助的紧急性

由于各种灾害的发生大都具有突发性（除旱灾外）和危害性，遭遇灾害的社会成员可能迅即陷入生活困境之中，甚至倾家荡产、流离失所、人身伤亡。大面积的自然灾害或其他重大灾难等又往往极易造成疫病流行，如果国家和社会不紧急实施救助，遭遇灾害袭击的社会成员就有可能非正常死亡、外出流浪等，灾区社会也会因此陷入危机并进而影响到其他地区的稳定。因此，实施灾害救助必须将各种救灾实物或服务资源迅速运往灾区，以及时解决灾民的生存危机，并将灾害造成的后果减小到最低程度。为提高救灾工作的应急反应能力，及时、高效地做好救灾工作，一些国家和地区纷纷制定"自然灾害应急措施"，以确保达到更好的救灾效果。

（二）灾害救助内容与手段的多样性

由于各种灾害造成的后果是多方面的，包括人身伤亡、财产损失、基础设施损毁以及疫病流行等，灾害救助的内容与手段也必须是多种多样的。灾害救助不仅包括对人的救助，还包括对物的转移和保护；不仅包括衣、食等基本生活用品的救助，还包括医疗服务等特殊救助；不仅包括对灾民个人的救助，还包括对灾区社会的救助；不仅包括对灾民身体和物质财富的保护，还包括缓解灾民的心理压力，帮助他们重建信心。从灾害救助的具体内容上来看，这种广泛性更明显。

（三）灾害救助对象的复杂性

灾害救助的对象可以简单分为灾区居民和灾区社会，但在实际救助工作中，必须考虑到灾民个体的复杂性和灾区社会关系的复杂性。灾民在灾害的冲击下，平时的追求、乐趣、目标、心理、行为等都被破坏，无论是在心态方面，还是在行为方面，都表现出异常复杂的特点。而灾区社会正常的社会关系在灾害中受到冲击和影响，社会集体整合受阻，可能出现社会状态紊乱、社会控制力降低等复杂的社会现象。因此，对灾民和灾区社会的救助是比较复杂和困难的。

（四）灾害救助的不确定性

由于灾害无法事先确定，灾害救助也不同于其他社会保障制度的安排可以事先计划并按照确定的方案开展。灾害救助的不确定性体现在：一是灾害发生的不确定性，即灾害发生的时间、地点是不确定的，灾害救助也无法事先确定救助的时间与地点；二是灾害的损害后果是事先无法确定的，所需要的救助资金也是不确定的，虽然政府每年均有救灾的财政预算，但具体需要多少，政府需根据具体的灾情来决定；三是救助的形式具有不确定性，它需要在灾害发生时根据不同灾民的受灾程度及需要进行具体选择。因此，灾害救助在形式上是一种预防性的社会保障制度安排，在实践中需要临灾应变，救助的针对性越强，救灾的效果越好；反之，即使投入大量人力、财力，救灾的效果也可能不好。

灾害救助的上述特征表明，国家既需要将灾害救助制度化并有常备不懈的应急机制，也要积累经验，有临灾应变之策；既要有财政专款作为经济后盾，也要有救灾物资储备做物质基础。

三、灾害救助的主要模式

世界各国通过长期的减灾救灾实践，逐步建立并形成适合本国国情的灾害救助体制机制。虽然自然地理、灾害背景和国情千差万别，但总体看，各国的灾害救助模式大致可分为以下三类（周洪建，2016）。

（一）政府主导型救助模式

在一些历史悠久的传统大国，如中国、印度、俄罗斯，国家长期以来就将灾害救助作为政府的重要使命，灾害救助是治国安邦的重要制度和措施，并建立和发展了一套有自身特色的灾害救助制度和体系。从现代化治理层面来看，这些国家的市场经济还不够健全，为减灾救灾的金融保险制度也不完善，市场机制无法在资源配置中发挥有效作用。在中国、印度等国家，灾害保险制度尚不完善，目前主要推动开展政策性农业保险和住房保险，巨灾保险制度仍然缺失，政府在灾害救助中起主导作用，社会力量协同政府开展各项救助。

（二）政府与市场导向相结合型救灾模式

在发达国家，市场经济较为成熟，为应对灾害，其建立了相应的金融支持政策和灾害保险制度，政府和社会协同开展灾害救助工作。

在比利时和荷兰，通过法律安排分配国家灾害救助基金，当然，并非所有的金融援助都是直接给予的形式，大多是免税的可支付的贷款。绝大多数金融救助方案都有这样一个惯例，即当灾害影响超过一定临界值，国家灾害救助基金按一定比例支持地方的救灾花费（Smith and Petley，2009）。

在英国、墨西哥等国家，灾害巨灾保险以市场化运作为主；英国洪水保险业务全部由私营保险公司提供，风险也全部由保险公司承担，政府不参与洪水保险的经营管理，不承担洪水风险损失赔偿。

在美国，联邦政府建立了灾害救助基金，往往是根据每年国内生产总值的一定比例提取，这部分资金由相关的救灾主管部门实施统一管理，在需要的时候发放给灾区。应受灾州州长的请求，总统可以签发一个正式的灾害声明，在经济上帮助受灾地区的救灾。通常联邦灾害声明发放的经济援助可以达到公共建筑和非营利设施维修或重建费用的 75%。1980~2005 年，美国就发布了单独与天气有关的总统灾害声明 67 个，平均每一个灾害声明要花销 10 亿美元，2005 年的"卡特里娜"飓风，联邦政府动用了 160 亿美元救助资金，这是美国历史上损失最为严重的灾害。美国的联邦灾害救助可分为两类：一是公共援助。这类支出主要是用于受灾地区基础设施的建设。二是个人援助，这部分主要是用于对人们的生活援助，如为受灾人群准备临时住所，或是为灾民修缮房屋提供款项。管理方面，美国实行从联邦政府到各州、市政府分级管理，各自承担，各负其责，各方往往会制定充足的紧急救灾资金预算。为应对灾害救助的压力，美国还针对洪水、地震等灾害建立了较完善的灾害保险制度，灾害保险也为灾害救助提供了重要的资金来源，市场机制在灾害救助中发挥了重要作用。2012 年 11 月，"桑迪"飓风突袭美国，灾害保险赔偿超过 150 亿美元，灾后除启动保险赔偿机制外，立即宣布东部多个州进入紧急状态，国土安全部、联邦应急管理局等政府部门及时动用联邦资源投入救灾，出台强有力的应对措施，美国红十字会等非政府组织全力协助开展巨灾救助工作，为受灾民众及时提供帮助，虽然飓风仍造成令人震惊的巨大破坏，但民众普遍认为应对得力。

在日本，政府和商业保险公司共同参与灾害保险。日本于 1966 年颁布《地震保险法》，并据此逐步建立了由政府主导、政府与商业保险公司共同参与的地震保险制度。但灾害的救助中，政府还是主要力量，日本建立了较为完善的救灾资金体系：首先是灾前的资金准备充足，日本各级政府都准备了专门的灾害预算。这些预算将作为科研、灾害预防、国土安全、灾害重建四个方面的储备资金。建立复兴基金，即将地方政府的财政盈余、投资收益、个人和居民的捐款等投入基金，基金产生的盈余保存下来。如果发生了灾害，复兴基金可被用于应急响应、灾民救助和灾后重建等方面。然后是应急阶段的财政救助受到《灾害救助法》的保障，这一阶段的费用可根据具体情况进行调整。最后是过渡期，这一阶段的救灾分为几种。一是灾害抚恤慰问金，由各级政府共同负担，其中都道府县政府负担主要部分，中央政府也会承担部分，其余的由市町村政府自行解决；二是生活再建支出，分为无偿的财政支付和救助性质的贷款两种形式，其中无偿的财政支付主要是对灾民的住房修缮提供支持，由中央政府和地方政府各承担一半。三是对受灾地区教育和就学方面的抚慰支出。四是中央和地方政府在能力范围之内对受灾地区进行税收减免。2011 年日本福岛"3·11"地震，日本内阁从年度预备金中调拨约 302 亿日元，作为救灾物资支援费用。

（三）国际援助主导型救灾模式

国力较弱的广大发展中国家面对特大自然灾害，往往因国内救灾资源所限，以接收国际人道主义援助为主（为受灾国提供有限的资金支持），受灾政府只能为特大灾害救助工作提供有限人力和物力支持。

2004 年底印度洋特大地震海啸灾害、2005 年南亚 7.6 级强烈地震、2007 年孟加拉国的强热带风暴"锡德"、2008 年缅甸的强热带风暴"纳尔吉斯"、2010 年海地 7.0 级地震和巴基斯坦的特大洪涝等巨灾，对印度尼西亚、斯里兰卡、孟加拉国、缅甸、巴基斯坦、海地等国造成巨大破坏。由于受灾国政府资源和社会资源均极其有限，一时难以应对如此规模的灾害，国际社会提供的人道主义援助对各受灾国开展救助工作至关重要。2004 年 12 月印度洋地震海啸灾害发生后，仅中国政府就向各受灾国提供总额近 6.9 亿元的人道主义资金援助。2010 年 7 月巴基斯坦洪涝灾害发生后，中国政府向巴方提供了 1.2 亿元的救灾物资援助；2011 年东非发生严重旱灾，埃塞俄比亚、索马里、肯尼亚三国受灾最为严重，并导致大范围饥荒，其中埃塞俄比亚 1300 万人需食物和饮水救助（全国总人口 9013.99 万人），索马里全国一半人口需救助（总人口 1240 万人），在如此巨灾面前，因国力薄弱，巨灾救助以接受国际人道主义援助为主，其中中国对旱灾严重的埃塞俄比亚等东非国家提供了 4.5 亿元紧急粮食援助。

四、灾害的国际救援

自然灾害的国际援助主要有两种类型，一是由双边提供的人道主义援助（政府间的直接捐赠，或通过非政府组织间接提供）；二是多边提供的人道主义援助（通过欧盟、世界银行和联合国各机构等国际机构提供）。

（一）国际灾害救助相关机构

国际社会开展大规模的减灾救灾的行动可以追溯到第二次世界大战以后实施的马歇尔计划。该计划旨在帮助战后欧洲国家救助灾民、恢复经济和市场供给。随后，一些人道主义的国际机构成立。1946年，联合国国际儿童紧急救助基金会即现在的联合国儿童基金会成立；1961年，联合国粮农组织的世界粮食计划署决定成立；1972年，为了动员、指导和协调世界范围的国际灾害援助行动，联合国成立了总部在日内瓦的联合国救灾组织；1992年，联合国设立的人道主义事务署替代了联合国救灾组织；1998年，联合国人道主义事务协调办公室又替代了人道主义事务署；2000年，联合国又建立了一个减灾协调机构——联合国国际减灾战略秘书处。除这些机构外，联合国还有机构也承担减灾救灾的任务和活动，如联合国开发计划署，联合国环境规划署，联合国人居署，联合国区域发展中心，联合国教育、科学及文化组织，联合国和平利用外层空间委员会，以及世界银行，世界卫生组织，世界气象组织等。

此外，还有其他的救济机构存在。例如，空间与重大灾害国际宪章，这是欧洲空间局和加拿大国家航天局发起建立的减灾合作机制，该机制通过及成员机构的卫星资源，向遭受重大灾害的国家无偿提供相关的数据和信息，协助受灾国对灾害的监测和评估；亚洲备灾中心、亚洲减灾中心，它们为该区域国家和组织提供减灾救灾服务；美国的外国灾害援助办公室，澳大利亚国际发展援助局等救灾机构，也开展国际灾害的救援行动，欧盟通过欧盟人道主义协调办公室来协调成员国的灾害援助行为。目前，国际社会负责灾害管理与救援事务比较重要的机构有如下几个。

联合国国际减灾战略（UNISDR）是联合国系统中唯一完全专注于减灾相关事务的实体，由联合国主管人道事务的副秘书长直接领导，联合国国际减灾战略系统涵盖了各国政府、联合国机构、学术研究团体、专门机构、民间社会组织，以及普通大众参与减灾服务的机构，其主要目标为减轻灾害风险。其总部办事处设在瑞士日内瓦，在非洲、美洲、亚洲和太平洋地区、欧洲设有办公室，在纽约设有一个负责联络的办公室；联合国国际减灾战略的宗旨为减轻灾害风险和实施兵库行动框架调动政治资源和财政资源；发展和维护有活力的利益攸关方合作系统；提供减灾相关的信息和指导。其核心职能包括：协调联合国机构和有关各方制定减轻灾害风险政策、报告以及共享信息，为国家、区域以及全球范围的减灾努力提供支持；通过关键指标，如通过两年一次的全球评估报告监测兵库行动框架的实施，组织区域平台，管理全球减灾平台；为《兵库行动纲领》优先领域提供政策导向，特别是将减轻灾害风险纳入气候变化适应性；倡导和举办减灾活动及媒体宣传；提供信息服务和实用工具，如虚拟图书馆等，建立包含减灾良好实践、国家情况、大事件等数据库以及电子文档等；推动减轻灾害风险国家多部门协调机制。

联合国人道主义事务协调办公室（OCHA），是联合国秘书处的一部分。联合国人道主义事务协调办公室的宗旨是协调联合国在人道主义危机方面的援助，动员和协调国际社会的共同努力，特别是联合国机构，以协调统一的、及时的行动来救助那些置身于痛苦中的人们，减少灾难中物质被破坏等。这包括减少脆弱性，促进找到造成事实的根源的解决方法以及帮助从救济到恢复重建和发展的平稳过渡。其使命可归纳为三点：第一，协调国际人道主义回应；第二，为人道主义社区在政策发展方面提供支持；第三，宣传人道主义观点，替受害者说话，保证广大人道主义社区的观点和顾虑在恢复与和平建设的努力中被反映出来。其主要职能如下：消除由灾害或冲突引起的人类困苦；推进备灾和减灾工作；为受灾人群提供及时有效的国际援助；确保受灾害或冲突影响的人群找到应对挑战的可持续渠道；宣扬人道主义权利。人道主义事务协调办公室在紧急救济协调员的领导下开展工作。紧急救济协调员负责督察所有需要联合国人道主义援助的紧急情况，并承担所有政府部门、政府间机构、非政府组织参与的救济活动的总联络人的角色。紧急救济协调员由一位联合国副秘书长担任，由一名联合国助理秘书长协助工作，该助理秘书长担任副紧急救济协调员并主管国际减灾战略秘书处。在纽约和日内瓦设有总部，全球下设区域、次区域、国家级等 35 个办公室，将近 1900 名任职人员。OCHA 通过整体协调、政策导向、咨询建议、信息管理和人道主义资金援助等方面行使其协调人道主义事务的职责。

联合国人道主义事务协调办公室处理危机的一般程序是：在联合国层面，先由联合国灾害评估与协调队对灾害进行评估，然后根据联合国国际搜救顾问小组指导方针开展搜寻和救援，势必要动员受灾国家民事—军队部门配合以及后勤支持，同时充分利用各类涉及人道主义应对机构的信息渠道开展计划、应对协调和宣传工作。在国家层面，紧急救济协调员可指定 1 名人道主义协调员，与受灾国家政府、有关国际组织、非政府组织和受灾地区充分合作，确保最大限度地调动各类资源。人道主义危机发生后，由人道主义办公室管理下的共享基金可以立即为救援工作提供资金支持。这些基金在自然灾害发生后可提供食物、水和避难所等资金支持，还可为避难所内出生的婴儿提供可维持生命的营养品和医疗服务，以及向那些在紧急灾害中挣扎的人们提供基本生活必需品。

联合国人道主义事务协调办公室多年来一直关注、支持中国的救灾减灾工作，在有关框架下开展了很多卓有成效的合作。1998 年中国长江流域发生特大水灾后，该机构动员和组织国际社会向灾区捐赠款物合计 6330 万美元；2008 年四川汶川地震发生后，联合国人道主义事务协调办公室中央紧急应对基金提供了总额为 800 万美元的紧急人道主义援助（通过联合国机构分配），用于支持我国紧急救灾和灾后重建工作。

红十字会与红新月会国际联合会（International Federation of Red Cross and Red Crescent Societies，IFRC），成立于 1919 年。该组织是一个遍布全球的志愿救援组织，该组织现有 190 个成员方，是全世界组织最庞大，也是最具影响力的非政府组织。其宗旨是激励、鼓舞、协助和促进各国红十字会开展防止和减轻人类痛苦的各种形式的人道主义活动，从而为维护和增进世界和平做出贡献。其主要职责是负责协调各国红十字会、红新月会，跨国救援自然灾害的难民。红十字会与红新月会国际联合会的秘书处设在日内瓦，负责日常工作，秘书处秘书长为最高行政长官。该组织还设有 5 个地区办公室，并在全球设有许多代表处。秘书处负责处理日常事务及组织变动。联合会的最高机关是每两年举行一次的大会，由全体国家红十字会的代表参加。大会选举联合会主席。理事会由联合会主席和副主席、财务委员会主席，以及选举出的 20 个国家红十字会的代表组成。

（二）国际援助的基本程序

当一个国家发生的灾害超过本国的应对能力时，该国政府可以寻求国际援助，其基本程序是：①灾害发生国向联合国人道主义事务办公室或联合国在该国的驻地总协调员提供灾情信息；②联合国驻地总协调员向当地政府有关部门了解灾情；③联合国驻地总协调员向国际社会通报该国灾情；④灾害发生国政府向联合国驻地灾害管理小组进一步通报灾情和灾民需求；⑤灾害发生国政府发出要求援助的国际呼吁；⑥联合国灾害评估小组前往灾区核查灾情和了解需求；⑦灾害发生国政府草拟救灾援助计划；⑧接受国际援助物资和资金，安排医疗和搜救人员。

（三）影响国际紧急捐赈的因素

当一个国家发生重大自然灾害的袭击，本国实力难以支撑救灾急需时，只有寻求国际援助来帮助，呼吁国际紧急资金捐赠解决本国救灾的困境。然而，能够呼吁，并得到国际紧急捐赈数量的多少取决于众多因素。例如，突然暴发的灾害（如地震、台风、海啸）比缓慢产生的灾害（如干旱和饥荒）更容易吸引捐赈，与实际需要援助的灾民数量关系不大（Olsen，2003）。但关键因素有三点：媒体覆盖的强度、政治利益的程度（外交政策、殖民地属关系）和相关国家国际救灾机构的力量。

2004 年印度洋海啸灾难得到了历史上最大的国际灾害捐助——135 亿美元，在这里，媒体起了重要的作用，因为受灾地区是媒体记者熟悉的度假地方。但媒体记者也时常忽视产生于贫穷和疾病隐藏的危机，他们主要关注的是有大量人员伤亡或者有良好照相机会的事件（Ross，2004）。

救灾援助是高度政治性的，也取决于援助机构的优先选项。美国对海外灾害援助分配的最重要的长期影响是外交政策，尽管国内因素如媒体报道也发挥了作用。在欧洲国家，救灾援助是最容易为前殖民地。粮食援助始于北美洲和欧洲的过剩生产机制。有许多例子表明，有些捐助是没有实际价值的。例如，将宗教或饮食原因不能接受的食物、过期的药品和缺乏技术支持或备件昂贵的设备捐赠到第三世界国家，过度慷慨的粮食援助会降低市场价格，扰乱一些最不发达国家的当地经济；从长远来看，它们可能会使接受国政府无法发展当地的农业经济。物流困难、道路贫瘠、交通不便，阻碍了向偏远地区分发食品和医疗用品，受灾国家政府的官僚作风和腐败现象也可能延误救灾物资的分发。

历史传统或资源驱动的援助重点仍然存在。国际援助工作者经常面临的困境是救灾如何才能变得更有效率？是向更少的受害者发放更多的物资，还是向更多的受害者发放更少的物资供应；最大的挑战之一是要有更多的地方信息和正确的分析，在适当的时间，将适当的数量物资，能够提供给最需要的人（Maxwell，2007）。大多数观察家认为，援助需要更仔细精确的目标。为了实现这一目标，需要更好地查明面临最大风险的人群，建立更好的预警系统，特别是在涉及粮食短缺的灾害情况。更多的培训，以及长期保留援助人员将有助于（特别是在第一个"黄金时间"里）更好的灾害应急反应和救援。

国际援助中最重要的是，国际捐助者和援助机构需要改变他们对"受害者"和"失败国家"的看法，并准备为区域机构和当地社区提供更多的救灾自主权，这是一个尊重和责任的问题，国际救援机构可以继续自己的程序，但国际援助机构缺乏当地技能方面的专门知识，也不了解当地长期的需要。以货物形式提供的援助的传统分配（如食品、毛毯和住房材料），在现在受到了社会的批评，只要有保障措施来限制腐败，就会越支持以现金为基础的援助措施，因为在可能的情况下，人们可以在当地购买自己需要的商品。以现金为基础的干预措施为受灾灾民的恢复提供了更大的尊严和灵活性（Mattinen and Ogden，2006），也从捐助者推动的优先事项中解放了可能会扭曲偏远农村经济的援助。

五、非政府组织的紧急救助

非政府组织也是灾害紧急救援的一支重要的力量，在一些国家的国内救灾和国际灾害救援中都发挥一些积极的作用。例如，1994 年美国北加利福尼亚州地区发生地震，袭击了人口稠密的洛杉矶地区，但人员伤亡仅 61 人，而非政府组织防灾救灾的全过程参与，在人员疏散和安置中发挥了巨大的作用。1967～1999 年，澳大利亚共发生自然灾害 265 次，平均每年约发生 8 次自然灾害。但幸运的是，灾害造成的死亡人数并不多，总数大致为 560 人，这也是与澳大利亚健全的灾害管理系统和完善的非政府组织体系分不开的。澳大利亚有众多的非政府组织，主要有澳大利亚红十字会、澳大利亚应急服务中心（State Emergency Service，SES）以及澳大利亚基督国际复明会等。在国际救援中，非政府组织也可以发挥积极作用，2010 年 1 月 12 日发生的海地地震，当地政府的灾害管理能力受到了巨大的冲击，几乎处于瘫痪的边缘。在海地地震救援中，各国的非政府组织，志愿者组织和联合国的减灾组织等，发挥了巨大的作用，弥补了海地政府在防灾救灾职能中的缺失。

（一）非政府组织

非政府组织（non-governmental organization，NGO），或称非营利性组织（non-profitable organization，NPO）。世界银行把任何民间组织，只要它的目的是扶贫济困、维护穷人利益、保护环境，提供基本社会服务或促进社区发展，都称为非政府组织，是政府组织与经济组织以外的组织形态。这类组织的基本特点：①它们不代表政府或国家的立场，而是来自民间的诉求；②它们把提供公益和公共服务当作主要目标；③它们有自己的组织机制和管理机制以及独立的经济来源；④它们的成员参加组织完全是自愿，而不是迫于无奈；⑤它们不以取得政权为目标，也不从事宗教活动。NGO 不是政府，不靠权力驱动，也不是经济组织，不靠经济利益驱动。NGO 的原动力是自愿精神。

在灾害救助中，NGO 的角色是协调和帮助，让公民自主参与到 NGO 的项目决策、实施、监督和评估的过程中，重视当地人的参与，以项目带动当地人的自主思考和自主行动；在救援中以弱势群体为目标人群，参与能够帮助制定出符合该群体的有效救援和服务方案，对政府的相关决策产生影响，促进救援和重建工作更加仔细和全面，避免政策死角的出现。

世界著名的 NGO 组织有：红十字会与红新月会国际联合会、国际慈善总会、国际人道救援组织、绿色和平组织、无国界卫生组织、国际爱护动物基金会、美国福特基金会、英国救助儿童会、日本笹川和平财团，以及一些双边和多边组织、跨国公司和非营利性组织，甚至还有个别的私人部门等。

（二）非政府组织灾害救助的优势和困难

1. 组织灵活、时效性高，便于即时救灾

NGO 组织十分重视权力下放、赋权和团队合作。团队拥有清晰的责任范围，但却能保持弹性，整合知识和信息，激发成员的能动性和自我管理能力，可以开展相对非正式的工作，打破层次和部门之间的界限，提高工作效率。这样的组织结构优势十分符合应急救助中所需的快速反应、丰富的基础信息等特征，在巨灾发生后，显得尤为珍贵。

非政府组织组织形式灵活，大可到全球性的组织如国际红十字会等，小可到一个志愿者组织几百人甚至几十人，只要是从事防灾减灾，无论大小；广泛吸纳社会成员，使防灾减灾成为大众化，公共参与的社会活动，使公民意识到防灾减灾人人有责。非政府组织参与救灾的时效性较高，由于组织灵活，深入群众，人们广泛参与，可以在灾害发生后迅速投入到灾害救助中，引导公众进行避灾，自救互救。与政府组织相比，非政府组织反应迅速，能第一时间参与救灾（即灾害发生后 72h 被认为是非常关键的时间，又被称为救灾的黄金时间），及时组织灾害救援，减小灾害的损失。非政府组织及时救灾，可以把握住救灾的最佳时机。例如，在澳大利亚灾害发生时许多非政府组织机构和民众参与救灾行动，在各个州，除了正规的消防队、警察、专业的救灾队之外，有很多本地的非政府组织，当地民众以志愿者的形式，就地参与救灾，避免了远距离的救灾队伍或其他非政府组织因时空距离的差距导致救灾时机的错失。在澳大利亚，大约有 50 万训练有素的志愿者和非政府组织参与防灾减灾，约占其总人口的四分之一。可见，澳大利亚非政府组织及志愿者是防灾救灾的主要力量，他们来自社区，服务社区，极大地推动了社会力量在防灾减灾中的作用。

非政府组织的灵活性有利于加强灾害信息的沟通。灾害发生后最重要的就是灾害信息的传递，及时和外界联系，报告灾害基本情况，以便提供政府的救灾部署。如 2008 年 5 月 12 日四川省汶川发生地震后所有信息中断，外界难以了解灾情，难以合理部署救灾计划。而非政府组织在防灾救灾中有一定的专业素养，可以准确报告灾情，为政府或其他防灾减灾部门提供依据，以最快的速度实施灾害救助，降低灾害损失。

2. 形式多样、联系紧密，便于救灾合作

非政府组织的组建比较灵活，当今世界存在着成千上万的非政府组织，从事于环保、防灾救灾等很多领域。在全球化的背景下，人类之间的联系越来越密切，非政府组织参与防灾救灾的渠道也在不断拓宽。例如，四川汶川地震中，各种非政府组织，志愿者组织和志愿者个人，从四面八方赶到灾区，参与救灾。这也是中国真正意义上的非政府组织参与的救灾活动，以后每年的 5 月 12 日被定为国家防灾减灾日。同时还有世界各国政府及非政府组织纷纷救灾援助。据不完全统计，汶川地震中有来自中国香港、中国台湾、日本、俄罗斯、韩国、新加坡等很多地区的非政府组织直接参与救援，接受了红十字会国际委员会、联合国儿童基金会、国际奥林匹克委员会等许多非政府组织机构的紧急物资援助。所以，现在的灾害管理体制，要打破以前政府单一的防灾救灾方式，接纳全社会、全球资源去应对灾难的发生。全球化加强了国家与国家之间、人与人之间的联系，使全球合作防灾救灾成为可能。非政府组织不受国界的约束，能较好地参与全球合作，在灾难发生后，能以最快的速度参与救灾。

非政府组织在防灾减灾中起到了不可忽视的作用，是全球防灾减灾体系中的重要组成部分。然而，非政府组织参与灾害管理，还不完全成熟，存在着一些困难和问题：①法治建设不完善、管理不规范。由于非政府组织的志愿性、非营利性，非政府组织的法律监管程度不高，约束力不强。除了较大的国际性的非政府组织有完善的法制管理体系之外，许多地方的非政府组织并没有详尽的法律管理体系。这就导致了非政府组织在管理运作中存在一定的混乱，给危急救灾带来风险。完善非政府组织的法制管理，加快制定相关法律法规，是防灾减灾的有力保障，只有在法治保障的前提下才能够合理部署防灾救灾工作。同时非政府组织的注册成本高、注册率不高，难以有政府和法律的保障，导致民众对非政府组织的可信度不高，给灾害宣传教育和灾害救援中带来困难。所以应降低非政府组织的运作成本，加强对其监管，使非政府组织成为防灾减灾中的重要力量。②融资困难、专业化不强。非政府组织无论是从事防灾教育，还是灾害救助都需要充足的资金和物资作为保障，否则难以达到良好的防灾减灾目的。但是，目前非政府组织参与灾害管理的另一个困境是资金、物资困难，非政府组织是属于非营利性和公益性的社会组织。其资金来源主要是来自社会的慈善、募捐等，但是由于大多非政府组织并没有注册，其合法性遭到质疑，缺乏公信度，社会融资困难，也难以得到政府的资金支持，使得一些非政府组织运行举步维艰，难以维持，降低了其在关键时刻，参与灾害管理的作用。由于资金来源不稳定，缺乏社会资金，一些非政府组织难以接纳稳定的社会人员，难以从事专业化的技术培训，使得在防灾救灾中热情有余而专业化水平不高。③缺乏统一指导、与政府难以统一协调。非政府组织参与防灾减灾缺乏统一的指导，出现相对混乱的状态，缺乏非政府组织与非政府组织之间，非政府组织与政府之间的相互沟通和统一协调，造成大量的资源浪费，贻误救灾时机。由于非政府组织的自愿性和公益性，在参与防灾救灾中，缺乏统一管理，使得在灾害救援中各自为政，难以达到资源的最优配置。一旦灾害发生，难免出现资源配置不合理的现象，最需要救灾物资的地方，可能难以保证。这就要求政府和非政府组织在救灾中要统一协调部署，合理安排救灾人员和救灾物资，削减内耗，提高灾害管理的统一性。非政府组织不但要和政府组织相协调，也要和世界其他国家的非政府组织相联合，提高非政府组织参与防灾救灾的国际性，参与国际合作，不断地吸取经验以提高自身的防灾减灾能力（赵振江等，2011）。

六、我国的灾害救助

历史上，我国是一个多灾多难的国家，历朝历代的统治者都把灾害救助作为治国安邦的一个重要策略，形成了一套以救助和赈济为特色的救灾模式（郭跃，2016）。中华人民共和国成立后，我国政府高度重视自然灾害的管理工作，长期以来，一直就将灾害救助作为自然灾害管理工作的重中之重。

（一）我国灾害应急救援的体制机制

目前，我国已建立起了大灾由中央政府直接指挥，统一部署，地方各级政府分级管理，各部门分工负责，军队积极参与，以地方为主，中央为辅的灾害应急救援体制。对于国家级和省级来说，这种响应主要体现在各部门在分别落实救灾责任的同时，进一步加强综合协调；对于地市县级政府来说，响应重点是落实本级政府抗灾救灾的职责（李保俊，2004）。应急管理部是我国救灾、减灾工作管理的综合部门，承担着组织、协调救灾工作，核查灾情、发布灾情，管理、分配中央救灾款物并监督使用等职能。

针对灾害应急管理，国家开展了灾害应急预案的制定和实施工作，为规范自然灾害救助工作，保障受灾人员基本生活，中华人民共和国国务院于 2010 年 7 月 8 日发布《自然灾害救助条例》。国务院办公厅于 2016 年 3 月 24 日公布《国家自然灾害救助应急预案》，要求各级政府都要编制自然灾害救助应急预案，内容包含自然灾害救助应急组织指挥体系及其职责；自然灾害救助应急队伍；自然灾害救助应急资金、物资、设备；自然灾害的预警预报和灾情信息的报告、处理；自然灾害救助应急响应的等级和相应措施；灾后应急救助和居民住房恢复重建措施等。

面临我国防灾救灾的严峻形势，我国政府建立了一支强大的减灾防灾队伍。在抢险救援方面，军队、武警、公安民警和民兵预备人员以及专业应急救援队（如国家地震灾害应急救援队、消防救援队、海上搜寻救援队等）是救灾工作的主力军，他们快速的反应、高效的行动、有力的保障，可保证迅速投入灾害一线，承担了最艰难险重的任务。在灾害救助上，从中央到省、地、县、乡五个层次数万人的专职救灾管理人员和职工，他们是从事灾害应急救援和灾后恢复重建管理的主要力量。社会公众既是救灾工作的保护对象，也是社会动员机制的主要依靠力量，中国防灾减灾志愿者队伍正在逐渐发展壮大。

我国建立了救灾工作分级负责、救灾资金分级负担的救灾管理体制。对于一般自然灾害，中央和地方财政都有救灾资金预算，在国家现行预算管理体系内安排救灾资金；对于特别巨大的自然灾害，经国务院批准可设立专门的救灾资金。当地方遭受特大自然灾害，超过地方政府应对的能力，中央可予以适当补助。中央救灾资金应由省人民政府向国务院申请，同时，省级民政、财政部门向中央民政部、财政部提出书面申请。目前，中央政府对地方抗灾救灾工作的补助资金有：中央自然灾害生活救灾资金（包括灾害应急救助资金、灾民倒房恢复重建补助资金、旱灾临时生活困难救助资金、受灾人员冬春临时生活困难救助资金）、特大防汛抗旱补助资金、汛前应急度汛资金、水毁公路补助资金、卫生救灾补助资金、文教行政救灾补助资金、农业救灾资金、林业救灾资金等。我国中央救灾资金的投入随着我国社会经济发展和人民生活水平提高而逐年增长。从 20 世纪 90 年代上半期的年均 14.84 亿元，提高到 90 年代后半期的 21.35 亿元。2000～2007 年增加到 38.92 亿元，2007 年达到 50.39 亿元。2008 年，我国四川汶川地震发生后，中央财政投入 734.57 亿元，地方财政投入 74.79 亿元。

为灾害应急打好人力、物力基础，国家加强物资储备仓库建设。1998 年以来，新建和扩建了 13 个中央救灾物资储备仓库，全国所有的省，98%的市和50%的县都设有救灾物资仓库，国家救灾物资储备体系逐步完善。同时，为确保在重大自然灾害来临时，物资能够及时抵达灾区、受灾人员能够得到妥善安置，大力加强救灾装备建设。2004 年，中央财政安排 2 亿元转向资金，为中西部 1105 个县，配备了救灾专用车辆。

（二）我国重大自然灾害应急救援的案例

发生在 2008 年 5 月 12 日下午我国四川汶川的地震是 1949 年以来遭遇的破坏性最强、波及范围最广、救灾难度最大的一次地震，震级达里氏 8 级，最大烈度达 11 度，造成 4625 万人受灾，69227 人遇难、17923 人失踪，需要紧急安置的受灾人员达 1510 万人。

地震发生后，我国国家最高领导人在第一时间做出反应。胡锦涛总书记紧急批示。温家宝总理在地震灾区尚有余震、交通中断、通信中断的危急情况下，当天下午毅然飞赴灾区一线。在飞行途中，就成立了以温家宝总理为总指挥的国务院抗震救灾总指挥部，设立 8 个工作组，并在四川设立前方总指挥部，统筹协调抗震救灾工作。震后 1 小时，国家减灾委员会、民政部紧急启动国家应急救灾二级响应。随后，晚上 10 点将响应等级提升为一级响应。同时，国家还专门成立了"国家汶川地震专家委员会"和"抗震救灾专家组"，专门就应急救援、灾后救助、灾害评估、恢复重建等问题提供技术和专家支持（李宁和吴吉东，2011）。当晚 19 时，温家宝总理抵达成都后随即乘车前往震中地区。20 时许，在得知前方道路受阻的第一时间，温家宝率领指挥部在都江堰就地搭建的帐篷里召开指挥部会议。14 日下午，当第一批空降勇士成功着陆汶川的消息传来，温家宝又在第一时间搭乘直升机直飞震中汶川县城。从 12 日下午到达灾区至 16 日离开四川地震灾区返回北京，温家宝总理在四川灾区待了 88 个小时，他几乎跑遍了四川的所有地震灾区，辗转九次视察七地灾情，召开六次国务院抗震救灾指挥部会议，他用高效、迅速、果断的 88 小时赢得了抗震救灾的宝贵时间，也为中国赢得了世界的尊重。5 月 16 日，中共中央总书记胡锦涛抵达灾区，随即同先期抵达灾区的国务院总理、抗震救灾总指挥部总指挥温家宝共同研究部署抗震救灾工作。会后胡锦涛总书记又亲临灾区现场，看望和慰问灾区灾民和救灾官兵，指导救灾工作，极大地鼓舞了救援官兵的士气，增强了灾区人民战胜灾难的信心。

震后当天傍晚，成都市区上千辆出租车自发地奔赴都江堰灾区；晚上，武警四川总队阿坝支队向汶川灾区出发，空军两架伊尔-76运输机从北京起飞，运送国家地震救援队175人飞往灾区；深夜，中国人民解放军陆军军医大学紧急抽调联合应急医疗队赶赴四川灾区。军队和武警高级将领亲自率领军队和武警的救灾突击队直达震中灾区。震后2天内，参加紧急救援的解放军、武警兵力14.6万余人，民兵预备役7.5万余人，消防特勤、特警、边防等公安救援队伍1.7万余人，地震、矿山专业救援队5200人，他们冒着余震和次生灾害的危险，克服重重艰难，前往受灾县，3天内达到全部重灾乡镇，7天内到达全部受灾村庄，从废墟中抢救出生还者8.4万人，解救转移被困人员148.6万人。

地震后，灾区当地医疗机构的5.2万名义务人员立即投入医疗救治，全国各地1400名医务人员于地震当日紧急赶赴灾区，随后又陆续增派4万余名医疗、防疫人员。各方医疗队迅速进入各个重灾乡镇，为抢救伤员争取了宝贵的时间。通过设立野战医院、医疗点以及派出医疗队巡回诊疗，及时救治了大量伤员，最大限度降低了死亡率和致残率，向20个省的375家亿元安全转送了10015名重伤员。

震后当晚，民政部会同财政部向四川地震灾区紧急下拨2亿元中央救灾紧急资金，之后，根据灾情需要，不断加大投入力度，提供必要的资金保障，各级政府先后共投入了抗震救灾资金809亿元。同时，从中央救灾物资储备库，向灾区调运大批救灾帐篷、棉衣、棉被，紧急采购急需生活品，有力地保障了灾区1500多万紧急转移人员的基本生活。

地震发生后，牵动着全国人民的关爱之心和国际社会的关注，来自国内外近130万人次的志愿者来到地震灾区参加抗震救灾工作，从事现场搜救、医疗救护、卫生防疫、物资配送等志愿服务。同时，国内外社会各界，捐款捐物达725亿元，极大地补充了国家救灾资源，为受灾人员的生活安置和灾后恢复重建发挥了重要的作用。

地震发生后，国际社会向中国政府和人民表达了真诚的慰问，并提供了各种形式的支持和援助。外交部及中国各驻外使领馆、团共收到外国政府、团体和个人等捐资17.11亿元人民币。其中，外国政府、国际和地区组织捐资7.70亿元人民币；外国驻华外交机构和人员捐资199.25万元人民币；外国民间团体、企业、各界人士以及华侨华人、海外留学生和中资机构等捐资9.39亿元人民币。来自日本、俄罗斯、韩国、新加坡的4支境外救援队伍，陆续抵达灾区开展救援行动。

在抗震救灾工作取得阶段性胜利之后，为帮助灾区恢复重建，国务院出台了《汶川地震灾后恢复重建对口支援方案》，按照"一省帮一重灾县"的原则，建立对口支援机制：山东、广东、浙江、江苏、北京、上海等19个省区将在3年期限内，分别对口援助北川、汉川、青川、绵竹、什邡和都江堰市等18个四川受灾县（市）和甘肃、陕西两省受灾严重地区。对口支援的内容包括建设和修复公共服务设施、基础设施，选派师资和医务人员，提供人才培训、农业科技等服务等，有力地推进了灾区的快速恢复与家园重建。

在党中央的坚强领带下，通过全国人民和灾区人民的共同奋战，我们终于取得了汶川地震抗震救灾战役的胜利，一些经验和教训值得我们总结。

首先，政府反应快速、果断决策，领导率先垂范，迅速形成灾害应急处置能力，为抗震救灾的胜利奠定了坚实的基础；其次，必须要形成统一指挥、协调联动的工作机制，确保了救灾工作有力、有序和有效进行；再有，"全国一盘棋"的举国体制与广泛动员全民参与相结合，发挥"集中力量办大事"的优势，形成了抗震救灾的强大合力，加快了抗震救灾胜利的步伐；坚持以人为本，将抢救人民生命、妥善安置灾区灾民临时生活放在首位，保证了抗震救灾工作有力有效有序推进。

存在的问题：一是纵向集权+横向自治的灾害救助管理体制不太科学，这是我国历史上长期具有中央集权的传统，在计划经济体制的惯性影响下，其很多方面已不能适应现代市场经济和社会发展要求。这种体制客观上存在着公共应急资源不足、对地方政府授权和激励严重不足等缺陷。地方政府和灾民应对灾害救助的积极性是有限的，甚至养成了对中央政府"等靠要"的思想。2018年，应急管理部的设立，极大地改善了我国救灾管理体制改革这一问题。二是紧急救援专业救援力量不足，汶川地震抗震救灾的主要力量为军人和武装警察，其应急机动能力、顽强的意志、良好的体力、严密的组织是无可置疑的，但他们大都缺乏专业医疗救援技能和专业救援器械，解救方式还不够专业，生命救援效果还不够理想（华颖，2011）。三是建立了灾害救助的相关制度，但法律体系不完善。我国灾害救助法律体系的建立仅仅停留在法规、条例、标准、规章等的层面，立法层次较低，每当灾害发生，基本要依靠行政命令、政策与文件，缺乏强有力的约束力，使得救助程序不规范，救助工作中出现很大的随意性和盲目性。《中华人民共和国防震减灾法》出台以来，在汶川地震的灾后救助工作中暴露出了许多问题，如地震灾后过渡性安置、灾后管理、救灾资金和物资的监管等许多内容，都需要在汶川地震后进行充实和完善。四是灾害救助的社会化程度低下且效率不足。政府在应对灾害时有其独特的优势，即能够在较短的时间内聚集大量的人力、物力及财力，并通过严密且具有强制性的管理体制来进行灾害救助。但是政府也有失灵的时候，特别是在突发的巨灾面前，仅仅依靠政府的计划和命令等手段来进行救灾，无法达到资源配置的最优化，更无法保证灾害救助工作的有效率进行。因此政府急需激励社会广泛参与灾害救助，提高救助社会化程度。但目前我国第三方部门和公众尚且缺乏一条制度化的参与渠道使其能与政府协同进行灾害救助，而致使救灾资源因为不合理的利用，浪费与分配不均的现象频频发生。五是灾害救助的财政投入缺乏制度约束。当前我国自然灾害救助的财政支出不稳定，虽然灾害救助支出在总额上呈现出上升的趋势，但是总量和增长的速度却极不稳定。国家在财力有限的情况下所能解决的已经仅仅是临时性和紧急性的特殊救助，国家救灾支出占损失比重基本维持在 2%～3%。若由于制度约束的缺失使得连国家临时性与紧急性的救助资金都不能保证，对于灾害救助而言无疑是雪上加霜。灾害救助支出确是与灾害的发生频率与灾情情况有关，自然灾害的突发性导致灾害救助支出无规律可循，但是若因此对灾害救助的财政投入毫无预算计划则会增大灾害风险的概率与应对灾害的难度。

第二节　灾害保险

保险虽然不能直接减小灾害造成的损失，但是却可以最大限度地利用社会力量来分担灾害造成的损失。同时通过保险制度的推广来加强减灾防灾意识在社会群体中的认可和接受度。在发达国家，保险是一个分担损失关键的策略，像灾难援助，这是一种再分配的方法，也是自然灾害发生后的一种救济形式，主要由保险公司根据投保人保险金额、投保的范围和遭受损失的程度等因素对投保人的经济补偿行为。

从世界范围来看，发达国家和地区的灾害保险立法比较完善，国民的保险意识较强，保险在自然灾害管理中扮演着重要的角色，比如，2005 年美国遭受"卡特里娜"飓风袭击，保险赔付达到了其直接经济损失的 50%。我国也是灾害损失严重的国家之一，但在我国自然灾害造成的经济损失中，保险赔偿仅占不到 3%的比例，与发达国家存在较大差异（谷明淑，2011）。

一、自然灾害风险的可保性

按照风险管理与保险理论，某种风险要成为可保险的必要条件是：在一定时期发生的频率与所造成损失占全部风险单位的价值的比率可测。完全可保风险不仅在于损失的可预测性，而且还要有足够的独立的同类或相似的风险载体，并且这些载体不会因大的灾害而全部或大部受损。理论上，商业保险公司经营的基础依赖于大数定律，即一定要集合众多风险单元，并且一个基本的要求是风险事故不能同时发生，损失、事故只能相互独立发生，保险公司才可以利用大数定律来分散风险。

自然灾害风险具有客观性和不确定性，自然灾害发生的可能性是不以人们意志为转移的客观存在，只是发生的时间、地点以及造成多少损失是不确定和无法预知的。虽然多数自然灾害发生发展有一定规律，具有一定的预测性，但目前人类的认识水平，还难以对自然灾害的发生做出科学精确的预测，存在着相对的意外性。因此，自然灾害风险的特征在一定程度上是符合可保性风险的意外性与偶然性特征的，自然灾害风险是可以保险的。

我国地域辽阔，自然灾害种类众多，不同自然灾害发生的频率与损失不一，有些灾害发生频率高而造成的损失不大。例如，我国广大农村普遍面临不同程度的干旱风险的威胁，由于自然干旱发生通常在时空上是非常分散的，所以，从保险角度看，是存在大量同质风险单元的，是可以保险的对象。有些灾害发生频率低而造成的损失巨大，有些灾害发生频率低但造成的损失巨大。例如，破坏性地震，可能是几年，或很多年发生一次，但一旦发生就会造成巨大损失，整个城市甚至广大区域都可能被摧毁。这种小概率发生、大概率累积损失巨大的高风险事件，对于商业保险业来说，是难以承受的，因为在被保险人保费负担能力有限的情况下，保险机构能够收取的保险费与其承担的高风险不对称，保险公司不愿开展这样的保险业务。例如，大洪水、地震或热带气旋，这些自然灾害可以破坏大量的财产，这样的灾害就可能加大了保险公司的财政负担，在美国 19 世纪末，就有些私人保险公司因做灾害保险而破产。在 1895 年和 1896 年密西西比河洪流之后，出售洪灾保险的公司很快就因为 1899 年的大洪灾而破产；1994 年美国加利福尼亚州的保险行业，收集了大约 5 亿美元的地震保费，当年加利福尼亚州北岭发生地震，随后 4 年多赔付了 150 亿美元财产损失，保险行业面临着巨额亏损。

二、灾害保险

什么是灾害保险？当财产所有者感知一定灾害风险存在，以年度为基础支付一定费用（保险费）购买一份合同（保险单），将财产损失的风险转移给合伙人（保险人）的时候，灾害保险就产生了。保险人无论是私人公司还是政府部门都保证在损失发生时满足特定的成本。通过这一手段，投保人能够在多年内分摊可能负担得起的灾难的成本。商业保险公司可能有机会不会发生损失，或者随着时间的推移，索赔总额会少于支付的保险费。

保险公司投保财产，如建筑物抵御水灾、暴风雨或其他特定环境危险。保险公司的保单试图确保他们所投保的财产类型多种多样，并散布在不同的地理区域，以便只有总保中的小部分保险面临被单一灾害事件摧毁的风险。通过这一手段，向索赔人支付的费用分配给了所有的投保人，如果保险费以适当费率确定，保险费将覆盖所有赔付的费用。保险公司的利润主要是通过投资于保费而获得。

面对着没有规律和损失巨大的灾害，保险行业以各种方法来保证自己的盈利和保险效益：①提高灾害的保费，这是最明显的方法，但最不受公众欢迎，如果保费加权，以反映高风险地区的占用可能更大的索赔，它可能会有其他好处。②重新评级保费，随着地理信息系统在包含小部分财产的编码区的应用，已成为实现与当地风险水平匹配的一个重要步骤。这使保险公司能够将个别投保人置于不同的风险区间，并收取与未来索赔的可能性相称的保险费。③限制保险范围，索赔责任可以通过使用可扣除的保单超额或保单限制支付的最大金额来加以限制。在日本，城市地区地震造成巨大损失的风险导致了任何一项索赔的支付都有限额，而在商定的门槛之上，政府同意分担费用。作为最后的手段，保险公司可以拒绝在高风险地区出售任何灾害保险项目，虽然这不受公众和政府的欢迎。④加大投保人的保险范围，这是通过混合的保单，而不是专门针对一种风险的保险，将风险责任分散。在英国，保险行业提供房主的灾害保单包括如风暴、洪水和霜冻破坏的自然灾害，以及火灾和盗窃。通过这种方式，对家庭灾害保险的吸收对参保人的要求是相对较高的，如当洪水暴发造成的任何损失，所有投保人即使自身没有面临洪灾风险，也要参与灾害的赔偿。⑤减少灾害的易损性，保险公司将向自身加强了对灾害风险抵御能力的建设（如修建支撑墙来抵御地震或提高建筑的基础地面高度来抵御水灾的风险）等类似投保人提供较低的保险费。⑥灾害的再保险，保险公司也在他们内部分担风险，通过再保险来传递保险的范围，再保险也称分保，是原保险人在原保险合同的基础上，通过签订分保合同将所承保的部分风险和责任向其他保险人进行保险的行为。原保险合同是投保人和保险人之间所签订的协议，以保障被保险人的经济利益，这种合同承保的保险业务，称为原保险或直接业务。当保险人承保的直接业务金额较大或风险较为集中时，保险人通过订立再保险合同确立分保关系，将过分集中的风险责任转移，以保障原保险人的经济利益。在再保险交易中，分出业务的公司称为原保险人或再保险被保险人，接受业务的公司称为再保险人。

三、灾害再保险的形成与发展

人们与自然灾害进行的斗争由来已久，发明一种互助共济式的分摊损失、分散风险的方法，这就是灾害再保险。灾害再保险是一种非常有效且必不可少的风险转移工具，主要因为：①巨灾风险的性质决定巨灾保险保额巨大、保费可观，可一旦出险，保险公司面临的巨额赔付对其自身来说也是灭顶之灾。因此可以通过分保、转分保，一次一次地将巨灾风险责任平均化，实现风险责任、巨额赔付在众多保险人之间的分散。从而可以提高保险公司的财务稳定性，并扩大其承保能力。②巨灾风险事故一旦发生，就会造成一定范围内的众多标的同时受损，这就是巨灾风险责任集中的特点。因而，可以通过再保险的方式，实现区域内的风险向区域外转移，从而达到风险分散的目的。③再保险公司一般财力雄厚、技术发达、经验丰富。他们不但可以为客户量身定做再保险产品实现风险分散，而且可以为直保人经营巨灾风险提供精算、防灾减损、理赔等全方位的综合附加服务。

再保险最早产生于欧洲海上贸易发展时期，从1370年7月在意大利热那亚签订第一份再保险合同到1688年劳合社建立，再保险仅限于海上保险。17～18世纪由于商品经济和世界贸易的发展，特别是1666年的伦敦大火，保险业产生了巨灾损失保障的需求，为国际再保险市场的发展创造了条件。从 19 世纪中叶开始，在德国、瑞士、英国、美国、法国等国家相继成立了再保险公司，办理水险、航空险、火险、建筑工程险以及责任保险的再保险业务，形成了庞大的国际再保险市场。

第二次世界大战之后，情况发生了变化。1954 年，美国国会修订原子能法案，鼓励私人参与核能的开发利用。准备参与核能经营的企业希望获得某种保障，提出达 2500 万～2 亿美元的保额需求，有些企业甚至有 5 亿美元保额的需求。而当时普遍的责任险限额是 100 万～300 万美元。保险人意识到这种巨额保险需求并非单一公司所能处理，于是他们组成了承保组合。1956 年，由多家公司组成了核能责任险协会、核能财产险协会和核能再保险联合体。与此同时，随着战后经济的快速发展，自然灾害所造成的损失也逐步升级，各国政府和保险机构逐渐意识到巨灾风险管理的重要性。20 世纪 50 年代，一些发达国家的政府开始通过立法的方式对巨灾风险进行统一的管理，如 1956 年美国为推行洪水保险颁布的《联邦洪水保险法》；1964 年日本政府根据《地震保险法》以政府受理再保险为中心制度实施全国性的地震保险。

与此同时，一些大型企业和大财团出于自身要求，也在寻找更加经济实惠、又保障充分的风险管理途径，于是各种形式的自保险公司开始出现。自保险公司指的是那些由其母公司拥有的，主要业务对象，即被保险人为其母公司的保险公司。自保险公司可以由一家或几家大型公司共同出资成立，经营其母公司本系统的直接业务并开展再保险，由于它可以降低其母公司获取保险和再保险的成本，提供更有针对性、更广泛的风险保障，同时还能使母公司获得税捐方面的益处，因此获得了许多大公司的欢迎，到 1996 年时，全球范围内登记注册的自保险公司已达 3600 家。自保险公司的发展获得了再保险的极大支持，反过来也促进了再保险的发展。大多数自保险公司都通过再保险转移所谓的"严重损失"，以使他们的母公司免于遭受异常灾害的打击。

20 世纪的 60～70 年代是再保险发展的黄金时期，大批再保险公司成立，吸引了大量的投资，承保能力供过于求，1974 年全世界再保险费 174 亿美元，到 1984 年上升到 400 多亿美元。由于竞争激烈，费率不断下调，许多保险公司将高风险的业务转嫁给再保险人，再保险人又以更低的费率将风险转给其他的再保险人，给 80 年代再保险业遭受的巨额亏损埋下了隐患。

由于灾害索赔的上升，保险业正在发生变化。在 1988 年飓风"艾丽西娅"出现之前，全世界的保险业从未面对过一次灾难带来 10 亿美元的损失（Clark，1997）。根据慕尼黑再保险公司，2005 年是最昂贵的自然灾害年，遭受了 6 次大灾害，这 6 次大灾害就导致了约 1700 亿美元的损失（全球性共计 2120 亿美元的灾害损失），被保险人的损失达 820 亿美元（全球共计保险损失 940 亿美元）。此前，损失最多的一年是 1995 年，主要是由于日本神户地震。与大多数年份一样，风暴是大多数被保险人损失的原因。2005 年，飓风"卡特里娜"是自 1851 年记录开始以来记录的第六强飓风，造成的经济损失估计为 1250 亿美元，成为当时经济损失最为严重的自然灾害（表 11-1）。

虽然 2005 年可能显得异常，但表 11-1 不仅表明全球灾难损失增长已持续多年，而且这表明保险损失无论绝对值还是比例都在增长。根据美国相关科学家研究（Malmquist and Michaels，2000），未来因飓风或地震在美国大城市造成 1000 亿美元的保险损失，可能超过所有的目前可用再保险资本，会造成一些公司破产。1992 年"安德鲁"飓风就直接导致美国 15 家财产保险公司破产。近年来，面对的巨灾风险，大多数的保险公司通常会通过分保将大部分风险转嫁给再保险公司。

表 11-1　世界经济损失最大的 10 次自然灾害　　　　（单位：亿美元）

排序	年份	灾害事件	国家或地区	经济损失	保险损失
1	2005	"卡特里娜"飓风	美国	1250	450
2	1995	神户地震	日本	1000	30
3	1994	北桥地震	美国	440	153
4	1992	"安德鲁"飓风	美国	300	170
5	1998	长江洪水	中国	300	10
6	2005	"威尔玛"飓风	美国	180	105
7	2005	"丽塔"飓风	美国	160	110
8	1993	洪水	美国	160	10
9	1999	"罗莎"风暴	欧洲	115	54
10	1991	台风	日本	100	54

　　慕尼黑再保险公司是世界最大的在保险公司，在应对巨灾风险时形成了自己独特的经营之道（刘鑫杰，2014）。第一，慕尼黑再保险公司承保巨灾风险时，首要关注点是灾害发生地而并非自然灾害事件本身。因为经济发展程度越高、人口和财产密度越大的地区，一旦出险，公司面对的保险赔付额也越大。因而慕尼黑再保险公司认为，飓风带来的风险往往会大于地震带来的风险，尽管实际上地震造成的损失远大于飓风本身带来的经济损失。第二，开发用于情景分析的巨灾模型，模拟各种潜在情况和可能的事件对公司运营环境和业务环节的影响，为公司承保和定价决策、进行资本管理和战略规划提供依据。第三，慕尼黑再保险公司对巨灾再保险风险的承保和产品的销售都采取非常谨慎的商业策略。慕尼黑再保险公司的经营目标不是在乎规模而是在乎利润。各个分公司每年至少会开两次特定承保风险评估会议，来确定公司用于应对相应承保风险的资金，并制定出公司的承保政策和最高赔付限额。第四，慕尼黑再保险公司与市场上的大多数保险公司都有业务合作，而且其承保巨灾风险时会搭配成数、溢额等比例再保险产品和事故超赔等非比例再保险产品，从而达到更好地消化风险、降低自身承担的风险额的目的的同时提高再保产品的盈利能力。例如，2013 年 10 月的台风"菲特"中慕尼黑再保险公司的业务参与情况如下：中国人民保险集团股份有限公司、中国平安保险（集团）股份有限公司、中国太平洋财产保险股份有限公司等 10 家直保客户；商业成数分保（NLQS）、巨灾事故超赔（CatXoL）、高价车成数分保（HVVQS）等 11 条合约。通过把鸡蛋放到不同的篮子里，避免了巨额赔付，才使慕尼黑再保险公司应对巨灾时能表现得如此游刃有余。第五，慕尼黑再保险公司通过实地参与再保险赔付，来检验其定价和风险管理所依赖的巨灾模型的准确性，并进一步优化再保产品的搭配。例如，慕尼黑再保险公司通过参与 2008 年的中国汶川地震和 2010 年的智利地震的实地赔付发现，慕尼黑再保险公司的中国地震风险模型对损失的估计偏小，应进一步修正；智利地震模型评估的损失与实际情况较为吻合，可以继续沿用。

四、商业灾害保险的利弊

商业灾害保险的优势在于，它保证了受损失的灾民有可预测性的补偿，这种可靠的赔偿比其他减灾措施有效得多，因为这取决于个人选择和私人市场，就会吸引自由市场的发展。它提供了成本和利益的公平分配，只要投保人支付的保费能充分反映风险，保险支付能完全补偿保险损失。灾害保险可以用来减少社会的易损性。虽然保险是用来再分配损失的，将损失进行补偿，但也可以通过鼓励人们接受新方法来降低灾害损失。因此，政府可以鼓励现有的房主通过加固房屋，降低损失的风险来减少他们的易损性，从而享受较低的灾害保险费。

保险可以使自然灾害风险在更大的时空范围内分散。风险分散的时间和空间范围越大，风险分散机制所产生的效果越明显。如果灾害救助和灾后重建完全依靠财政拨款和社会捐助，损失补偿的成本最终还是发生在一个国家内，并且一个国家的灾害发生频率在时间范围内也相对集中。例如，某一类灾害通常在一年的某几个月发生比较频繁；有些年份灾害发生的频率很高，有些年份则会相对低一些。因此，对于一个国家而言，在灾害发生频率高的年份，灾害救助和灾后重建会给政府财政带来很大的压力，这种压力无法再向国外分散，巨灾保险则为在全球范围内进行损失分散提供了可能。

巨灾保险通常都会以再保险的形式分给再保险公司，世界主要的再保险公司都是大型的跨国企业，相当于把风险分散到了全球。一些年份对于某些国家来说是灾害"大年"，而对于另一些国家或地区而言却可能影响较小，跨国再保险公司在国家维度上平滑了损失，降低了风险，这是国家依靠财政进行灾害救助的手段无法实现的。

保险公司作为专业的分散风险、转移风险的商业机构，商业利益的驱动会使保险公司在应对自然灾害风险时效率更高。保险市场的竞争能够催生出更多的分散风险的创新手段。例如，巨灾风险证券化无论从设计创立之初，还是后期的发展与完善，商业保险公司都是参与的主体。有些大型的（再）保险公司非常重视对于自然灾害风险的研究，他们通常会与大学、研究所等科研机构合作，以设计出更加完善的风险转移方案。有些保险公司还把视野扩展至自然灾害风险的防范。

然而，商业灾害风险保险的不足也是明显的。灾害的商业保险可能在非常高风险地区无法得到。在美国，因为灾害损失或恢复重建的潜在的高成本，保险业一直不愿意在没有政府支持的情况下提供洪水灾害保险，即使可以提供灾害保险，也只涉及受损的部分项目，如滑坡保险通常只涵盖对财产进行结构性修缮的费用，而不是永久性的斜坡稳定。

另外，灾害保险往往也是低自愿吸收的。在1993年美国中西部洪灾中，只有10%的建筑物参与了洪水保险。米勒迪（Mileti，1999）声称，美国在1975~1994年持续5000亿美元财产损失中，只有17%的财产被保险人投保。当一场重大的灾难发生的时候，这种不参与保险的状况可能对保险业有利。日本保险公司在神户地震中幸存下来，主要原因是受影响的房主中只有3%的家庭有地震保险。即使地震保险单被取出，相当比例的投保人并非是全部财产的全部价值投保，因此在发生索赔时不太可能全额报销。

如果保险费直接与区域灾害风险等级挂钩，危险区域的住户将承担其所在地的灾害风险费用。英国保险公司传统上收取所有房屋住房的平均保费，这种方法实际上是从低风险房屋所有者对高风险的房屋所有者进行了一个补贴。即使在保费和风险之间尝试建立某种联系，最危险的地点可能仍然会受益于通过公司在危险性较小的地区收取较高保险费的交叉补贴。

虽然可以利用保险来减少损失，但道德风险的存在可能增加了损害的赔偿。当被保险人降低他们对自己财产可能受灾的关注水平，这将会改变灾害保险费所依据的风险概率，这样就会产生道德灾害。例如，有些投保人如果知道他们的任何财产损失都会被保险补偿的话，他们很可能不会把将被灾害事件威胁的个人财产转移离开危险地，从而加大灾害损失的严重性和赔偿的负担。

五、政府保险

政府保险是指一种社会保险或保障机制，帮助公民面对某些社会风险，如失业、疾病、事故、衰老、死亡等，或是保障基本的生存资源，如教育、医疗等。一般来说，政府保险的经费是政府为主体，企业和投保人共同出资构成。例如，城镇职工医疗保险、失业保险、交强险等。政府保险具有强制性与公益性特征。

一些自然灾害，特别是重大自然灾害，对人类生命财产的潜在损失风险巨大，国家可以设立政府灾害保险通过向公民、财产所有人提供某种自然灾害保险以补偿灾害造成的损失。政府设立国家灾害基金可以解决商业保险回避巨灾风险的一些问题。面临巨灾的高风险国家可以通过法律或行政条例设立政府灾害保险计划，通过强制实施，政府保险不仅可以尽可能扩大投保人的基数，而且还可用于提高公众对危险的认识，并有效提高灾害风险的管理，降低灾害风险和损失。由于国家之间的历史文化与政治经济背景不同，不同国家的政府灾害保险的风险承担主体、风险分散机制、保险实施方式也不尽相同。不同发展阶段的国家都对自然灾害保险进行了有益探索，在保险业比较发达的西方国家，已经制定了一些主要自然灾害的保险立法，设计了若干类自然灾害保险产品，建立了相应的制度。

（一）美国自然灾害政府保险

美国是世界上自然灾害保险体系较为成熟、完备的国家。美国政府先后颁布了一系列法令，促进了美国的自然灾害保险的发展。美国的自然灾害政府保险是由国家专门机构专项管理、私营保险公司参与，具有强制性的特点。美国的自然灾害政府保险计划有联邦政府保险计划和州政府保险计划两种类型。联邦政府保险计划资金主要来源是联邦政府财政拨款支持，如美国国家洪水保险计划、美国农业巨灾保险计划；而州政府保险计划的资金主要依靠摊派、再保险、借款来进行融资，如加利福尼亚州地震保险、佛罗里达州飓风保险等。

美国东部和中部地区，沃野千里，地势平坦，六分之一的城市处于百年一遇的洪泛平原内，2万个社区处于易受洪水袭击的威胁之中（姜付仁等，2000）。洪水灾害是美国历史上导致经济损失最为严重的一种自然灾害，自美国建国以来，从防洪抗洪到流域治理，防洪减灾一直就是政府面临的重要任务。19世纪末～20世纪初，保险业也介入到区域洪水问题，一些私营保险机构将洪水灾害纳入可保险风险范畴，开展洪灾保险业务，然而，当洪水灾害真正发生时，造成的财产损失是巨大的，保险公司承担的赔偿责任也是巨大的，不少私营保险公司因此而破产。由此美国保险业认识到洪水保险与其他财产保险不同，一旦保险事故发生波及范围广，赔偿金额巨大。随后几十年，私营保险公司不再受理洪水保险业务。直到1956年美国出台《联邦洪水保险法》，创立了美国的国家洪水保险制度，为依法推行洪水保险及对洪水保险进行经营管理奠定了法律基础。但该法的一些理念和技术问题，使得该法未能落实。1968 年美国国会颁布《全国洪水保险法》，并于次年制定了《国家洪水保险计划》，这标志着美国政府正式成为洪水保险的直接代理人，授权联邦保险局主要负责《国家洪水保险计划》的管理。联邦保险管理局与国家洪水保险协会（120 多家私营保险公司的联合体）建立了合作关系，并承诺由联邦政府给予私营保险公司补助，承担超过保险公司偿付能力的赔偿金额。

美国《国家洪水保险计划》自 1969 年实施以来，又经过一系列法律法规及修正案的修改完善，现在已成为美国自然灾害政府保险的典范。在《国家洪水保险计划》中，政府、商业保险公司和社区共同合作，实现保险目标。政府是保险责任主体，体现在政府既是保险计划的制定者，也是保险责任的承担者，其作用主要是通过联邦管理机构、州政府、地方政府三级机构框架体系实现的，联邦保险管理总署不仅负责制定联邦洪水保险条例，进行灾后理赔，而且还要带领国民防灾减灾及重建家园；各州政府根据当地实际情况（洪水危险等级、建筑物质量、居民生活水平、保险意识等）制定州洪泛区管理条例，建立专门的机构保证《国家洪水保险计划》的实施；地方政府则需要根据州政府制定的管理条例将《国家洪水保险计划》落实到实处。商业保险公司是营销和承保主体，但不承担保险责任，仅代替联邦保险管理总署出售国家洪水保险产品，并将保费收入全部转交联邦保险管理总署，同时，联邦保险管理总署依据售出保单数量向商业保险公司支付佣金。社区是投保和风险防范的主体，联邦保险管理总署只向充分实施洪泛区管理条例的社区提供家庭财产洪水保险，社区参加《国家洪水保险计划》是自愿行为，社区决定加入《国家洪水保险计划》，该社区居民可以购买洪水保险产品，若列入洪泛区的社区不加入该计划，则该社区的居民就不能购买洪水保险产品，且不能享受联邦政府的任何形式的财政帮助。《国家洪水保险计划》是一项比较成功的政府保险项目，它作为国家保障系统的安全网，可以及时有效地处理自然灾害危机，增强公众对政府的信心，避免因灾害而导致的贫困和恐慌，同时，商业保险公司加入该计划，可以在不承担任何风险的情况下获得一定佣金，这大大地提高了整个保险业的盈利，促进了整个保险业的健康发展，防止金融危机出现（谷明淑，2011）。

加利福尼亚州是美国经济最发达、人口最多的州，位于太平洋地震带上，时常遭受地震袭击，是美国地震损失最为严重的地区。当地社会地震保险的需求较高，但商业保险公司认为地震保险赔付高、风险大，需提高地震保险费率，地震保险供求矛盾较大。为解决该问题，1996 年，加利福尼亚州州长签署法案，批准成立由保险市场经营主体自愿筹资组成、政府特许经营的公司化组织——加利福尼亚地震保险局。其目标是通过向加利福尼亚居民提供价格合理的地震保险，解决地震保险市场的供求矛盾，为居民提供灾后基本保障，健全保险市场体系。加利福尼亚地震保险局属于加利福尼亚州公共部门，由政府官员、会员保险公司和地质科学机构共同经营，政府作为计划的倡议者，负责地震保险体制管理，灾害预警，提供地质科学资料、灾害救助以及免收加利福尼亚州地震保险局的联邦所得税；商业保险公司自愿加入加利福尼亚州地震保险局，需按市场份额出资筹建加利福尼亚州地震保险局，将自己所承保的地震保单全部转移给加利福尼亚州地震保险局，同时负责保单的销售、保管和理赔工作，但可以得到承保保费的 10%的佣金和 3.65%的营业费用。加利福尼亚州地震保险局若在巨灾后出现偿付能力危机，则可以发行债券及财政借款来摆出困境，事后借款会在各成员保险公司间摊派。加利福尼亚州地震保险局的资金来源广泛，主要渠道有自有资本金、保费收入、会员保险公司的摊派责任、再保险、贷款、发行债券、投资收益等，也通过这些渠道拓宽了风险分散渠道，设立了多层次的风险分担机制。目前，加利福尼亚州地震保险局已成为全球最大的地震保险供应商，也是政府与市场合作成功的范例。

（二）日本自然灾害政府保险

日本是自然灾害保险业比较发达的国家。早在 19 世纪末就开始了地震灾害保险的一些相关实践。1964 年，日本出台《地震保险法》和《地震再保险特别会计法》，正式确立了日本灾害的国家保险制度。经过多年的发展，已经形成了政策性的政府保险与经营性的商业保险相结合的保险体系。政府保险强调公益性，保障国民的基本利益，主要涉及地震保险和农业保险。日本的个人地震保险是由政府和商业保险公司共同经营，国家通过再保险负担部分保费，地震保险是政府支持的公益性保险，保险公司不从中获利，采取不盈利不亏损的经营原则。

日本在 1939 年就实施了国家农业保险计划，并先后出台了多部有关农业保险的法律，如《农业保险法》、《家畜保险法》、《农业损失补偿法》，对遭遇自然灾害的农民提供经济损失补偿，稳定农业生产。日本的国家农业保险计划是一个非营利的互助合作的政府保险体系，由市町村级农业共济保险组合、都道府县级农业保险组合联合会和内阁农林水产省的农业共济再保险特殊账户三层保险组织体系。农业共济保险组合是日本农业保险的基层组织，负责市町村的各种农业保险业务，与农户签订各种农业保险合同、征收保险费、灾后损失调查、支付赔偿费、向农民提供预防损失的措施和服务；农业保险组合联合会则是县一级的保险组织，其成员是县内的全体农业共济保险组合，经营本县的农业保险业务，承担本县内农业共济保险组合的按比例的再保险业务，向国家农业共济保险特殊账户支付保险费；农业共济再保险特殊账户是由中央政府来经营的，主要对农业保险组合联合会负担的保险责任进行超额损失的再保险，当发生保险事故时，特殊账户就会向农业保险组合联合会支付再保险赔偿金，此外，中央政府还将为参保农户提供保费补贴（补贴高达保费55%）以及农业保险组合联合会和农业共济保险组合提供管理费补贴，当农业保险组合联合会的准备金不能补偿灾害损失时，政府向农业保险组合联合会提供贷款支持。日本农业保险的险种涵盖面广，涉及日本种植业和畜牧业的所有种类，如农作物水稻、小麦、大麦，经济作物大豆、蚕桑、甘蔗、水果等因自然灾害、病虫害所引起的损失，家畜牛、羊、猪等饲养过程发生的伤残病死造成的损失等国家都将赔偿。

（三）法国自然灾害政府保险

法国通过政府与保险业的伙伴关系计划，为自然灾害投保了强制性保险。1982 年，法国颁布《自然灾害保险补偿制度》，要求在法国营业的商业保险公司，必须按照政府制定的标准费率提供重大自然灾害保险，通过扩展现有的财产险保单保险责任的方式附加承保自然灾害险，这是强制性的法律规定。对于投保人而言，购买了财产损失险，也就自动地附加了自然灾害险，没有选择余地。

商业保险公司在承保后，须将 60% 的保险责任转交给法国中央再保险公司，商业保险公司可以将剩余的 40% 的保险责任再向中央再保险公司分保，也可以向商业再保险公司或国际再保险市场分保。法国中央再保险公司必须承担商业保险公司的分保，提取保证金，并安排再保险。法国中央再保险公司是国有的再保险公司，政府 100% 持股，对其进行无限担保。法国中央再保险公司负责设计自然灾害再保险方案，代表投保人与政府沟通自然灾害有关的事情。中央再保险公司的资金来源主要是分保费和准备金，一旦中央再保险公司的巨灾保险赔付能力不足时，则政府将作为最后的再保险人，提供最终赔付保证。法国的自然灾害政府保险模式，将政府自身定位为再保险人，而非保险人，使政府在自然灾害保险体系中发挥了积极的作用，为制度体系的运行提供了强有力的经济和技术支撑，保证其持久。稳健运行，同时也有利于增强商业保险公司经营灾害保险的能力，实现市场对资源配置的调节作用。

（四）新西兰自然灾害政府保险

　　新西兰政府依据 1993 年国会颁布的《地震保险委员会法案》，对地震造成的财产损失提供保险损失赔偿，随后又将地震保险的风险扩大，包括风暴、水灾、火山喷发和山泥倾泻的破坏。新西兰地震保险的承保主体是由政府的地震委员会、商业保险公司和社会的保险协会三者合作组成。政府的地震委员会负责法定地震保险的损失赔偿，收集应缴的保险费，管理自然灾害基金，研究防御和减少自然灾害的方法（左宇和张平，2010）；商业保险公司代理销售法定地震灾害保险，上缴收取的全部地震保险费到地震委员会，只收取一定佣金，自身不承担自然灾害风险，同时，也开展超出法定地震保险限额部分的商业地震保险；保险协会则负责实施针对地震、洪水等自然灾害发生后的应急计划，完成灾后救援、查勘、定损、赔偿和重建等工作。新西兰地震保险计划的资金是政府的自然灾害基金的投资收益和地震保险的保费收入。

　　总体来说，新西兰的政府地震保险计划是全球现行运行最为成功的灾害保险计划之一。新西兰的地震保险计划很有独到之处。新西兰的地震保险计划覆盖面广，该保险除地震外，还包含新西兰其他的自然灾害风险（如滑坡泥石流、洪水、风暴海啸），它的保险标的范围也广，通常地震保险标的只含居民住宅，但新西兰地震保险标的还含部分财产及住宅周围的土地和设施；另外，在政府在保险分散机制中起着兜底的重要作用，一旦当地震造成的经济损失过大，超出地震委员会的支付能力，新西兰政府将承担超出部分的赔偿责任。

六、我国的灾害保险的状况

　　我国自 20 世纪 80 年代才恢复保险业，地震、洪水等重大灾害曾作为财产保险的责任范围予以承保。然而，由于 20 世纪 90 年代以来，重大自然灾害频发，损失日益严重，重大灾害保险的巨额赔付给保险公司带来巨大的经营风险，国家对重大灾害保险进行了政策调整，对地震等重大自然灾害采取了停保或者严格限制承保规模，以规避经营风险。长时间以来，我国保险市场上，没有专门的自然灾害保险产品，一些主要的自然灾害风险（如雷击、暴雨、暴风、洪水、台风、雪灾、滑坡泥石流等）所引起的保险标的损失，在企业综合财产险、家庭财产综合险、机动车辆保险等中予以承保，地震引起的损失作为免责。这些限制都使得我国的保险业在减灾防灾中参与力度普遍不够，保险业在灾后重建中并未发挥出其有效的风险转移作用。

　　从全球巨灾风险管理的经验看，保险在巨灾事故中发挥了巨大的经济补偿作用。美国和欧洲一些发达国家巨灾事故中的保险损失占总损失之比在 60% 左右，世界巨灾保险平均赔付率在 36% 左右。2008 年我国的南方雨雪冰冻灾害是我国历史上保险赔付最多的巨灾事故，但其占比也仅为总损失的 6.19%。根据慕尼黑再保险公司和瑞士再保险公司公布的数据统计，1980～2011 年，全球共发生了 20200 起巨灾事故，总经济损失达 35300 亿美元，其中保险赔付 8700 亿美元，占到了 24.64%。然而 1980～2010 年，中国发生的 995 起巨灾事故中，总直接经济损失为 4220 亿美元，保险损失为 62 亿美元，保险损失仅占到总损失的 1.47%。与全球保险业相比，我国保险业在自然灾害损失中所承担的责任和所做的贡献还是有相当大的差距。

进入 21 世纪以来，我国积极开展自然灾害保险的探索实践和试点工作，也取得了一些可喜的成果。

2004 年 9 月，我国第一家农业保险公司——上海安信农业保险股份有限公司成立，以"政府推动，市场化运作"的经营模式，开展农村种植业、养殖业保险，由市、县两级政府财政给予投保农户一定保费补贴，保险责任为暴雨、洪水、内涝、风灾、雹灾、冻灾、旱灾、病虫害等自然灾害对投保农作物造成的损失以及能繁母猪和奶牛因自然灾害、意外事故、疾病死亡及灭失损失。2007 年起，中央政府开始推出面向全国的农业保险保费政策，形成了中央、省、地（市）及县多级财政支持的农业保险保费补贴计划，使得我国农业灾害保险进入了快速发展的新时期。2009 年，我国农业保险的收入达 134 亿元。

2006 年，为转移台风及洪水侵袭给农民住房带来的损失，浙江、福建两省开始大规模试点农房保险，随后逐渐覆盖了全国所有省区。在国内农房保险试点过程中，各省区结合实际创造了体现省际特色的农房保险运作模式，形成的主要模式可分为三种：一是"政府补贴、全辖统保"模式，即由政府统一出资为全地区符合条件的农村住房购买政策性保险；二是"政府补助推动、农户自愿参保"模式，即实行财政补贴与农户投保并行，实现政府责任与市场运作有效结合的市场化运作模式；三是"财政补基本、农户自提高"模式，即在政府统一投保的基础上，允许农户自愿出资购买政策性保险。在费率厘定方面，主要有两种方式，一是在辖区范围内按同一标准收取保费，按统一标准赔付；二是考虑区域间灾害风险差异，在不同的风险区域内制定不同的费率。各个地区由于其特殊性，财政参与农房保险的方式和程度存在很大差别。

2006 年，在福建省上杭县启动自然灾害公众责任险（又称为自然灾害民生保险、自然灾害救助补偿保险）的试点，这是由政府统一向保险公司投保，当发生因自然灾害造成群众人身伤亡或失踪时，由保险公司根据与政府签订的投保协议约定对受灾群众进行资金补偿的一种保障机制。自然灾害公众责任险保障对象以辖区内户籍居民为基础，逐渐衍生暂住人口、抢险救灾人员或见义勇为人员，保险责任从自然灾害所致人身伤亡损失及医疗费用扩展至无事故责任损失或见义勇为所造成的人身伤害等。保险公司同政府密切合作，将自然灾害公众责任险与见义勇为救助责任险、重大自然灾害房屋保险、无责事故救助责任险等其他政策性保险相结合，延伸了自然灾害公众责任险的保障范围，创造出更符合居民保险保障需求的组合险种，提高了居民基本保水平。随后各地争相效仿和创新，以各种不同的衍生品的形式在全国多个省区得到推广。

2014 年 6 月，我国首个巨灾保险试点在深圳启动。随后，宁波、云南等地结合自身实际，在制度设计、政府支持保障等方面进行了有益的探索和尝试。巨灾保险试点模式包括三种。一是以深圳、宁波为代表的多灾种巨灾保险试点，由公共巨灾保险、巨灾基金和商业巨灾保险三部分组成，保障范围为台风、暴雨、洪水等多种自然灾害，具有"广泛覆盖、基本保障"的特点；二是以云南大理为代表的地震巨灾保险试点，为全州境内 5 级（含）以上地震造成的农村房屋直接损失和城镇居民死亡提供风险保障；三是以广东为代表的巨灾指数保险试点，政府作为投保人和被保险人，保险责任范围为发生频率较高的台风、强降雨以及破坏力较强的地震，巨灾指数保险赔付触发机制基于气象、地震等部门发布的连续降雨量、台风等级、地震震级等参数，进行分层赔付。

　　总体说来，目前我国政府支持下的政策性保险是我国自然灾害保险的主流模式。在政府财政的大力支持下，自然灾害保险近年来取得了一定成绩，但也暴露出不少困难和问题。一是民众保险意识薄弱、保险知识素养不足。面对自然灾害造成的损失，人们一方面心存侥幸，同时对政府救济有严重的依赖心理。二是自然灾害保险覆盖面不全，产品供给不够丰富。纵观目前的国内市场，自然灾害保险产品仍然比较匮乏，尤其是自然灾害高风险区可供选择的保险产品极为有限。三是自然灾害保险产品设计的科学性、专业性有待进一步提高。目前我国保险公司普遍缺少。适用于本区域的风险模型、自然灾害保险的费率大都由政府和保险公司协商确定，保费厘定的原则和方式不够科学专业。随着我国经济的持续快速发展，民间已经聚集了巨大财富，其中很多财产都暴露在各类自然灾害风险下，社会各界及政府部门已经越来越认识到建立我国灾害保险的迫切性与社会需求性。因此，从未来的发展趋势来看，我国灾害保险的发展将成为一个亟待解决的热点问题，并将为我国未来应对自然灾害提供更多、更全面的保障（廖永丰和赵飞，2018）。

主要参考文献

谷明淑. 2012. 自然灾害保险制度比较研究. 北京：中国商业出版社

郭跃. 2016. 灾害范式及其历史演进. 地理科学，36（6）：935-942

华颖. 2011. 中国政府自然灾害救助局限性的分析——基于汶川地震救助实践的反思. 社会保障研究，（2）：142-166

姜付仁，向立云，刘树坤. 2000. 美国防洪政策演变. 自然灾害学报，9（3）：38-45

李保俊，袁艺，邹铭，等. 2004. 中国自然灾害应急管理研究进展与对策. 自然灾害学报，13（3）：18-23

李宁，吴吉东. 2011. 自然灾害应急管理导论. 北京：北京大学出版社

廖永丰，赵飞. 2018. 我国自然灾害保险的实践探索. 中国减灾，（15）：36-38

刘鑫杰. 2014. 慕尼黑再保险公司巨灾风险管理经验的调研分析. 北京：对外经济贸易大学硕士学位论文

赵振江，郭跃，陈余琴，等. 2011. 全球化背景下非政府组织与自然灾害管理. 环境市场信息导报，（8）：4-6，8

郑功成. 1992. 关于我国历史上的灾情与救灾工作. 经济评论，（5）：63-66

周洪建. 2016. 特别重大自然灾害救助的科学定位. 中国减灾，274（7）：42-45

左宇，张平. 2010. 如何构建我国地震保险基金模式. 经济导刊，（11）：24-25

Clark K M. 1997. Current and potential impact of hurricane variability on the insurance industry//Diaz H, Pulwarty R S. Hurricanes：Climate and Socioeconomic Impacts. Heidelberg：Springer-Verlag

Darcy J, Hofmann C A. 2003. According to Needs Assessment and Decision-Making in the Humanitarian Sector, Report 15. London：Humanitarian Policy Group, Overseas Development Institute

Dotzek N. 2000. Severe storms and the insurance industry. Journal of Meteorology,26（265）：3-12

Mattinen H, Ogden K. 2006. Cash-based interventions：lessons from southern Somalia. Disasters, 30（3）：297-315

Maxwell D. 2007. Global factors shaping the future of food aid：the implications for WFP.Disasters, 31（1）：S25-S39

Mileti D S. 1999. Disasters by Design：A Reassessment of Natural Hazards in the United States. Washington

DC: Joseph Henry Press

Olsen G R, Carstensen N, Hoyen K. 2003. Humanitarian crises: What determines the level of emergency assistance? Media coverage, donor interests and the aid business. Disasters, 27 (2): 109-126

Ross S. 2004. Toward New Understandings: Journalists and Humanitarian Relief Coverage. San Francisco: Fritz Institute

Smith K, Petley D N. 2009. Environmental Hazards: Assessing Risk and Reducing Disaster. 5th ed. London and New York: Routledge

第十二章　社　区　减　灾

社区是社会的细胞，也是公共防灾减灾工作的基础，做好社区灾害风险防范工作，对构建社会安全体系有着极其重要的作用。如何在社区层面有针对性地开展防灾减灾活动，有效地管理灾害风险，将灾害损失降到最低，实现社区的可持续发展是当前国际社会的共同使命。为实现科学有效的社区灾害风险防范，不少国家都进行了有自身特色的社区减灾实践，我国则开展了"综合减灾示范社区"的建设工作。

第一节　社区与减灾防灾

一、社区减灾的发展

从 20 世纪 80 年代起，许多国家出现了公众自发自愿参与防灾减灾的趋势。1989 年，在世界卫生组织第一届防止意外和伤害会议上，首次提出"安全社区"概念（叶宏，2010）。大会通过的《安全社区宣言》指出：任何人都享有健康和安全之权利。从此，推广安全社区概念就成为世界卫生组织的一个重点工作。1994 年，美国首次提出"防灾社区"的概念，旨在发展一系列在面对自然灾害威胁时，能够有效减轻社会经济损失的应对方法。1999 年7 月，在瑞士日内瓦举行的国际减轻自然灾害十年活动论坛的报告中，强调要关注大城市的防灾减灾，尤其要将社区视为减灾的基本单元，通过增加减灾网络建立抗灾社区。2005年 1 月，日本神户世界减灾大会进一步强调了减灾型社区建设的问题。

二、社区在减灾防灾中的重要性

（一）社区的定义

社区是反映一定地域范围内的人们基于共同的利益和需求、密切的交往而形成的具有较强认同的社会生活共同体。在我国社区一般分为两类：在长期的生活生产中自然产生边界而形成的"自发型社区"和自上而下强制规划而成的"规划型社区"，后者内部居民之间的社会交往、共同的认同感相对较差。在一般意义上，农村社区等同于村委会，城市社区等同于社区居委会。但在现实生活中，界定社区的区域范围时，应当遵循"地域相近、规模适应、群众自愿"的原则，尤其是要考虑当地居民的实际利益、需求与共同的认同感，这样更有利于社区认同感的生成与培养。

（二）社区减灾的含义

社区减灾或灾害风险管理是指社区里的各个主体如居民、企业、民间组织、基层政府等结成一种合作伙伴关系，在灾害面前具备基本的自救、互救能力。美国联邦应急管理局规定，灾害风险管理是指长期以社区为主体进行减灾工作，其目的在于促使社区在灾害来临前，做好预防灾害的措施，以减低社区的灾害脆弱性，避免让灾害变成灾难事件。由此可见，在灾害风险管理中，社区是减灾防灾工作依托的基础，也是灾害风险防范的基本出发点。

（三）社区减灾的意义

社区直接面对灾害，是灾害潜在的受害者，也是有效灾害管理的受益者。从目前来看。社区公众的灾害意识、社区应急方案和措施、社区应急机构和抗灾组织等就是灾害管理和建设的基本内容。社区防灾减灾工作搞好了，全社会的防灾减灾目标就基本可以实现。

众所周知，社区是灾害最直接的参与者，灾害的风险存在于基层，灾害的影响也主要由基层地区来承担，基层政府、民间社会组织和社区居民就成为天然的承灾对象。据统计，20 世纪最后 10 年里，中国各类灾害经济损失几乎占到全球经济损失的 1/4，其中有近 80% 的灾害经济损失发生在城市和社区中。

社区的自助自救是减灾最为重要和最为有效的措施。社区不仅是各类灾害的直接受体，也是处理灾害事件的主体。在长期的减灾实践中逐步得到认识，在灾害发生时，若个人和社区有采取行动的准备，并具备有效管理灾害的知识和能力，灾害损失将会大大减少。在灾害发生时，最早发现灾害、最早接近灾害现场、最早实施救助行为的都是社区居民。训练有素、具有较高灾害应对素质的个人和家庭是防灾、减灾和救灾的重要主体之一。例如，在灾害救援初期，外界庞大的救援队伍因受反应速度、系统支持条件、指挥调度的科学性等因素的制约，往往难以在最有效的救援时间内赶赴现场，而有计划地组织社区居民实施自救互救是减轻人员伤亡最重要的手段。以 1976 年唐山大地震为例，地震共造成约 60 万人被压埋，其中 20 万～30 万人当即自救脱险，30 万～40 万人有邻里亲戚互救脱险，仅有 1 万人靠军队救助脱险。在日本 1995 年的阪神大地震中也有同样的认识，被压在倒塌房屋中或被封闭在建筑物中的受灾者，有 34.9% 是自救出来的，有 31.9% 是被家族亲人救出，1.7% 是被政府救援队救出，2.6% 被路人救出，0.9% 是用其他方式救出。由此可见，自救互救就可以在第一时间发挥作用，能够最大程度减少人员伤亡，因此，灾害管理必须吸收社区居民、民间社会组织、基层政府的参与。

社区的社会资本是灾害治理的有利因素。政府各部门通常很难深入接触地方的资源与信息，因为缺乏与这些地区居民的直接对话机制，所以灾害的发生往往会导致政府的权力运行出现一定程度的混乱，无法迅速地调动当地的资源和利用当地的信息。在正式制度空缺的短暂时期内，社区所固有的社会资本，即社区内部的社会网络与社会关系作为一种非正式的制度，可以暂时起到填补制度真空的作用。许多研究都发现，受灾者在灾时灾后会动用自己的亲属、朋友、邻居等社会网络关系来获得支持，这些支持对受灾者的灾时应对、灾后恢复起到了非常关键的作用。

三、社区减灾的性质

立足于社区基层实际和广大公众的参与，社区减灾在灾害风险管理中显示出一些独特的性质。

（一）社区减灾是一项综合的社会治理事务，也是一项公益事业

社区减灾，或者说社区灾害风险的防范，不仅仅是针对灾害风险专门目标的技术性事

务，而且也是社区居民自治的社会管理事务，它不仅涉及防灾、减灾、救灾的方方面面，而且还涉及社区区域社会经济建设与发展、社区居民自治管理等相关工作，是一项多目标任务的、综合性的地方基层社会治理事务。

社区减灾是为社区居民谋求安全感的公益事业，需要政府和社会投入相应的资源和资金，社区减灾才能推进。减灾社区建设是一个新生的社会事物，需要政府和社会大力的政策支持和资金扶持，如灾害风险管理人力资源的培育、志愿者队伍的建设、应急救灾物资资源的储备和避难场所的建设，全民宣传教育资料的印制等事务，都需要大量资金的支持。

（二）社区减灾是区域全灾害的风险防范

社区是一个特定的地域，这一具有一定规模特定地域通常会存在多种的灾害风险，既有不同种类的自然灾害风险，也有人为灾害风险，还可能有环境灾害风险。因此，社区灾害风险管控范围应包含社区的所有灾害类型。无论是自然灾害、人为灾害和环境灾害，还是由一种灾害所引发的灾害链或灾害群，都应当纳入社区灾害风险管控的范围。我们知道，灾害风险管理的首要任务是风险识别，包括风险源识别、风险事件识别、风险原因及潜在后果识别。全面的社区灾害风险识别是非常重要的，因为如果某一风险没有被识别出来，那么就可能遗漏某种灾患，未来灾害袭击时，就可能使我们束手无策，社会遭受严重损失。

除特别关注区域灾害风险管理外，社区减灾还要关注社区的灾害风险的监测与预警，灾害风险知识的宣传普及，防灾志愿者队伍的建设、避难场所的建设，自救互救技能的培训，防灾救灾的演练以及灾害恢复重建的组织等事务。

（三）社区减灾要置于社区区域发展建设的背景之中

社区既是人们生活居住的场所，也是社会经济发展的地域单元。一般来说，社区面临的灾害风险与社区自然环境和当地的社会经济环境息息相关，故社区灾害风险防范必须在社区内把发展和减灾有机结合，优化国土空间规划，调整产业结构，重构土地利用格局、避开高风险区，寻求资源的高效利用与资源环境承载力二者之间的平衡，使环境得到不断改善，居住的环境更加安全。因此，在进行社区灾害风险管理时必须紧密结合社区总体发展规划，根据社区特点，综合考虑经济、社会、环境各方面的因素，模拟与分析多种风险情境，实现社区灾害风险的动态表达。

（四）多元主体参与是社区减灾的重要组织形式

社区是一个多元主体的利益共同体。社区所有的利益相关者（社区居民、政府人员、非政府组织、企业管理者和灾害科学专家）和广泛的公众，都关心社区的安全，关心社区灾害风险状况和未来发展。他们都是社区的主人，理应参与到社区灾害风险防范的整个过程中。由于不同主体的利益诉求不同，他们在社区减灾中各自的角色也不同，承担着不同的责任和义务。社区灾害风险管理的主体有多种形式，有的是以街道办事处、乡镇政府为主体，有的是以企事业单位为主体，企业、非政府组织、志愿者等也以不同形式参与到社区减灾防灾工作。

由于多元主体的参与，社区减灾工作需要有健全的工作协调机制和相应的机构才能保障其运行。在参与的多元主体中，基层政府组织应该起主导作用，因为防灾减灾救灾是政府的使命，应主动组织和联系各利益主体来参与社区减灾的自治管理工作，建立健全相应的协调机制，设置专门的机构和人员，确保社区减灾工作的落实。

（五）社区具备良好的风险沟通社会基础

社区居民长期在自己的社区里生活，以及在工作中会自主生产、享用和传递一些地方性知识，其中也包含丰富的与灾害相关的本地知识，即关于灾患、脆弱性和风险及应灾能力的知识和经验，如社区过去的灾害事件及其损失；社区主要的风险因素及其价值；社区脆弱的人群及形成原因；灾害的处理策略和应用能力以及社区环境发展变化情况。这些知识在社区灾害风险管理中是不可或缺的，不仅对于理解社区的风险、脆弱性、抗灾能力的规划和政策的制定非常重要，而且能够弥补遥感、传统地图等数据资料的不足。因此，社区灾害风险管理中，要充分利用社区居民熟悉情况的优势，发动广泛的公众参与，开展充分的风险沟通，共同将本地知识转化为可利用的信息，以更好的合作方式管理灾害风险，使风险评估成为不同人员之间对话和协调的产物，为制定更加科学、合理的灾害风险应对方案奠定坚实的群众基础。

第二节　我国的社区减灾建设

经过多年来的探索和努力，我国已经创建了万余个全国综合减灾示范社区，减灾社区的组织体系、工作机制、政策措施、方式方法得到不断完善，有力提升了基层社区的防灾减灾能力，为我们梳理和总结社区减灾建设的基本理念和主要任务奠定了基础。

一、社区减灾建设的基本理念

（一）社区减灾的指导思想

按照我国综合减灾规划，社区减灾建设应当坚持以人民为中心的发展思想，正确处理人和自然的关系，正确处理防灾减灾救灾和经济社会发展的关系；坚持以防为主、防抗救相结合，坚持常态减灾和非常态救灾相统一；努力实现从注重灾后救助向注重灾前预防转变、从应对单一灾种向综合减灾转变、从减少灾害损失向减轻灾害风险转变；着力构建与经济社会发展新阶段相适应的防灾减灾救灾体制机制，全面提升全社会抵御自然灾害的综合防范能力，切实维护人民群众生命财产安全。

（二）社区减灾的基本原则

（1）以人为本，协调发展。坚持以人为本，把确保人民群众生命安全放在首位，保障受灾群众基本生活，增强全民防灾减灾意识，提升公众自救互救技能，切实减少人员伤亡和财产损失。遵循自然规律，通过减轻灾害风险促进经济社会可持续发展。

（2）预防为主，综合减灾。突出灾害风险管理，着重加强自然灾害监测预报预警、风险评估、工程防御、宣传教育等预防工作，坚持防灾抗灾救灾过程有机统一，综合运用各类资源和多种手段，强化统筹协调，推进各领域、全过程的灾害管理工作。

（3）政府主导，社会参与。坚持基层政府在社区防灾减灾救灾工作中的主导地位，充分发挥市场机制和社会力量的重要作用，加强政府与社会力量、市场机制的协同配合，形成工作合力。

二、社区减灾建设的主要任务

社区减灾是一项系统性工程，其所涉及的建设内容、参与人员及工作模式非常多样，这些环节直接关系到社区减灾的成败。社区减灾建设的本质是要减弱社区脆弱性，增强灾害恢复力，进而实现减小灾害风险的目标（张勤等，2010）。基于社区减灾的性质、现存问题以及国际经验的总结，站在社区实践的角度上，可以把社区减灾工程细化为 5 个最主要的工作模块：组织机构与管理、社区灾害风险评价、社区灾害应急救助、社区志愿服务、减灾宣传教育与培训。在此将详细阐述社区减灾的行动框架，以及每一个工作模块的具体建设内容。

（一）组织机构与管理

为确保社区减灾工作高效有序持续开展，需成立社区减灾工作委员会，负责社区减灾专项工作，委员会主任一般由社区（村）书记担任，主要负责开展以下工作：①全面组织开展减灾社区的创建、运行、评估与改进工作；②组织开展社区灾害风险隐患排查、编制社区灾害风险地图；③组织编制社区灾害应急救助预案，开展防灾减灾演练；④组织制定符合社区条件、体现社区特色、切实可行的减灾目标和计划；⑤调动社区内各种资源，确保必要的人力、物力、财力和技术等资源的投入，共同参与社区减灾教育宣传活动，提升居民防灾减灾意识；⑥组织社区开展减灾绩效评审。

同时，社区减灾工作委员会还应成立灾害应急反应小组，按工作职责具体可分为：①综合协调组，负责协调各组工作，统一对外报送资料。②查灾核灾组，负责了解掌握社区（村）内自然灾害脆弱建筑情况、易发灾害区域、人员、产业基本情况；灾害发生时，第一时间开展查灾核灾报灾工作。③生活救助组，负责社区（村）救灾物资储备、签约供应商店协调联络；负责了解掌握自然灾害救助物资需求和供给情况，制定生活救助物资管理、发放流程，并组织实施。④宣传培训组，负责组织社区（村）居民学习掌握社区（村）标准化避灾标识系统。⑤安保组，负责安全巡查和组织社区（村）居民疏散转移。⑥对口帮扶组，负责组织力量帮扶社区（村）应对自然灾害困难人群疏散转移和生活救助。

近年来，有不少地区创新了社区减灾组织形式，如山东省将"网格化管理、楼栋长负责、居民全员参与"的城市社区管理模式移植到防灾减灾工作当中，科学划分社区减灾网格范围。各网格长负责所辖区域的防灾减灾工作，动员网格内志愿者、社会组织及专业力量等深入街巷小区、居民家庭，开展防灾减灾宣传教育和演练等活动，形成"社区—网格—家庭"的纵向管理网络，提升了社区综合减灾的科学化水平。

（二）社区灾害风险评价

社区灾害风险评价是对社区遭受不同强度灾害的可能性及其可能后果进行量化，它为社区减灾提供专业性支撑。社区灾害风险评价主要包括社区灾患识别与监测、社区脆弱性分析、社区风险评价与风险制图等环节。

1.社区灾患识别与监测

社区灾害风险评价的首要工作即指社区内所存在的实际或潜在的灾患体的认识与确定。例如，社区常发的自然灾害是什么？危险发生的概率多大？规模多大？是否严重？会不会引起次生灾害？一般而言，处在地震活跃带上的社区地震的风险较大，处在低洼易涝处的社区遭受的洪灾危险较大，处在东南部沿海地区的社区遭受台风的危险较大。除了对灾患点位进行识别外，还需要对灾患的影响范围、运动方式、活动强度等特征参数进行认识，这些信息往往带有较强的专业性，社区自身很难完成。因此，灾患识别阶段的关键点是成立专家组，能对本社区的基本情况有较为客观和科学的认识，从而能做出符合本社区实际情况的判断。

灾患识别的方法很多，常用的有：①从地方政府或灾害主管部门请求获得灾害信息；②监测社区内现有灾患点的活动迹象；③查阅历史、报纸、记录和向社区里的老年人咨询调查社区的灾害历史；④向社区居民做书面调查或者直接调查；⑤使用覆盖已知社区和环境特征的地图，判断潜在的有害事件；⑥吸收社区居民参与，充分讨论可能的危险区域；⑦运用专家知识和经验，分析风险的可能性。

灾害监测作为灾前早期发现、识别、评估灾害风险的重要环节之一，借助科学方法及技术支撑，能有效对灾前可能存在的灾害隐患进行控制，避免不必要的灾害发生，面对不可避免的灾害也能提前做好应灾准备。因此，社区应对辖区内的灾患体实施动态监测。长期以来，我国的灾害监测多是依靠外部的专业机构来实施，社区并未深入参与其中，对灾患体的发展过程知之甚少，在临近灾害发生时，往往只能被动地接收预警信息，且常因监测设备损坏、信息传递不畅等原因，监测预警体系形同虚设。因此，应将社区灾害风险管理与监测技术支撑进行深度融合，建立专群结合的灾害监测体系，即将专业监测的"技防"与群测群防的"人防"相结合。为争取减灾防灾的主动性，社区应摒弃以往专业仪器要专业人员使用、专业监测要专业人员监测的思维限制，应加强群测群防人员的专业水平培训，使他们明确灾害监测的方法、内容、频次等，能够熟练使用专业监测仪器并学会数据分析。条件允许时，尽可能采用自动化的灾害监测设备，可减少监测员暴露于灾害威胁范围的可能性，还可考虑将灾害的监测数据接入社区的灾害管理系统，将灾患体的演变过程实时发布，可大大提高临灾预警的成功率。

2. 社区脆弱性分析

面临同样的灾患，不同的社区或人群的影响往往不同，一般来讲，有准备的社区可以减少灾害的危害，这正是承灾体的脆弱性在发挥作用。脆弱性分析的主要内容确定潜在的人员和经济损失。社区的灾害脆弱性分析首先需要明确某一类灾害可能影响的具体对象，一般包括社区内的人口、设施、环境等，并制定出脆弱性清单，这个清单应包括如下信息。

1）人口的脆弱性

统计脆弱带内人口的数量和类型，如居民、职员、脆弱性人群（主要指医院、学校、疗养院、托儿所机构内的人员）。依据居住场所的自然适应性、年龄、残疾/健康、收入水平、社会关系网成员、获得紧急服务、采取恰当保护行为的能力、临时准备的能力等来判断社区居民是否属于脆弱性人群。如果居住在有危险倾向的建筑内（如住所地处低洼、易受台风山洪侵袭、地势危险易受泥石流影响）、住处不能提供免遭危险的保护（如地处危旧房内）、5岁以下或65岁以上的人、残疾人（听力、视力、行动能力等受损）、家庭年收入低于平均水平、欠缺社会关系网（如五保户）、不能获得紧急服务、没有采取恰当保护行为的充足知识和技术、个人被迫等待援助，那么，这些都属于脆弱性人群。此外，还有人无法用主流语言沟通（如用少数民族语言）、需要食用特殊的食物、长期依赖药物者、单亲母亲支撑的家庭等，这些人也需要得到特殊的照顾。

因此，一个社区内的脆弱性人群通常包括社区老年人、小孩、孕妇、病患者、伤残人员、外来人口和外出务工人员等。在实践中，如上海市徐汇区把本社区 60 岁以上孤老和独居老人的姓名、年龄、详细住址、电话、健康、子女是否在本小区、家中是否有保姆等情况都登记在册，此外还对精神病人、残疾人也进行同样的登记。

除登记脆弱性人群的自身情况外，还需要制定明确的保护政策。例如，一些社区开展的"一对一"或者"一对几"的结对帮扶政策，由年轻健康的人与脆弱人群结成"一对一"的对子，在灾害发生时，由帮扶人帮助脆弱人群转移，脆弱人群清楚了解责任人、转移方式和转移安置点，保证险情出现时能及时有序地做好安全转移工作。

2）基础设施的脆弱性

确认本社区的重要基础设施的分布。社区的基础设施种类多样，清点基础设施主要是清点在灾害发生时，社区内存在的对人们的生命安全、生活和工作安全至关重要的基础设施。一般包括公共事业基础设施，如水电煤气、道路、桥梁等；还包括医疗、消防、政府机构、学校、医院、商业设施、企业等。

在明确了灾害威胁对象后，要分析各类承灾体的脆弱性水平。对于基础设施的物理脆弱性分析，可以从建筑物的建筑年代、现状、设防水平、安全设施的配套等方面进行评估，通过实际调查数据及参考国际脆弱性曲线模型，构建建筑物损失率与灾患体之间的函数关系。在此基础上，确定居住、商业、工业、农业等不同类型建筑物及其室内财产，在某一灾害情境中的损失情况。

在实践中，云南省十分注重社区灾害风险隐患排查工作。他们从建立《灾害危险隐患清单》入手，通过逐户排查、险段监测等措施将灾害危机化解在预防之中。根据风险隐患排查和灾害风险评估，云南还建立了社区《灾害脆弱人群清单》，细化低保户、孤寡老人、残疾人等特殊对象，确定社区灾害脆弱人群，建立档案，明确帮扶责任人；建立了社区《灾害脆弱住房清单》，通过采取加固、搬迁等手段保障社区居民安全，落实重建帮扶计划。

3）环境的脆弱性

主要是分析灾害对环境、自然保护区和濒危物种的影响，如水、大气、土壤、生物、地形等对灾患体的承受力，包括水的 pH、水中溶解氧、年均降水量、年均温度、土壤质地、有机质含量、生物的多样性、地形地貌、地质条件等。

3. 社区风险评价与风险制图

在完成对社区内的资产清点后，统计出暴露在灾患影响区域内的人口总数、基础设施等，可确认社区内的资产在每一种灾害情境中将会受损的范围。社区灾害风险评价内容包括对人员损失的评价、对建筑物的损失的评价、对建筑物室内财产的评价、对建筑物的用途和功能损失的评价等。

在此基础上，可以计算出每一次灾害的损失、每一种具体的资产的损失。例如，可以估算出每一次灾害对人员、财产造成的损失到什么程度？价值多大？假设发生一次 100 年一遇的大洪水，或者遭受一次一级飓风、二级飓风，或者发生 5 级地震，该社区会有多少人、多少建筑物受影响？经济损失是多少？环境受什么影响？如果在灾前能对社区进行脆弱性分析，那么，灾害一旦发生，就能迅速地了解与评估灾情。

在完成灾害风险评价的基础上，应采用地图的方式描述社区内可能受灾害破坏性最严重的情况，制定出不同比例尺的危险图和应急疏散避难图。社区灾害风险地图通常要明确以下信息：①依据灾患识别的结果，明确灾害风险隐患点（带、区）。用各种符号标示出灾患类型、灾患点（带、区）的空间分布及名称；列出针对各类灾害的居民危房清单，社区内道路、广场、医院、学校等各种公共设施和公共建筑物隐患清单。②灾害程度与影响情形，如灾害的量级和烈度、发生的时间、地点、影响的范围、延续的时间等。③明确社区环境与灾害的关系，如社区山体沟谷中的松散土体，是否由于强降雨的作用而发生泥石流灾害；台风暴雨过境后，社区内的岸坡是否存在溃坝导致洪水灾害的可能性。

最重要但又常被忽视的一点是，社区风险评价与风险制图的全过程中，社区居民应充分参与，他们最了解本地情况，他们的参与能够使社区风险地图更全面、切合实际。另外，灾害风险地图也应及时发布给社区居民，并教会他们如何使用，以便发挥风险地图的防灾减灾功能。近年来，随着"互联网+"、大数据技术的运用，一些社区建立了集采集、共享、服务、查询、应用为一体的灾害综合信息平台，向居民（手机端）快速发布灾害预警、应急避险、灾害救助等信息，既提高了灾害信息的传播速度，又最大限度地减少了传播过程中的信息衰减。

（三）社区灾害应急救助

在具备危机意识和灾害常识的前提下，居民的自救与互救能力是防灾减灾型社区建设的根本，大量灾害经验已表明，居民的自救与互救往往是有效救援的主力。而居民自救互救能力的培养与平时的应急预案、防灾演练密不可分。社区灾害应急救助的工作内容主要有编制社区应急预案、定期开展应急演练、准备救灾资源和设施等。

1. 编制社区应急预案

社区应急预案是应对社区内突发公共事件的整体计划、规范程序和行动指南。应对灾害是社区生活的有机组成部分，社区的应急预案能够有效提高居民对灾害的回应能力。编制应急预案讲求"纵向到底、横向到边"的原则，所谓"纵"是指要求按照垂直管理的要求，从区到街、社区各级政府和基层单位都要制定应急预案，不可断层；所谓"横"是指所有种类的突发公共事件都有负责人，专项预案和部门预案都缺一不可，预案之间应互相衔接，逐级细化（戚学森，2007）。同时，社区应急预案还应该符合以下几个条件：①社区应急预案要具有可操作性与实用性；②社区应急预案要有全面性，应对社区中所有可能发生的灾害，应对可能发展到各种程度的灾害；③社区应急预案应该有针对性，关注脆弱性群体，强调社区居民的参与；④社区应急预案以预防为主，强调风险识别和隐患排查；⑤建立起社区与基层政府、驻区企事业单位应急预案的衔接。图12-1所示为福建省晋江市灵源街道林口社区编制的山洪灾害应急预案流程，该预案一方面规定了灾害防御工作组的分工，另一方面还很注意与上级管理部门之间的交流与协调。

在实践中，虽有不少社区已建立了灾害应急预案，但这其中仍存在着一些重要问题，主要体现为：社区应急预案脱离现实，存在照抄照搬的现象，没有体现各个社区的实际差异；内容不全面，没有涉及各种灾害和各种最坏的情况；预案可操作性不强，不符合社区实际情况；家庭、社区、基层政府横向之间缺乏综合协调、纵向之间缺乏相互衔接；灾害各个阶段的应对缺乏连贯性，彼此脱节；预案仅停留在纸面上，没有经过演练和实战，没有依据现实情况及时进行修订更新。这些问题的提出，也为社区灾害应急预案的完善与优化指明了方向。

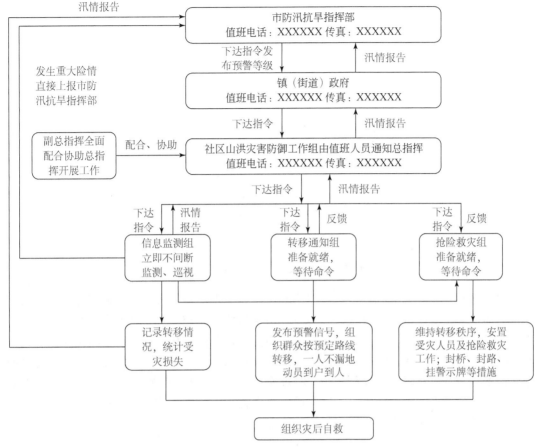

图 12-1　福建省晋江市灵源街道林口社区编制的山洪灾害应急预案流程

2. 定期开展应急演练

社区在完成应急预案的编制工作后，应提高社区居民对预案的知晓度和实操性。每年在灾害易发季节到来之前，应组织专业人员开展规模不等、有针对性的现场示范应急演练。应急演练内容应包括组织指挥、灾害预警、启动应急预案、人员疏散、灾情核报、自救互救、转移安置、救援救助等环节（图 12-2）。演练前应拟定自然灾害发生情景，演练时应按照社区综合减灾公共信息标识，特别是针对社区综合减灾信息示意图、小区疏散线路图、单元疏散线路图、散居住户疏散线路图和避难场所功能布局示意图等综合避险逃生标识链进行实地演练，并根据自然灾害情况统计制度、特别重大自然灾害损失统计制度，演练灾情情况统计。在应急演练中，尤其是要注意教会社区居民如何利用社区现场易找到材料、创造条件进行自救和互救的方式方法，从而检验应急预案的实效性，提高居民对预案的掌握程度，提高居民自救和救助他人的技能。演练活动过程中应做好文字、照片、音频或者视频记录。演练后开展社区居民应急演练满意度访谈或调查，针对演练发现的问题，不断完善预案。

近年来，云南省一直在广泛推广防灾应急"三小工程"，即为社区内每户家庭发放 1 本防灾应急小册子，1 个防灾应急小应急包，每年由县（市、区）人民政府组织辖区内机关、企事业单位、社区、村委会开展 1～2 次防灾应急小型演习。该项目的实施有效地提高了社区居民的防灾减灾意识，提升了临灾自救互救技能。

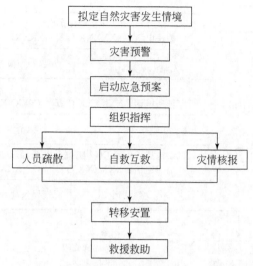

图 12-2　社区灾害应急演练的工作流程

　　除了定期开展应急演练以外，还应当开展社区灾害风险隐患日常监测工作，做到灾害隐患的早发现、早预防、早治理。图 12-3 为社区减灾日常巡查的工作流程。日常巡查的主要内容有：①巡查社区减灾公共信息标识，检查是否有污迹和破损，若有污迹及时清洁，若有破损及时修补或更换；②巡查社区内的灾害隐患点、要害部位，若发现存在隐患及时排除，若不能及时排除，应立即上报，并配合街道（乡镇）排除隐患；③巡查应急避难场所，确保不被侵占，若被侵占，及时解除；④巡查减灾设施和装备，检查能否正常使用，若发现破损，及时进行更换。

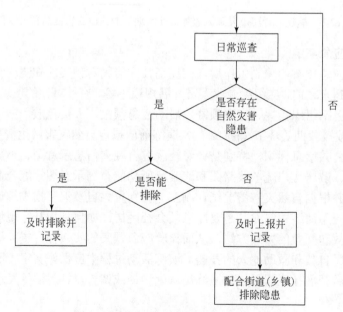

图 12-3　社区减灾日常巡查的工作流程

3. 准备救灾资源和设施

物资准备是为了应对紧急灾害事件提供物质保障，应急救助物资的准备通常包括两个内容：救灾物资和资源的准备；救灾设施和场所的准备。

1）救灾物资和资源的准备

在实践中，我们发现大部分社区的人力、物力、财力资源都非常有限，仅依靠社区自身力量完成救灾物资准备工作，其难度是很大的，因此，社区要充分调动起一切可用的物资或资源，如社区中的政府的资源、社区的资源、相邻社区的资源、社区中营利部门、非营利部门的资源等。在应急物资储备、专业救援队伍建设等方面，要探索政府、市场、民间组织合作的多种模式。例如：①合同承包。政府、社区和商业组织、社会组织签订应急队伍、物资储备的合同，由商业组织和社会组织提供物资储备，政府或社区付费，如湖南省长沙市雨花区东塘街道牛婆塘社区采取小宗急需物资"实物储备"和大宗救灾物资"协议储备"的办法，蜡烛、照明灯、安全绳等采取实物储备，对大米、食用油、饮用水等物资采取就近的原则与超市签订临时采购协议。一旦发生自然灾害，应急救援工具社区自己有储备，大宗的救灾物资由附近的超市优先提供，然后再按照市场价格结算。②志愿服务。志愿团体直接提供物资储备等，如志愿消防队提供保护巡逻、火灾防护，或志愿团体付费给企业去做。③社区间协议。在事前通过相邻地区制定合作协议，在各个社区资源共享。

在建设社区应急物资储备库时，应当建立相应的规章与制度，主要有：①整合社区各部门现有救灾储备物资和储备库规划，分级、分类管理救灾物资储备。②购置通信设备、救援工具、照明工具、应急药品和生活类物资等救灾物资。通常情况下，储备的物品包括通信设备（如喇叭、对讲机等）、救援工具（如灭火器、担架等）、照明工具（如手电筒、应急灯等）、应急药品和生活类物资（如棉衣被、食品、饮用水等）。社区避难所根据本社区抗灾救灾的实际需求、易灾地段人员分布和灾害规律，选择性地准备应急救灾物资，如洪灾多发区要准备帐篷、小型发电机、水泵、喷雾器、救生衣、应急灯、手电筒、雨具、麻袋、绳索等，还需要备有毛毯、草席、脸盆等生活必需品，而火灾多发区则需准备铁锹、灭火器等。③建立健全救灾物资应急采购、紧急调拨和运输制度。应急储备仓库管理制度健全，做到专人负责，严格把关，对进出库物资都要登记造册，定期检查，并做好耐用物资的回收保养工作。社区的物资储备与调运方式应该编制成表，以备灾时之需。

2）救灾设施和场所的准备

社区减灾需要注意防灾减灾基础设施的规划与建设，特别是要重视社区灾害避难所、疏散地和备用指挥中心的建设问题。2004年9月，国务院指出，要结合城市广场、绿地、公园等建设，规划设置必需的应急疏散通道和避险场所，配置必要的避险救生设施。

常见的社区应急避难所形式有体育馆式避难所、人防坑道式避难所、公园式避难所和城乡式避难所。其中，城乡式避难所是指利用城乡人防工程中的人口疏散基地进行疏散灾民，适用于应对抗台、防汛、防震等自然灾害和防空中的人员防护（吕芳，2011）。在建设社区救灾避难所时，还应当遵循以下几个原则：

（1）合理选址。在建设紧急避难所时，应该考虑当地人口分布、人口密度、建筑密度等情况以及居民疏散的要求。社区的应急避难所主要用于灾害发生时居民和其他人员临时避难、疏散防护使用，场地不需太大，因地制宜，就地取材。如果已经建成的老城区实在没有空间，可以考虑加固或确认几处符合避险质量要求的学校、体育场馆等作为应急避难所。

（2）规范管理。每个避难场所应配有管理人员，并储备一定的生活保障用品（如帐篷、饮用水等）和夜间引导指示灯等，以保障灾时急需。每一个避难所的具体位置、建筑面积、配套情况、可安置人数、管理责任人、联系方式、第一时间进入避难所的方法、安置工作与保障等都要在预案中明确。避难场所标有明确的救助、安置、医疗等功能分区。有条件的社区可以把男女避难场所分开设置。

（3）设立转移路线指示牌。在避难场所、关键路口等，设置醒目的安全应急标志或指示牌，为社区居民提示避难所的方位与距离。发生险情时，方便居民按照指示，安全迅速地转移到避难所。

（四）社区志愿者服务

志愿者是社区中一支重要的减灾力量。社区志愿者服务的参与者既包括本辖区内的志愿者，也可涵盖社区以外的志愿者。社区减灾除利用社的既有组织外，还需利用其他社区团体，如老年协会、当地的消防队、学生家长会、各行业协会等。与政府减灾相对，社区减灾更多地强调要充分利用社区内的社会网络、社会关系等社会资本来提高社区的抗灾能力。以下是关于志愿者服务在社区减灾建设中的几点经验总结。

（1）要对志愿者服务队进行细分。无论是城市社区还是农村社区，辖区内的居民是志愿者队伍的主要构成人员，应当按照居民的性别、年龄、村民小组等不同标准划分为不同的小队。例如，黑龙江省大庆市旭园社区志愿者队伍，按照年龄和性别分为社区青年志愿者服务队、老年志愿者服务队、妇女志愿者服务队，共计 510 人，占社区总人口的 10%。

（2）志愿者的全过程参与。社区志愿者队伍应参与到整个社区灾害管理过程中来，其影响作用应覆盖灾前、灾时、灾后各个阶段，具体应包括：灾前的减灾知识宣传、灾情监测、易灾点的排查，灾时的救援、联络，灾后的心理辅导、住房重建等。社区减灾志愿者服务队，应根据减灾工作的实际情况，在专业的灾害管理机构指导下，定期开展演习训练。

（3）重点关注弱势群体。社区志愿者大部分都来源于本社区，对社区人群情况比较熟悉，所以可以根据居住地点的距离、感情的亲疏等对本社区内老人、残疾人、小孩等弱势群体进行划分，进行一对一的服务和帮助，目的是在紧急情况中保护弱势群体的人身安全。

（4）建立应急协助机制。应利用好社区以外的志愿服务，尤其是要与一些涉灾的民间组织保持密切联系，如中华慈善会、红十字会等，他们经常会募集到多种来源的救灾物资和资金，可为应急救助和恢复重建提供良好的物质保障。

（五）减灾宣传教育与培训

社区是教育民众、宣传普及灾害知识的重要基地。社区普及防灾减灾知识可以采用的活动形式有展览、媒体宣传、标语、讲演会、模拟体验等。自汶川大地震后，我国设立了"5·12"防灾减灾日。此外，每年 11 月 9 日为"11·9"消防安全日，每年 10 月第二个星期的星期三是国际减轻自然灾害日，每年 5 月有"科普宣传周"，每年 6 月有安全生产宣传月，还可以结合灾害发生的季节性特点、结合社区建设的其他活动，开展宣传活动日，提升居民的灾害意识。

（1）在居（村）委会办公室或者居民经常聚集活动的地方，如茶馆、小卖部等地方设立图文并茂、通俗易懂、群众喜闻乐见的广告牌、减灾知识宣传栏、宣传橱窗，宣传减灾知识和自救知识，公布灾情信息。在灾害频发地区、频发时期，应公布市县、乡镇（街道）、社区的三级防灾值班电话，或者充分利用村广播，广泛深入持久地宣传灾害预防、避险、卡特自救、互救、减灾常识。

（2）对于居民居住比较分散的社区，居委会可以发放"防灾减灾明白卡"，把一些常用的应急电话、本地易发频发灾害的处理方式做成小卡片，发放到居民家中，或者分片指定负责人，定期组织居民就近学习灾害常识。

（3）应针对不同年龄、不同职业的群体采取不同形式的科普活动，使社区居民易于理解，同时注重增加活动的趣味性和互动性，充分调动大家积极性，达到传输减灾知识的目的。可把减灾活动与其他一些文化娱乐活动相结合。例如，农村的"文化下乡"活动规定每月放一次电影，可在电影的片头片尾插播减灾知识宣传，以寓教于乐的方式将防灾知识传授给农民。在当前的农村社区，还要特别注意加强对妇女的防灾减灾教育。农村妇女由于制度和文化的限制，更加缺乏防灾信息和技术，防灾意识也较为淡薄，因此更易受灾害的影响。

（4）重视学校的减灾教育，要使学生了解当地经常发生的灾害类型、特点、发生规律和防、避、抗、救灾等基本知识，并通过一个学生，影响其家庭成员，向其他社区成员辐射，形成以学校为发送点、学生为媒介、家庭为接受点的覆盖整个社区的灾害知识网络。

（5）可以利用社区报纸、大型户外宣传广告牌、数字化平台、室外电子显示屏等载体，随时播报预警监测信息，宣传避灾防灾和自救互救知识。目前，北京市已有8个区共23个社区安装了社区综合减灾管理平台，它在提供预警响应设施、应急照明设备、应急救援工具和应急物资的同时，还可协助做好社区居民防灾减灾知识的宣传工作。

（6）由政府涉灾部门或民间志愿者为多灾易灾社区提供各种急救培训课程，减灾培训的方式主要包括开展减灾知识竞赛、专题讲座（如广播、视频等）、座谈讨论（论坛、QQ群、微信群等）、参观体验等，还可以依托教育机构或各类专业机构开展减灾技能培训，如请消防部门的工作人员来进行消防演练与培训，由卫生部门的工作人员来进行医疗救护的培训，并对社区工作人员进行减灾管理与培训，在社区里形成骨干积极分子小组。对于社区内高龄、残疾等行动不便的困难人群，应提供上门培训服务。

主要参考文献

吕芳. 2011. 社区减灾：理论与实践. 北京：中国社会出版社

戚学森. 2007. 民政应急管理. 北京：中国社会出版社

王晓晓，张帆，柴洋波，等. 2019. 社区防灾减灾工作机制研究——以南京市七家湾回族社区为例. 北京城市学院学报，153（5）：9-16

叶宏. 2010. "社区灾害管理"是防灾减灾的基础. 中国减灾，（7）：26-27

张勤，高亦飞，高娜，等. 2010. 城镇社区地震应急工作模式的建立. 灾害学，25（3）：130-134